Photonics and Optoelectronics
From Basics to Applications

光子学与光电子学
从基础到应用

原 荣 编著

化学工业出版社

· 北京 ·

内 容 简 介

本书以光的干涉、偏振、双折射和非线性等电磁理论为基础，首先从光电效应、电光/磁光/声光/热电效应出发，介绍了各种激光器、滤波器和掺铒光纤放大器和光纤拉曼放大器，阐述了几种光探测器和太阳能电池、各种光调制器、光开关和光隔离器的工作原理；其次从光热/光电导/光电荷效应和电致/光致发光等效应出发，介绍了用于军事目标侦察制导和跟踪的红外热成像技术、广泛用于武器装备和恶劣环境使用的有机电致发光显示器件等；最后，给出光子学与光电子学在海底、空间、移动和对潜光通信以及在军用光电系统、激光武器、惯性导航和反潜声呐光纤水听器等系统中的应用。

本书概念清楚、由浅入深、系统性强、内容前后呼应、叙述通俗易懂、图文并茂。

本书可供从事光电器件、民用/军事光电系统/装备的研究教学、规划设计、管理维护有关人员参考，也可作为相关专业学生的教材。

为配合高校教学、企业培训的需要，本书免费提供教学课件、习题及题解、实验教程，有需要的读者可扫描封底二维码获取。

图书在版编目（CIP）数据

光子学与光电子学：从基础到应用 / 原荣编著.

北京：化学工业出版社，2024. 11. -- ISBN 978-7-122-46141-4

Ⅰ. O572.31；TN201

中国国家版本馆 CIP 数据核字第 2024PG0711 号

责任编辑：毛振威　　　　　　　装帧设计：刘丽华
责任校对：李露洁

出版发行：化学工业出版社
　　　　　（北京市东城区青年湖南街 13 号　邮政编码 100011）
印　　装：大厂回族自治县聚鑫印刷有限责任公司
787mm×1092mm　1/16　印张 18½　字数 449 千字
2025 年 1 月北京第 1 版第 1 次印刷

购书咨询：010-64518888　　　　售后服务：010-64518899
网　　址：http://www.cip.com.cn

光不仅给了人们生存的能源，同时也是诸多信息的载体。经典光学以电磁辐射本身为研究对象。目前光学已渗透到人们生活的每一个细节，渗透到各个科学技术与应用领域。与光学相同，电学也是在电磁学的基础上发展起来的。电子学的发展，使人类的生活质量和生产效率得到了极大的提高。

光子学由荷兰科学家波德沃尔特于 1970 年首次提出，他认为，光子学是研究以光子为信息或能量载体的科学。电子学是关于电子及其应用的科学；与电子学类比，光子学被广义定义为关于光子及其应用的科学。光子学具有丰富的内涵和广泛的应用前景，因此光子学一经提出即刻引起人们的高度重视。人们认为，光子技术将是 21 世纪的骨干技术，在今后世界各国经济实力与国防力量的较量中，光子学必定占据极其重要的位置，甚至认为，未来的世界是光子的时代。

光电技术是光学和电学的结合，在理论上，主要研究光与物质的相互作用；在应用上，主要研究光的产生、传输、控制、探测及各种应用。光电子学是光频电子学，有时狭义地专指光/电转换器件及其应用领域，但广义上也包括光子学中的一些内容。

由于 20 世纪 60 年代激光器的发明，人们对光与物质相互作用过程的研究呈现出空前的活跃，导致了半导体光电子学、导波光学、非线性光学等一系列新学科的涌现。光电子技术的快速发展和广泛应用，使其不断地向其他学科渗透，从而又产生了一系列交叉学科和应用领域，同时也推动着其他学科的发展，形成了许多市场可观、发展潜力巨大的光电子产业。

经过几代人的努力，光子学、光电子学和光电子技术得到了广泛深入的发展，人们发明和生产了大量先进的光电子器件。到了 20 世纪 70 年代，光纤、激光器和光放大器，光探测器和太阳能电池，数字存储和图像传感技术，红外热成像等技术有了惊人的进步，加速了光电子学的发展，也使人们的工作和生活发生了极大的改变。今天，小到我们每个人使用的手机、电脑、电视机、复印机和照相机，大到导弹跟踪制导、航空/航天侦察导航、激光雷达、激光武器，都与光电子技术有关。在能源危机威胁到人类生存和发展的今天，利用光电效应制成的太阳能光电池提供了化解这一危机的一种新出路。目前，通过光纤局域网、城域网、广域网和海底光缆，已编织成了全球高速宽带通信网。

所以，对于我们每个人，特别是从事光电子科学技术、光电工程和光信息科学与技术相关工作的人员来讲，了解光子学和光电子学的基本知识是至关重要的。

本书是在 10 年前作者编著出版的《光子学与光电子学》基础上，为了让更多人了解光子学与光电子学的基础知识，从科普、入门的角度，对原书内容和表述，如光的干涉和衍射，法布里-玻罗光学谐振腔，马赫-曾德尔滤波器，夫琅禾费衍射，偏振复用正交频分复用（OFDM）光纤传输系统，光伏电池发展历史，光伏电池材料、器件种类和提高效率的措施，电致发光显示器件的应用和发展前景，立体眼镜，肖特基结光探测器，拉曼放大倍数和增益饱和等，进行了更新、修改、编辑加工。为了突出主题、减少篇幅，删除了以下一些内容：平板介质波导、内/外反射、古斯-汉森相移和分光镜、模场半径、纤芯和包层中的光功率分配、掺铒光纤放大器（EDFA）增益饱和（或压缩）特性、光纤比特率、光纤带宽、马赫-曾德尔干涉滤波复用/解复用器、阵列波导光栅（AWG）光分插复用器、偏振复用/相干接收传输系统、偏振复用将低速信号提升到高速信号、偏振复用提高光信噪比、行波探测器、电光调制器工作原理、电光强度调制器、正交相移键控（QPSK）光调制器、磁光波导光隔离器、光环形器、波长转换器以及复习思考题和习题等。同时，增加了海底光缆通信、航空航天激光通信和对潜光波通信，以及光纤传输技术在移动通信（3G、4G、5G）中的应用等内容。

全书共分11章，首先介绍了光子学和光电子学的基本概念、进展和理论基础；第2章用光的干涉和谐振理论讲解了激光器、光放大器、光滤波器、AWG、光纤陀螺仪和全息技术等的工作原理；第3章介绍了光偏振的基本概念、光纤的偏振特性及偏振复用相干接收光纤传输系统；第4章阐述了光的双折射现象及其在液晶显示器件中应用；第5章用光电效应解释了光探测器和光伏电池的工作原理；第6章在介绍电光效应、磁光效应、热光效应和声光效应的基础上，对相关的光调制器、光开关、光隔离器等器件的工作原理进行了讲解；第7章介绍了非线性光学效应及其光纤拉曼放大器和光纤孤子通信；第8章和第9章用光线光学和导波光学分析了光波在光纤波导中的传输原理和特性，以及光波在海底、空间、移动、对潜通信中的应用；第10章介绍了电致发光、光致发光及其显示器件；第11章解释了光热效应、光电导效应、光电荷效应及其有关的热敏电阻、光敏电阻、电荷耦合器件（CCD）、互补金属-氧化物-半导体（CMOS）显示器件，以及红外热成像技术及其应用。

本书从光子学与光电子学理论出发编排章节，科普式阐述其基础知识、最新技术和典型应用。不管是滤波器、复用器/解复用器、AWG，还是激光器、半导体光放大器，以及光纤陀螺和全息技术，只要源于同一个光干涉概念，就归类到同一章。

本书概念解释清楚，由浅入深，系统性强，内容前后呼应。比如第1章，在介绍电磁波时，提到"光波在给定时间被一定的距离分开的两点间存在的相位差"这一概念很重要；在后续介绍马赫-曾德尔（M-Z）干涉仪构成的光滤波器、复用/解复用器、调制器和光纤水听器，AWG构成的诸多器件，电光效应制成的光调制器以及双折射效应制成的液晶显示器，均用到这一相位差的概念，并经常使用同一个公式。

本书选取了光子学与光电子学中最基本的和日常生活密切相关的知识，增加了对光子学与光电子学做出杰出贡献的有关科学家的事迹和名言。本书大多数章节标题给出了副标题，用关键词给出其基本概念及应用范围。

为了适合不同层次读者的使用，本书特地在介绍一个现象或器件的原理前，尽量把一些与此有关的日常生活中经常会碰到的现象，辅以通俗易懂的插图，简单明了地加以说明。本书还插入一些例题，以便读者理解书中的内容。为便于读者快速找到书中自己关注的内容，特在附录列出书中的器件、系统、应用内容索引。

衷心感谢化学工业出版社相关人员在本书出版过程中付出的辛劳及所做的贡献！

因作者水平所限，书中可能会有遗漏及疏忽之处，敬请读者指出。

原　荣

2024年3月

第1章
概述和理论基础   //   1

第2章
光的干涉——激光器、滤波器
和惯性导航光纤陀螺
　　　　　　//　　34

第3章
光的偏振——高速光纤
通信系统 // 90

第4章
光的双折射效应——偏振器和
液晶显示器 // 98

第5章
光电效应——光探测器、
太阳能电池　　*//*　120

6

第6章

电光/磁光/声光/热电效应——
光调制器、光隔离器和光开关

// 154

第9章
光波通信系统——海底、空间、移动和对潜通信 // 195

10

第10章
发光及其显示器件——电致发光
和光致发光LED　// 224

第**1**章

概述和理论基础

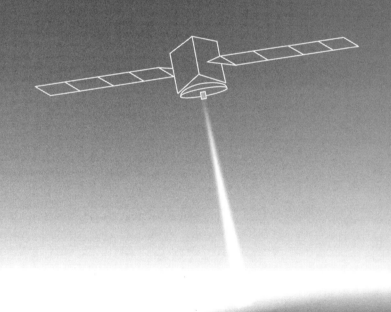

1.1 概述

1.1.1 光子学

人们的日常生活离不开光和光学，地球上可以采集到的 99.98% 的能源都来自太阳能，太阳以光的形式抚育着大地，施恩于人类。光不仅给了人们生存的能源，同时也是诸多信息的载体。光是一种频率范围很宽的电磁波，但人类肉眼所能感受到的光，其波长仅局限在可见光的狭窄范围内，一门光学学科正是为此而形成和发展起来的。经典光学以电磁辐射本身为研究对象。目前光学已渗透到人们生活的每一个细节，渗透到各个科学技术与应用领域。

1960 年，美国人发明了第一台红宝石激光器；1961 年，制成氦氖（He-Ne）气体激光器；1962 年，制成砷化镓半导体激光器。激光器的发明，使科学家对光与物质相互作用过程的研究呈现出空前的活跃，极大地推动了光电子技术的发展。1966 年，英籍华人高锟（C. K. Kao）发表了具有历史意义的关于通信传输新介质——光导纤维的论文，开创了光纤通信的新时代，获得了"光纤之父"的美称。1968 年，美国无线电公司（RCA）利用电刺激液晶使其透光方式发生改变的特性制作了液晶显示装置。1969 年，美国贝尔实验室的威拉德·博伊尔（W. S. Boyle）和乔治·史密斯（G. E. Smith）发明了将光学图像转化为数字信号的电荷耦合器件（CCD）。光子学和光电子学的发展简史如表 1.1.1 所示。

1970 年，荷兰科学家波德沃尔特（Poldervaart）首次提出了光子学的概念。他认为，光子学是研究以光子为信息或能量载体的科学。电子学是关于电子及其应用的科学，与电子学类比，光子学被广义定义为关于光子及其应用的科学。在理论上，光子学研究光子的量子特性，研究光子与分子、原子、电子以及与光子本身在相互作用时出现的各种效应；在应用上，研究光子的产生、传输、控制及探测规律。由此产生了光子激发（激光）技术、光子传输技术、光子调制技术、光子开关技术、光子存储技术、光子探测技术及光子显示技术等，从而导致了半导体光电子学、导波光学、非线性光学等一系列新学科的涌现。

⊕ 表 1.1.1　光子学与光电子学的发展简史

2000 多年前	用光传递信息；烽火台，夜间的信号灯，水面上的航标灯
公元前 4 世纪	我国先秦时代伟大学者墨翟在《墨经》里对光的几何性质在理论上做了比较完整的论述
公元前 3 世纪	我国周代用凹面镜向日取火，欧几里得著《光学》
公元 13 世纪	西方国家用金属磨成一个凹面镜，在太阳光下取火
1864 年	麦克斯韦（Maxwell）通过理论研究指出，和无线电波、X 射线一样，光是一种电磁波，光学现象实质上是一种电磁现象，光波就是一种频率很高的电磁波。麦克斯韦预言，光的传播就是通过电场、磁场的状态随时间变化的规律表现出来的。他把这种变化列成了数学方程，后来人们就叫它为麦克斯韦波动方程，这种统一电磁波的理论获得了极大的成功
1876 年	美国人贝尔发明了光电话（光源为阳光，接收器为硒管，传输介质为大气）
1887 年	德国物理学家赫兹首先用实验证实了电磁波的存在，并用实验方法测出了电磁波的传播速度，它和光的传播速度近似相等
1897 年	法国物理学家法布里（Fabry）和珀罗（Pérot）发明法布里-珀罗（F-P）光学谐振器，奠定了激光器、滤波器和干涉仪等的理论基础
1905 年	爱因斯坦用光量子的概念，从理论上成功地解释了光电效应现象，奠定了光探测器、光伏电池和电荷耦合器件（CCD）等的理论基础，为此，他于 1912 年获得了诺贝尔物理学奖

1915 年	澳大利亚出生的英国物理学家布拉格(W. L. Bragg,1890—1971)与他的父亲共同发明了布拉格衍射方程,并于 1915 年他 25 岁时获得了诺贝尔物理学奖
1929 年	L. R. 科勒制成了银氧铯光电阴极,出现了光电管
1947 年	美国物理学家肖克利(W. B. Shockley)等人发明了晶体管,电子学开始了革新意义的飞跃,为此他们获得了 1956 诺贝尔物理学奖
1948 年	荷兰出生的英国物理学家加博尔(Dennis Gabor,1900—1979)发明全息技术,1971 年获得了诺贝尔物理学奖
1960 年	美国人梅曼(T. H. Maiman)发明了第一台红宝石激光器,并进行了透镜阵列传输光的实验
1960—1962 年	Ali Javan 等人在美国贝尔实验室第一次成功地演示了氦氖(He-Ne)激光器连续波工作
1962 年	Robert Hall 等人在美国纽约首次报道了砷化镓结型半导体激光器的工作
1966 年	英籍华人高锟发表了通信传输新介质——光导纤维的论文,开创了光纤通信的新时代,为此获得了 2009 年诺贝尔物理学奖
1968 年	1888 年,奥地利植物学家莱尼茨尔(F. Reinitzer)和德国物理学家勒曼(D. Lehmann)发现了一种具有双折射性质的液态晶体。美国无线电公司(RCA)利用电刺激液晶使其透光方式会发生改变的特性制作了液晶显示(LCD)装置
1969 年	美国贝尔实验室的威拉德·博伊尔(W. S. Boyle)和乔治·史密斯(G. E. Smith)发明了将光学图像转化为数字信号输出的电荷耦合器件(CCD),为紫外、可见光和红外焦平面阵列等固态成像器件的发展开辟了道路,为此获得了 2009 年诺贝尔物理学奖
1970 年	美国康宁公司研制成功损耗 20 dB/km 的石英光纤 美国贝尔实验室和日本 NEC 先后研制成功室温下连续振荡的 GaAlAs 双异质结半导体激光器 荷兰科学家波德沃尔特(Poldervaart)提出了光子学的概念

1. 光子具有的优异特性

(1) 光子具有极高的信息容量和效率,作为信息的载体,光频与电频相比,要大出好几个数量级,所以,光子的信息容量要比电子的大得多,一个光子具有承载成千上万个比特(bit)信息的能力。

(2) 光子具有极快的响应能力,电子脉冲宽度最窄限定在纳秒(ns,10^{-9} s)量级,因此电子通信中信息速率被限定在 Gbit/s(10^9 bit/s)量级。对于光子来说,由于光子是玻色子,没有电荷,而且能在自由空间传播,因此光子脉冲很容易做到脉宽为皮秒(ps,10^{-12} s)量级。实际上,现在实验室的光子脉冲宽度已达到小于 10 飞秒(fs,10^{-15} s)量级。因此使用光子为信息载体,信息速率能够达到几十、几百 Gbit/s,甚至几 Tbit/s(10^{12} bit/s)、几十 Tbit/s 都是可能的。

(3) 光子具有极强的互连能力和并行能力。如上所述,电子有电荷,因此电子与电子之间存在库仑作用力,这就使得它们彼此间无法交连。例如,在电子技术中,两根导线如果交连,就会发生短路。所以,在电路中为了实现互连,就只能像搭立交桥那样,将其运行路线彼此隔离,显然这就使互连受限,成为限制电子信息速率与容量的一个主要因素。另外,在电子技术中,电子信号也只能串行提取、传输和处理,对于二维以上的信号,如图像信号,则只好依靠扫描手段将其转换为一维串行信号来处理。而光子无电荷,彼此间不存在排斥和吸引力,具有良好的空间相容性。例如,在拟开发的第六代计算机——神经网络光计算机中,可进行超大规模的群并行处理,实现足够大的网络规模。

(4) 光子具有极大的存储能力。不同于电子存储,光子除能进行一维、二维存储外,还能完成三维存储。如把频率维算上，可用于存储的参量更多，因此光子具有极大的存储能力。如果使用可见光，光子的存储能力则为 10^{12} bit/cm^3。三维存储除容量大外，还可以并行存取，即信息写入和读出都是逐页进行的，并能与运算器并行连接，因此速度很快。另外，因光子无电荷，可防电磁干扰，保密性好。

2. 光子学分子学科

光子学在发展中已形成诸多重要的研究领域，产生了许多分子学科。

（1）基础光子学。基础光子学包括量子光子学、分子光子学、超快光子学和非线性光子学等。

量子光子学：光具有波动性和粒子性，光子是量子化光场的基本单元，量子光场遵循量子力学规律。量子光学侧重于理论，而量子光子学更侧重技术，但它的基础是量子光学。量子光学的效应、规律、理论等将不断地为量子光子学的发展开拓新的途径，产生新的突破。

分子光子学：如有机/无机聚合物发光器件、有机微腔发光器件、有机/聚合物激光器件等；在光场的作用下，如液晶分子发生光致异构、取向、重排等物理过程。

超快光子学：如飞秒光电子技术、高峰值功率密度脉冲的产生、光孤子的形成和传输。

非线性光子学：如受激拉曼放大、波长转换、光孤子传输和变频技术产生新的光子源等。

（2）光子学器件，包括新型激光器、光放大器、新型探测器、有源光子无源器件等。

（3）信息光子学，它是光子学与信息科学的交叉学科，是一门新兴学科。信息科学是光子学的重大应用领域，光子作为信息载体的优势与竞争力正在不断地被挖掘和开拓。因此，如果说今天是电子时代，那么明天将是光子时代。信息光子学包括导波（光纤）光子学、光纤通信技术、光存储技术、光显示技术等。

（4）集成与微结构光子学，包括半导体集成光子学、微结构光子学等。

（5）生物医学光子学，它是用光子来研究生命的科学，涉及生物系统以光子形式释放的能量与来自生物系统光子的探测，以及这些光子携带的有关生物系统的结构与功能信息，包括生物光子学、医学光子学等。

如上所述，光子学具有丰富的内涵和广泛的应用前景，因此光子学一经提出即刻引起人们的高度重视。早在1973年，法国率先召开了国际光子学会议。1978年成立了欧洲光子学会，其后一些国际性学术刊物和会议也纷纷更换名称，冠以光子学的头衔。1991年，美国政府将光子学列为国家发展重点，认为光子学在国家安全与经济竞争方面有着深远的意义和潜力，并且肯定，通信和计算机研究与发展的未来属于光子学领域，之后，美国各地就建立了众多光子学高技术研究中心。人们认为，在今后世界各国经济实力与国防力量的较量中，光子学必定占据极其重要的位置，甚至认为，未来的世界是光子的世界。

1.1.2 光电子学

与光学相同，电子学也是在电磁学的基础上发展起来的。与光学不同，电波的波长比可见光的长得多，电学并不能直接来自人类感官（如视觉）的感觉，而是来自人类对生产和生活积累的知识。从1947年晶体管诞生起，电学开始具有革新意义的飞跃。电子学的发展使人类的生活质量和生产效率得到了极大的提高。考虑到光学和电学各自所拥有的优点，于是一种吸收并巧妙结合各自优点，产生一些独特性能，实现更新更广泛应用的光电子学和光电子技术就逐渐形成了。

光电子学是光子学和电子学结合而形成的技术学科。

电子和光子是当今和未来信息社会的两个最重要的微观信息载子，它们具有各自的"个性"，分别属于电子学和光子学的研究范畴。电子学研究用电波传输信息，而光子学研究用光波传输信息。但是，从广义上讲，它们都属于电磁波的范畴，只是频率高低不同，所以，光子学和电子学存在某种"血缘"关系。电子学/光子学分别是研究电子/光子运动规律的科学，包括研究电子/光子产生的方法、电子/光子运动的规律以及控制它们的方法。既然它们都属于电磁波的范畴，所以，传统电子学中的许多概念、原理和技术，如放大、谐振和相干，调制、倍频/分频和混频，双稳态、通信、雷达和计算机等，原则上都可以延伸到光子学中，如表 1.1.2 所示。

表 1.1.2 电子学和光子学的异同

项目	电子学	光子学
波动性	电子具有波动性(电子衍射)	光子具有波动性(光子衍射,赫兹实验)
粒子性	电子具有粒子性(汤姆孙实验)	光子具有粒子性(爱因斯坦光电效应)
理论解释	低速电子用薛定谔方程(依赖于作用势) 高速电子用麦克斯韦波动方程组(依赖于传输介质,如自由空间、波导管或介电常数周期结构)	麦克斯韦波动方程组 在介电常数以光波长周期变化的结构中,光子的运动规律类似于晶体中电子的运动
信息载体	电子	光子
相干性	电磁振荡回路(由电感 L 和电容 C 组成)产生正弦电磁波,具有很好的相干性	由法布里-珀罗谐振腔产生的光波也具有良好的相干性
调制	信息信号对高频载波进行幅度调制、频率调制、相位调制	信息信号通过电光效应、声光效应和磁光效应可对光波进行幅度调制、频率调制、相位调制
倍频和混频	利用电子回路实现	利用石英晶体的非线性特性或半导体光放大器(SOA)对光波进行倍频和混频
放大	电子放大器	光子放大器[掺铒光纤放大器(EDFA)、光纤拉曼放大、SOA]
通信	电线/电缆通信、微波空间通信	光纤/光缆通信、光波空间通信
雷达	发射大功率窄脉冲电波探测飞机和导弹的运行轨迹	利用短波长发送脉冲持续时间十分短的激光脉冲探测飞机和导弹的运行轨迹
计算机	用电子电路构成电子双稳态制作计算机,串行处理数据,限制了计算机的数据处理速度。分布电容等效为一个 RC 电路,限制了计算机的运行速度和信息传输速度	利用介质折射率的非线性效应制成法布里-珀罗谐振腔光学双稳态,构成光计算机,并行处理信息,运算速度快,不存在 RC 问题,光脉冲很窄,可提高数据速率
其他	电子是自旋为 1/2 的费米子,电波是标量波,电子之间有很强的相互作用	光子是自旋为 1 的玻色子,光波是矢量波,光子是独立的,光子之间没有相互作用

在发展模式上，光子学和电子学也有惊人的相似之处，图 1.1.1 表示电子学和光子学发展模式的比较。

图 1.1.1 电子学和光子学发展模式比较

正是由于这种相似，让我们得以借鉴，才不断地为我们的创造思维与开拓性研究提供了契机，从而不断地促成了光子学的飞速发展。

光电子学是光频电子学，有时狭义地专指光/电转换器件和电/光转换器件及其应用领域。但广义上也包括光子学中的一些内容。

光电子学是光子学和电子学的结合，在理论上，主要研究光与物质的相互作用特性；在应用上，主要研究光的产生、传输、控制、探测及各种应用。它涉及几何光学（折射和反射等）、物理光学（衍射、干涉、偏振和色散）、应用光学（如眼睛、显微镜、望远镜等光学系统）、发光器件（电致发光、光致发光、电子轰击发光和受激辐射发光）、红外光探测器件（热辐射器件、光电导器件）、平板显示器件（CCD 和 CMOS 光电荷器件、双折射效应液晶器件）等。由于 20 世纪 60 年代激光器的发明，人们对光与物质的相互作用过程的研究呈现出空前的活跃，导致了半导体光电子学、导波光学、非线性光学等一系列新学科的涌现。光电子技术的快速发展和广泛应用使其不断地向其他学科渗透，从而又产生了一系列交叉学科和应用领域，如信息光电子技术、通信光电子技术、生物科学和医用光电子技术、军用光电子技术等，如图 1.1.2a 所示，同时也推动着其他学科的发展，形成了许多市场可观、发展潜力巨大的光电子产业。这些产业包括光纤通信产业、光显示产业、光存储产业、光电子材料产业、光电子检测产业、军用光电子产业以及光机电一体化产业等，如图 1.1.2b 所示。

经过几代人的努力，光电子学和光电子技术得到了广泛深入的发展，发明和产生了大量先进的光电子器件。到了 20 世纪 70 年代，光纤、半导体激光器和光接收器件的生产技术有了惊人的进步，加速了光电子学的发展，也使人们的工作和生活发生了极大的改变。手机、电脑和电视机用到的显示屏是光电子显示器件；传真机、复印机、扫描仪和照相机的关键部件光电传感器是光/电转换器件；在军事上精确制导、航空/航天侦察、激光雷达、激光武器、频谱分析用到的是光电子技术；光存储、光传感、光计算用到的是光电子技术；激光医疗、激光加工、激光遥感测量和激光核聚变用到的光纤、激光都是光电子技术；在能源危机日益威胁到人类生存和发展的今天，使用光电效应制成的太阳能光电池提供了化解这一危机的新出路。打电话、发微信、网上看电影用到的长途干线光纤及其光收发信机是光传输线、光接收机和光发送机。目前，通过光纤局域网、城域网、广域网和海底光缆已编织成了全球高速宽带通信网。

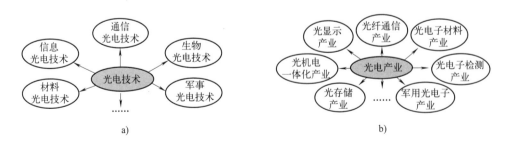

图 1.1.2　光电子技术及光电子产业

a）从光电子技术衍生出多种学科和应用领域　b）光电子产业

由此可见，光电子技术牵涉面很广，应用领域也很宽。本书从光子学与光电子学理论出发编排章节，科普式系统性地阐述其基础知识、最新技术和典型应用。

1.1.3 光电子器件进展情况

光电子技术是研究光与电之间转换的一门技术性学科，研究光电子技术实际上就是不断探索新型的光电子器件，研究它们的原理、构造、技术参数和应用。也就是说，研究光电子技术就是研究光电子器件及其构成的系统。

光电器件是光电系统的核心，因此激光器和光探测器等光电器件的性能，在很大程度上左右着光电系统的发展。

1. 激光器

在激光器方面，早期的军用固体激光器使用效率较低、寿命较短的抽运（泵浦）灯，有时还要带一个冷却水箱，很累赘。20 世纪 80 年代，出现了可代替泵浦灯的大功率激光二极管阵列，从而使固体激光器的效率提高了一个数量级，可靠性提高了两个数量级，光束质量、输出稳定性等性能也得到改善。目前，一些军用激光装备和民用激光系统正在陆续改用二极管泵浦的固体激光器，在功率不大的激光装备中已直接采用半导体激光器。预期不久的将来，固态化将成为激光器（包括高能激光器）的主流。但是，激光器的工作波段还不能适应不同应用场合，如激光测距、激光雷达、激光致盲、光电对抗、水下通信和激光加工等对不同工作波段有不同的要求。

高功率激光器有二氧化碳激光器（2.1.4 节）、固体激光器（2.1.3 节）、光纤激光器（2.3.10 节）、化学激光器（2.1.6 节）、碱金属蒸气激光器（2.1.7 节）和自由电子激光器（2.1.10 节）等。

化学激光器有氟化氢激光器、氟化氘激光器和氧碘激光器，它们靠化学反应提供能源，使谐振腔内的粒子数反转，具有输出能量大、光束质量好的优点，比如波长为 $3.6 \sim 4.1\ \mu m$ 的氟化氘激光器，最大输出功率可达 2.2 MW，大气透过率约为 100%，但需要在低光腔压力下工作。

碱金属激光器是一种新型的光泵浦气体激光器，增益介质主要是蒸气状态的铷、铯、钾、钠等。它综合了传统气体和固体激光器的优势，采用气体介质流动散热，高功率二极管激光器阵列泵浦、全电操作、结构紧凑、量子效率高、介质可循环使用，不存在单口径功率极限等，是一种有潜力实现高功率输出的激光系统。铷碱金属激光器波长为 795 nm，铯为 895 nm，两种波长均位于大气窗口。2010 年，美国实现了 207 W 的铷激光输出；2012 年，俄罗斯报道了 1 kW 铯蒸气连续激光输出。

自由电子激光器工作介质是电子，原理是通过电子加速器加速到接近光速的高能定向电子束与交变电磁辐射场相互作用，产生激光辐射。

军用高功率激光器要求光束质量好、大气传输性能好。光束质量好是指激光束在远距离传输后仍有很好的聚焦；大气传输性能好是指激光波长应位于传输透射率高的大气窗口区。此外，由于激光强度与波长平方成反比，为达到更好的破坏效果，倾向于发展波长更短的高功率激光系统。

构成光纤通信系统的器件有光发射器件、光调制器件、光传输媒质、光中继无源/有源（光放大）器件、光交换/光分插复用器件、波长选择器件（滤波器）、波分复用/解复用器件、波长转换器件及光接收器件等。

光纤通信所用的半导体激光器，已有单波长和多波长激光器，有波长固定的，也有波长可调的，可以满足点对点和波分复用系统的要求。也有将激光器、调制器、光放大器和探测器集成在一起的器件。

在光放大器方面，现在已商用的有掺铒光纤放大器（EDFA）、掺镱光纤放大器（YD-FA）、半导体光放大器（SOA）和拉曼光纤放大器。

2. 光探测器、数字存储和图像传感器

在光探测器方面，目前多数采用固态器件。为了获取高分辨率、大动态范围图像信息，以及扩大探测距离，提高识别能力，人们正在扩大探测器光敏元的数量，锑化铟（InSb）红外焦平面阵列探测器已达到 $2000×2000$ 元，碲镉汞（HgCdTe）中波红外阵列已达到 $2560×512$ 元，长波红外阵列已达到 $1024×1024$ 元，$1～2.5\ \mu m$ 和 $3～5\ \mu m$ 双波段（双色）探测器也已实现分辨率达到 $2048×2048$ 元的焦平面阵列探测器。不久的将来，会有规模更大、灵敏度更高和更廉价的非制冷焦平面阵列问世。虽然，光探测器已覆盖了很宽的波段，但是许多探测器的响应速度还较慢，或在快速响应时灵敏度变差。为此，科学家们正在研究快速响应的单元、多元和面阵电荷耦合器件（CCD）光探测器，以及双波段（双色）和多色探测器。

碲镉汞（HgCdTe）材料响应波长随组分变化连续可调，量子效率高、可高温工作，其禁带宽度包括整个红外波段，很容易用来制备双色探测器，对双波段辐射信息进行处理，可大大提高系统的抗干扰和目标识别能力，所以成为第三代红外焦平面探测器发展的重点之一。

面阵电荷耦合器件（CCD）虽然具有光照灵敏度高、噪声低、像素面积小等优点，但CCD光敏元阵列难以与时钟驱动控制电路及信号处理电路单片集成在一起，不易处理模/数转换、存储和运算单元功能。另外，CCD阵列时钟脉冲复杂，需要使用相对较高的工作电压，不能与亚微米超大规模集成（VLSI）技术兼容，制造成本较高。

与此相比，采用CMOS技术可以将光电摄像器件阵列、时钟控制电路、信号处理电路、模/数转换器、色彩分离器件、微透镜阵列和全数字接口电路等完全集成在一起，可以实现低成本、低功耗单芯片成像系统。随着CMOS图像传感器技术的进步，其自身优势得以充分发挥，性能也不断提高。预计不久的将来，人们对CMOS图像传感器的关注程度会越来越高。

光纤通信所用的探测器，已有普通的 PIN 光敏二极管、雪崩光敏二极管，也有高速（100 Gbit/s）应用的单行载流子光探测器（UTC-PD）、波导光探测器（WG-PD）。

在集成器件方面，特别应提到的是阵列波导光栅（AWG）器件，现在已提供使用的有星形耦合器、滤波器、波分复用/解复用器、多频激光器、光分插复用器，以及多信道光接收机、频谱分割多波长光源等。

3. 显示器件

显示器件有电（场）致发光显示器件（ELD）和双折射液晶显示器件（LCD）。电致发光显示器件从器件结构可分为薄膜型、厚膜/薄膜混合型和粉末型三种。薄膜型和混合型可用作矩阵显示，是目前电致发光技术发展的主要方向，粉末型则用作LCD等的平面背光源。

近年来，有机电致发光显示器件（OLED）的研究取得突破性进展，引起产业界的高度重视，柔性显示屏具有潜在的应用空间。另外，OLED还可作为显示领域的平面背光源和照明光源使用。因此，OLED具有良好的发展前景。目前，有机电致发光显示器（OLED）已向微型化发展，MLED 显示器（Micro LED）将 LED 结构设计进行薄膜化、微小化、阵列化，它综合了薄膜场效应晶体管（TFT）液晶显示器（LCD）和 LED 两大技术特点，产品性能远高于 TFT-LCD 或 OLED，应用领域更为广泛，认为是下一代平面显示器的发展方向。

钙钛矿作为一种新型发光材料具有非常重要的光电性能，钙钛矿晶体在非常薄的发光层就能实现高效发光，因此，钙钛矿发光二极管（PeLED）在照明、显示、生物荧光等领域有着广泛的应用前景，已成为照明和显示行业的重点研究方向。

液晶显示器件是利用液态晶体的光学各向异性特性，在电场作用下对入射光进行调制而实现显示的。LCD 显示已成为显示屏领域的霸主，它的三大应用领域是显示器、笔记本计算机和液晶电视机。目前，在投影显示、便携式电视、摄录一体化显示、汽车导航显示等方面的应用也越来越多。

本书不以器件种类安排章节，而是从光子学、光电子技术原理出发安排章节。比如，不管是滤波器、调制器和诸多不同用途的阵列波导光栅（AWG）器件，还是光发送机用到的激光器和光中继放大用到的光放大器，以及导航用到的光纤陀螺，只要使用同一个光学物理概念（如光干涉），就归类到同一章来进行讲解。这样便于读者系统性地掌握，如以后遇到新的器件，就可以举一反三，很快理解其原理。

1.1.4 光电系统发展概况

1. 军用光电系统发展趋势

军事应用历来是推动技术发展的重要原动力，光电技术也不例外。光电系统对武器系统、作战指挥及战场管理系统的赋能和倍增作用，已在世界范围内得到越来越广泛的认同。军事需求的推动和牵引，加速了全球范围内军用光电系统的发展。

光电技术的应用，在战场透明显示、目标识别、低仰角目标和隐身目标探测等方面，使武器装备产生了飞跃性变化，使新一代武器装备提高了远程精确打击、夜战、情报获取等能力，对现代军事对抗模式的形成功不可没，所以军用光电系统已成为现代化战争的支撑，而不仅仅是辅助手段。

军用光电系统是以光电器件（主要是激光器、光敏/光电导探测器和 CCD/CMOS 显示器件）为核心，将光学技术、电子/微电子技术和精密机械技术等融为一体，具有特定战术功能的军事装备。

军用光电系统按功能一般可分为八大类，即预警与遥感系统、侦察与监视系统、火控与瞄准系统、精确制导系统、导航与引导系统、靶场测量系统、光学通信系统和光电对抗系统，如表 1.1.3 所示。

✧ **表 1.1.3 军用光电系统分类及构成**

功能分类	系统构成
预警与遥感 （11.5.2 节）系统	激光测距机、红外捕获跟踪(11.5.4 节)/激光雷达、红外行扫描仪、红外照相机、可见光 CCD 照相机、多光谱照相机、超光谱照相机
侦察（11.5.1 节） 与监视系统	激光测距机、激光成像雷达、激光测速雷达、激光差分吸收测量雷达、红外搜索跟踪雷达、前视红外（FLIR）成像系统、红外夜视镜、可见光 CCD 摄像机、近红外主动电视成像系统、光电多传感器系统
火控与瞄准系统	火控雷达、红外摄像机、电视摄像机、激光测距机、照明器、激光电视摄像机、光电跟踪仪、光学目标指示器、热像仪、夜视仪/镜

功能分类	系统构成	
精确制导系统 （11.5.5节）	激光制导系统	驾束制导系统、半主动制导系统、主动成像末制导系统
	红外制导系统	点源制导系统、成像寻的和末制导系统
	电视制导系统	成像寻的和末制导系统
	光纤制导系统	指令制导系统
导航与引导系统	飞机着舰与着 陆引导系统	激光灯阵、机载 FLIR 视景增强系统、机载微光电视视景增强系统、光电多传感器引导系统、激光扫描飞机姿态监视系统、光电精密助降系统
	航天器交会对接与 软着陆引导系统	激光跟踪测量雷达、激光下视成像雷达、有源视频对接导航雷达、CCD 成像传感器(11.3节)
	低空飞行辅助导航系统	FLIR 导航吊舱、激光成像防撞雷达、激光高度计、微光电视视景增强系统
	自主行走视觉导航系统	CCD 电视摄像机、FLIR 摄像机
	惯性导航系统	激光陀螺仪、光纤陀螺仪(2.5节)、激光加速度计
靶场测量系统	激光测距仪(1.1.4节)、激光跟踪测量雷达、红外跟踪仪(11.5.4节)、电视跟踪仪、电影经纬仪	
光通信系统	光纤通信系统(3.3节、9.1节)、大气激光通信系统(9.3.1节)、水下蓝绿激光通信系统(9.4节)、空间激光通信链路系统(9.3节)	
光电对抗系统	侦察告警系统 (11.5.1节、11.5.3节)	激光告警系统、红外告警系统、紫外逼近告警系统、多频段组合告警系统
	有源干扰系统	欺骗式激光干扰系统、阻塞式激光干扰系统、杀伤式激光干扰系统
	无源干扰系统	遮挡式干扰系统、诱饵干扰系统

激光雷达又称"光探测和测距系统"，其工作原理与微波雷达没有本质上的区别，在发射端，激光器将电信号（脉冲或连续波）变成光脉冲，通过发射望远镜变成准直光束发射到空中；在接收端，由大口径光学望远镜（类似微波雷达的天线）接收空中反射回来的光波，通过直接探测或外差探测把从目标反射回来的光脉冲还原成电脉冲，再送到显示器。接收端再与发射信号进行比较，做适当处理后就可获得目标的有关信息，如目标距离、方位、高度、速度、姿态，甚至形状的三维图像（见 2.7 节）等参数，从而对飞机、导弹等目标进行探测、跟踪和识别。

军用光电系统的重要发展趋势是将工作于不同频段、具有不同功能的多个光电传感器组合在一起，实现数据综合和结构一体化，从而提高系统感知能力和功能互补。这种集成光电系统在陆基、海基、空基和天基系统中已经常使用，成为战场侦察、火力控制、精确制导、光电对抗、飞行辅助和太空作战等光电系统中的高性能装备。

未来的光电系统已不仅仅是单一功能的系统，探测、火控、制导、导航等系统将逐渐与告警、干扰、致盲、杀伤等对抗系统共处于一个平台，联合作战，形成综合战斗能力。这样就使其探测、感知、攻击和防御生存能力更强，系统反应时间更短，反击能力更加多样化，对人工干预的依赖性更小，敌我识别能力更快速可靠，友邻支持能力更强。

光电系统与电子系统集成，与各种作战平台相结合，已成为世界军事装备发展的重要趋势，这不仅大大提高了武器系统的作战效能，而且还显著改善了作战指挥和战场管理能力。军用光电系统已成为当代高技术武器装备不可或缺的组成部分，是形成高技术军事对抗的制高点之一。

2. 激光通信和激光测距技术发展现状和趋势

自由空间光通信（FSO）和卫星激光测距技术是光通信系统的又一个重要应用。

FSO 又可分为地面 FSO 和星-地 FSO、星-星 FSO。地面 FSO 将作为一种主要手段进入本地宽带接入市场，特别是那些通常没有光纤连接的中小企业。星际 FSO 的关键技术有激光发射功率、四象限红外探测或雪崩光敏二极管（APD）高灵敏度探测技术，快速捕获、跟踪和瞄准技术，还要求有良好的热稳定性和机械稳定性等。美国是世界上开展空间光通信研究最早的国家，自 2002 年星-地激光通信试验取得巨大成功以后，美国基本上解决了过去所有限制卫星激光通信发展的技术难题，由演示验证阶段进入到工程应用阶段。目前正在推进卫星通信系统中的高速激光通信终端研究工作，该项目计划在卫星间采用全激光链路，通信速率为 $10\sim40$ Gbit/s。

激光测距机与激光雷达的基本结构颇为相近，通过测量激光信号往返传播的时间而确定目标的距离，例如激光从开始发射到从月球反射回来的时间测定为 $2t=2.56$ s，光速 c 是 30 万公里/秒，则地球到月球的距离是 19.2 万公里 $[d=(1/2)ct]$。激光测距仪由激光发射器、接收器、钟频发生器及距离计数器等组成。至于目标的径向速度，则可以由反射光的多普勒频移（见 6.3.3 节）来确定，也可以测量两个或多个距离，并计算其变化率而求得。

传统的卫星激光测距均采用反射式测距体制，经过几十年的发展，卫星激光测距目前已建立了由 50 多台设备组成的庞大的全球激光测距网络，以实现对 60 多颗各种地球轨道卫星的测距。测距技术实际上是测时技术，测试方法已从直接（时间）测量向间接（相位）测量过渡，测距精度也从最初的米级提高到分米级、厘米级，现在正在向毫米级发展。相位激光测距技术是对光波进行幅度调制，并测定往返一次所产生的相位延迟。如果低频调制信号的角频率是 ω，在待测距离 L 上往返一次产生的相位延迟是 ϕ，则对应的时间延迟是 $t=\phi/\omega$，则 $L=(1/2)ct=(1/2)c\phi/\omega=c\phi/(4\pi\nu)$。测距重复频率 ν 由低频（$5\sim20$ Hz）到高频（$1\sim10$ kHz）发展，激光器发射光脉宽从纳秒量级到皮秒量级发展。为了进一步提高激光测距的作用距离，人们不断提出新的测距体制。2005 年 5 月，美国国家航空航天局（NASA）戈达德航天中心（GSFC）与水星飞行器成功地进行了 2400 万公里距离的激光测距试验，测量精度为 20 cm。2005 年 9 月，火星轨道激光测高仪还成功地进行了 8000 万公里距离的测距。

未来航空测控领域的发展趋向是实现卫星激光通信系统、卫星激光测距系统以及光学地面站的通信测距一体化。最典型的例子是美国 X2000 飞行终端系统，不仅能完成与木卫二的双向通信，还具有双向激光测距、科学成像和激光高度计等功能。在飞行终端结构设计中，测距和通信共用信号光，采用应答测距体制激光测距，实现激光通信和激光测距复用的目的。

3. 激光武器系统进展

自激光诞生起，军方就想将其用于战争。激光武器系统用到的高功率激光器（见 2.1 节）有二氧化碳激光器、固体激光器（包括光纤激光器）、化学激光器、碱金属（如铷、铯、钾、钠等）蒸气激光器和自由电子激光器（FEL）等。固体激光器比自由电子激光器成熟，低功率固体激光器已具备商业用途。美国海军研制用超导直线加速器驱动的自由电子激光武器，主要用于拦截弹道导弹，攻击临近空间飞行器和低轨卫星。

关于激光武器的更多介绍见 2.6 节。

4. 光纤通信系统的发展概况

光纤通信系统是光子学和光电子学的最重要应用。

早在古希腊，一位吹玻璃工匠就观察到玻璃棒可以传输光。1930 年，有人拉出了石英细丝，人们把它称为光导纤维，简称光纤或光波导，并论述了其传光原理。接着，这种玻璃丝在一些光学机械设备和医疗设备（如胃镜）中得到应用。

现在，为了保护光纤，在它外面包上一层塑料外衣，所以它就可以在一定程度上弯曲，而不会轻易折断，同时也让光沿着弯曲的光纤波导传输。

因为用普通玻璃制成的光纤损耗很大，达到 3000 dB/km。对于这样的光纤，当光通过 100 m 后，它的能量就只剩下了百亿分之一了。所以，要想用光纤进行通信，关键问题是如何降低光纤的损耗！

但是到了 20 世纪 60 年代中期，情况发生了根本的变化，而且这种变化还是由一位英籍华人引起的，他就是高锟！早在 20 世纪 60 年代，他和他的同事就进行了光纤通信的早期实验。1966 年 7 月，高锟发表了具有历史意义的关于通信传输新介质的论文。当时他还是一个在英国标准电信实验室工作的年轻工程师，他指出利用光导纤维进行信息传输的可能性和技术途径，从而奠定了光纤通信的基础。在高锟早期的实验中，光纤的损耗约为 3000 dB/km，他指出这么大的损耗不是石英纤维本身的固有特性，而是由于材料中的杂质离子的吸收产生的，如果把材料中金属离子含量的比重降低到 10^{-6} 以下，光纤损耗就可以减小到 10 dB/km。再通过改进制造工艺，提高材料的均匀性，可进一步把光纤的损耗减小到几 dB/km。这种想法很快就变成了现实，1970 年，光纤进展取得了重大突破，美国康宁（Corning）公司研制成功损耗 20 dB/km 的石英光纤。目前 G.654 光纤在 1.55 μm 波长附近的损耗仅为 0.151 dB/km，接近了石英光纤的理论损耗极限。

图 1.1.3 表示目前正在应用的利用光纤进行光通信的示意图。

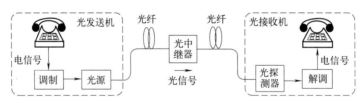

图 1.1.3　光纤通信系统的组成

在光纤损耗降低的同时，作为光纤通信用的光源——半导体激光器也被发明出来，并取得了实质性进展。1970 年，美国贝尔实验室和日本 NEC 公司先后研制成功室温下连续振荡的 GaAlAs 双异质结半导体激光器；1977 年，半导体激光器的寿命已达到 10 万小时，完全满足实用化的要求。

低损耗光纤和连续振荡半导体激光器的研制成功，是光纤通信发展的重要里程碑。

20 世纪 90 年代，掺铒光纤放大器（EDFA）的应用迅速得到了普及，用它可替代光/电/光再生中继器，同时可对多个 1.55 μm 波段的光信号进行放大，从而使波分复用（WDM）系统得到普及。

由于高锟（Charles K. Kao）在开创光纤通信历史上的卓越贡献，南京紫金山天文台 1996 年以他的名字命名了一颗小行星（编号为 3463）"高锟星（Kaokuen）"，如图 1.1.4a 所示。2009 年 10 月 6 日，瑞典皇家科学院因高锟在光在通信光纤中的传输做出的开天辟地的成就，授予他 2009 年度诺贝尔物理学奖，如图 1.1.4b 所示。

a)   b)

图 1.1.4 光纤通信发明家高锟（Charles K. Kao）

a）南京紫金山天文台 1996 年命名了一颗小行星——高锟星（Kaokuen）

b）诺贝尔物理学奖获得者高锟（1933—2018）

 ## 高锟——光纤之父、诺贝尔物理学奖得主

　　高锟 1933 年出生于江苏省金山县（今上海市金山区），从小就对科学很有兴趣，喜欢做模型、烟火，家中的三楼一直是他童年的实验室。

　　高锟一家 1948 年移居香港，1954 年赴英国攻读电机工程，1957 年获得伦敦大学电子工程理学学士学位，1965 年获得伦敦大学博士学位。

　　1960 年，高锟进入美国国际电话电报公司（ITT）设于英国的欧洲研究中心——标准电信实验室（STL），任工程师，重点研究毫米波微波传输通信系统。研究三年后，他发现该技术面临着各种限制，没办法从根本上改善通信。1964 年，他提出在电话网络中以光波代替电波，以硅纤维代替铜导线。1966 年 7 月，33 岁的高锟登上了人生的第一座高峰，发表了《用于光波传输的电介质纤维表面波导》的里程碑论文，他预测，当玻璃纤维损耗下降到 20 dB/km 时，以石英玻璃纤维作长途信息传递的介质将带来一场通信业的革命。但是，当时热门的通信技术是毫米波空心波导通信和金属空心管内一系列透镜构成的光波导，贝尔实验室的研究重点还是空心光波导。因此，这篇论文刚发表时，并没有在通信界引起人们的注意，主流的研究室都不看好光纤通信，甚至有人讥讽为痴人说梦。

　　当然，做出损耗低于 20 dB/km 的玻璃纤维并不是一件容易的事，要知道当时世界上最好的光学玻璃是德国的照相机镜头，其损耗是 700 dB/km，常规玻璃损耗约为几万 dB/km。因此，当时贝尔实验室的权威专家都断定光纤通信没有前途，而是继续致力于研究空心光波导系统。高锟访问贝尔实验室，想寻求帮助时，受到了冷遇。

　　不过，高锟并没有因此灰心。为了找到那种没有杂质的玻璃，高锟跑了很多地方，去了许多玻璃工厂。高锟的执着打动了英国国防部和英国邮政总局。1967 年，英国邮政总局拨款给高锟研究光学纤维。

　　当时世界最大的玻璃公司康宁（Corning）看到高锟的预言后，也斥资于 1970 年首次研制成功损耗为 20 dB/km 的光纤。

至此，贝尔实验室的研究员开始相信高锟的研究，1970 年也开始研究光纤通信，1972 年停止了所有空心光波导的研究。1973 年，美国贝尔实验室研制出损耗降低到 2.5 dB/km 的光纤。1970 年，室温下连续振荡的 GaAlAs 双异质结半导体激光器也被研制成功。1976 年后，各种实用的光纤通信系统陆续面世。低损耗光纤和连续振荡半导体激光器的研制成功，是光纤通信发展的重要里程碑。

自 1988 年国际电信联盟电信标准分局（ITU-T）通过同步数字体系（SDH）标准以来，光纤通信传输速率已从 155 Mbit/s 提高到 10 Gbit/s 和 100 Gbit/s。20 世纪 90 年代，掺铒光纤放大器（EDFA）获得广泛的应用，使波分复用（WDM）系统得到普及。进入 21 世纪，由于多种先进的调制技术、超强前向纠错（FEC）技术、电子色散补偿技术、偏振复用相干检测技术、扩展到长波段（L 波段）的共掺磷和铒放大器（P-EDFA）技术、低损耗和大有效面积光纤等一系列新技术的突破和成熟，以及有源和无源器件集成模块大量问世，出现了以 40 Gbit/s 和 100 Gbit/s 为基础的 WDM 系统的应用。下一代高速相干光通信系统的目标是每信道传输容量至少超过 100 Gbit/s。2023 年 11 月，我国开通了 1.2 Tbit/s 超高速互联网主干线路，连接北京、武汉和广州，全长 3000 km，采用 3×400 Gbit/s 多种光路复用、多个电载波聚合（复用）等技术。

在现已安装使用的光纤通信系统中，光纤长度有的很短，只有几米长（计算机内部或机房内），有的又很长，如连接洲与洲之间的海底光缆。20 世纪 70 年代中期以来，光纤通信的发展速度之快令人震惊，可以说没有任何一种通信方式可与之相比拟，光纤通信已成为所有通信系统的最佳技术选择。

1.2　光的本质

光既是波又是粒子，具有两种特性，即波动性和粒子性。光在传播时，表现为波动性；光与物质作用时，表现为粒子性。下面分别加以介绍。

1.2.1　光的波动性——麦克斯韦预言了电磁波的存在

英国物理学家麦克斯韦（Maxwell，图 1.2.1）完成了 19 世纪最美妙的科学发现——电磁场理论，并预言了电磁波的存在，他的理论预言得到了赫兹的实验证实。1864 年，麦克斯韦通过理论研究指出，和无线电波、X 射线一样，光是一种电磁波，光学现象实质上是一

电和磁的实验中最明显的现象是，处于彼此距离相当远的物体之间的相互作用。因此，把这些现象化为科学的第一步就是，确定物体之间作用力的大小和方向。

——麦克斯韦

图 1.2.1　英国物理学家麦克斯韦（J. C. Maxwell，1831—1879）

种电磁现象，光波就是一种频率很高的电磁波，光波是电磁波谱的一个组成部分，如图 1.2.2 所示。单频光称为单色光。光纤通信使用 850～1550 nm 的近红外光波，海底潜艇通信使用 400～500 nm 的蓝绿可见光，热成像、制导、跟踪、探测使用 1～15 μm 的中红外光波，激光测距使用 1.06 μm [掺钕钇铝石榴石（Nd:YAG）激光器] 或 10.6 μm（CO_2 激光器）的光波。

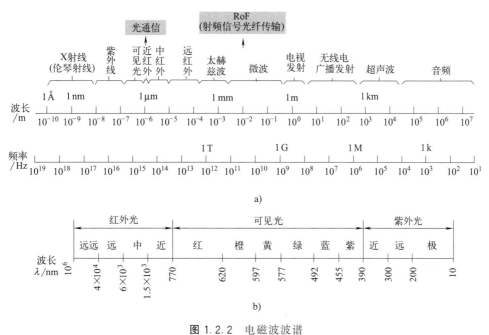

图 1.2.2 电磁波波谱

a）电磁波频率与波长的对应关系 b）红外光、可见光和紫外光波长范围

麦克斯韦的电磁场理论把光学和电磁学统一了起来，是 19 世纪科学史上最伟大的科学理论之一。麦克斯韦的主要成就包括：建立了麦克斯韦方程组，创立了经典电动力学，预言了电磁波的存在，提出了光的电磁说，代表作品有《电磁学通论》《论电和磁》等。

1888 年，德国物理学家赫兹首先用人工的方法获得了电磁波，并且通过电谐振接收到它，这就证实了电磁波的实际存在。后来又通过实验发现，电磁波在金属表面上要反射，在金属凹面镜上反射后会聚焦，通过沥青棱镜时要发生折射等现象，从而证实了电磁波在本质上跟光波是一样的。

1891—1893 年，科学家们分别用实验的方法测出了电磁波的传播速度，它和光的传播速度近似相等。

利用光的波动性可解释光的反射、折射、衍射、干涉和衰减等特性。利用光的反射、折射又可以解释多模光纤传输光的原理，利用光的衍射和干涉又可以解释许多光纤通信器件的工作原理，比如滤波器、复用/解复用器、光调制器、激光器和半导体光放大器（SOA）等。

在均匀介质中，可用麦克斯韦波动方程的弱导近似形式描述，即

$$\nabla^2 E = \left(\frac{1}{\upsilon^2}\right)\left(\frac{\partial^2 E}{\partial t^2}\right) \quad 和 \quad \nabla^2 H = \left(\frac{1}{\upsilon^2}\right)\left(\frac{\partial^2 H}{\partial t^2}\right) \tag{1.2.1}$$

式中，∇^2 是二阶拉普拉斯算符，υ 是在均匀介质中的波速，E 和 H 分别是电场和磁场。

光波可以用频率（或波长）、相位和传播速度来描述。频率是每秒传播的波数，波长是在介质或真空中传输一个波（波峰—波峰）的距离。频率用赫兹（Hz）、MHz、GHz 或 THz 表示，波长用微米（μm）或纳米（nm）表示。

频率 ν、波长 λ 和光速 c 的关系为

$$\nu = \frac{c}{\lambda} \tag{1.2.2}$$

在日常生活中，把"光"定义为可用眼睛看见的辐射。图 1.2.3a 表示人的眼睛对各种波长辐射的相对灵敏度，由图可见，人眼对黄绿光最灵敏。

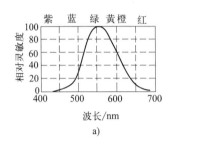
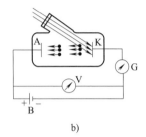

图 1.2.3 光的波动性和粒子性

a）人眼对不同波长光的灵敏度 b）光电效应实验装置图

1.2.2 光的粒子性——普朗克提出量子概念，爱因斯坦提出单色光的最小单位是光子

利用光的波动性可以解释很多现象，就像麦克斯韦方程组那样，但是很多时候光的行为并不像一个波，而更像是由许多微粒组成的集合体，这种微粒称为光子——一个携带光能量的量子概念，这种量子概念假设由普朗克（M. K. E. L. Planck，1858—1947）于 1900 年在解决黑体辐射这个困扰人们多时的问题时首先提出。他指出，必须假定，能量在发射和吸收的时候，不是连续不断的，而是分成一份一份的。1918 年，他荣获诺贝尔物理学奖。1905 年，爱因斯坦提出单色光的最小单位是光子，光子能量可用普朗克方程来描述

$$E = h\nu \tag{1.2.3}$$

式中，h 是普朗克常数，单位为焦耳·秒(J·s)；ν 是光频。光子能量 E 与其频率 ν 成正比，频率越高，能量越大。光子能量用电子伏特（eV）表示，1 eV 就是一个电子电荷经过 1 V 电位差时电场力所做的功。

像所有运动的粒子一样，光子与其他物质碰撞时也会产生光压。光也是一种能量的载体，当光子流打到物质表面上时，它不但会把能量传递给对方，也会把动量传递给对方，而且也遵守能量守恒定律和动量守恒定律。为了验证上述说法的正确性，可用图 1.2.3b 表示的实验装置进行实验。在一个抽成真空的玻璃容器内，装有阳极 A 和金属锌板的阴极 K。两个电极分别与电流计 G、伏特计 V 和电池组 B 连接。当光子照射到阴极 K 的金属表面上时，它的能量被金属中的电子全部吸收，如果光子的能量足够大，大到可以克服金属表面对电子的吸引力，电子就能跑出金属表面，在加速电场的作用下，向阳极 A 移动而形成电流。这种现象就叫做光电效应。实验表明，使用可见光照射时，不论光的强度多么大，照射时间多么久，电流计总是没有电流；但使用紫外光照射时，不论光的强度多么微弱，照射时间多么短暂，电流计总是有电流，说明金属板上有电子跑出来。这是因为可见光的频率低，光子

能量小，小于锌的电子溢出功；而紫外光的频率高，光子能量大，大于锌的电子溢出功。

爱因斯坦因为他的光电效应理论获得了 1921 年诺贝尔物理学奖。光电效应是光探测器的基础。

1936 年实验证明，当圆偏振光在双折射晶片中产生时，这个晶片经受着反作用的转矩。

光在不同的介质中具有不同的传播速度，在真空中它以最大的速度直线传播，光子能量可用爱因斯坦方程

$$E = mc^2 \tag{1.2.4}$$

描述，式中，m 是光子质量，kg；c 是光速，km/s。

 爱因斯坦，继伽利略、牛顿以来最伟大的物理学家

阿尔伯特·爱因斯坦（Albert Einstein，1879—1955，图 1.2.4），1879 年 3 月 14 日出生于德国符腾堡王国乌尔姆市，犹太裔物理学家。1900 年毕业于苏黎世联邦理工学院；1905 年，创立狭义相对论，获苏黎世大学哲学博士学位；1915 年创立广义相对论。爱因斯坦提出光子假设，成功解释了光电效应，因此获得 1921 年诺贝尔物理学奖。1955 年 4 月 18 日去世，享年 76 岁。爱因斯坦为核能开发奠定了理论基础，开创了现代科学技术新纪元，被公认为是继伽利略、牛顿以来最伟大的物理学家。1999 年 12 月 26 日，爱因斯坦被美国《时代》周刊评选为"世纪伟人"。

科学家必须在庞杂的经验事实中抓住某些可用精确的公式来表示的普遍特征，由此探求自然界的普遍原理。

——爱因斯坦（A. Einstein）

人生价值，应该看他贡献什么，而不是取得什么。

——爱因斯坦（A. Einstein）

图 1.2.4　爱因斯坦

用式（1.2.2）可进行电磁波频率与波长的换算。图 1.2.2 表示电磁波频率与波长的对应关系。

从式（1.2.3）和式（1.2.4）可以得到 $\nu = mc^2/h$ 和 $m = h\nu/c^2$。当光通过强电磁场时，由于相互作用，它的运动轨迹要改变方向，电磁场越强，改变越大，如图 1.2.5 所示。当光通过比真空密度大的介质时，其传播速度要减慢，如图 1.2.6 所示，减慢的程度与介质折射率 n 成反比，即式（1.2.1）中的波速变为 $\upsilon = c/n$，$c = 1/\sqrt{\varepsilon_0 \mu_0}$ 是真空中的光速，$c = 3 \times 10^8$ m/s（30 万 km/s），ε_0 为真空介电常数，μ_0 是真空磁导率，$n = \sqrt{\varepsilon/\varepsilon_0}$ 为介质折射率。

光的粒子性可以用来度量光接收机的灵敏度，比如当"0"码不携带能量时，用每比特接收的平均光子数 $\overline{N_P} = N_P/2$ 表示接收机灵敏度，它的使用相当普遍，特别是在相干通信

系统中，光探测器的量子极限是 $\overline{N}_P = 10$。但大多数接收机实际工作的 $\overline{N}_P$ 远大于量子极限值，通常 $\overline{N}_P \geqslant 1000$。

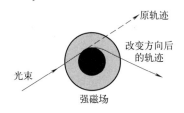

图 1.2.5　光通过强电磁场时运动轨迹要改变方向

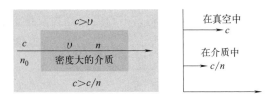

图 1.2.6　光通过密度大的介质时传播速度要减慢

【例 1.2.1】　探测器每秒接收的光子数

0.8 μm 波长的光波以 1 μW 的光功率入射到探测器上，请问探测器每秒接收的光子数是多少？

解： 从式（1.2.3）和式（1.2.4）可知，一个 0.8 μm 波长的光子能量是

$$E = h\nu = hc/\lambda = 2.48 \times 10^{-19} \text{ J}$$

因为光功率是单位时间产生的能量，所以 1 s 产生的能量是 $E = Pt$，1 μW 的光功率在 1 s 的时间间隔内就产生 1 μJ 的能量。该能量可产生的光子数是

$$N_P = \frac{E_{\text{tot}}}{E_{\text{sig}}} = \frac{10^{-6} \text{ J}}{2.48 \times 10^{-19} \text{ J/光子}} = 4.03 \times 10^{12} \text{ 光子}$$

如果时间从 1 s 减少到 1 ns，我们仍然可以接收到 4000 个光子，相干接收机 $N_P < 100$ 是很容易实现的，而普通接收机需要 $N_P > 1000$。

1.3　均匀介质中的光波

1.3.1　平面电磁波——光场泛指电场，光程差和相位差

光是一种电磁波，即由密切相关的电场和磁场交替变化形成的一种偏振横波，它是电波和磁波的结合。它的电场和磁场随时间不断地变化，分别用 E_x 和 H_y 表示，在空间沿着 z 方向并与 z 方向垂直向前传播，这种波称为行波，如图 1.3.1 所示。由于电磁感应，当磁场发生变化时，会产生与磁通量的变化成比例的电场；反过来，电场的变化也会产生相应的磁场。并且 E_x 和 H_y 总是相互正交传输。最简单的行波是正弦波，沿 z 方向传播的数学表达式为

$$E_x = E_0 \cos(\omega t - kz + \phi_0) \tag{1.3.1}$$

式中，E_x 是时间 t 在 z 方向传输的电场；E_0 是波幅；ω 是角频率；k 是传输常数或波数，$k = 2\pi/\lambda$，这里 λ 是波长；ϕ_0 是相位常数，它考虑到在 $t = 0$ 和 $z = 0$ 时，E_x 可以是零也可以不是零，这要由起点决定。$(\omega t - kz + \phi_0)$ 称为波的相位，用 ϕ 来表示。式（1.3.1）描述了沿 z 方向无限传播的单色平面波，如图 1.3.4a 所示。在任一垂直于传播方向 z 的平面上，由式（1.3.1）可知，波的相位是个常数，也就是说在这一平面上电磁场也是个常数，该平面称为波前。平面波的波前很显然是与传播方向正交的平面，如图 1.3.2 所示。

由电磁场理论可知，时间变化的磁场总是产生同频率时间变化的电场（法拉第定律）；同样，时间变化的电场也总是产生同频率时间变化的磁场，因此电场和磁场总是以同样的频

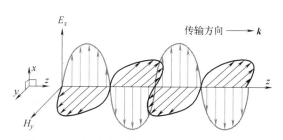

图 1.3.1 电磁波是行波，电场 E_x 和磁场 H_y 随时间不断变化，在空间沿着 z 方向总是相互正交传输

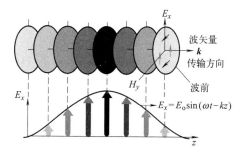

图 1.3.2 沿 z 方向传播的平面电磁波在指定平面上的任一点具有相同的 E_x 或 H_y，所有电场在 xy 平面同向

率和传播常数（ω 和 k）同时相互正交存在的，如图 1.3.1 所示，所以也有与式（1.3.1）表示的 E_x 式类似的磁场 H_y 行波方程，通常我们用电场 E_x 来描述光波与非导电材料（介质）的相互作用，今后凡提到光场就是指电场。我们也可以用指数形式描述行波，因为 $\cos\phi = \mathrm{Re}[\exp(\mathrm{j}\phi)]$，这里 Re 指的是实数部分。于是式（1.3.1）可以改写为

或者

$$E_x(z,t) = \mathrm{Re}[E_o \exp(\mathrm{j}\phi_o)\exp\mathrm{j}(\omega t - kz)]$$
$$E_x(z,t) = \mathrm{Re}[E_c \exp\mathrm{j}(\omega t - kz)] \tag{1.3.2}$$

式中，$E_c = E_o \exp(\mathrm{j}\phi_o)$ 表示包括相位常数 ϕ_o 的波幅。

图 1.3.2 中波前沿矢量 k 传播，k 称为波矢量，它的幅度是传播常数 $k = 2\pi/\lambda$，显然，它与恒定的相平面（波前）垂直。波矢量 k 可以是任意的方向，也可以与 z 不一致。

根据式（1.3.1），在给定的时间（t）和空间（z），对应最大场的相位 ϕ 可用下式描述

$$\phi = \omega t - kz + \phi_o \tag{1.3.3a}$$

在时间间隔 δt，表示具有最大场的恒定相位波前移动了 δz，因此该波的相速度是 $\delta z / \delta t$。于是，由式（1.3.3a）可以得到相速度为

$$\upsilon = \frac{\mathrm{d}z}{\mathrm{d}t} = \frac{\omega}{k} = \nu\lambda \tag{1.3.3b}$$

式中，ν 是频率，它与角频率 ω 的关系是 $\omega = 2\pi\nu$，单位是 Hz，1 Hz 等于每秒振荡 1 周，两个相邻振荡波峰之间的时间间隔称为周期 T，等于光波频率的倒数，即 $\nu = 1/T$。

假如波沿着 z 方向依波矢量 k 传播，如式（1.3.1）所示，被 Δz 分开的两点间的相位差 $\Delta\phi$ 可用 $k\Delta z$ 简单表示，因为对于每一点 ωt 是相同的。假如相位差是 0 或 2π 的整数倍，则两个点是同相位，于是相位差 $\Delta\phi$ 可表示为

$$\Delta\phi = k\Delta z \quad \text{或} \quad \Delta\phi = \frac{2\pi\Delta z}{\lambda} \tag{1.3.4}$$

我们经常对光波上给定时间以一定距离分开的两点间的相位差感兴趣，比如由马赫-曾德尔（M-Z）干涉仪构成的滤波器、复用/解复用器和调制器，由阵列波导光栅（AWG）构成的诸多器件（滤波器、波分复用/解复用器、光分插复用器和波长可调/多频激光器等），由电光效应制成的外调制器，由热电效应制成的热电开关，以及光纤陀螺等，如图 1.3.3 所示，它们的工作原理均用到相位差这一概念，本书以后有关章节也会经常用到这一概念，并使用式（1.3.4）。

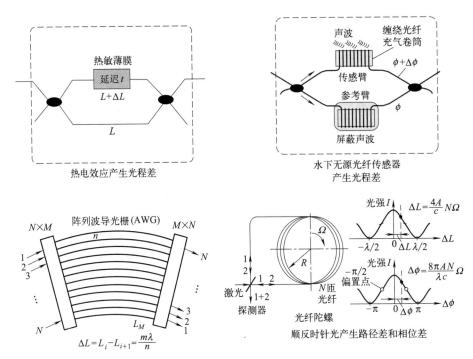

图 1.3.3 光子学与光电子学经常用到的光程差和相位差举例

【例 1.3.1】 "1"码内的光振荡数量计算

用脉冲信号对光强度调制，使用波长为 $0.82 \mu m$ 的 LED，请问当脉冲宽度 1 ns 时，在"1"码时有多少个光振荡？

解： 已知 $\lambda = 0.82 \mu m$，所以光频是 $\nu = c/\lambda = 3.6585 \times 10^{14}$ Hz，光波的周期是 $T = 1/\nu = 2.7334 \times 10^{-15}$ s。已知脉冲宽度 1 ns，所以在该脉冲宽度内的光振荡（周期）数是

$$N = T_{ele}/T = 10^{-9}/2.7334 \times 10^{-15} \approx 365845$$

【例 1.3.2】 光程差计算

波长为 $1.55 \mu m$ 的两束光沿 z 方向传输，从 A 点移动到 B 点经历的路径不同，其光程差为 $20 \mu m$，计算这两束光的相位差。

解： 由式（1.3.4）可知，两束光的相位差为

$$\Delta \phi = \frac{2\pi \Delta z}{\lambda} = 2\pi \times 20/1.55 = 25.8\pi \quad （弧度）$$

1.3.2　麦克斯韦波动方程——统一电磁波的理论获得了极大的成功

本质上，光是一种电磁波，一种密切相关的电场和磁场交替变化形成的偏振横波，它是电波和磁波的结合，由麦克斯韦提出，并被赫兹通过实验证实。光的传播就是通过电场、磁场的状态随时间变化的规律表现出来。麦克斯韦把这种变化列成了数学方程，后来人们就叫它为麦克斯韦波动方程，这种统一电磁波的理论获得了极大的成功。麦克斯韦方程组简洁、深刻、对称、完美，倾倒众生，被誉为"上帝谱写的诗歌"。

英国物理学家麦克斯韦的电学研究始于 1854 年，当时他刚从剑桥大学毕业不过几星期，读到了法拉第的《电学实验研究》，立即被书中新颖的实验和见解吸引住了。当时人们对法拉第的观点和理论看法不一，有不少非议。原因之一就是法拉第理论的严谨性还不够，法拉第是实验大师，有着常人所不及之处，但唯独欠缺数学功力，所以他的学术创见都是以直观形式来表达的。一般的物理学家恪守牛顿的物理学理论，对法拉第的学说感到不可思议。在剑桥大学的学者中，这种分歧也相当明显。汤姆孙也是剑桥大学里很有见识的学者之一，麦克斯韦对他敬佩不已，麦克斯韦特意给汤姆孙写信，向他求教有关电学的知识。汤姆孙比麦克斯韦大 7 岁，对麦克斯韦从事电学研究给予过极大的帮助。在汤姆孙的指导下，麦克斯韦得到启示，相信法拉第的新论中有着不为人所了解的真理。他认真地研究了法拉第的著作后，感受到力线思想的宝贵价值，也看到法拉第在定性表述上的弱点。于是这个刚刚毕业的青年科学家抱着给法拉第的理论"提供数学方法基础"的愿望，决心把法拉第的天才思想以清晰准确的数学形式表示出来。

1855 年，麦克斯韦发表了第一篇关于电磁学的论文《论法拉第力线》。7 年后，年仅 31 岁的麦克斯韦就从理论上科学地预言了电磁波的存在。1873 年出版的《论电和磁》，把电磁场理论用简洁、对称、完美的数学形式表示出来，经赫兹整理和改写，成为经典电动力学主要基础的麦克斯韦方程组。因此，《论电和磁》被尊为继牛顿《自然哲学的数学原理》之后的一部最重要的物理学经典。

图 1.3.2 表示的是沿 z 方向传播的平面电磁波，所有恒定的相位面都是与 z 方向垂直的 xy 平面。垂直于 z 方向的平面波如图 1.3.4a 所示，与 z 方向成直角的平行浅色线表示波前，通常波前用相位 2π 或一个波长 λ 来分开。波矢量 k 是波前表面 P 点的法线，它表示波从 P 点传播的方向，显然，每一点的传播矢量都是平行的。平面波的幅度 E_0 与参考点的距离无关，在垂直于 k 的同一平面上的所有点都相同，即与 x 和 y 无关。而且在平面波中，当这些平面扩展到无限远时，其能量也能保持不变。这是理想的平面波，在分析许多电磁波的现象中是很有用的，但实际是不存在的。

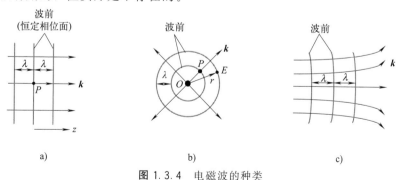

图 1.3.4　电磁波的种类
a）平面波　b）球面波　c）扩散波

实际上有多种电磁波，它们必须遵守描述电场时间和空间有关的波动方程。在均匀和线性介质中，即相对介电常数（ε_r）在所有方向都相同（即与电场无关），电场 $\boldsymbol{E}$ 必须遵守麦克斯韦波动方程，即

$$\frac{\partial^2 E}{\partial x^2}+\frac{\partial^2 E}{\partial y^2}+\frac{\partial^2 E}{\partial z^2}=\varepsilon_0\varepsilon_r\mu_0\frac{\partial^2 E}{\partial t^2} \tag{1.3.5}$$

式中，μ_0 是介质的绝对磁导率，ε_0 是介质的绝对介电常数，ε_r 是介质的相对介电常数。式（1.3.5）假定介质的电导率为零。为了找出电场的时间和空间的关系，我们必须利用初始条件和边界条件对式（1.3.5）求解，结果表明式（1.3.1）描述的平面波满足式（1.3.5），另外许多种类的电磁波也满足式（1.3.5）。

球面波是一种从电磁波的波源发出的传播波，如图 1.3.4b 所示，它的幅度随着从源头开始的距离 r 的增大而衰弱，距源头 r 的任一点的电场为

$$E=\frac{A}{r}\cos(\omega t-kr) \tag{1.3.6}$$

式中，A 是常数。把式（1.3.6）代入式（1.3.5），结果表明式（1.3.6）是麦克斯韦波动方程的一个解。

图 1.3.4c 所示的是一种接近实际的扩散波。光扩散指的是在给定的波前上波矢量分开的角度，球面波有 360°的扩散。平面波和球面波表示两种波传输的极端，它们完全平行于扩散波矢量。平面波的波源无限大，球面波的波源又是点光源。在许多光学现象解释中，在离光源很远的一个很小的区域内，波前将接近平面，尽管它实际上是一个球面，图 1.3.4a 所示的平面波是巨大球面的一个极小部分。

许多光束，例如激光器的输出可用高斯光束来描述，图 1.3.5 表示沿 z 方向传播的高斯光束。该光束的传输特性仍然可用 $\exp[j(\omega t-kz)]$ 描述，但是它的幅度不但以光束轴线为中心在空间变化，而且从源头开始向外辐射时也在变化。这种光束与图 1.3.4c 所示的类似，沿 z 方向任一点光束横截面的分布是高斯光束。定义模场半径 w 为，z 方向上光束横截面积 πw^2 包含了 85% 的光束功率的任一点的光束半径，高斯光束光强分布为

$$I=I_0\mathrm{e}^{-2r^2/w^2}$$

式中，$\mathrm{e}=2.718$，是自然对数，$\mathrm{e}^0=1$；I_0 是 $r=0$ 时的光强。于是 $2w$ 随光束沿 z 方向传播时增大。

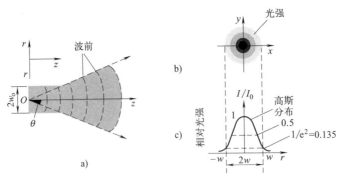

图 1.3.5　沿 z 方向传播的高斯光束

a）高斯光束波前　b）光束横截面光强　c）光强与半径的关系

高斯光束以有限的宽度 $2w_0$ 从 O 点开始，沿 z 方向传播时光束逐渐扩散，波前也由平行变成弯曲。波前平行的地方宽度为 $2w_0$，称为光束的收敛，w_0 是收敛半径，$2w_0$ 是光斑

尺寸。光束直径随距离 z 线性增加，2θ 称为光束的扩散角，用下式表示

$$2\theta = \frac{4\lambda}{\pi(2w_o)} \tag{1.3.7}$$

收敛越大，扩散越小，式（1.3.7）定义了高斯光束可以聚焦的最小光斑尺寸。

【例 1.3.3】 扩散角

考虑一个波长为 633 nm 的 He-Ne 激光器，光斑尺寸为 10 mm。假设它发的光是高斯光束，问光束的扩散角是多少？

解： 使用式（1.3.7），得到

$$2\theta = \frac{4\lambda}{\pi(2\omega_o)} = \frac{4(633 \times 10^{-9})}{\pi(10 \times 10^{-3})} = 8.06 \times 10^{-5} \ \text{rad} = 0.0046°$$

1.3.3 相速度和折射率

当电磁波在介质中传播时，振荡的电场以其波动频率极化介质的分子，产生分子偶极子。电磁波传播可以认为该极化在介质中的传播，电场和它引入的分子偶极子共轭存在，其影响是极化机理使电磁波在介质中传输要比在真空中传输延迟了一段时间。电磁波在介质中传输时，电场和它产生的偶极子的相互作用的程度可用相对介电常数 ε_r 来表示。当电磁波在相对介电常数为 ε_r 的非磁介电质中传播时，相速度为

$$\upsilon = \frac{1}{\sqrt{\varepsilon_r \varepsilon_o \mu_o}} \tag{1.3.8}$$

假如电磁场的频率是在光频范围内，电场产生的介质极化是离子极化，它要比分子极化慢一些，相速度也更慢一些。对于在自由空间传播的电磁波，$\varepsilon_r = 1$，真空中的光速 $\upsilon_v = 1/\sqrt{\varepsilon_o \mu_o} = c = 3 \times 10^8$ m/s。介质折射率 n 是光在自由空间的速度 c 与它在介质中的速度 υ 之比，即

$$n = \frac{c}{\upsilon} = \sqrt{\varepsilon_r} \tag{1.3.9a}$$

由此可见，介质折射率 n 与材料的相对介电常数 ε_r 有关。假如 k 是自由空间波矢量（$k = 2\pi/\lambda$），λ 是自由空间波长，则在介质中，波矢量 k_m 和波长 λ_m 分别为

$$k_m = nk \qquad \lambda_m = \lambda/n \tag{1.3.9b}$$

显然，在密集介质中，光传输的速度要更慢些；波长也要比在自由空间中的波长更短些。但是，光频保持恒定不变。在介质中的折射率指数，在各个方向可能互不相同。大部分非晶体材料，例如玻璃和液体，材料结构在所有方向都相同，n 与方向无关，即折射率是各向同性的。然而，一些晶体原子排列和原子间的结合随方向而变。通常，晶体具有各向异性特性，即晶体结构与方向有关，晶的相对介电常数 ε_r 随晶体的方向而变。这就是说，电磁波在晶体中传输时，介质折射率将取决于电场振荡方向上的相对介电常数 ε_r，如式（1.3.9a）所示。

例如，图 1.3.1 中，在晶体中沿 x 方向传输的电场，假如 x 方向的相对介电常数是 ε_{rx}，则 x 方向的折射率是 $n_x = \sqrt{\varepsilon_{rx}}$，相速度是 $\upsilon = c/n_x$，n_x 与晶体的结构有关。晶体的一个重要特征是它的许多特性与晶体的方向有关，除立方晶体（如宝石）外，所有晶体都表现出一定程度的光各向异性。这种特性导致了许多重要的应用，如第 4 章介绍的双折射效应及其应用，第 6 章介绍的电光效应及其应用。

现在考虑传输模中的一条光线，如图 1.3.6a 所示，我们可以把电场 E 的波矢量 k 分解成两个沿波导（z 轴）的传输常数 β 和 k，光线在纤芯内以角度 θ 全反射，在介质中的光速 $\upsilon = c/n_1$，它是波矢量 k 传播的速度。

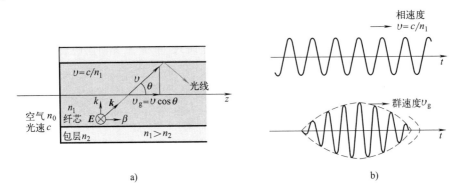

图 1.3.6　阶跃光纤波导的相速度和群速度

a）波矢量 k、传输常数 β、相速度 υ、群速度 υ_g　b）相速度和群速度

由于光纤的纤芯形状沿长度难免出现变化，光纤也可能受非均匀应力而使圆柱对称性受到破坏，两个模式的传播常数 $\beta_x \neq \beta_y$，所以光纤波导也是一种各向异性介质波导，也存在双折射，使光纤正交偏振简并的特性受到破坏，而产生偏振模色散（3.2 节）。

1.3.4　群速度和群折射率

实际上，纯单色光波并不存在，我们必须考虑波长略不相同的一组光波沿 z 方向传输的情况。当两个频率为 $\omega - \delta\omega$ 和 $\omega + \delta\omega$、波矢量为 $k - \delta k$ 和 $k + \delta k$ 的正弦波干涉时，它们相互作用的结果将产生一个光包络，即一个中心频率为 ω 的振荡场，如图 1.3.7 所示，其幅度被频率为 $\delta\omega$ 的低频电场调制，最大幅度以波矢量 δk 运动，其速度称为群速度，用与表示相速度式（1.3.3b）类似的表达式表示为

$$\upsilon_g = \frac{\mathrm{d}\omega}{\mathrm{d}k} \tag{1.3.10a}$$

上述群速度一般还可用波矢量 k 分解出的传播常数 β［见图 1.3.6a］来表示，即

$$\upsilon_g = \frac{\mathrm{d}\omega}{\mathrm{d}\beta} \tag{1.3.10b}$$

群速度是幅度变化的包络移动的速度，因此它是能量或信息传播的速度。电场包络以群速度 υ_g 向前移动，而电场中的相位变化以相速度 υ 向前移动。能量沿波导传输方向（z 轴）的传输速度是

$$\upsilon_g = \upsilon\cos\theta = \frac{c}{n_1}\cos\theta \tag{1.3.11}$$

这一速度正是群速度，它表示调制光脉冲包络的传播速度，如图 1.3.6 和图 1.3.7 所示。它与相速度不同，相速度 υ 是波矢量 k 传播的速度，群速度 υ_g 是相速度 υ 在 z 方向（即群速度传输的方向）传输的速度。

因为从式（1.3.3b）可知，$\omega = \upsilon k$，相速度 $\upsilon = c/n$，所以介质中的群速度很容易从式（1.3.10）中得到。显然在真空中相速度就是光速 c，与波长和传播常数 k 无关。在真空中，因为 $\omega = ck$，所以真空中的群速度就是相速度

$$\upsilon_g = \frac{d\omega}{dk} = 相速度 \tag{1.3.12}$$

在玻璃中，折射率是波长的函数，即 $n = n(\lambda)$，相速度 υ 也与波长或传播常数 k 有关，光波在介质中的群速度，即

$$\upsilon_g = \frac{c}{N_g} \tag{1.3.13}$$

式中

$$N_g = n - \lambda \frac{dn}{d\lambda} \tag{1.3.14}$$

N_g 定义为介质的群折射率，它表示介质对群速度的影响，并与波长有关。

　　通常，许多介质的相对介电常数 ε_r 与光的频率有关，由式（1.3.9a）可知，折射率 n 与群折射率 N_g 一样，也与光的波长（$\lambda = c/\upsilon$）有关，所以相速度和群速度也与波长有关，这些介质就称为色散介质。纯 SiO_2 玻璃的折射率 n 和群折射率 N_g 是光纤通信设计中的重要参数，它们都与波长有关，如图 1.3.8 所示，在 1550 nm 波长附近，波长越长，N_g 越大，由式（1.3.13）可知，此时 υ_g 就越小，群延迟 $\tau_g = 1/\upsilon_g$ 就越大。$\lambda = 1300$ nm 附近，N_g 最小且与 λ 几乎无关，因此 1300 nm 附近的光是以相同的群速度传播的，而不会产生色散。这种现象在光纤通信中具有极其重要的意义，G.652 光纤就具有这种特性。

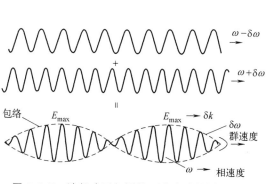

图 1.3.7　波长略不相同的两个光波沿同一方向
传输时干涉产生一个幅度以群速度运动的光包络

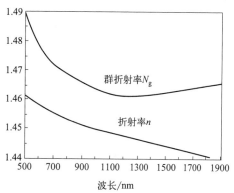

图 1.3.8　纯 SiO_2 折射率 n 和群折射率 N_g
与波长的关系（注意 $\lambda = 1300$ nm 附近，
N_g 与 λ 几乎无关）

【例 1.3.4】　相速度、群折射率和群速度

　　考虑光波在纯 SiO_2 玻璃介质中传输，假如波长是 $1~\mu m$，该波长的折射率是 1.450。请问相速度、群折射率和群速度是多少？

　　解：由式（1.3.9a）可以得到相速度为

$$\upsilon = c/n = (3 \times 10^8~\text{m/s})/1.450 = 2.069 \times 10^8~\text{m/s}$$

从图 1.3.8 可知，$\lambda = 1~\mu m$ 时，$N_g = 1.46$，因此由式（1.3.13）可得到群速度为

$$\upsilon_g = c/N_g = (3 \times 10^8~\text{m/s})/1.460 = 2.055 \times 10^8~\text{m/s}$$

由此可见，群速度比相速度约慢 0.7%。

1.4　相干——相干光、非相干光、各种光源比较

　　我们可以用下面的纯正弦波描述一个传播的电磁波（用电场描述）

$$E_x = E_o \sin(\omega_o t - k_o z) \tag{1.4.1}$$

式中，$\omega_o = 2\pi\nu_o$ 是角频率，k_o 是波数或传播常数。假定该电磁波无限扩展到所有的空间，并在所有的时间均存在，如图1.4.1a所示，这样的纯正弦波是完全相干的，因为波上的所有点是可以预见的。可以这样理解完全相干的含义：我们从波上某一点的相位可以预见该波上任一其他点的相位。例如，在图1.4.1a中，在给定的空间位置，波形上被任一时间间隔分开的任意两点如 P 和 Q 总是相关的，因为我们可以从 P 点的相位预见到任一时间间隔 Q 点的相位，这就是时间相干。任意与时间相关的随机函数 $f(t)$ 可用频率、幅度和相位各不相同的多个正弦波之和来表示，我们只需要一个如式（1.4.1）描述的频率为 $\nu_o = \omega_o/(2\pi)$ 的纯正弦波来说明时间的相干性，如图1.4.1a所示。

纯正弦波只是一种理想的正弦波，实际上它只在有限的时间间隔 Δt 内对应有限的空间长度 $L = c\Delta t$ 内存在，如图1.4.1b所示，该 Δt 可能是光源的发射过程，如"1"码时对一个激光器输出的调制过程。实际上光波的幅度也并不总是恒定不变的，我们只对一列光波上在 Δt 期间内或空间距离 $L = c\Delta t$ 内一些点的相关性感兴趣，如果在 Δt 期间或 $L = c\Delta t$ 距离内相关，我们就说这列波具有相干时间 Δt 和相干长度 $L = c\Delta t$。在图1.4.1b中，因为它并不是理想的正弦波，在它的频谱中包括许多频率分量。计算表明，构成这列有限光波的最重要的频率成分是在中心频率 ν_o 附近，即最重要的频率成分位于 $\Delta\nu = 1/\Delta t$ 内（见图1.4.1b右图），$\Delta\nu$ 是频谱宽度，它与时间相干长度 Δt 有关，即

$$\Delta\nu = \frac{1}{\Delta t} \tag{1.4.2}$$

因此相干和频谱宽度有密切的关系，例如发射波长为 589 nm 的钨灯频谱宽度为 $\Delta\nu = 5\times10^{11}$ Hz，这意味着它的相干时间 $\Delta t = 2\times10^{-12}$ s，或 2 ps，它的相干长度 $L = 6\times10^{-4}$ m，或 0.60 mm。多模 He-Ne 激光器的频谱宽度为 1.5×10^9 Hz，对应的相干长度是 200 mm。由于单模连续波激光器具有很窄的线宽，所以它的相干长度可达几百米，因此已广泛应用于光干涉及其相关的应用中。

图1.4.1c表示白光是一种非相干光，它的频谱包括很宽的频率范围，它是理想的非相干光。实际上，现实中光波的相干性均在图1.4.1a和图1.4.1c所示的范围之间。

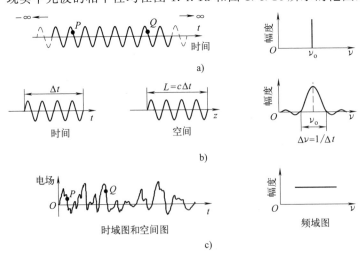

图1.4.1 相干光、非相干光及其频谱
a）正弦波是完全相干波　b）非理想正弦波的相干时间和相干长度　c）非相干光

两列波的相干性表示这两列波的相关程度，图 1.4.2a 中的光 A 和光 B 具有相同的频率，但是它们只在时间间隔 Δt 内一致，因此它们只在 Δt 内相干，这种现象称它们在间隔 Δt 内互相干。它只能在下面的情况下出现，即当相干长度均为 L 的在不同通道传输的完全相同的两列波到达目的地时，只有在空间距离为 $L = c\Delta t$ 范围内干涉。

空间相干描述的是在一个光源上不同位置发射的光波间的相干程度，如图 1.4.2b 所示。假如光源上 P 和 Q 两点上发射的光波具有相同的相位，此时 P 和 Q 是空间相干源。尽管空间相干源在整个发射表面发射的光同相位，然而这些光在空间并不总能满足相干条件，可能只有在部分时间相干，因此这些波只在相干长度 $L = c\Delta t$ 内同相位。平面波是一种空间上完全相干的波，光通过狭缝（或针孔）后会发生干涉（见图 2.3.1），同一波面的光经透镜聚焦后几乎成一点。实际上，由于衍射现象，这个点的直径约为波长的几倍。

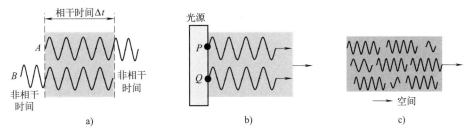

图 1.4.2　相干光和非相干光

a) 互相干，两列波只有在 Δt 期间内发生相干　b) 空间相干源　c) 非相干光束

与相干光相反，非相干光波可以看作是由各种平面光波或者波面已严重失真的光随机相互叠加而成。太阳光近似为平面波，但由于太阳各部分发出来的光的波面互相重叠，经透镜会聚后，仍旧形成太阳的像。它是光斑，而不是点。发光二极管发出的光，时间相干性和空间相干性都不好，如图 1.4.3d 所示。通过毛玻璃的相干光也没有空间的相干性，其波面已严重失真。

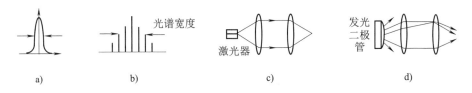

图 1.4.3　各种光源比较

a) 近乎单色的光源　b) 含有多个波长的光源　c) 近乎点光源的光源　d) 空间相干性差的光源

与此相反，来自遥远星球并经单色滤光片分出来的光，以及激光器发出的光，其空间相干性都非常好，可认为是近似于从点光源发出的光，如图 1.4.3c 所示。

由于非相干光是不同方向的波面的叠加，所以散发到各个方向的光不能聚焦成一点，而是成了光源的实像。

大部分非相干光束在其横截面上包含一些时间和相位都随机变化的光波，如图 1.4.3d 所示。

【例 1.4.1】 LED 光的相干长度

红色发光二极管（LED）发射波长是 650 nm，频谱宽度是 22 nm，计算它发射光的相干时间和相干长度。

解： 由题可知，$\lambda = 650 \times 10^{-9}$ m，$\Delta\lambda = 22 \times 10^{-9}$ m，从式（2.1.11）可知

$$\Delta\nu = \Delta\lambda(c/\lambda^2) = 22 \times 10^{-9} \times 3 \times 10^8/(650 \times 10^{-9})^2 = 1.562 \times 10^{13} \text{ Hz}$$

于是，相干时间是

$$\Delta t \approx 1/\Delta\nu = 1/(1.562 \times 10^{13}) = 6.4 \times 10^{-14} \text{ s} = 64 \text{ fs}$$

相干长度是

$$l_c = c\Delta t = 1.9 \times 10^{-5} \text{ m} = 19 \ \mu\text{m}$$

可见，相干长度很短，这就是为什么 LED 不能用于干涉测量仪中的道理。

1.5 光电子学基础知识

研究半导体材料特性是一门专门的学科，本节仅就与半导体光电子器件有关的基本概念和理论做简要介绍。

1.5.1 能带理论

1. 原子能级和晶体能带

单个原子中的电子是按壳层分布的，且只能具有某些分立的能量，如图 1.5.1a 所示，这些分立值在能量坐标上称为能级。晶体中由于原子密集，离原子核较远的壳层常常要发生彼此之间的交叠，如图 1.5.1b 所示。这时，价电子已不再属于某个原子了，而是若干个原子所共用，这种现象称为电子共有化。该共用化会使本来处于同一能量状态的电子之间发生能量的微小差异。例如，组成晶体的大量原子在某一能级上的电子本来都具有相同的能量，现在由于它们处于共有化状态而具有各自不尽相同的能量。因为它们在晶体中不仅仅受本身原子势场的作用，而且还受到周围其他原子势场的作用。这样，晶体中所有原子原来的每一个相同的能级就会分裂而形成了有一定宽度的能带。图 1.5.1c 给出了晶体中 N 个原子的能带图。

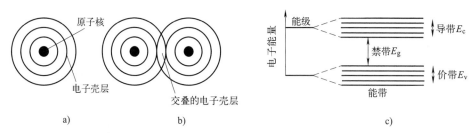

图 1.5.1　原子中的电子能级分布

a) 单个原子中的电子是按壳层分布的　b) 离原子核较远的两个原子
电子壳层常发生彼此交叠　c) 晶体中 N 个原子的能带图

与价电子（最外层）能级相对应的能带称为价带 E_v，价带以上能量最低的能带为导带 E_c，导带底与价带顶之间的能带间隔称为禁带 E_g，有时也称带隙。

处于价带中的电子，受原子束缚不能参与导电。而处于导带中的电子，不受原子束缚，是自由电子，能参与导电。价电子要跃迁到导带成为自由电子，至少要吸收禁带宽度的能量。所以，可用能带图来分析材料的导电性能。

图 1.5.2 给出了绝缘体、半导体和金属三种材料的能带图。图 1.5.2a 表示的绝缘材料

SiO_2 的 $E_g \approx 5.2$ eV，导带中电子极少，所以导电性差；图 1.5.2b 表示的半导体 Si 的 $E_g \approx 1.1$ eV，导带中有一定数量的电子，从而有一定的导电性；图 1.5.2c 表示的金属的导带与价带有一定程度的重叠，$E_g = 0$，价电子可以在金属中自由运动，导电性好。

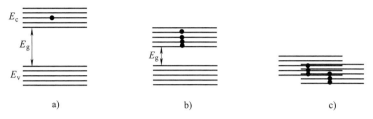

图 1.5.2　绝缘体、半导体和金属的能带图
a) 绝缘体（SiO_2）　b) 半导体（Si）　c) 金属

半导体的导电性能介于绝缘体和金属之间，是制作光电器件的重要材料。它可分为本征半导体和非本征半导体两类。结构完整、纯净的半导体称为本征半导体，比如纯净的硅称为本征硅；半导体中可人为掺入少量的杂质形成杂质半导体，通常称它为非本征半导体。非本征半导体包括 N 型半导体和 P 型半导体。

2. 本征半导体能带

晶体硅原子有 4 个价电子，分别与相邻的 4 个原子形成共价键。由于共价键上的电子所受束缚力较小，当温度高于绝对零度时，价带中的电子吸收能量跃过禁带到达导带，而成为自由电子，并在价带中留下等量的空穴，如图 1.5.3a。自由电子和空穴可在外加电场的作用下定向运动，形成电流。所以，在常温下本征半导体出现电子-空穴对，具有导电性。

这种能参与导电的自由电子和空穴统称为载流子。单位体积内的载流子数称为载流子浓度。当温度升高时，电子吸收能量摆脱共价键而形成电子-空穴对的过程称为本征激发。

3. 非本征（杂质）半导体能带

1）N 型半导体

如果在四价的锗（Ge）或硅（Si）组成的晶体中掺入五价原子磷（P）或砷（As），就可以构成 N 型半导体。以硅掺磷为例，如图 1.5.3b 所示，五价的磷用四个价电子与周围的硅原子组成共价键，尚多余一个电子。这个电子受到的束缚力比共价键上的电子要小得多，很容易被磷原子释放，跃迁成为自由电子，该磷原子就成为正离子。这个易释放电子的原子称为施主原子，或施主（donor）。由于施主原子的存在，它会产生附加的束缚电子能量状态。这种能量状态称为施主能级，用 E_d 表示，它位于禁带之中靠近导带底的附近。

施主能级所处位置表明，磷原子中的多余电子很容易从该能级（而不是价带）跃迁到导带而形成自由电子。因此，虽然只掺入了少量杂质，却可以明显地改变导带中的电子数目，从而显著地影响半导体的电导率。实际上，杂质半导体的导电性能完全由掺杂情况决定，掺杂百万分之一就可使杂质半导体的载流子浓度达到本征半导体的百万倍。

在 N 型半导体中，除杂质提供的自由电子外，原晶体本身也会产生少量的电子-空穴对，但由于施主能级的作用增加了许多额外的自由电子，使自由电子数远大于空穴数，如图 1.5.3b 所示。因此，N 型半导体将以自由电子导电为主，自由电子为多数载流子，而空穴为少数载流子。

2）P 型半导体

如果在四价锗或硅晶体中掺入三价原子硼（B），就可以构成 P 型半导体。以硅掺硼为例，如图 1.5.3c 所示，硼原子的三个电子与周围硅原子要组成共价键，尚缺少一个电子。于是，它很容易从硅晶体中获取一个电子而形成稳定结构，这就使硼原子变成负离子，而在硅晶体中出现空穴。这个容易获取电子的原子称为受主原子，或称受主（acceptor）。由于受主原子的存在，也会产生附加的受主获取电子的能量状态。这种能量状态称为受主能级，用 E_a 表示，它位于禁带之中靠近价带顶附近。从受主能级所处位置表明，硼原子很容易从硅晶体中获取一个电子形成稳定结构，即电子很容易从价带跃迁到受主能级，或者说，空穴跃迁到价带。

与 N 型半导体的分析同理，图 1.5.3c 价带中的空穴数目远大于导带中的电子数目。所以，P 型半导体将以空穴导电为主，空穴为多数载流子，而自由电子为少数载流子。

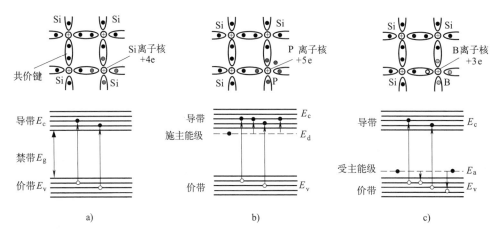

图 1.5.3 本征半导体和非本征（杂质）半导体原子结构和能带图

a）本征半导体（Si），本征吸收 b）N 型半导体（在 4 价 Si 晶体中掺入 5 价磷原子），杂质吸收
c）P 型半导体（在 4 价 Si 晶体中掺入 3 价硼原子），杂质吸收

1.5.2 半导体对光的吸收——光探测器、激光器、光放大器基础

1. 吸收定律

一束光入射在半导体上，有多少能量被吸收是由材料本身的性质和入射光波长决定的，如图 1.5.4 所示，当光垂直入射到半导体表面时，进入到半导体内的辐射通量为

$$\Phi(x) = \Phi_0 (1-r)\, e^{-\alpha x} \tag{1.5.1}$$

这就是吸收定律。式中，Φ_0 为入射辐射通量；$\Phi(x)$ 为距离入射光表面 x 处的辐射通量；r 为反射率，是入射光波长的函数，通常波长越短，反射越强；α 是吸收系数，与材料、入射光波长等因素有关。

利用电动力学中平面电磁波在物质中传播时衰减的规律，可以证明，吸收系数为

$$\alpha = 4\pi\mu/\lambda \tag{1.5.2}$$

式中，μ 为消光系数，是仅由材料决定而与波长无关的常数。该式表明，α 与波长成反比。由图 1.5.4 可见，半导体对光的吸收，在长波长方向随波长增长，吸收急剧下降。

2. 本征吸收和非本征吸收

根据入射光子能量的大小，半导体对光的吸收可分为本征吸收和非本征吸收。

如果入射光子能量足够大，使价带中的电子激发到导带，这一过程称为本征吸收，如图

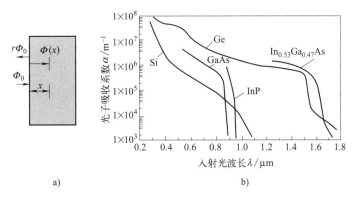

图 1.5.4　半导体材料对光的吸收

a) 半导体表面对光的反射和吸收　b) 300 K 时一些半导体材料吸收系数与波长的关系

1.5.3a 所示。本征吸收的结果是在半导体内产生等量的电子与空穴。本征吸收只决定于半导体材料本身的性质，与它所含杂质和缺陷无关。也就是说，在本征半导体和杂质半导体内部，都可能发生本征吸收。

产生本征吸收的条件是，入射光子的能量至少要等于材料的禁带宽度，即

$$h\nu \geqslant E_g \quad 或 \quad h\frac{c}{\lambda} \geqslant E_g \tag{1.5.3}$$

式中，h 是普朗克常量，c 是光速，λ 是波长。

可见，本征吸收存在一个上截止波长，其值为

$$\lambda_c = \frac{hc}{E_g} = \frac{1.24}{E_g}(\mu m) \tag{1.5.4}$$

式中，E_g 的单位是 eV。

根据不同半导体材料的禁带宽度，用式（1.5.4）可以算出相应的**本征吸收截止波长**，如表 1.5.1 所示。

✥ **表 1.5.1　常用半导体的禁带宽度和截止波长**

半导体材料	T/K	E_g/eV	$\lambda_c/\mu m$	半导体材料	T/K	E_g/eV	$\lambda_c/\mu m$
Si	295	1.12	1.1	GaAs	295	1.35	0.92
Ge	295	0.67	1.8	PbS	295	0.42	2.9
CdS	295	2.4	0.52	InAs	295	0.39	3.2
CdSe	295	1.8	0.62	InSb	77	0.23	5.4
CdTe	295	1.5	0.83	$Pb_{0.83}Sn_{0.17}Te$	77	0.1	12
GaP	295	2.24	0.65	$Hg_{0.8}Cd_{0.2}Te$	77	0.1	12

半导体吸收光子后，如果其光子能量不足以使价带中的电子激发到导带，就会产生非本征吸收。非本征吸收包括杂质吸收、自由载流子吸收、激子吸收和晶格吸收等。

掺有杂质的半导体在光照下，N 型半导体中施主的束缚电子可以吸收光子而跃迁到导带；同样，P 型半导体受主的束缚空穴亦可以吸收光子而跃迁到价带。这种吸收称为杂质吸收，如图 1.5.3b 和图 1.5.3c 所示。施主释放束缚电子到导带或受主释放空穴到价带所需能量称为电离能，分别用 ΔE_d 和 ΔE_a 表示，即 $\Delta E_d = E_c - E_d$，$\Delta E_a = E_a - E_v$。杂质吸收的

最低光子能量等于杂质的电离能 ΔE_d 或 ΔE_a，ΔE_d 或 ΔE_a 分别对应 N 型半导体或 P 型半导体的电离能，由此可得到杂质吸收光子的截止波长为

$$\lambda'_{cN} = \frac{hc}{\Delta E_d} = \frac{1.24}{\Delta E_d}(\mu m) \quad \text{或} \quad \lambda'_{cP} = \frac{hc}{\Delta E_a} = \frac{1.24}{\Delta E_a}(\mu m) \tag{1.5.5}$$

由于杂质的电离能一般比禁带宽度小得多，所以杂质吸收的光谱也就在本征吸收的截止波长以外。例如，Ge:Li（锗掺锂），$\Delta E_d = 0.0095$ eV，$\lambda'_{cN} = 133$ μm；Si:As（硅掺砷），$\Delta E_a = 0.0537$ eV，$\lambda'_{cP} = 23$ μm。

本征吸收和杂质吸收都能直接产生载流子；而其他非本征吸收，如自由载流子吸收、激光吸收、晶格吸收等很大程度上是将能量转换为热能，增加热激发载流子浓度。

半导体对光的吸收主要是本征吸收。本征吸收均发生在截止波长以内；非本征吸收均发生在截止波长以外，甚至发生在远红外区。对于硅材料，本征吸收系数要比其他吸收系数大几十倍到几万倍。所以一般照明条件下，只考虑本征吸收。由于在室温条件下，半导体中的杂质均已全部电离，可认为硅对波长大于 1.15 μm 的红外光是透明的。

在光探测器中，把光子能量大于 $h\nu$ 的光波照射到占据低能带 E_v 的电子上，则电子吸收该能量后被激励跃迁到较高的能带 E_c 上。在半导体结上外加电场后，就可以在外电路上取出处于高能带 E_c 上的电子，使光能转变为电流，如图 5.1.1b 所示。

在激光器中，工作物质中的粒子从光或电泵浦源吸收能量后，从低能级跃迁到高能级，处于高能级的粒子从高能级跃迁到低能级时，就将其两能级的能级差以光的形式辐射出来，如图 2.1.8 所示。

1.5.3 载流子的产生、复合、扩散和漂移——光电、光导、光伏效应器件基础

半导体在热平衡状态下，载流子浓度是恒定的，但是如果外界条件发生变化，例如受光照、外电场作用和温度变化等，载流子浓度就要随之发生变化，这时系统的状态称为非平衡状态。载流子浓度相对于热平衡时浓度的增量，则称为非平衡载流子，也称为过剩载流子。而由光照射产生的非平衡载流子又称为光生载流子。半导体受光激发产生载流子的现象是光电效应和光导、光伏等效应器件的基础。

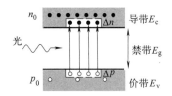

图 1.5.5 光照产生电子-空穴对增量

例如，在一定温度下，当没有光照时，一块半导体中电子和空穴浓度分别为 n_0 和 p_0，假设是 N 型半导体，则 $n_0 \gg p_0$，其能带图如图 1.5.5 所示。当有光照时，只要光子的能量大于该半导体的禁带宽度（带隙），半导体内就能发生本征吸收，光子将价带电子激发到导带上，产生电子-空穴对，使导带电子比平衡时多出一部分电子 Δn，同时也使价带空穴比平衡时多出一部分空穴 Δp，它们被形象地表示在图的方框中。Δn 和 Δp 就是光生非平衡载流子浓度。

对半导体材料施加外部作用，如光照，把价带电子激发到导带上去，产生电子-空穴对，使载流子浓度增加，这种运动称为产生；原来激发到导带的电子回到价带，与空穴又复合，使电子和空穴又成对消失，使载流子浓度减小，这种运动称为复合。单位时间单位体积内增加的电子-空穴对数量称为产生率；单位时间单位体积内减少的电子-空穴对数量称为复合率。

在光照过程中，产生与复合是同时存在的。半导体在恒定、持续光照下产生率保持在高

水平，同时复合率也随着非平衡载流子的增加而增加，直至产生率等于复合率，系统达到新的稳定态。光照停止时，光致发生率为零，但热致发生率仍然存在，这时系统稳定态遭到破坏，复合率大于发生率。使非平衡载流子浓度逐渐减小，复合率也随之下降，直至复合率等于热致发生率时，非平衡载流子浓度降为零，系统恢复到热平衡态。

非平衡载流子的复合过程主要有直接复合和间接复合。直接复合是指晶格中运动的自由电子直接由导带回到价带与空穴复合，释放出多余的能量，该能量可能会变成激光发射或对光放大（见第 2 章）。间接复合是自由电子和空穴通过晶体中的杂质、缺陷在禁带中形成的局域能级（复合中心）进行的复合。

理论和实验表明，光照停止后，半导体中光生载流子并不是立即全部复合（消失），而是随时间按指数规律减少。这说明，光生载流子在导带和价带中有一定的生存时间，有的长些，有的短些。光生载流子的平均生存时间称为光生载流子寿命，该寿命决定了光探测器的响应时间特性。

载流子因浓度不均匀而发生的定向运动称为扩散，如图 1.5.6 所示。当材料的局部位置受到光照时，材料吸收光子产生载流子，在这局部位置的载流子浓度就比平均浓度要高。这时载流子将从浓度高的地方向浓度低的地方运动，如图 1.5.6a 所示，在晶体中重新达到均匀分布。由于扩散作用，流过单位面积的电流称为扩散电流密度，它们正比于光生载流子的浓度梯度。

由于载流子扩散，在 PN 结内建立起一个初始电场 E_0，载流子受电场的作用所发生的运动称为**漂移**。在电场中，电子漂移速度的方向与电场方向相反，空穴漂移速度的方向与电场的方向相同，如图 1.5.6b 所示。载流子在弱电场中的漂移运动服从欧姆定律；在强电场中的漂移运动，因有饱和或雪崩等现象，则不服从欧姆定律。

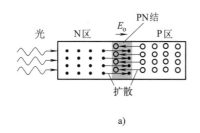
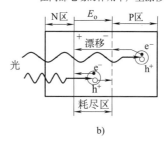

图 1.5.6 载流子的扩散和漂移

a) 光生载流子在 N 区和 P 区浓度不均匀引起扩散，建立起一个内部电场 E_0 b) 内部电场引起载流子漂移

关于载流子的扩散和漂移，在 5.3 节介绍太阳能电池的原理时还要进一步说明。

第 **2** 章

光的干涉——激光器、滤波器和惯性导航光纤陀螺

2.1 光的干涉——激光器及激光武器

2.1.1 干涉是自然界普遍存在的现象——水波干涉、绷紧弦线、电波谐振

干涉就是两列波或多列波叠加时，因为相位关系有时相互加强，有时相互减弱的一种波的基本现象。例如，在水池中，在相隔不远的两处同时分别投进一块石头，就会产生同样的水波，都向四周传播。仔细观察两列水波会合处的情景，即可发现其波幅时而因相长干涉上涨，时而因相消干涉下降，如图 2.1.1 所示。这就是波的干涉现象，在自然界普遍存在的一种现象。

在了解光波的干涉现象之前，让我们再回忆一个熟知的力学问题，即长 L 的一根弦线两端被夹住时所做的各种固有振动方式，如图 2.1.2 所示。在振动弦线中，边界条件要求弦线两端各有一个节点，这就是说，选择波长 λ 时一定要使

$$L = m\frac{\lambda}{2} \quad \text{或} \quad \lambda = \frac{2L}{m} \quad m = 1, 2, 3, \cdots \quad (2.1.1)$$

或者说，由于波长 λ 要满足式（2.1.1）被整数化了。弦线的振动可用驻波来描述，图 2.1.2 表示 $m = 1, 2, 3$ 这三种振动方式驻波的振幅函数曲线。

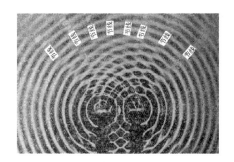

图 2.1.1 水池中两列水波的干涉波纹

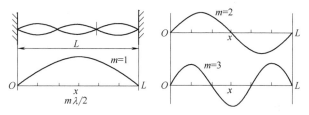

图 2.1.2 一根长为 L 的绷紧弦线及其三种可能的振动方式

与机械谐振类似，电波也有谐振，收音机选台用的电感电容串联回路，就是电感充电和电容放电交替进行，磁场能和电场能相互转换，此增彼减、往复运动维持的电谐振状态，如图 2.1.3 所示。

光波通过双缝产生明亮相间的光带就是一种典型的光波干涉现象（图 2.3.1）。2.1.2 节将介绍光波在谐振腔内也存在相长干涉和相消干涉，谐振时也可以通过谐振腔存储能量和选出所需波长的光波。

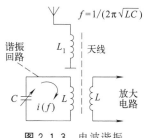

图 2.1.3 电波谐振

2.1.2 法布里-珀罗光学谐振腔——两块平行的反射镜

基本的谐振腔是由置于自由空间的两块平行镜面 M_1 和 M_2 组成，如图 2.1.4a 所示。光波在 M_1 和 M_2 间反射，导致这些波在空腔内相长干涉和相消干涉。从 M_1 反射的 A 光向右传输，先后被 M_2 和 M_1 反射，也向右传输变成 B 光，它与 A 光的相位差是 $k(2L)$，式中 k 为波矢量［见式（1.3.4）］。如果相位差是 2π 的整数倍，即

$$k(2L)=2m\pi \qquad m=1,\,2,\,3,\cdots \qquad (2.1.2)$$

则 B 光和 A 光发生相长干涉，其结果是在空腔内产生了一列稳定不变的电磁波，我们把它称为**驻波**。将 $k=2\pi/\lambda$ 代入式（2.1.2），就可以得到与式（2.1.1）相同的表达式

$$L=m\left(\frac{\lambda}{2}\right),\,m=1,\,2,\,3,\cdots \qquad (2.1.3)$$

该式的物理含义可以这样理解：因为在镜面上（假如镀金属膜）的电场必须为零，所以谐振腔的长度是半波长的整数倍。

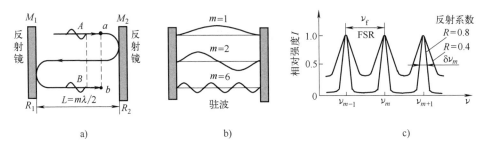

a)　　　　　　　　　b)　　　　　　　　　c)

d)

图 2.1.4　法布里-珀罗（F-P）谐振腔及其特性

a）反射波 B 和原波 A 干涉　b）只有满足 $m(\lambda/2)=L$ 波长的腔模波长才能在谐振腔内存在
c）不同反射系数的驻波电场强度和频率的关系　d）法布里-珀罗谐振腔发明者法国
物理学家法布里（Fabry，1867—1945）和珀罗（Pérot，1863—1925）

由式（2.1.3）可知，不是任意一个波长都能在谐振腔内形成驻波，对于给定的 m，只有满足式（2.1.3）的波长才能形成驻波，并记为 λ_m，称为腔模式波长，如图 2.1.4b 所示。因为光频和波长的关系是 $\nu=c/\lambda$，所以由式（2.1.3）可以得到对应这些腔模波长的频率 ν_m 为

$$\nu_m=m\left(\frac{c}{2L}\right)=m\nu_f \qquad \mathrm{FSR}=\nu_f=\frac{c}{2L} \qquad (2.1.4)$$

式中，ν_f 是基模（$m=1$）时谐振腔的谐振频率，在所有模式中它的频率最低。两个相邻模式的频率间隔是 $\nu_m=\nu_{m+1}-\nu_m=\nu_f$，称为自由频谱范围（FSR）。图 2.1.4c 说明了谐振腔允许形成驻波模式的相对强度与频率的关系。假如谐振腔没有损耗，即两个镜面对光全反射，那么式（2.1.4）定义的频率 ν_m 的峰值将很尖锐。如果镜面对光不是全反射，一些光将从谐振腔辐射出去，ν_m 的峰值就不尖锐，而具有一定的宽度。显然，这种简单的镀有反射镜面的光学谐振腔只有在特定的频率内能够储存能量，这种谐振腔就叫做法布里-珀罗

（Fabry-Pérot，F-P）光学谐振器，它由法国物理学家法布里和珀罗于 1897 年发明，如图 2.1.4d 所示。

利用式（1.3.4）表示的光波在传输过程中两点间相位差的概念，可以得到图 2.1.4 中反射波与其相对应的入射波的相位差是 $kL=(2\pi/\lambda)L=m\pi$。谐振腔内的电场强度和频率的关系如图 2.1.4c 所示，其峰值位于波矢量 $k=k_m$ 处，k_m 是满足 $k_mL=m\pi$ 的 k 值，因 $k=2\pi/\lambda$，所以由 $k_mL=m\pi$ 可以直接得出式（2.1.3）和式（2.1.4）。

镜面反射系数 R 越小意味着谐振腔的辐射损耗越大，从而影响到腔体内电场强度的分布。R 越小峰值展宽越大，如图 2.1.4c 所示，该图也定义了法布里-珀罗谐振腔的频谱宽度 $\delta\nu_m$，它是单个腔模式频率（或波长）曲线半最大值的全宽（FWHM），当 $R>0.6$ 时，可用下面的简单表达式计算

$$\delta\nu_m=\frac{\nu_f}{F},\quad F=\frac{\pi R^{1/2}}{1-R} \tag{2.1.5}$$

式中，F 称为谐振腔的精细度，它随着谐振腔损耗的减小而增加（因 R 增加）。精细度越大，模式峰值越尖锐。精细度是模间隔 $\Delta\nu_m$ 与频谱宽度 $\delta\nu_m$ 的比。

与定义 LC 振荡回路的品质因素类似，我们也可以定义光谐振腔的品质因数 Q 为

$$Q=\frac{\nu_m}{\delta\nu_m}=mF \tag{2.1.6}$$

Q 可以被用来度量谐振腔的频率选择性，Q 越大，谐振腔的选择性就越好，频谱宽度就越窄。Q 也可以被用来度量每单位谐振腔内每个振荡周期因腔体表面损耗浪费掉储存的能量。

【例 2.1.1】 半导体 F-P 光学谐振腔模式

考虑一个腔长为 250 μm 的半导体材料 F-P 谐振腔，镜面反射系数为 0.9，请计算靠近波长 1310 nm 的模式、模式间隔、精细度 F、每个模式的频谱宽度和品质因数 Q。

解： 半导体材料 F-P 腔体的发射波长是 λ/n，这里 λ 是自由空间波长，n 是介质折射率，其值为 3.6，从式（2.1.3）可以得到

$$m=\frac{2nL}{\lambda}=\frac{2\times3.6\times250\times10^{-6}}{1310\times10^{-9}}=1374.05$$

m 取整数 1374，因此

$$\lambda_m=\frac{2nL}{m}=\frac{2\times3.6\times250\times10^{-6}}{1374}=1310.04\ \text{nm}$$

所以，所有实用的模式波长都是 1310 nm

由式（2.1.4）得到模式间隔

$$\Delta\nu_m=\nu_f=\frac{c}{2nL}=\frac{3\times10^8}{2\times3.6\times250\times10^{-6}}=1.67\times10^{11}\ \text{Hz}\quad\text{或}\quad167\ \text{GHz}$$

由式（2.1.5）得到精细度

$$F=\frac{\pi R^{1/2}}{1-R}=\frac{\pi0.9^{1/2}}{1-0.9}=29.8$$

每个模式的频谱宽度

$$\delta\nu_m=\frac{\nu_m}{F}=\frac{1.67\times10^{11}}{29.8}=5.59\times10^9\ \text{Hz}=5.59\ \text{GHz}$$

模式频谱宽度 $\delta\nu_m$ 对应频谱波长宽度 $\delta\lambda_m$，模式波长 $\lambda_m=1310$ nm 对应模式频率 $\nu_m=$

$c/\lambda_m=2.29\times10^{14}$ Hz。既然 $\lambda_m=c/\nu_m$，我们就可以对此式进行微分，以便找出波长的微小变化与频率的关系，即

$$\delta\lambda_m=\delta\left(\frac{c}{\nu_m}\right)=\left|-\frac{c}{\nu_m^2}\right|\delta\nu_m=\frac{3\times10^8}{(2.29\times10^{14})^2}\times5.59\times10^9=3.2\times10^{-11}\text{ m}=0.032\text{ nm}$$

由式（2.1.6）可以得到品质因数

$$Q=mF=1374\times29.8=4.1\times10^4$$

这种光学谐振腔被用来制作 F-P 半导体激光器（见 2.1.8 节）。

光学谐振腔是构成激光器的必不可少的三部分之一，另外两个组成部分是工作介质、激励（泵浦或抽运）。各种激光器的工作原理基本相同，激光器的组成、各组成部分作用如表 2.1.1 所示。

表 2.1.1　各种激光器的组成和作用

激光器组成	作用	分类及组成	
光学谐振腔	提供光学反馈，使受激辐射光子在腔内多次往返，以形成相干的持续振荡，并对腔内光束的方向和频率限制，以保证输出激光具有一定的方向性和单色性	基本的谐振腔是由置于自由空间的相互平行的全反射镜和半反射镜组成	
		半导体材料两端的解理面，如普通半导体激光器	
		由部分反射电介质镜构成的 F-P 谐振腔	
		由有源区和布拉格光栅构成的 F-P 谐振腔，如分布反馈（DFB）激光器	
工作介质（增益介质）	实现粒子数反转并产生光的受激辐射放大	固体	晶体（如 Nd^{3+}:YAG）、玻璃、半导体、掺铒或掺镱光纤
		气体	原子气体、离子气体、分子气体、碱金属蒸气原子
		液体	一类是溶于适当溶剂中的有机荧光染料溶液，另一类是含有稀土金属离子的无机化合物溶液
		电子	由受控的通过电子加速器加速的高能定向电子束
激励装置	使工作介质实现并维持粒子数反转，并提供发射激光的能量	光学激励	利用外部光源发出的光，照射工作介质（如染料、固体、掺杂光纤），以实现粒子数反转，由气体放电光源（如氙灯、氪灯）、半导体光源和聚光器组成
		气体放电激励	利用气体工作介质内发生的气体放电过程来实现粒子数反转，由放电电极和放电电源组成
		化学激励	利用在工作介质内部发生的化学反应过程来实现粒子数反转，由化学反应物和引发措施组成
		核能激励	利用小型核裂变反应所产生的裂变碎片、高能粒子或放射线来激励工作介质，实现粒子数反转
		电磁激励	在空间周期变化的磁场中，改变电子束速度，可产生可调谐的、波长从 X 射线到微波的相干电磁辐射

下面介绍表 2.1.1 提到的各类激光器。

2.1.3　固体激光器——战术激光武器

激光器本质上是将其他能量转换为激光的器件。固体激光器有红宝石激光器、掺钕钇铝石榴石晶体激光器，半导体激光器、光纤激光器（也属于固体激光器的范畴）。

1958 年，有人制造出了世界上第一台微波发射器，美国人梅曼受到其理论的启发，决定设计能发射可见光的激光器，但他的主管反对这项研究，于是梅曼从政府那里获得了 5 万

美元的研究预算。他的固体激光器使用位于装置中心的人造红宝石棒作为工作物质，用螺旋状氙灯作泵浦源。作为谐振腔的掺有铬离子（Cr^{3+}）的红宝石（Al_2O_3）棒的一端镀成全反射镜，另一端镀成半反射镜。1960 年 5 月 16 日，梅曼利用这台设备获得了波长为 694.3 nm 的脉冲相干光；同年 7 月 7 日，他又在曼哈顿的一个新闻发布会上当众演示了他发明的世界上第一台红宝石激光器。图 2.1.5 是对梅曼的介绍。

梅曼出生于洛杉矶市，其父亲是一名电气工程师，在科罗拉多大学学习工程物理学期间，就通过帮助大学修理电子设备获得收入支付学费。先后在斯坦福大学获得硕士学位和博士学位，他的博士论文为实验物理方向，导师为诺贝尔奖获得者威利斯·兰姆。1955 年毕业后，他进入休斯飞行器公司担任研究员。1960 年，他在休斯研究实验室发明了世界上第一台红宝石激光器。1962 年离开休斯公司，成立 Korad 公司，担任董事会主席，志在开发更多的激光设备。

梅曼获得过多个奖项，还曾两度被诺贝尔奖提名，1984 年入选美国国家发明家名人堂，他是美国国家科学院和美国国家工程学院的院士，许多大学都授予他荣誉学位。

图 2.1.5　发明世界上第一台红宝石激光器的梅曼（T. H. Maiman, 1927—2007）

固体激光器主要由工作物质、2.1.2 节介绍的法布里-珀罗谐振腔和泵浦源组成（图 2.1.6），如图 2.1.7 所示。工作物质是均匀掺入少量激活离子的光学晶体或光学玻璃，如红宝石（$Cr^{3+}:Al_2O_3$）是掺入少量 Cr^{3+} 离子的 Al_2O_3 晶体，掺钕钇铝石榴石（$Nd^{3+}:YAG$）晶体是掺入少量 Nd^{3+} 的 YAG 晶体等。常用的泵浦源有电泵浦源和光泵浦源两类。泵浦源能将工作物质中的粒子从低能级激发到高能级，使处于高能级的粒子数大于处于低能级的粒子数，构成粒子数反转，这是产生激光的必要条件。处于高能级的原子或分子称为受激原子或分子。

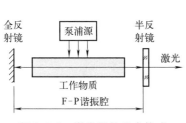

图 2.1.6　激光器的基本构成

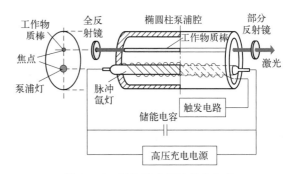

图 2.1.7　固体激光器的基本构成

在构成晶体的原子内部，存在着不同的能带（见 1.5.1 节）。如果占据高能带 E_c 的电子跃迁到低能带 E_v 上，就将其间的能量差（禁带能量）$E_g = E_c - E_v$ 以光的形式放出，如图 2.1.8 所示。这时发出的光，其波长基本上由能带差 ΔE 所决定。能带差 ΔE 和发出光的振荡频率 ν 之间有 $\Delta E = h\nu$ 的关系，h 是普朗克常数，等于 6.625×10^{-34} J·s。由 $\lambda = c/\nu$ 得出

$$\lambda = \frac{hc}{\Delta E} = \frac{1.2398}{\Delta E} \ (\mu m) \tag{2.1.7}$$

式中，c 为光速；ΔE 取决于材料的本征值，单位是电子伏特（eV）。

当粒子从高能级跃迁到低能级时，就将其两能级的能级差以光的形式辐射出来，该辐射光波在 F-P 腔中来回反射，导致这些波在腔内相长干涉和相消干涉，那些相位差满足相长干涉条件式（2.1.3）的辐射光形成驻波。当泵浦源使相长干涉光的能量足够强时，就有部分辐射通过半反射镜透射出去，形成激光发射。

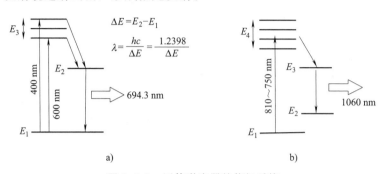

图 2.1.8　固体激光器的能级系统

a）三能级系统中 Cr^{3+} 离子的能级图（红宝石 $Cr^{3+}:Al_2O_3$）　b）四能级系统中 Nd^{3+} 的能级图（$Nd^{3+}:YAG$）

脉冲固体激光器泵浦源采用脉冲氙灯，连续激光器采用氪灯或碘钨灯。泵浦灯的发射光谱覆盖很宽的波长范围，其中只有与激光工作物质吸收波长相匹配波段的光可有效用于光激励。采用放电灯激励的固体激光器如图 2.1.7 所示。为了使气体放电灯发出的非相干光有效地射入激光工作物质，聚光装置是必不可少的，通常采用内壁镀有高反射率的椭圆柱聚光腔，激励灯和激光工作物质棒分别置于两个焦点上，如图 2.1.7 左边图所示。相互平行的全反射镜和部分反射镜构成 F-P 光学谐振腔。

目前，已研制成功的激光器多达数百种，输出光的波长从近紫外到远红外，辐射功率从毫瓦到万瓦、兆瓦量级。红宝石激光器（$Cr^{3+}:Al_2O_3$）属于三能级系统，有较高的泵浦能量阈值，所以通常只能以脉冲方式工作。掺钕钇铝石榴石（$Nd^{3+}:YAG$）激光器属于四能级系统，其泵浦能量阈值比红宝石激光器低得多，而且该晶体具有高的热传导率，易于散热。因此，$Nd^{3+}:YAG$ 激光器不仅可以单次脉冲工作，还可以用于高重复率或连续运转。$Nd^{3+}:YAG$ 连续激光器的最大输出功率已超过 1000 W，每秒几十次重复频率的调 Q 激光器，其峰值功率甚至可达数百兆瓦。

2.1.2 节介绍了光谐振腔的品质因数 Q，该参数除度量腔体的选择性外，也度量在一个振荡周期内储存在谐振腔内每单位能量的损失。

所谓调 Q，就是使激光器在极短时间内（如 $10^{-6} \sim 10^{-9}$ s）从低 Q 切换到高 Q，输出功率强大（峰值功率大于兆瓦）的光脉冲。一种实现的方式是，当泵浦开始时，使谐振腔的损耗增大（使 Q 值减小），即提高阈值，不能发生激光发射，使高能级的粒子数大量累积。当积累到最大值时，突然使腔体的损耗变小（使 Q 值猛增），即阈值突降，导致在极短时间内，使处于高能级的大量反转粒子数回落到低能级，转变为强大的光能量，从而使激光器输出功率强大的光脉冲。

气体放电灯泵浦的固体激光器因能量转换环节多，其辐射光谱很宽，只有一小部分能量分布在激光工作物质的有效吸收带内，因此激光器的效率很低，最常见的 Nd:YAG 激光器的效率在 1% ～ 3% 之间。采用波长与激光工作物质吸收波长匹配的半导体激光器作为泵浦光源的 Nd:YAG 固体激光器，其效率可达到 7% ～ 20%。

固体激光器可用于制造战术激光武器,国外已有一种红宝石袖珍式激光枪,外形和大小与美国的派克钢笔相当。但它能在距人几米之外烧毁衣服、烧穿皮肉,且无声响,在不知不觉中致人死命,并可在一定的距离内,使火药爆炸,使夜视仪、红外或激光测距仪等光电设备失效。更多关于战术激光武器的介绍,可见2.6.1节。

2.1.4 气体激光器——气体放电实现粒子数反转

气体激光器的工作物质是气体或金属蒸气,通过气体放电产生激励,实现粒子数反转。1960—1962年,Ali Javan等人在美国贝尔实验室第一次成功地演示了氦氖(He-Ne)激光器连续波工作。目前,气体激光器的种类已很多,波长覆盖了从紫外到远红外整个光谱区,目前已向两端扩展到X射线波段和毫米波波段。由于气体工作物质均匀性好,输出光束的质量相当高,其单色性和方向性一般优于固体和半导体激光器,是很好的相干光源。代表性的气体激光器有氦氖激光器、氩离子(Ar^+)激光器和二氧化碳(CO_2)激光器。

氦氖激光器工作物质由氦气和氖气组成,是一种原子气体激光器,如图2.1.9所示。在激光器电极上施加几千伏电压,使毛细管中的氦氖气体成为激活介质,发生辉光放电,产生粒子数反转。如果在激光管的轴线上安装高反射率的多层介质膜反射镜作为F-P谐振腔,在满足式(2.1.3),即腔长$L=m(\lambda/2)$时,则可获得连续激光输出。此时λ为在介质气体中的波长,因为气体的折射率接近1,所以该波长可以认为是自由空间波长。氦氖激光器主要输出波长有632.8 nm、1.15 μm和3.39 μm,波长稳定度为10^{-6}左右,输出功率为一毫瓦至数十毫瓦,主要用于精密计量、全息技术(见2.7节)和准直测量等。

氩离子激光器的工作物质是氩气,在低气压大电流下工作,因此激光管的结构及其材料都与氦氖激光器的不同。连续的氩离子激光器在大电流的条件下运转,放电管需承受高温和离子的轰击。因此,小功率放电管常用耐高温的熔融石英做成;大功率放电管用高热导率的石墨或氧化铍(BeO)陶瓷做成。在放电管的轴向加一均匀的磁场,使放电离子约束在放电管轴心附近。放电管外部通常用水冷却。氩离子激光器输出的谱线属于离子光谱线,最强的两条波长谱线是488 nm和514.5 nm,约占总输出功率的80%。

二氧化碳激光器的工作物质主要是二氧化碳,掺入少量的N_2和He等气体,是典型的分子气体激光器。输出激光波长范围是9~11 μm的红外区域,典型的波长是10.6 μm。

二氧化碳激光器的激励方式通常有低气压纵向连续激励和横向激励两种,所谓纵向是指电极方向和激光输出方向同向,所谓横向是指电极方向与激光输出方向垂直。低气压纵向激励激光器的结构与氦氖激光器的类似,但要求放电管外侧通水冷却,如图2.1.10所示。它是气体激光器中连续输出功率最大和转换效率最高的一种器件,输出功率从十瓦到数千瓦。大气压横向激励激光器以脉冲放电方式工作,输出能量大,峰值功率可达千兆瓦,脉冲宽度为2~3 μs。恒流横向激励激光器可以获得几万瓦的输出功率。二氧化碳激光器已广泛应用于金属材料切割、热处理、宝石加工和手术治疗等方面。

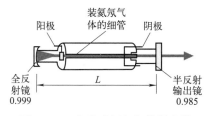

图2.1.9 内腔式氦氖气体激光器

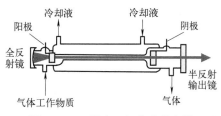

图2.1.10 纵向二氧化碳激光器

从激光管发射出的激光光束有一定的发散，如图2.1.11a所示，典型的氦氖激光器的输出光束的直径是1 mm，发散角是1 mrad（毫弧度）。

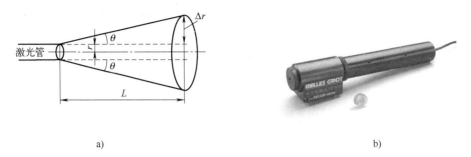

a)   b)

图 2.1.11　氦氖激光器

a）氦氖激光光束以扩散角 2θ 输出　　b）商用氦氖激光器

为了计算光束传输一定距离后的直径，假定光束的扩散像个锥体，激光管末端的顶角是 2θ，以1 mrad的扩散角扩散，光束传输10 m距离后，扩散后的半径增量是 Δr，根据扩散的定义

$$\tan\theta = \Delta r / L$$

于是　　　　　　$$\Delta r = L\tan\theta = (10\ \text{m}) \times \tan\left(\frac{1}{2} \times 10^{-3}\right) = 10 \times (5 \times 10^{-4})\ \text{m} = 5\ \text{mm}$$

如果 $r = 1/2$ mm，光束传输10 m后光斑直径是 $2\Delta r + 2r = 2 \times 5\ \text{mm} + 1\ \text{mm} = 11\ \text{mm}$。

【例 2.1.2】　氦氖激光器的效率

一种典型的5 mW低功率氦氖激光器，工作电压是2000 V，工作电流是7 mA，该激光器的效率是多少？

解： 从效率的定义可以得到

$$\text{效率} = \text{输出光功率}/\text{输入电功率} = \frac{5 \times 10^{-3}\ \text{W}}{(7 \times 10^{-3}\ \text{A}) \times 2000\ \text{V}} = 0.036\%$$

通常，典型的氦氖激光器的效率小于0.1%。

2.1.5　染料激光器——光泵浦液体工作物质

在图2.1.6表示的激光器模型中，染料激光器的工作物质是液体，通常有两类液体，一类是溶于适当溶剂中的有机染料，典型代表是溶于乙醇的罗丹明6G，另一类是含有稀土金属离子的无机化合物。

染料激光器采用光泵浦的方式，可用闪光灯泵浦或激光泵浦。激光泵浦又有脉冲光泵浦和连续光泵浦之分。若用脉冲激光泵浦，常用紫外准分子激光器、氮分子激光器（337 nm）、红宝石激光器（694.3 nm）和掺钕钇铝石榴石（Nd^{3+}:YAG）晶体激光器（1060 nm）。用闪光灯泵浦染料激光器的结构，和图2.1.6的类似，只是在填充工作物质的管中填充染料即可。泵浦光应满足一定的输出能量，且脉冲宽度要窄。若用连续光泵浦，可用输出功率几瓦的单模氩离子激光泵浦。

有机染料对紫外光或可见光具有很强的吸收带，染料分子的能级由准连续的能带组成，这种宽带结构使得染料激光在很宽的范围内实现连续调谐。使用不同的染料溶液，已在紫外（330 nm）到近红外（1.85 μm）相当宽范围内，获得了连续可调谐的激光输出。

染料激光器除了可调谐性能外，另一个重要特点是可以获得很窄的超短激光脉冲。以罗丹明 6G 为激光工作物质的锁模激光器为例，可产生约 30 fs（30×10^{-15} s）脉宽的超短激光脉冲，经过压缩可变为脉宽仅 6 fs 的光脉冲。这是目前世界上最窄的光脉冲。这种激光器的每个脉冲的激光能量可达数十焦耳量级，峰值功率达几百兆瓦，激光能量转换效率高达 50%。

因此，染料激光器在激光光谱、同位素分离、医学及科研领域获得了广泛的应用。近来，有人又想把它用于激光武器中。

2.1.6 化学激光器——化学反应使腔内粒子数反转的气体激光器

化学激光器是特殊的气体激光器。一般气体激光器的工作物质是氦气（He）、氖气（Ne）、氩气（Ar）、二氧化碳（CO_2）或其混合气体，而化学激光器的工作物质是氟化氢（HF）、氟化氘（DF）、氧碘气体。气体激光器是在电极上施加高电压，使毛细管中的气体成为激活介质，通过气体放电产生激励，实现粒子数反转；而化学激光器是通过化学反应释放能量，使谐振腔内的粒子数反转。这就是化学激光器和一般气体激光器在本质上的区别。

在化学激光器中，化学反应产生的原子或分子往往处于图 2.1.8 能级图中的高能级（激发态），通常，可能会有足够数量的原子或分子被激发到高能级，形成粒子数反转，当这些高能原子或分子返回到低能级时，就会受激发射能量等于其能级差的光子，形成激光发射。光波波长为近红外到中红外范围，氟化氢（HF）激光器的波长范围是 $2.6 \sim 3.3\ \mu m$，氟化氘（DF）激光器是 $3.6 \sim 4.1\ \mu m$，一氧化碳（CO）激光器是 $4.9 \sim 5.8\ \mu m$。

化学激光器具有输出能量大、光束质量好的优点，比如波长为 $3.6 \sim 4.1\ \mu m$ 的 DF 激光器，最大输出功率可达 2.2 MW，大气透过率约为 100%，氧碘激光器的能量转换效率高达 40%，但需要在低光腔压力下工作。

化学激光器有脉冲和连续两种工作方式。为使化学反应迅速进行，必须有大量的自由原子或分子产生，通常采用紫外照射、电子轰击、电弧加热工作物质或者利用工作物质自身的化学反应实现。前者需要外部能源，后者则不需要。

中国科学院大连化学物理研究所（简称"大连化物所"）对化学激光器进行了开创性的研究，该所研究员张存浩在氟化氢/氘、氧碘化学激光器研究领域取得了丰硕的成果，为此获得了 2013 年度国家最高科学技术奖。

2.1.7 碱金属蒸气激光器——半导体激光泵浦的气体激光器

碱金属蒸气激光器是一种新型的半导体激光泵浦的气体激光器，增益介质是蒸气状态的铷、铯、钾、钠等。它综合了传统气体激光器和固体激光器的优势，采用气体介质流动散热，高功率二极管激光器阵列泵浦，具有 95% 以上的量子效率，易于获得高质量的光束，激光波长较短（钾 766.70 nm，铷 794.98 nm，铯 894.95 nm），使得衍射光斑功率密度更高，激光介质可重复使用，结构简单。

碱金属原子是一种三能级系统，铷（Rb）原子的能级如图 2.1.12a 所示，当铷原子吸收 780 nm 泵浦光的能量后，激发到高能级 $5^2P_{3/2}$，实现粒子数反转，因为 $5^2P_{3/2}$ 能级和 $5^2P_{1/2}$ 能级间的能级差很小，所以 $5^2P_{3/2}$ 能级的原子很容易自发辐射到 $5^2P_{1/2}$ 能级，当 $5^2P_{1/2}$ 能级的原子跃迁回基态能级 $5^2S_{1/2}$ 时，就发出能量等于 $5^2P_{1/2}$ 和 $5^2S_{1/2}$ 能级差的光子，该光子的波长为 795 nm。

图 2.1.12b 表示一种用于演示铷蒸气激光器工作的原理图，半导体激光器（LD）阵列有 19 个发光单元，经压窄线宽和光束整形后，光束经偏振分光器（PBS）射入长约 7 mm 的铷蒸气室，铷室充入 79 kPa 的甲烷作为缓冲气体。谐振腔长约为 105 mm。

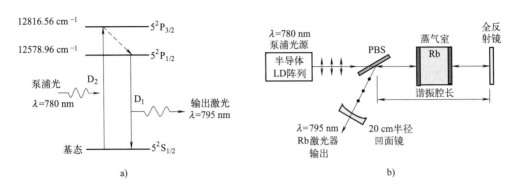

图 2.1.12 碱金属铷（Rb）蒸气激光器

a）原子铷能级图　b）演示原理图

2.1.8 半导体激光器——基于法布里-珀罗光学谐振腔

法布里-珀罗光学谐振腔是半导体激光器的基础。

半导体激光器工作在正向偏置下，当注入正向电流时，高能带中的电子密度增加，这些电子自发地由高能带跃迁到低能带发出光子，形成激光器中初始光场。若注入电流增加到一定值后，受激发射占主导地位，光场迅速增强，此时的 PN 结区成为对光场有放大作用的区域（称为有源区），从而形成受激发射。使有源区产生足够多的粒子数反转，这是使半导体激光器产生激光的首要条件。

半导体激光器产生激光的第 2 个条件是半导体激光器中必须存在光学谐振腔，并在谐振腔里建立起稳定的振荡。有源区里实现了粒子数反转后，受激发射占据了主导地位，但是，激光器初始的光场来源于导带和价带的自发辐射，频谱较宽，方向也杂乱无章。为了得到单色性和方向性好的激光输出，必须构成光学谐振腔。在半导体激光器中，用晶体的天然解理面构成法布里-珀罗（F-P）谐振腔，如图 2.1.4a、图 2.1.13 和图 2.1.15a 所示。要使光在谐振腔里建立起稳定的振荡，必须满足一定的**相位条件和阈值条件**，相位条件是谐振腔内的前向光波和后向反射光波发生相干，阈值条件是腔内获得的光增益正好与腔内损耗相抵消。谐振腔里存在着损耗，如镜面的反射损耗、工作物质的吸收和散射损耗等。只有谐振腔里的光增益和损耗值保持相等，并且谐振腔内的前向和后向反射光波发生相干时，才能在谐振腔的两个端面输出谱线很窄的相干光束。前端面发射的光约有 50% 耦合进入光纤，如图 2.1.13a 所示。后端面发射的光，由封装在内的光检测器接收变为光生电流，经过反馈控制回路，使激光器输出功率保持恒定。图 2.1.14 表示半导体激光器（LD）频谱特性的形成过程，它是由谐振腔内的增益频谱和允许产生的腔模频谱共同作用形成的，即图 2.1.14c 所示的曲线是由图 2.1.14a 与图 2.1.14b 所示曲线共同作用的结果。

满足阈值注入电流的所有光波并不能全部都在 F-P 谐振腔内存在，只有那些特定腔模波长的光才能维持振荡。为了说明这个问题，我们从图 2.1.15 讨论起。

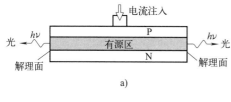

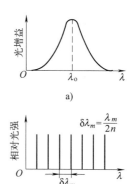

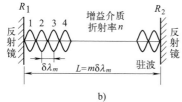

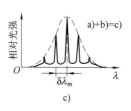

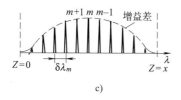

图 2.1.13　半导体激光器结构
相当于一个 F-P 谐振腔

a）半导体激光器　b）纵模驻波

c）纵模共振光谱

图 2.1.14　激光器频谱特性的形成过程

a）谐振腔增益频谱　b）腔内允许产生的
腔模频谱，只有满足 $m\lambda/(2n)=L$ 的
波长才能存在　c）LD 的输出光谱

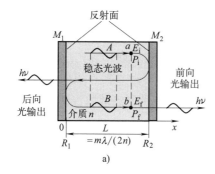

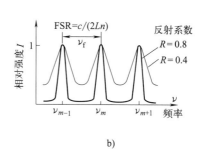

图 2.1.15　激光器是一个 F-P 光学谐振腔

a）F-P 光学谐振腔　b）F-P 光学谐振腔的腔模频率特性

设激光器谐振腔长度为 L，增益介质折射率为 n，典型值为 $n=3.5$，引起 30% 界面反射，从式（2.1.3）可知，增益介质内半波长 $\lambda/(2n)$ 的整数倍 m 等于全长 L

$$\frac{\lambda}{2n}m=L \qquad m=1,2,3,\cdots \qquad (2.1.8)$$

注意，该式与式（2.1.3）的唯一区别是在分母中增加了增益介质折射率 n。由式（2.1.8）可知，只有那些满足式（2.1.8）的腔模波长才能在 F-P 谐振腔内存在。

利用 $\nu=c/\lambda$，代入式（2.1.8）可得到

$$\nu=\nu_m=\frac{mc}{2nL} \qquad (2.1.9)$$

式中，ν_m 是腔模光频率，c 为自由空间光速。当 $\lambda=1.55~\mu m$，$n=3.1$，$L=300~\mu m$ 时，

$m=1354$，这是一个很大的数字。因此 m 相差 1，谐振波长只有少许变化，设这个波长差为 $\Delta\lambda$，并注意到 $\Delta\lambda\ll\lambda$，则当 $\lambda\to\lambda+\Delta\lambda$，$m\to m+1$ 时，从式（2.1.8）得到各模间的波长/频率间隔（见图 2.1.4c 和图 2.1.15b）

$$\Delta\lambda=-\frac{\lambda^2}{2nL} \tag{2.1.10}$$

式中，$|\Delta\lambda|=0.34$ nm，因此，对谐振腔长度 L 比波长大很多的激光器，可以在差别甚小的很多波长上发生谐振，我们称这种谐振模为纵模，它由光腔长度 nL 决定。与此相反，和前进方向垂直的模称为横模。纵模决定激光器的频谱特性，而横模决定光束在空间的分布特性，它直接影响到与光纤的耦合效率。

使用 $\Delta\nu/\nu=\Delta\lambda/\lambda_0$，这里 λ_0 是腔模光波的自由空间波长，ν 是自由空间光频率，因为 $\nu=c/\lambda_0$，所以我们可以得到频率间距和波长间距的关系为

$$\Delta\lambda=-\frac{\lambda_0^2}{c}\Delta\nu \tag{2.1.11}$$

将式（2.1.10）代入式（2.1.11）求得 $\Delta\nu$，就可以得到图 2.1.15b 表示的 F-P 谐振腔的自由光谱区（FSR）

$$\mathrm{FSR}=\Delta\nu=\frac{c}{2nL} \tag{2.1.12}$$

一种单片集成的耦合腔激光器称为 C^3 激光器。C^3 指的是切开的耦合腔（Cleaved Coupled Cavity），如图 2.1.16 所示。这种激光器是这样制成的：把常规多模半导体激光器从中间切开，一段长为 L，另一段为 D，分别加以驱动电流；中间是一个很窄的空气隙（宽约 1 μm），切开界面的反射约为 30%，只要间隙不是太宽，就可以在两部分之间产生足够强的耦合。在本例中，因为 $L>D$，所以 L 腔中的模式波长间距要比 D 腔中的密。这两腔的模式波长只有在较长的距离上才能完全一致，产生复合腔的发射模，如图 2.1.16b 所示。因此 C^3 激光器可以实现单纵模工作。改变一个腔体的注入电流，C^3 激光器可以实现约为 20 nm 范围的波长调谐。然而，由于约 2 nm 的逐次模式跳动，调谐是不连续的。

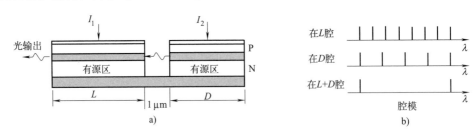

图 2.1.16 C^3 激光器的结构及其单纵模输出原理

a）C^3 激光器结构示意图　b）C^3 激光器单纵模输出原理说明

【例 2.1.3】 激光器的模式数量和光腔长度计算

双异质结 AlGaAs 激光器光腔长度 200 μm，峰值波长是 900 nm，GaAs 材料的折射率是 3.7。计算峰值波长的模式数量和腔模间距。假如光增益频谱特性 FWHM（半最大值全宽）是 6 nm，请问在这个带宽内有多少模式？假如腔长是 20 μm，又有多少模式？

解： 图 2.1.13 和图 2.1.14 为腔模、光增益特性和激光器典型的输出频谱。由式（2.1.8）可知，腔模的自由空间波长和腔长的关系是

$$m\frac{\lambda}{2n}=L$$

因此

$$m=\frac{2nL}{\lambda}=\frac{2\times3.7\times200\times10^{-6}}{900\times10^{-9}}\approx1\ 644.4\approx1644$$

相邻腔模 m 和 $m+1$ 间的波长间距 $\delta\lambda_m$ 是

$$\delta\lambda_m=\frac{2nL}{m}-\frac{2nL}{m+1}\approx\frac{2nL}{m^2}=\frac{\lambda^2}{2nL}$$

于是，对于给定的峰值波长，模式间距随 L 的减小而增加。当 $L=200\ \mu m$ 时，

$$\delta\lambda_m=\frac{\lambda^2}{2nL}=\frac{(900\times10^{-9})^2}{2\times3.7\times200\times10^{-6}}=5.47\times10^{-10}\ (m)$$

已知光增益带宽 $\Delta\lambda_{1/2}=6$ nm，在该带宽内的模数是 $\Delta\lambda_{1/2}/\Delta\lambda_m=6\ /0.547=10$。当腔长减小到 $L=20\ \mu m$ 时，模式间距增加到

$$\delta\lambda_m=\frac{\lambda^2}{2nL}=\frac{(900\times10^{-9})^2}{2\times3.7\times(20\times10^{-6})}=5.47\ (nm)$$

此时该带宽内的模数是 $\Delta\lambda_{1/2}/\Delta\lambda_m=6$ nm/5.47 nm$=1.1$，对于峰值波长约 900 nm，只有一个模式。事实上，m 必须是整数，当 $m=1644$ 时，$\lambda=902.4$ nm。很显然，减小腔长，可以抑制高阶模。

【例 2.1.4】 频率间距和波长间距的关系

F-P 谐振腔中间的填充材料是 GaAlAs，厚度为 0.3 mm，折射率 $n=3.6$，中心波长为 0.82 μm，这是典型的 GaAlAs 激光器结构。计算腔内纵模间的频率间距和波长间距。

解：由式（2.1.12）可以得到纵模间频率间距，即

$$\Delta\nu=\frac{c}{2nL}=\frac{3\times10^8}{2\times(0.3\times10^{-3})\times3.6}=139\times10^9\ (Hz)$$

从式（2.1.11）可以得到纵模间波长间距为

$$\Delta\lambda=-\frac{\lambda_0^2}{c}\Delta\nu=\frac{(0.82\times10^{-6})^2\times(139\times10^9)}{3\times10^8}=3.11\times10^{-10}\ (m)$$

2.1.9 半导体光放大器——没有反馈的法布里-珀罗光学谐振腔

半导体光放大器（SOA）通过受激发射，使入射光信号放大，其机理与激光器的相同。光放大器只是一个没有反馈的激光器，其核心是当放大器被光或电泵浦时，使粒子数反转获得光增益，如图 2.1.17 所示。

但是，半导体激光器在解理面存在反射（反射系数 R 约为 32％），具有相当大的反馈。当驱动电流低于阈值时，半导体激光器可作为放大器使用，但是必须考虑在 F-P 腔体界面上的多次反射。这种光放大器就称为 F-P 光放大器，如图 2.1.18 所示。

使用 F-P 干涉理论可以求得 F-P 放大器的放大倍数 $G_{FPA}(\nu)$，其值为

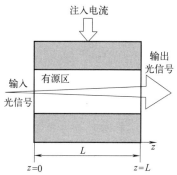

图 2.1.17 行波半导体光放大器

$$G_{\text{FPA}}(\nu) = \frac{(1-R_1)(1-R_2)G(\nu)}{(1-G\sqrt{R_1 R_2})^2 + 4G\sqrt{R_1 R_2}\sin^2\left[\pi(\nu-\nu_m)/\Delta\nu_{\text{L}}\right]} \tag{2.1.13}$$

式中，R_1 和 R_2 是腔体解理面反射率，ν_m 表示腔体谐振频率，$\omega_m = 2\pi\nu_m$，$\Delta\nu_{\text{L}}$ 是纵模间距，也是 F-P 腔的自由光谱范围。当忽略增益饱和时，光波只传播一次的放大倍数 $G(\nu)$ 对应行波（TW）放大器的放大倍数

$$G_{\text{TWA}}(\nu) = \exp\{g[\nu, P(z)]L\} \tag{2.1.14}$$

式中，$g[\nu, P(z)]$ 是放大器增益系数，$P(z)$ 是距输入端 z 处的光功率；L 为放大器长度。

当 $R_1 = R_2 = 0$ 时，式（2.1.13）变为 $G_{\text{FPA}}(\nu) = G(\nu)$，即 F-P 放大器的放大倍数 $G_{\text{TWA}}(\nu)$ 就是光波在 F-P 腔中只传播一次的放大倍数 $G(\nu)$。

当 $R_1 = R_2$，并考虑到 $\nu = \nu_m$ 时（见图 2.1.18b），$G_{\text{TWA}}(\nu)$ 达到最大，此时式（2.1.13）变为

$$G_{\text{FPA}}^{\max}(\nu) = \frac{(1-R)^2 G(\nu)}{[1-RG(\nu)]^2} \tag{2.1.15}$$

当入射光信号的频率 ν 与腔体谐振频率中的一个 ν_0 相等时，此时归一化失谐参数 $(\nu - \nu_0)T_2 = 0$，T_2 为偶极子张弛时间，从图 2.1.18b 可见，增益系数 $g(\nu)$ 就达到峰值，当 ν 偏离 ν_0 时，$g(\nu)$ 下降得很快，如图 2.1.18b 所示。由图可见，当半导体解理面与空气的反射率 $R = 0.3$ 时，F-P 放大器在谐振频率处的增益系数峰值最大；反射率越小，增益系数也越小；当 $R = 0$ 时，激光器就变为行波放大器，其增益系数频谱特性是高斯曲线。

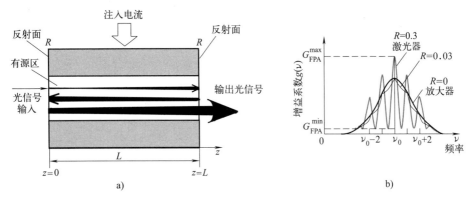

图 2.1.18 减小反射率 R 使 F-P 半导体激光器变为光放大器（SOA）

a）SOA 的结构和工作原理 b）SOA 不同反射率的增益系数频谱曲线

由以上的讨论我们知道，提高提供光反馈的 F-P 谐振腔的反射率 R，可以显著地增加 SOA 的增益，反射率 R 越大，在谐振频率处的增益系数也越大。但是，当 R 超过一定值后，光放大器将变为激光器。当 $GR = 1$ 时，式（2.1.15）将变为无限大，此时 SOA 产生激光发射。

放大器带宽由腔体谐振曲线形状所决定。失谐时 $(\nu - \nu_m)$，从峰值开始下降 3 dB 的 G_{FPA} 值就是放大器的带宽，其值是

$$\Delta\nu_{\text{A}} = \frac{2\Delta\nu_{\text{L}}}{\pi}\arcsin\left[\frac{1-G\sqrt{R_1 R_2}}{(4G\sqrt{R_1 R_2})^{\frac{1}{2}}}\right] \tag{2.1.16}$$

为了获得大的放大倍数，$G\sqrt{R_1R_2}$ 应该尽量接近 1，由式（2.1.16）可见，此时放大器带宽只是 F-P 谐振腔自由光谱范围的很小一部分（典型值为 $\Delta\nu_L\approx100\,\mathrm{GHz}$），此时 $\Delta\nu_A<10\,\mathrm{GHz}$。这样小的带宽使 F-P 放大器不能应用于光波系统。

假如减小端面反射反馈，就可以制出行波半导体光放大器（SOA）。减小反射率的一个简单方法是在界面上镀以抗反射膜（增透膜）。然而，对于作为行波放大器的 SOA，反射率必须相当小（$<10^{-3}$），而且最小反射率还取决于放大器增益本身。根据式（2.1.15），可用接近腔体谐振点的放大倍数 G_{FP} 的最大和最小值，来估算解理面反射率的允许值。很容易证明它们的比是

$$\Delta G=\frac{G_{\mathrm{FP}}^{\max}}{G_{\mathrm{FP}}^{\min}}=\left(\frac{1+G\sqrt{R_1R_2}}{1-G\sqrt{R_1R_2}}\right)^2 \tag{2.1.17}$$

假如 ΔG 超过 3 dB（2 倍），放大器带宽将由腔体谐振峰，而不是由增益频谱决定。使式（2.1.17）的 $\Delta G<2$，可以得到解理面反射率必须满足条件

$$G\sqrt{R_1R_2}<0.17 \tag{2.1.18}$$

当满足式（2.1.18）时，人们习惯把半导体光放大器（SOA）作为行波放大器来描述其特性。设计提供 30 dB 放大倍数（$G=1000$）的 SOA，解理面的反射率应该满足 $\sqrt{R_1R_2}<0.17\times10^{-3}$。

减小 LD 解理端面反射反馈的方法是：使条状有源区与正常的解理面倾斜或在有源区端面和解理面之间插入透明窗口区，如图 2.1.19 所示。在图 2.1.19b 的输出透明窗口区，光束在到达半导体和空气界面前，在该窗口区已发散，经界面反射的光束进一步发散，只有极小部分光耦合进薄的有源层。当与抗反射膜一起使用时，反射率可以小至 10^{-3}，从而使 LD 变为 SOA。

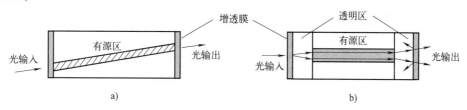

图 2.1.19　减小反射使 LD 近似变为行波 SOA

a）条状有源区与解理面成倾斜结构　b）窗口解理面结构

【例 2.1.5】　F-P 半导体光放大器增益

如果 F-P 半导体光放大器解理面的反射率为 $R=0.32$，估计它的增益是多少。

解：在 $RG<1$ 前 F-P 是一个放大器，此时 $G<1/R$，因为 $R\leqslant0.32$，所以 G 必须小于 3。假定 $G=2$，由式（2.1.15）得到 $G_{\mathrm{FPA}}=7.1$，即 8.5 dB。如果 $G=3$，$G_{\mathrm{FPA}}=867$，即 29.4 dB。

2.1.10　自由电子激光器——高能定向电子束（工作介质）产生激光辐射

我们知道，微观世界中的原子核、电子和光子等物质运动的能量都是以波动的形式传递的。自由电子激光器（FEL）工作介质是电子，直接由受控的通过电子加速器加速的高能定向电子束产生激光辐射。在空间周期变化磁场中，只要改变电子束的速度，就可产生可调谐的、波长从 X 射线到微波的相干电磁辐射。

自由电子激光器的波长和功率不再像传统激光器那样受限于激光工作介质的能级结构，激光波长可通过改变电子束能量大小和磁场强弱来调谐。但是，这种激光器的工作原理仍然是基于带有反射镜的光学谐振腔运行机制，或者是基于这种波长的种子激光与接近光速的电子束相互作用时满足共振（谐振）关系的运行机制，所以，我们还是把自由电子激光器放在相干这一节来介绍。

自由电子激光是一种使用接近光速的（相对论）电子束通过周期性变化的磁场，以受激辐射方式放大电磁辐射的新型强相干光源，可分为低增益和高增益两种类型。通常，高增益FEL由高亮度电子枪、射频直线加速器和波振荡器（交变周期横向磁场发生器）系统三部分组成，如图2.1.20所示。电子枪和直线加速器提供品质优异的高能电子束，之后电子束被注入到磁极性交替变换的电磁波振荡器中，使电子与波振荡器共振（如 $\lambda_u = c/f_e$），做扭摆运动，辐射磁场与电子束相互作用，而在其电子前进方向上感生出一个大约是电子频率倍数的激光场，在这一过程中，电子因做功减速，而激光场强则逐渐增强，高能电子束能量逐渐转化成超强激光能量。为使电子的动能不断地传递给光辐射，使辐射场强不断增大，对于平面电磁波振荡（见1.3.1节），辐射光波长 λ_s、接近光速的电子束能量 γ、电磁波振荡器周期长度 λ_u 和电磁波振荡器无量纲矢量势 a_u 之间需满足如下谐振关系

$$\lambda_s = \frac{\lambda_u}{2\gamma^2 n}(1 + a_u^2) \tag{2.1.19}$$

式中，n 为谐波次数。从量子物理学的角度来看，FEL的产生就是电子对电磁波的受激康普顿散射的结果。

图2.1.20　高增益自由电子激光器（FEL）基本构成原理示意图

低增益FEL以带有反射镜的光学谐振腔FEL为代表，主要应用在太赫兹（THz）波段、红外和可见光波段，它的基本工作原理是通过光学谐振腔将电子束产生的自发辐射进行多次反射、不断放大，最后达到饱和输出。

高增益FEL利用高品质的电子束不经反射直接通过一个足够长的电磁波振荡器，实现了光场的指数式增益放大，并最终达到高功率FEL的饱和输出。

种子型高增益自由电子激光器是在图2.1.20所示基本结构的基础上，引入一个相干性好的激光作为种子激光，使其在电磁波振荡器中与电子束相互作用，种子激光的波长同样必须满足共振（谐振）条件，这样的相互作用，可对种子激光直接放大；也可通过调制，使电子束产生微群聚，并同时将种子激光的相位信息传递给电子束，进而使电子束通过波振荡器产生相干辐射。

自由电子受激辐射的设想最早于1951年由H. Motz提出，并在1953年进行实验，因受当时条件限制，未能得到证实。1971年，美国的J. Madey在他的博士论文中重新提出了"自由电子激光"概念，随后在实验室得到了验证。1985年，高增益FEL理论首次在美国劳伦斯利弗莫尔国家实验室（LLNL）的ELF装置上得到证明。近年来，新的种子型高增益FEL层出不穷，并接连为实验所验证，展示出了强大的生命力。

中国科学院高能物理研究所 1987 开始研制北京自由电子激光装置，并于 1993 年实现基本稳定出光，并在亚洲首次实现了饱和受激振荡。其装置由 30 MeV 的电子直线射频加速器驱动，用热阴极微波电子枪和 α 磁铁作为注入器，用周期永磁铁构成波振荡器。在波振荡器两端放置反射镜构成光学谐振腔，交变磁场与电子束相互作用感生出的光脉冲在谐振腔中，不断地从后继的电子束中吸取能量而得到放大，使光信号获得最大的增益直至饱和。达到饱和的激光脉冲最终穿过反射镜耦合输出到光学测量台。这台装置属于低增益中、远红外（9.5～15 μm）自由电子激光器。中国科学院大连化物所长兴岛园区建成了我国首个极紫外波段全相干自由电子激光用户装置，上海张江高科技园区也建设了一个软 X 射线自由电子激光试验装置。

自由电子激光器具有高功率、短波长、全相干、高效率、窄线宽和全波段调谐的特点，能为生命科学、材料科学、信息科学、环境科学和非线性科学等前沿科学的基础性研究，以及高新尖端技术的开发研究，带来全新的视野和不可估量的前景，自由电子激光器也是反战略导弹激光武器之一（见 2.6.3 节）。

2.2 光的干涉——光滤波器、调制器和波分复用器

2.2.1 法布里-珀罗滤波器——基本型、光纤型、级联型

基本法布里-珀罗（F-P）干涉仪，如图 2.1.4 所示，由两块平行镜面组成的光学谐振腔构成，一块镜面固定，另一块可移动，以改变谐振腔的长度。镜面是经过精细加工并镀有金属反射膜或多层介质膜的玻璃板。

法布里-珀罗光学谐振腔已广泛应用于干涉滤波器、激光器和分光镜中。

1. F-P 滤波器——由 F-P 谐振腔组成

对于无源 F-P 谐振腔，因为其传输特性只能允许满足谐振腔单纵模传输相位条件的光信号通过，所以传输特性与波长有关，可以用作光滤波器。F-P 滤波器的传输特性如图 2.2.1a 所示，它具有多个谐振峰，每两个谐振峰间的频率间距由式（2.1.4）可知

$$\Delta \nu_L = FSR = \frac{c}{2nL} \qquad (2.2.1)$$

式中，n 是构成 F-P 滤波器的材料折射率，L 是谐振腔长度。$\Delta \nu_L$ 就是滤波器的自由光谱区 FSR。假如滤波器设计成只允许复用信道中的一个信道通过，如图 2.2.1c 中的 $\nu_i = \nu_1$ 信道的频率正好对准传输特性的谐振峰，所以只有 $\nu_i = \nu_1$ 的信道才能通过滤波器，而其他信道被抑制了。但是由于传输特性的非理想性，其他信道的信号也有一小部分通过滤波器，从而造成对 $\Delta \nu_1$ 信道的干扰。复用信号的总带宽

$$\Delta \nu_s = N \Delta \nu_{ch} = N S_{ch} B \qquad (2.2.2)$$

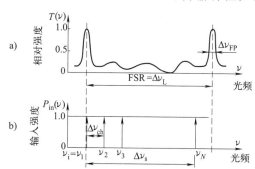

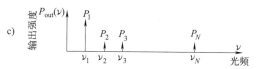

图 2.2.1　F-P 滤波器的传输特性

a）传输特性　b）N 个信道光经波分复用后加到滤波器输入端的频谱图　c）滤波器输出频谱图

必须小于 $\Delta\nu_L$，这里 N 是信道数，S_{ch} 是归一化的信道间距，其值为 $S_{ch}=\Delta\nu_{ch}/B$，B 是比特率，$\Delta\nu_{ch}$ 是信道间距，如图 2.2.1b 所示。同时，滤波器带宽 $\Delta\nu_{FP}$（定义为图 2.2.1a 表示的传输特性波形的半最大值全宽）应该足够大，以便让所选信道的整个频谱成分通过，对于归零码 $\Delta\nu_{FP}=B$。于是得到最多可以选择出的信道数为

$$N<\frac{\Delta\nu_L}{\Delta\nu_{ch}}=\frac{\Delta\nu_L}{S_{ch}\Delta\nu_{FP}}=\frac{F}{S_{ch}} \qquad F=\Delta\nu_L/\Delta\nu_{FP} \qquad (2.2.3)$$

式中，F 是 F-P 滤波器的精细度，它决定滤波器的选择性，即能分辨的最小频率差，从而也决定所能选择出的最大信道数。精细度的概念与 F-P 干涉仪理论中的相同。假如谐振腔内部损耗忽略不计，则精细度由镜面反射率 R 决定，假设两个镜面的 R 相等，此时

$$F=\frac{\pi\sqrt{R}}{1-R} \qquad (2.2.4)$$

对于 F-P 滤波器，信道间距 $\Delta\nu_{ch}$ 要小于 $3\Delta\nu_{FP}$（$S_{ch}=3$），以便保持串扰小于 -10 dB。将 $S_{ch}=3$ 限制值和式（2.2.4）代入式（2.2.3），可以得到 F-P 滤波器可以选择出的最多信道数为

$$N<\frac{\pi\sqrt{R}}{3(1-R)} \qquad (2.2.5)$$

由此可见，信道数由镜面反射率决定。具有 99% 反射率的滤波器可以选出 104 个信道。改变装在滤波器上的压电陶瓷的电压来改变谐振腔（滤波器）的长度，从而可选择出所需要的信道。滤波器长度只要改变不到 $1~\mu m$，就可以选择出不同的信道。滤波器长度 L 本身在满足 $\Delta\nu_L>\Delta\nu_s$ 条件下，由式（2.2.1）决定，对于 $\Delta\nu_s=100$ GHz，$n=1.5$，则需 $L<1$ mm。如果信道间距 $\Delta\nu_{ch}$ 很宽（约 1 nm），L 可能要小到 $10~\mu m$。

图 2.2.1 表示 F-P 滤波器的传输特性，图 2.2.1a 为典型滤波器的功率传输特性，两个相邻传输峰的频率差为 $\Delta\nu_L$；图 2.2.1b 表示 N 个信道光经波分复用后，总带宽为 $\Delta\nu_s$ 的输入信号频谱特性；图 2.2.1c 表示 F-P 滤波器的输出频谱特性。

以上的谐振腔腔体是空气，如果是介质（折射率为 n），那么要用 nk 代替 k，则 $kL=(2\pi/\lambda)L=m\pi$ 也可以使用。如果入射角不是法线入射，而是有一个入射角 θ，只要用 $k\cos\theta$ 代替 k 即可。

2. 光纤 F-P 滤波器——小型化 F-P 滤波器

由普通的 F-P 干涉仪构成的滤波器体积大，使用不便，为此产生了光纤 F-P 滤波器，如图 2.2.2 所示，光纤端面本身就充当两块平行的镜面。如果将光纤（即 F-P 的反射镜面）

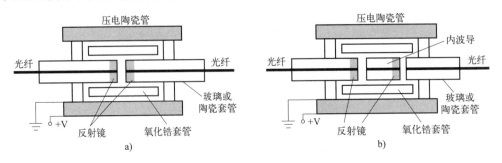

图 2.2.2　光纤 F-P 滤波器的结构

a) 间隙型 F-P 滤波器　b) 内波导型 F-P 滤波器

固定在压电陶瓷上，通过外加电压使压电陶瓷产生电致伸缩作用来改变谐振腔的长度，同样可以从复用信道中选取所需的信道。这种结构可实现小型化。

光纤滤波器的制作过程如下：首先将光纤密封在标准的玻璃或陶瓷套管中，然后对光纤端面抛光，并镀上多层介质反射膜，再把这些管子和氧化锆套管对准，然后将这一组件放置在一个外径为 6.35 mm 的圆柱形压电外壳中，外壳的端面与管子用环氧树脂黏结。

光纤 F-P 滤波器的优点是可以无需增加耦合损耗就集成在系统中。使用两个单腔滤波器级联，可使有效精细度（F）增加到接近 1000，从而可以容纳的最多信道数能够扩大一个数量级。

3. 级联单腔 F-P 滤波器——扩大精细度

级联单腔 F-P 滤波器使精细度扩大的原理可用图 2.2.3b～图 2.2.3e 来说明，由图可见，图 2.2.3e 脉冲波形半最大值全宽与图 2.2.3c 和图 2.2.3d 的相同，但是其 FSR 与图 2.2.3b 的相同，而是图 2.2.3d 的 4 倍，所以图 2.2.3e 的精细度 F（FSR/脉冲半最大值全宽 $\Delta\nu_{FP}$）已是图 2.2.3b 的 4 倍。

F-P 滤波器的优点是调谐范围宽，而且通带可以做得很窄，通常可以做到与偏振无关。F-P 滤波器可以集成在系统内，减小耦合损耗，其缺点是一般设计的滤波器调谐速度较慢，使用压电调谐技术，调谐速度可以达到 1 μs。

2.2.2 马赫-曾德尔干涉仪——经不同路径传输的两束光干涉

1. 马赫-曾德尔（M-Z）干涉仪

马赫-曾德尔（M-Z）干涉仪如图 2.2.4 所示，一束相干光在 O 点被分光器分成两束光，一束光被 M_1 反射镜反射，经过折射率为 n 长度为 d 的试样传输后，进入合光器；而另一束光被 M_2 反射镜反射，也进入合光器，在 C 点合光后的两束光进行干涉，然后

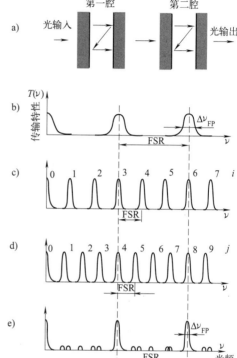

图 2.2.3 双腔 F-P 滤波器级联使精细度 F 扩大
a）级联双腔 F-P 滤波器 b）$F=10$ 单腔 F-P 滤波器的传输特性 c）级联用第一个 F-P 滤波器的传输特性，$F=10$，FSR 是图 b）的 1/3 d）级联用第二个 F-P 滤波器的传输特性，$F=10$，FSR 是图 b）的 1/4
e）级联后的复合传输函数

干涉光进入探测器。根据式（1.3.4），在 C 点的光场强度取决于 OAC 和 OBC 之间的光程差

$$\Delta z = (\overline{OAC} + nd) - \overline{OBC} = nd$$

由光程差决定的相位差为

$$\Delta\phi = k\Delta z = \frac{2\pi}{\lambda}\Delta z = \frac{2\pi}{\lambda}(nd) \tag{2.2.6}$$

式中，k 是光在试样中的传输常数或波数，n 是试样材料的折射率，d 是试样的长度。

当两臂间的相位差 $\Delta\phi$ 等于 π 时，两束光在 C 点出现了相消干涉，探测器输入光为零；

当两臂的光程差为 0 或 2π 的倍数时，两束光在 C 点相长干涉，探测器输入光为最大。

电光效应晶体试样的折射率 n 可以通过施加在晶体上的电压来改变，热光效应晶体试样的长度 d 可以通过加热试样来改变。

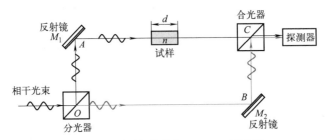

图 2.2.4　马赫-曾德尔（M-Z）干涉仪

该干涉仪由德国物理学家路德维希·曾德尔（Ludwig Zehnder）首先于 1891 年提出构想，次年路德维希·马赫（Ludwig Mach）发表论文对这一构想加以改进，所以该仪器就以马赫和曾德尔的名字命名为马赫-曾德尔（M-Z）干涉仪。马赫-曾德尔干涉仪已被广泛应用于光通信中的光滤波器、光调制器及反潜声呐的核心部件中，也广泛应用在量子通信中。

2. 马赫-曾德尔干涉滤波器——光程差产生相位差

在 1.3.1 节讨论平面电磁波的时候，引入了在波矢量 k 传播方向被 Δz 分开的两点间的相位差 $\Delta\phi$ 的概念，如式（1.3.4）所示。下面介绍两束光经不同光程后干涉的马赫-曾德尔干涉滤波器。

图 2.2.5 表示马赫-曾德尔干涉滤波器的示意图，它由两个 3 dB 耦合器串联组成一个马赫-曾德尔干涉仪，干涉仪的两臂长度不等，光程差为 ΔL。

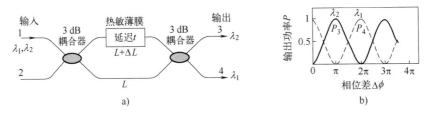

图 2.2.5　马赫-曾德尔干涉滤波器
a）M-Z 干涉滤波器构成图　b）滤波器输出

马赫-曾德尔干涉滤波器的原理是基于两个相干单色光经过不同的光程传输后的干涉理论。考虑两个波长 λ_1 和 λ_2 复用后的光信号由光纤送入马赫-曾德尔干涉滤波器的输入端 1，两个波长的光功率经第一个 3 dB 耦合器均匀地分配到干涉仪的两臂上。由于两臂的长度差为 ΔL，所以经两臂传输后的光，在到达第二个 3 dB 耦合器时就产生相位差。

由式（1.3.4）可知，该相位差是

$$\Delta\phi = 2\pi\nu(\Delta L)n/c \qquad (2.2.7)$$

式中，n 是波导折射率指数。复合后每个波长的信号光在满足一定的相位条件下，在两个输出光纤中的一个相长干涉，而在另一个相消干涉。如果在输出端口 3，λ_2 满足相长条件〔根据式（2.1.2）相位差是 2π 的整数倍〕，λ_1 满足相消条件，则输出 λ_2 光；如果在输出端口 4，λ_2 满足相消条件，λ_1 满足相长条件，则输出 λ_1 光。这种滤波器要求输入光波的频率间隔必须精确地控制在 $\Delta\nu = c/(2n\Delta L)$ 的整数倍。

改变 $\Delta\nu$ 既可以分别控制有效光通道的折射率 n 和长度差 ΔL，也可以同时控制 n 和 ΔL。可以通过对热敏薄膜加热或者改变压电晶体的控制电压来达到。此外，马赫-曾德尔干涉仪构成的可调谐滤波器制造成本低，对偏振很不灵敏，串扰很低，但是调谐控制复杂，调谐速度较慢。

2.2.3　光纤水听器系统——基于马赫-曾德尔干涉的反潜声呐的核心部件

水声传感器简称水听器，是在水中侦听声波信号的仪器，作为反潜声呐的核心部件，在军事领域有着重要的应用。

光纤水听器根据工作原理，可分为强度型、干涉型和光纤光栅型。马赫-曾德尔干涉型光纤水听器技术最为成熟，且适于大规模组阵。基本原理是，激光器发出的相干光经光纤耦合器分为两路，进入马赫-曾德尔干涉仪，一路构成光纤干涉仪的传感臂，受声波调制产生应力变化，与参考臂相比，产生相位差 $\Delta\phi$；另一路构成光纤干涉仪的参考臂，不受声波调制，或者接受与传感臂声波调制相反的调制。两路光信号在第 2 个光纤耦合器处，发生干涉，干涉光信号经光探测器转换为电信号，经信号处理后就可以获取声波信息，相干检测马赫-曾德尔干涉型光纤水听器系统如图 2.2.6 所示。

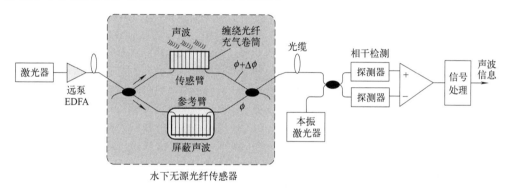

图 2.2.6　马赫-曾德尔干涉型光纤水听器系统基本结构

光纤水听器用小直径大数值孔径光纤，缠绕在用作传感臂的充气卷筒上，该卷筒在声压作用下，直径发生形变，带动光纤产生轴向应变。光纤在声波作用下，产生与其强弱对应的应力，传感臂与参考臂相比，应力产生相位差 $\Delta\phi$，两路光在耦合器会合时，发生干涉。这种利用干涉原理进行的测量，灵敏度高。水听器传感器是无源的，可以组成阵列，每个光纤传感器可使用不同的波长。为方便，可使用 ITU-T 规范的 WDM 光栅波长信号，也可以使用远泵光纤放大器，扩展系统测量范围。商用产品已投入使用。

2.2.4　马赫-曾德尔光调制器——外加电场控制两个分支光波的相位差

最常用的幅度调制器是在晶体表面用钛扩散波导构成的马赫-曾德尔（M-Z）干涉型调制器，如图 2.2.7 所示。在这种调制器中，使用两个频率相同但相位不同的偏振光波进行干涉，外加电压引入相位的变化可以转换为幅度的变化。在图 2.2.7a 表示的由两个 Y 形波导构成的结构中，理想情况下，输入光功率在 C 点平均分配到两个分支传输，在输出端 D 干涉，所以该结构扮演着一个干涉仪的作用，其输出幅度与两个分支光通道的相位差有关。两个理想的背对背相位调制器，在外电场的作用下，能够改变两个分支中待调制传输光的相位。由于加在两个分支中的电场方向相反，如图 2.2.7a 的右上方的截面图所示，所以在两个分支中的折射率和相位变化也相反，例如若在 A 分支中引入 $\pi/2$ 的相位变化，那么在 B 分支则引入 $-\pi/2$ 相位的变化，因此 A、B 分支将引入相位 π 的变化。

假如输入光功率在 C 点平均分配到两个分支传输，其幅度为 A，在输出端 D 的光场为

$$E_{\text{out}} \propto A\cos(\omega t + \phi) + A\cos(\omega t - \phi) = 2A\cos\phi\cos(\omega t) \qquad (2.2.8)$$

输出功率与 E_{out}^2 成正比，所以由式（2.2.8）可知，当 $\phi = 0$ 时输出功率最大，当 $\phi = \pi/2$ 时，两个分支中的光场相互抵消干涉，使输出功率最小，在理想的情况下为零。于是

$$\frac{P_{\text{out}}(\phi)}{P_{\text{out}}(0)} = \cos^2\phi \qquad (2.2.9)$$

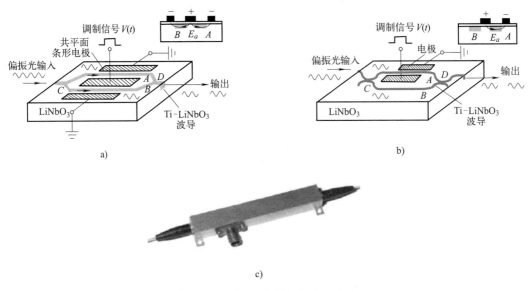

图 2.2.7　马赫-曾德尔幅度调制器

a）调制电压施加在两臂上　b）调制电压施加在单臂上　c）商用马赫-曾德尔调制器

由于外加电场控制着两个分支中干涉波的相位差，所以外加电场也控制着输出光的强度，虽然它们并不成线性关系。

在图 2.2.7b 表示的强度调制器中，在外调制电压为零时，马赫-曾德尔干涉仪 A、B 两臂的电场表现出完全相同的相位变化；当加上外电压后，电压引起 A 波导折射率变化，从而破坏了该干涉仪的相长特性，因此在 A 臂上引起了附加相移，结果使输出光的强度减小。根据式（2.2.9），当 $\phi = \pi$ 时，A、B 两臂间的相位差是 2π，在 D 点发生相长干涉，输出光强最大；当 $\phi = \pi/2$ 时，当两臂间的相位差为 π，在 D 点出现了相消干涉，输入光强为零，此时的电压称为半波电压 $V_{\lambda/2}$，该电压可以使调制器状态实现从开到关的切换。当调制电压引起 A、B 两臂的相位差在 $0\sim\pi$ 变化时，输出光强将随调制电压而变化。由此可见，加到调制器上的电比特流在调制器的输出端产生了波形相同的光比特流复制。

2.2.5　从电介质镜到光子晶体——从一维晶体到三维晶体

电介质镜由数层折射率交替变化的电介质材料组成，如图 2.2.8a 所示，并且 $n_1 < n_2$，每层的厚度为 $\lambda_L/4$，λ_L 是光在电介质层传输的波长，且 $\lambda_L = \lambda_0/n$，λ_0 是光在自由空间的波长，n 是光在该层传输的介质折射率。从界面上反射的光相长干涉，使反射光增强，如果

层数足够多，波长为 λ_o 的反射系数接近 1。图 2.2.8b 表示典型的多层电介质镜反射系数与波长的关系。

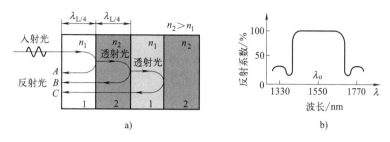

图 2.2.8　多层电介质镜工作原理
a）反射光相长干涉　b）反射系数与波长的关系

对于介质 1 传输的光在介质 1 和 2 的界面 1-2 反射的反射系数是 $r_{12}=(n_2-n_1)/(n_1+n_2)$，而且是正数，表明没有相位变化。对于介质 2 传输的光在介质 2 和 1 的界面 2-1 反射的反射系数是 $r_{21}=(n_1-n_2)/(n_2+n_1)$，其值是负数，表明相位变化了 π。于是通过电介质镜的反射系数的符号交替发生变化。考虑两个随机的光波 A 和 B 在两个前后相挨的界面上反射，由于在不同的界面上反射，所以具有相位差 π。反射光 B 进入介质 1 时已经历了两个 $\lambda_L/4$ 的距离，即 $\lambda_L/2$，相位差又是 π。此时光波 A 和 B 的相位差已是 2π。于是光波 A 和 B 是同相，于是产生相长干涉。与此类似，我们也可以推导出光波 B 和 C 产生相长干涉。因此，所有从前后相挨的两个界面上反射的波都具有相长干涉的特性，经过几层这样的反射后，透射光强度将很小，而反射系数将达到 1。电介质镜原理已广泛应用到垂直腔表面发射激光器中。

这种折射率周期性变化的电介质镜是一种一维的光子晶体，如果折射率以二维或三维的方式变化，则可以构成二维或三维的光子晶体，如图 2.2.9 所示。一维光子晶体，如图 2.2.8 和图 2.2.9a 所示，有一个频（波）带，在该带宽内它反射光，如图 2.2.8b 所示；反过来说，有一个截止带宽，在该带宽内光不能通过电介质镜。在折射率指数周期性变化的 z 方向，不允许一定频率范围的光波通过，这个频带就称为光（或光子）带隙。光子晶体这种波长选择的功能，使人们操纵和控制光子的梦想成为可能。

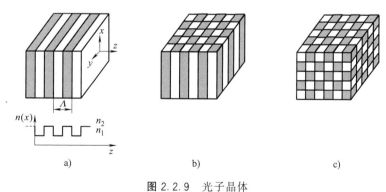

图 2.2.9　光子晶体
a）一维光子晶体　b）二维光子晶体　c）三维光子晶体

光子晶体应用很广，用它可以制作控制光子流动的高性能反射镜，可以制作在拐角处能量损失很小的直角光子晶体波导，可以制作分开波长很接近光的波分复用棱镜，以及可以制作无损耗、大模场直径、色散可设计的单模光子晶体光纤等。

光子晶体光纤（PCF）是一种微结构光纤，它的横截面上有复杂的折射率分布，通常含有不同排列形式的气孔，这些气孔的尺度与光波波长大致在同一个量级，并且贯穿 PCF 整个长度，光波可以被限制在低折射率的纤芯区传播。有两种 PCF，一种是折射率导光型，一种是光子带隙全反射型，前者用于色散控制、非线性光学、多芯光纤、双包层光纤（见 2.3.10 节）和光纤传感器等；后者用于大直径单模光纤高功率导光、光纤传感等方面。

光子晶体光纤是这样制成的，用几百个传统的氧化硅棒和氧化硅毛细管捆绑在一起，组成六角阵列，在 2000 ℃高温下烧结，就可以制成二维光子晶体光纤。在光纤中心可以人为地引入空气孔作为导光通道，也可以用固体硅作为导光介质。制作三维光子晶体的一种方法是，在 Si 和 GaAs 基底上用三束单频强光照射，干涉产生光强的三维分布，加工出三维的微粒排列，这种方法相当于全息光刻。

2.2.6 介质薄膜光滤波解复用器——利用光干涉选择波长

介质薄膜光滤波器解复用器利用光的干涉效应选择波长。可以将每层厚度为 1/4 波长、高、低折射率材料（例如 TiO_2 和 SiO_2）相间组成的多层介质薄膜，用作干涉滤波器，如图 2.2.10a 所示。在高折射率层反射光的相位不变，而在低折射率层反射光的相位改变 $180°$。连续反射光在前表面相长干涉复合，在一定的波长范围内产生高能量的反射光束，在这一范围之外，则反射很小。这样通过多层介质膜的干涉，就使一些波长的光通过，而另一些波长的光透射。用多层介质膜可构成高通滤波器和低通滤波器。两层的折射率差应该足够大，以便获得陡峭的滤波器特性。用介质薄膜滤波器可构成 WDM 解复用器，如图 2.2.10b 和图 2.2.11 所示。

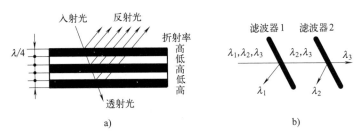

图 2.2.10 用介质薄膜滤波器构成解复用器

a）介质薄膜滤波器解复用器 b）滤波器解复用器

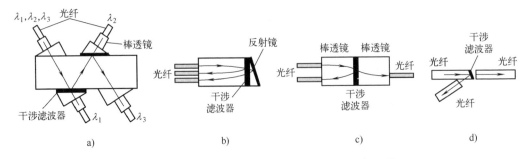

图 2.2.11 用介质薄膜滤波器构成的几种解复用器

a）安装在棒透镜轴上的干涉滤波解复用器 b）用反射镜使输入和输出光在同一侧输出解复用器

c）基本干涉膜的滤波解复用器 d）光纤端面干涉滤波解复用器

介质薄膜滤波解复用器插入损耗，2 波复用为 1.5 dB，6 波复用为 2 dB，所以插入损耗很低，但是波长不能微调。

在图 2.2.11 表示的解复用器中，使用了自聚焦棒透镜，这种透镜其折射率分布同自聚焦光纤，只是直径远大于自聚焦光纤的芯径。在自聚焦透镜中，入射光线的传播轨迹是一条正弦曲线，而且所有的入射光线都有相同的周期，称之为自聚焦透镜的节距。四分之一节距的棒透镜能使入射光线准直成平行光。

2.3　光的衍射——光栅解复用器、激光器和滤波器

波的一个重要特性是它的衍射效应。

举一个简单例子来说明，假设有两个相邻房间 A、B，这两个房间之间有一扇敞开的房门。当声音从房间 A 的角落里发出时，则处于房间 B 的人所听到的这声音有如是位于门口的波源传播而来的。对于房间 B 的人而言，位于门口的空气振动是声音的波源。

又比如，用防洪堤围成一个入口很窄的渔港，港外的水波会从入口处绕到堤内来传播，这种现象也是一种衍射现象。

2.3.1　夫琅禾费衍射——平面波（准直光）衍射

衍射是波的一种共性，光也是波，所以光也有衍射。光的衍射是指直线传播的光可以绕射到障碍物背后的一种现象。

1801 年，英国物理学家托马斯·杨（Thomas Young）进行了一个经典的双缝干涉实验，如图 2.3.1 所示，他把一支蜡烛放在一张开了一个小孔的纸前面，这样就形成一个点光源。在点光源的后面再放一张开了两道平行狭缝的纸，结果发现，在白色像屏上可以看到明暗相间的黑白条纹，如图 2.3.1a 所示。他遮住一个狭缝时，屏上只有一个红的光强均匀的光带；当两个狭缝均不遮掩时，屏上两个光带重合区出现了红黑交替的光带，红带相当明亮，其宽度相等；同时，各黑带的宽度也相等，并且等于红带的宽度。因此，他得出了光是一种波的结论。明亮的地方，是因为两道光正好同相位，即它们的波峰和波谷正好相互增强，这就是所谓的"相长干涉"，结果造成了两倍光亮的效果，如图 2.3.1b 所示；而黑暗的

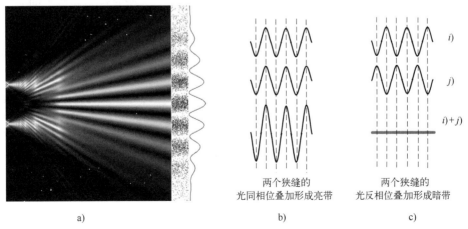

a)　　　　　　　　　　　　b)　　　　　　　　　　　　c)

图 2.3.1　英国物理学家托马斯·杨 1801 年进行的双缝干涉实验

a) 双缝干涉产生明亮相间的光带　b) 同相位叠加（相长干涉）形成亮带　c) 反相位叠加（相消干涉）形成暗带

那些条纹，则是两条光反相位，它们的波峰和波谷相对，即所谓的"相消干涉"，正好相互抵消了，如图 2.3.1c 所示。这就是波的一个重要特性——衍射效应。

声波也有衍射效应，例如声波在传播过程中可以弯曲和偏转。光波也有类似的特性，例如一束光在遇到障碍物时也弯曲传播，尽管这种弯曲很小。图 2.3.2a 表示准直光通过孔径为 a 的小孔时产生光的偏转，产生明暗相间的光强花纹，称为弥散环，这种现象称为光的衍射，光强的分布图案称为衍射光斑。显然，衍射光束的光斑与光通过小孔时产生的几何阴影并不相符。衍射现象通常分为两类：夫琅禾费（Fraunhofer）衍射和菲涅耳（Fresnel）衍射。在夫琅禾费衍射中，入射光波是平面波（准直光），衍射光斑的观察或探测远离孔径，因此接收波也是一个平面波，如图 2.3.2 所示。在菲涅耳衍射中，入射光波和接收光波不是平面波，通常光源和观察屏幕都靠近孔径，波前有显著的弯曲，夫琅禾费衍射更重要。衍射实际上就是干涉，它们之间并没有什么区别。

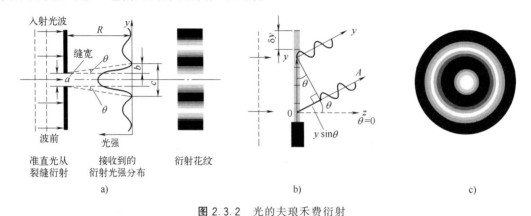

图 2.3.2　光的夫琅禾费衍射

a）裂缝衍射　b）裂缝 a 可分成 N 个孔径为 δy 的点光源　c）小孔衍射光斑

我们可以把裂缝宽度 a 划分成 N 个相干的光源，每个长 $\delta y = a/N$，如果 N 足够大，就可把该光源看作点光源，如图 2.3.2b 所示。由于孔径 a 被平面光波均匀照亮，因此每个点光源的强度（幅度）将与 $\delta y = a/N$ 成正比，每一个均是一个球面波。在正前方向（$\theta = 0$），这些球面波均同相位，因此构成一个沿 z 方向的干涉波，但是与 z 方向成一定角度 θ 的球面波也同相位，因此也出现在该方向的衍射波。在观察屏幕上任一点接收到的光强是从裂缝上所有点光源发出光的强度之和，因为该屏幕远离孔径，所以到达屏幕的光几乎是平行光，也可以用一个透镜聚焦这些衍射的平行光线，以便构成衍射光斑。

产生零强度的条件是

$$\sin\theta = \frac{m\lambda}{a}, \quad m = \pm 1, \pm 2, \cdots \tag{2.3.1}$$

例如，波长为 1300 nm 的光波被宽度为 100 μm 的裂缝衍射，发散角 2θ 约为 1.5°。由图 2.3.2a 可知，对于给定的 θ 和离裂缝的距离 R，我们用几何方法很容易计算出光强花纹中心明亮区的宽度 c 的尺寸。

对于二维孔径（如方孔和圆孔）的衍射花纹计算要更复杂些，但是可以采用同样的原理，即用孔径上所有点光源发射光波的多次干涉来获得。对于圆孔径的衍射花纹如图 2.3.2c 所示，可以通过对贝塞尔函数求解得到，但是可以粗略地把一维花纹旋转而得到。中心亮区称为艾里斑，它的半径对应第一个暗环的半径，第一个暗环的角度 θ 由该孔的直径

D（$=a$）和波长 λ 决定，即

$$\sin\theta = 1.22\frac{\lambda}{D} \tag{2.3.2}$$

圆孔中心到艾里斑圆周的发散角是 2θ。假如 R 是孔径到屏幕的距离，此时艾里斑的半径约为 b，并从图 2.3.2b 可以得到 $b/R = \tan\theta \approx \theta$。若用焦距为 f 的透镜聚焦衍射光波到屏幕上，此时 $R = f$。

2.3.2 衍射光栅——折射率周期性变化的任何物体

最简单的衍射光栅是在不透明材料上具有一排周期性分布的裂缝，如图 2.3.3a 所示。入射光波在一定的方向上被衍射，该方向与波长和光栅特性有关。图 2.3.3b 表示光通过有限数量的裂缝后，接收到的衍射光强分布。由图可见，沿一定的方向（θ）具有很强的衍射光束，根据它们出现位置的不同，分别标记为零阶（中心）及其分布在其两侧的一阶和二阶衍射等。假如光通过无限数量的裂缝，则衍射光波具有相同的强度。事实上，任何折射率的周期性变化，都可以作为衍射光栅。

我们假定入射光束是平行波，因此裂缝变成相干光源。并假定每个裂缝的宽度 a 比把裂缝分开的距离 d 更小，如图 2.3.3a 和图 2.3.5a 所示。从两个相邻裂缝以角度 θ 发射的光波间的路径差是 $d\sin\theta$（或图 2.3.2 中的 $y\sin\theta$）。很显然，所有这些从一对相邻裂缝发射的光波相长干涉的条件是路径差 $d\sin\theta$ 一定是波长的整数倍，即

$$d\sin\theta = m\lambda \qquad m = 0, \pm1, \pm2, \cdots \tag{2.3.3}$$

式（2.3.3）就是著名的衍射方程，有时也称为布拉格衍射条件，式中 m 值决定衍射的阶数，$m = 0$ 对应零阶衍射，$m = \pm1$ 对应一阶衍射等。由式（1.3.4），可以得到式（2.3.3）中的 $m = \Delta\phi/2\pi$。当 $a < d$ 时，衍射光束的幅度被单个裂缝的衍射幅度调制，如图 2.3.3b 所示。式（2.3.3）由澳大利亚出生的英国物理学家布拉格（W. L. Bragg，图 2.3.3c）与他的父亲（W. H. Bragg）共同发明，并于 1915 年他 25 岁时获得了诺贝尔物理学奖。

由式（2.3.3）可见，不同波长的光对应不同长度的距离 d，因此，衍射光栅可以把不同波长的入射光分开，它已被广泛应用到光谱分析仪中。

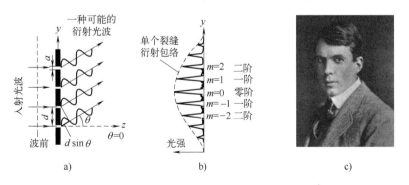

图 2.3.3 衍射光栅及衍射方程发明家布拉格

a）有限裂缝衍射光栅　b）接收到的衍射光强分布　c）布拉格（W. L. Bragg，1890—1971）

对于 $m = 1$ 的一阶衍射

$$\sin\theta_i = \lambda_i/d \tag{2.3.4}$$

即光波发射角度由波长决定，这就意味着每个波长在一定的角度出现最大值，如图

2.3.5a 所示。

衍射光栅可以分为传输光栅和反射光栅。入射光波和衍射光波在光栅两侧的是传输光栅，如图 2.3.4a 所示；同在光栅一侧的是反射光栅，如图 2.3.4b 所示。光栅是由周期性变化的反射表面构成的，这可通过在金属薄膜上刻蚀平行的凹槽得到。没有刻蚀表面的反射可作为同步的二次光源，它们发射的光波沿一定的方向干涉就产生零阶、一阶和二阶等衍射光波。

当入射光波不是法线入射到衍射光栅时，式 (2.3.3) 要做一些修改。假如光波以与光栅法线成 θ_i 的入射角入射，如图 2.3.4a 所示，此时 m 阶衍射光波的衍射角 θ_m 由下式给出

$$d(\sin\theta_m - \sin\theta_i) = m\lambda, \quad m = 0, \pm 1, \pm 2, \cdots \quad (2.3.5)$$

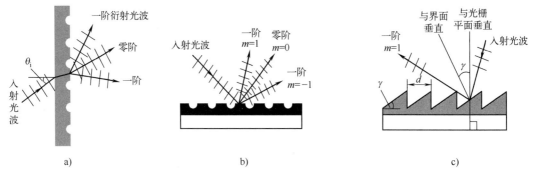

图 2.3.4　三种不同的光栅

a) 传输光栅　b) 反射光栅　c) 阶梯面反射光栅

在光谱分析仪应用的衍射光栅中，没有衍射的光对应于零阶光波，如图 2.3.4b 所示，显然这是不希望有的，因为它浪费了一部分入射光波的能量。如果把光栅的反射平面制成如图 2.3.4c 表示有一定的角度 γ，那么只要选择适当的 γ 角，就可以只产生一阶衍射光波。如果入射光波是与光栅平面垂直的准直平行光，则 $\gamma = \arcsin[\lambda/(2d)]$。目前的衍射光栅均采用这种结构。

2.3.3　反射光栅解复用器——光栅对不同波长光的衍射角不同

图 2.3.5b 为反射光栅解复用器原理图。输入的多波长复合信号聚焦在反射光栅上，光栅对不同波长光的衍射角不一样，从而把复合信号分解为不同波长的分量，然后由透镜聚焦在每根输出光纤上。所以这种以角度分开波长的器件也叫做角色散器件。使用渐变折射率透镜可以简化装置，使器件相当紧凑，如图 2.3.5c 所示。如果用凹面光栅，可以省去聚焦透

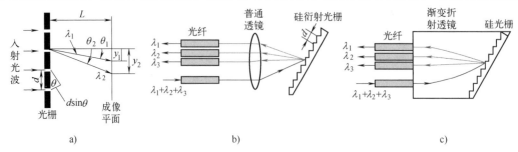

图 2.3.5　光栅型解复用器

a) 透射光栅　b) 普通透镜反射光栅　c) 渐变折射率透镜反射光栅

镜，并可集成在硅片波导上。复用波长数量为 5～10 时，插入损耗为 2.5～3 dB，波长间隔 20～30 nm，串扰 25～30 dB。

对式（2.3.3）微分，可以得到

$$\Delta\theta/\Delta\lambda = m/(d\cos\theta) \tag{2.3.6}$$

式中，$\Delta\theta$ 表示分开两个波长间距为 $\Delta\lambda$ 的光信号角度。将角度分开转变成距离分开，由图 2.3.5a 可知

$$y_i = L\tan\theta_i \tag{2.3.7}$$

【例 2.3.1】 光栅解复用器

（a）如果光栅间距 $d = 5~\mu m$，需要分开的波长是 1540.56 nm 和 1541.35 nm，请问要想把它们分开需要多大的角度？

（b）使用相同的光栅，把它们分开时，透射衍射光栅和光纤端面间的距离 L 是多少？

解：这是 ITU-T 推荐的密集波分复用（DWDM）系统波长，我们可以近似认为波长间距为 0.8 nm。

（a）已知 $d = 5~\mu m$，从式（2.3.4）得到

对于 $\lambda_1 = 1~540.56$ nm

$$\theta_1 = \arcsin(\lambda_1/d) = 17.945°$$

对于 $\lambda_2 = 1~541.35$ nm

$$\theta_2 = \arcsin(\lambda_2/d) = 17.955°$$

（b）由式（2.3.7）可得

$$L = (y_2 - y_1)/(\tan\theta_2 - \tan\theta_1)$$

普通单模光纤的包层直径是 125 μm，所以相邻两根光纤的最小间距 $y_2 - y_1 = 250~\mu m$，所以 $L = (y_2 - y_1)/(\tan\theta_2 - \tan\theta_1) = 1.323$ m。显然用这么长的距离来制作波分复用（WDM）器件是不现实的，所以，通过本例说明必须采用透镜来缩短相邻两根光纤的最小间距。

2.3.4 阵列波导光栅腔体波长可调激光器——可精确设置发射波长位置

2.1.9 节已解释了半导体光放大器（SOA）的工作原理，下面介绍阵列 SOA 集成光栅腔体激光器，这种激光器发射波长可以精确设置在指定位置。借助激活该器件的不同 SOA，不同波长梳中的任一波长光均可发射，其波长间距也可以精确地预先确定，而且该器件的制造也比较简单，除半绝缘电流阻挡层外，仅使用标准的光刻掩模技术和干/湿化学腐蚀技术。

图 2.3.6a 表示的激光器可以看作单片集成二元外腔光栅激光器，即一个集成的固定光栅和一个 SOA 阵列。当注入电流泵浦 SOA 阵列中的任何一个时，该 SOA 就以它在光栅中的相对位置确定的波长发射光谱。因为这种几何位置是被光刻掩模精确定位的，所以 SOA 发射波长在光梳中的位置也是精确定位的。

阵列 SOA 集成光栅腔体波长可调激光器，其谐振腔类似于图 2.4.1b 的星形耦合器。在这种激光器中，右边的平板衍射光栅和左边的 InP/InGaAsP/InP 双异质结有源波导条（SOA）之间构成了该激光器的主体。有源条的外部界面和光栅共同构成了谐振腔的反射边界。右边的光栅由垂直向下刻蚀波导芯构成的凹面反射界面组成，以便聚焦衍射返回的光到有源条的外部端面上。这些条是直接位于波导芯上部的 InGaAs/InGaAsP 多量子阱（MQW）有源区。这种激光器面积只有 $14 \times 3~mm^2$，有源条和光栅的间距为 10 mm，有源条长 2 mm，宽 6～7 μm，条距 40 μm，衍射区是标准的半径 9 mm 的罗兰圆。

由图 2.3.6a 可见，从 O 点发出的光经光栅的 P_N 和 P_0 点反射后回到 O 点，产生的路径差 $\Delta L = 2L_N - 2L_0$，由 2.1.2 节可知，为了使从 P_N 和 P_0 点反射回到 O 点的光发生相长干涉，其相位差必须是 2π 的整数倍［见式（2.1.2）］，由此可以得到与路径差有关的相位差是［见式（1.3.4）］

$$\Delta\phi = k_1 \Delta L = m(2\pi), \qquad m = 0, 1, 2, \cdots \tag{2.3.8}$$

因为 $k_1 = 2\pi n/\lambda$，式中 n 是波导的折射率，所以可以得到由路径差决定（即与 SOA 位置有关）的波长为

$$\lambda = \frac{n\Delta L}{m} \tag{2.3.9}$$

一个 SOA 的典型发射光谱如图 2.3.6b 所示。测量得到的激光输出的纵模间距和谱宽分别与设计的腔体长度和有源条位置和宽度一致，如图 2.3.6c 所示。

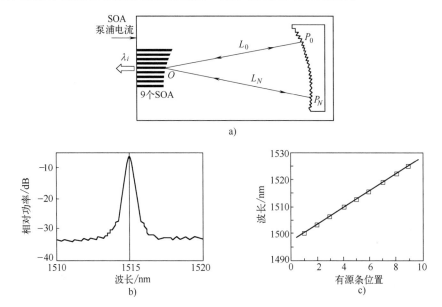

图 2.3.6　由阵列 SOA 集成光栅腔体组成波长可调激光器

a）阵列 SOA 集成光栅腔体 LD 原理图　b）一个 SOA 的典型发射光谱　c）波长和有源条位置的关系

2.3.5　布拉格光栅——一列平行半反射镜

布拉格（Bragg）光栅由间距为 Λ 的一列平行半反射镜组成，Λ 称为布拉格间距（该间距相当于 F-P 谐振腔的腔长 L），如图 2.3.7 所示。如果半反射镜数量 N（布拉格周期）足够大，那么对于某个特定波长的光信号，从第一个反射镜反射出来的总能量 $E_{r,tot}$ 约为入射的能量 E_{in}，即使功率反射系数 R 很小。由式（2.1.3）可知，特定波长 λ_B 强反射的条件是

$$\Lambda = -m\lambda_B/2 \qquad m = 1, 2, 3, \cdots \tag{2.3.10}$$

式中，m 代表布拉格光栅的阶数。当 $m=1$ 时，表示一阶布拉格光栅，此时光栅周期等于半波长（$\Lambda = \lambda_B/2$）；当 $m=2$ 时，表示二阶布拉格光栅，此时光栅周期等于 2 个半波长（$\Lambda = \lambda_B$）。式（2.3.10）表明，布拉格间距（或光栅周期）应该是 λ_B 波长一半的整数倍，负号代表是反射。

布拉格光栅的基本特性就是以共振波长为中心的一个窄带光学滤波器，该共振波长称为

布拉格波长。式（2.3.10）的物理意义是，光栅的作用如同强的反射镜，该原理适用于光纤光栅、分布反馈（DFB）激光器等。

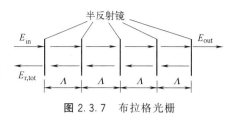

图 2.3.7　布拉格光栅

布拉格父子通过对 X 射线谱的研究，提出晶体衍射理论，建立了布拉格公式（布拉格定律），并改进了 X 射线分光计。

威廉·亨利·布拉格（W. H. Bragg，1862—1942），英国物理学家，现代固体物理学的奠基人之一。他早年在剑桥大学三一学院学习数学，曾任澳大利亚阿德莱德大学、英国利兹大学及伦敦大学教授，1940 年出任皇家学会会长。由于在使用 X 射线衍射研究晶体原子和分子结构方面所作出的开创性贡献，他与儿子威廉·劳伦斯·布拉格分享了 1915 年诺贝尔物理学奖。父子两代同获一个诺贝尔奖，这在历史上是绝无仅有的。图 2.3.8 展示了布拉格父子的肖像及父亲对儿子的希望。

儿子，真抱歉，但愿再过一、二年，我的那双破皮鞋，你穿在脚上不再嫌大……我抱着这样的希望：果真你一旦有了成就，我将引以为荣，因为我的儿子正是穿着我的破皮鞋努力奋斗成功的。

——威廉·亨利·布拉格

图 2.3.8　诺贝尔奖获得者威廉·亨利·布拉格（右）和他的儿子威廉·劳伦斯·布拉格

2.3.6　光纤光栅滤波器——折射率周期性变化的光栅反射共振波长附近的光

光纤光栅是利用光纤中的光敏性而制成的。所谓光敏性，是指强激光（在 10～40 ns 脉宽内产生几百毫焦的能量）辐照掺杂光纤时，光纤的折射率将随光强的空间分布发生相应的变化，变化的大小与光强成线性关系。例如，用特定波长的激光干涉条纹（全息技术，见 2.7 节）从侧面辐照掺锗光纤，就会使其内部折射率呈现周期性变化，就像一个布拉格光栅，成为光纤光栅，如图 2.3.9 所示。这种光栅大约在 500 ℃以下稳定不变，但用 500 ℃以上的高温加热时就可擦除。在 InP 衬底上用 $In_x Ga_{1-x} As_y P_{1-y}$ 材料制成凸凹不平结构的表面，就构成了一个间距为 Λ 的布拉格光栅，如图 2.3.9b 所示。

光纤布拉格光栅是一小段光纤，一般几毫米长，其纤芯折射率经两束相互干涉的紫外光（峰值波长为 240 nm）照射后产生周期性的调制，干涉条纹周期 Λ 由两光束之间的夹角 θ 决定。大多数光纤的纤芯对于紫外光来说是光敏的，这就意味着将纤芯直接曝光于紫外光下将导致纤芯折射率永久性变化。如前所述，光纤布拉格光栅的基本特性就是以共振波长为中心的一个窄带光学滤波器，该共振波长即布拉格波长，由式（2.3.10）可知，其值为

$$\lambda_B = 2\Lambda / m \tag{2.3.11}$$

由式（2.3.11）可知，工作波长由干涉条纹周期 Λ 决定，在 1.55 μm 附近，Λ 为 1～10 μm。沿光纤长度方向施加拉力，可以改变光纤布拉格光栅的间距，实现机械调谐。加热

光纤也可以改变光栅的间距，实现热调谐。

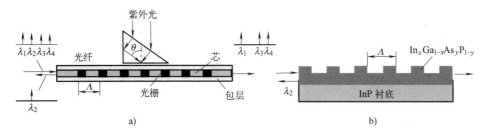

图 2.3.9 光纤布拉格光栅

a) 用紫外干涉光制作光纤布拉格光栅滤波器　b) 单片集成布拉格光栅

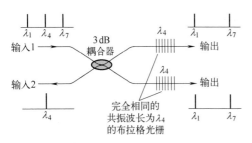

图 2.3.10 光纤光栅带通滤波器

利用光纤布拉格光栅反射布拉格共振波长附近光的特性，可以做成波长选择分布式反射镜或带阻滤光器。在图 2.3.10 中，光纤布拉格光栅的 λ_B 为 λ_4，该光栅对 λ_4 强反射，所以 λ_4 不能通过光栅，该光栅就是一个滤除 λ_4 的滤波器。

如果在一个 2×2 光纤耦合器输出侧的两根光纤上写入同样的布拉格光栅，则还可以构成带通滤波器，如图 2.3.10 所示。

2.3.7　分布反馈激光器——布拉格光栅应用于激光器

在光纤通信系统中，最常用的激光器是分布反馈（DFB）激光器，它是把光栅应用于激光器中，使激光器具有频率选择特性，把普通激光器变成一种单纵模（SLM）或单频半导体激光器。单频激光器是指半导体激光器的频谱特性只有一个纵模（谱线）的激光器，它可以工作在光纤最小损耗窗口（$1.55\ \mu m$）的光纤通信系统中。

在解释 DFB 激光器工作原理的过程中，离不开光的衍射现象。除小孔衍射、裂缝衍射外，事实上，任何物体折射率的周期性变化，都可以作为衍射光栅。

图 2.3.11 为 DFB 激光器的结构和典型的输出频谱。在普通 LD 中，只有有源区界面提供必要的光反馈；但在 DFB 激光器内，除有源区界面外，还在其上或其左/右并紧靠着它增加了一层或一段波纹状的导波区，如图 2.3.11a 和图 2.3.12a 所示。光的反馈就像 DFB 名称所暗示的那样，不仅在界面上，而且分布在整个腔体长度上。这是通过在腔体内构成折射率周期性变化的衍射光栅实现的，该区的结构是波纹状的电介质光栅，它的作用是对从有源区辐射进入该区的光波产生部分反射。从 2.3.5 节已经知道，在布拉格光栅中，只有布拉格间距（或光栅周期）是特定波长 λ_B 一半的整数倍的光波才能相长干涉存在［见式（2.3.10）］，即只有满足相长干涉条件的光波才能在 DFB 激光器中形成主模。

DFB 激光器的模式不正好是布拉格波长，而是对称位于 λ_B 两侧，如图 2.3.11b 所示。假如 λ_m 是允许 DFB 发射的模式，此时

$$\lambda_m = \lambda_B \pm \frac{\lambda_B^2}{2nL}(m+1) \tag{2.3.12}$$

式中，m 是模数（整数），L 是衍射光栅有效长度。由此可见，完全对称的器件应该具有两个与 λ_B 等距离的模式波长，但是实际上，由于制造过程，或者有意使其不对称，只能产生

一个模式，如图 2.3.11c 所示。因为 $L \gg \Lambda$，式（2.3.12）的第二项非常小，所以发射光的波长非常靠近 λ_B。

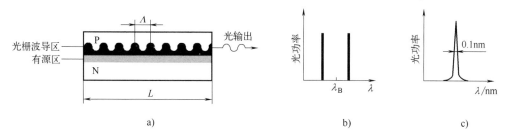

图 2.3.11　光栅在有源区上方的 DFB 激光器结构及其工作原理
a）激光器结构　b）理想输出频谱　c）典型输出频谱

在图 2.3.12 表示的 DFB 激光器的结构中，除有源区外，还在紧靠其右侧或上面增加了一段分布式布拉格反射器。在 DFB 激光器中，有源区内部没有反馈，而反馈总是发生在光栅段。事实上，DFB 激光器的端面对 λ_B 波长的反射最大，并且 λ_B 满足式（2.3.10）。因此腔体损耗对接近 λ_B 的纵模最小，其他纵模的损耗却急剧增加。

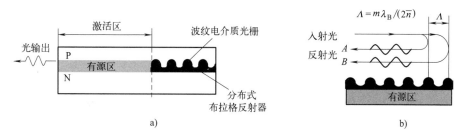

图 2.3.12　DFB 激光器结构及其工作原理
a）光栅在有源区右侧　b）光栅在有源区上方，反射光 A 和 B 的路径差为 2Λ 时才发生相长干涉

因此，DFB 激光器与法布里-珀罗激光器相比，其激光发射的阈值条件就有所不同。它的谐振腔损耗不再与模式无关，而是设计成对不同的纵模具有不同的损耗，图 2.3.13 为这种激光器的增益和损耗曲线。由图可见，增益曲线首先和具有最小损耗模式曲线接触的 ω_B 模开始起振，并且变成主模。其他相邻模式由于损耗较大，不能达到阈值，因而也不会从自发辐射中建立起振荡。这些边模携带的功率通常占总发射功率的很小比例（<1%）。单纵模激光器的性能常常用边模抑制比（MSR）来表示，定义为

$$\mathrm{MSR} = P_\mathrm{mm}/P_\mathrm{sm} \tag{2.3.13}$$

式中，P_mm 是主模功率，P_sm 为边模功率。通常对于性能好的单纵模 DFB 激光器，MSR 应超过 1000（或 30 dB）。

也正因为 DFB 激光器中存在反射式光栅，所以其激光发射的相位条件也有所不同。因为衍射光栅产生布拉格衍射，DFB 激光器的输出是反射光相长干涉的结果。例如，根据式（2.3.10），只有当部分反射波 A 和 B 的路程差为 2Λ 时，它们才发生相长干涉，即只有当布拉格波长 λ_B 满足同相干涉条件

图 2.3.13　单纵模为主模的半导体激光器增益和损耗曲线

$$m(\lambda_B/\bar{n}) = 2\Lambda \tag{2.3.14}$$

时，相长干涉才会发生。式中，$\bar{n}$ 为介质折射率。因此 DFB 激光器围绕 λ_B 具有高的反射，离开 λ_B 则反射就减小。其结果是只能产生特别的法布里-珀罗腔模光波，只有靠近 ω_B 的波长才有激光输出（见图 2.3.13）。一阶布拉格衍射（$m=1$）的相长干涉最强。假如在式（2.3.14）中，$m=1$，$\bar{n}=3.3$，$\lambda_B = 1.55\,\mu m$，此时 DFB 激光器的 Λ 只有 235 nm。这样细小的光栅可使用全息技术（见 2.7 节）来制作。

【例 2.3.2】 DFB 激光器布拉格波长、模式波长和它们的间距计算

DFB 激光器的波纹（光栅节距）$\Lambda = 0.22\,\mu m$，光栅长 $L = 400\,\mu m$，介质的有效折射率为 3.5，假定是一阶光栅，计算布拉格波长、模式波长和它们的间距。

解： 由式（2.3.14）可知布拉格波长

$$\lambda_B = \frac{2\Lambda n}{m} = \frac{2 \times 0.22 \times 3.5}{1} = 1.540\,(\mu m)$$

在 λ_B 两侧的对称模式波长是

$$\lambda_m = \lambda_B \pm \frac{\lambda_B^2}{2nL}(m+1) = 1.540 \pm \frac{1.540^2}{2 \times 3.5 \times 400}(0+1) = 1.540 \pm 8.464 \times 10^{-4}\,(\mu m)$$

因此，$m=0$ 的模式波长是

$$\lambda_0 = 1.539 \text{ 或 } 1.5408\,(\mu m)$$

两个模式的间距是 0.0018 μm（或者 1.8 nm）。由于一些非对称因素，只有一个模式出现，实际上大多数实际应用，可把 λ_B 当作模式波长。

【例 2.3.3】 DFB 激光器的光栅节距

计算波长为 1.55 μm 的 InGaAsP DFB 激光器的光栅间距。

解： 已知 InGaAsP 的折射率为 3.5，并假定是一阶衍射（$m=1$），由式（2.3.14）可知光栅间距

$$\Lambda = \lambda_B/(2\bar{n}) = 1.55/(2 \times 3.5) = 0.22\,(\mu m)$$

对于二阶衍射，间距是 0.44 μm。

2.3.8 光栅波长可调激光器——外部光栅、布拉格光栅改变波长

用工作在 1.55 μm 波段的 InGaAsP/InP 材料，制成内部包含一个或多个布拉格光栅的平板波导，就构成了 DFB 半导体激光器，它的波长调谐可通过对谐振腔注入电流实现。类似于多腔 DFB 半导体激光器使用的相位控制腔，也用于 DFB 激光器的调谐。这种调谐速度很快，约为几纳秒，而且可以提供增益。因为它们使用同一种半导体材料，所以可以把放大器、接收机和激光器集成在一起。InGaAsP/InP 激光器的这些特性对 WDM 应用很有吸引力。

另外两种波长可调谐半导体耦合腔激光器如图 2.3.14 所示。构成单纵模（SLM）激光器的一个简单方式是从半导体激光器耦合出部分光，到外部衍射光栅，如图 2.3.14a 所示。为了提供较强的耦合，减小该界面对来自衍射光的反射，在面对衍射光栅的界面上镀抗反射膜。这种激光器是外腔半导体激光器。通过简单地旋转光栅，可在较宽范围内对波长实现调谐（典型值为 50 nm）。这种激光器的缺点是不能单片集成在一起。

为了解决激光器的稳定性和调谐性不能同时兼顾的矛盾，科学家们设计了多腔 DFB 激光器。图 2.3.14b 表示这种激光器的典型结构，它包括了三腔，即有源腔、相位控制腔和布

拉格反射腔，每腔独立地注入电流偏置。注入布拉格光栅腔的电流改变感应载流子的折射率 n，从而改变布拉格波长（$\lambda_B = 2n\Lambda$）。注入相位控制腔的电流也改变了该腔的感应载流子折射率，从而改变了 DFB 的反馈相位，实现波长的锁定。通过控制注入三腔的电流，激光器的波长可在 $5\sim7$ nm 范围内连续可调。因为该激光器的波长由内部布拉格区的衍射光栅决定，所以它工作稳定。这种多腔分布布拉格反射（DFB）激光器对于多信道 WDM 通信系统和相干通信系统是非常有用的。

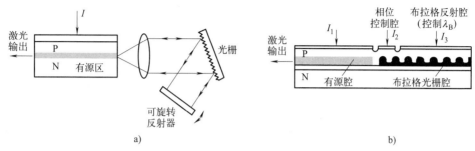

a)   b)

图 2.3.14　波长可调谐半导体耦合腔激光器

a) 外腔半导体激光器　b) 多腔分布布拉格激光器

图 2.3.15 为目前商用的集成了波长可调激光器、光放大器和光调制器的平面波导电路（PLC）芯片结构示意图和芯片显微图。如图 2.3.15a 所示，激光器采用取样光栅多腔分布布拉格反射结构。它由有源区和位于有源区前后两端的两节布拉格光栅组成，有源区提供增益，前后布拉格光栅用作反射镜，相位控制腔提供波长锁定。通过调节注入前面提到的这四腔的电流来改变波长。光放大器用于对 DFB 激光器输出光的放大（见 2.1.9 节），马赫-曾德尔（M-Z）调制器（见 2.2.4 节）对光放大器的输出进行光调制。图 2.3.15b 为该芯片的显微图，光从芯片下端输出。

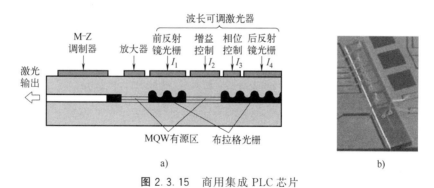

a)   b)

图 2.3.15　商用集成 PLC 芯片

a) 集成了波长可调激光器、光放大器和光调制器的 PLC　b) 芯片显微图

2.3.9　垂直腔表面发射激光器——激光腔体两端面由电介质镜组成

图 2.3.16a 为垂直腔表面发射激光器（VCSEL）的示意图。顾名思义，它的光发射方向与腔体垂直，而不是像普通激光器那样与腔体平行。这种激光器的光腔轴线与注入电流方向相同。有源区的长度 L 与边发射器件相比非常短，光从腔体表面发射，而不是腔体边沿。腔体两端面的反射器是由 2.2.5 节介绍的电介质镜组成，即由厚度 d 为 $\lambda/4$ 的高低折射率层交错组成。如果组成电介质镜的高低介质层折射率 n_1、n_2 和厚度 d_1、d_2 满足

$$n_1 d_1 + n_2 d_2 = \frac{1}{2}\lambda \tag{2.3.15}$$

则该电介质镜就对波长产生很强的选择性，从相邻界面上反射的部分透射光相长干涉，使反射光增强，经过几层这样的反射后，透射光强度将很小，而反射系数将达到 1。因为这样的电介质镜就像一个折射率周期变化的光栅，所以该电介质镜本质上是一个分布布拉格反射器。因为有源区腔长 z 很短，所以需要高反射的端面，这是由于光增益与 $\exp(gz)$ 成正比，这里 g 是光增益系数。因为有源层通常很薄（$<0.1\ \mu m$），就像一个多量子阱，所以阈值电流很小，仅为 0.1 mA，工作电流仅为几毫安。由于器件体积小，降低了电容，适用于速率 10 Gbit/s 的系统。由于该器件不需要解理面切割就能工作，制造简单，成本低，所以它又适合在接入网中使用。

垂直腔横截面通常是圆形，所以发射光束的截面也是圆形。垂直腔的高度也只有几微米，所以只有一个纵模能够工作，然而可能有一个或多个横模，这要取决于边长。实际上当腔体直径小于 $8\ \mu m$ 时，只有一个横模存在。市场上有几种横模的器件，但是频谱宽度也只有约 0.5 nm，仍然远小于常规多纵模激光器。

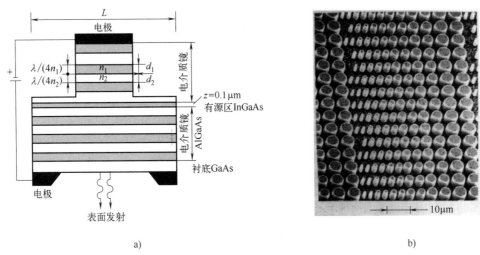

a)   b)

图 2.3.16　垂直腔表面发射激光器（VCSEL）示意图
a）λ/4 厚的腔体两端面的反射器起电介质镜的作用　b）VCSEL 激光器阵列

由于这种激光器的腔体直径只在微米范围内，所以它是一种微型激光器。其主要的优点是用它们可以构成具有大面积的表面发射激光矩阵发射器，如图 2.3.16b 所示。这种阵列在光互连和光计算技术中具有广泛的应用前景。另外，它的温度特性好，无需制冷，也能够提供很高的输出光功率，已有几瓦输出功率的商用器件。

2.3.10　光纤激光器——激光武器

将光纤放大器放在能提供光反馈的光纤谐振腔内，就可以转化为激光器，这种激光器被称为光纤激光器。光纤放大器可以由掺杂光纤实现，光纤谐振腔可以由掺杂光纤两端制作的布拉格光栅提供。所以光纤激光器就是由掺杂光纤提供增益的激光器，许多稀土元素，如铒（Er）、铥（Tm）和镱（Yb）等都可以用于制造光纤激光器。与固体激光器类似，光纤激光器输出波长与掺杂元素有关，一般位于近红外区域，其工作波长在 $0.4\sim4\ \mu m$ 之间。从 1989 年开始，研究焦点集中在掺铒光纤激光器上，因为它能在 $1.55\ \mu m$ 波段产生超短脉冲。

2000 年后，掺镱光纤激光器由于输出功率和转换效率高，增益谱和吸收谱也较宽（可以达到 220 nm），覆盖了 980～1200 nm 波长范围，而重新受到人们的关注。

早期，光纤激光器都是将泵浦光直接入射到光纤纤芯中进行泵浦，如图 2.3.17a 所示。但是，因纤芯非常细，高强度泵浦光耦合到细小的纤芯非常困难，同时也会引起不必要的非线性效应，所以，从 20 世纪 80 年代后期开始，光纤激光器就采用双包层光纤，如图 2.3.17b 所示。在这种双包层光纤激光器中，信号光仍在纤芯单模波导中传输，而泵浦光则改在内包层多模波导中传输。内包层由折射率比纤芯低的 SiO_2 制成，一方面约束信号光在纤芯中传输，一方面又让泵浦光通过。内包层的种类很多，可以是圆形、矩形、正六角形等，但截面积都比较大（圆形的直径为数百微米），数值孔径大（约为 0.46），允许更多的泵浦光功率进入，同时功率密度也低，可以使用大功率多模激光器进行有效的泵浦。外包层由低折射率聚合物（树脂材料）制成，相对泵浦光起到包层的作用。因为需要大数值孔径的内包层，所以内包层和外包层的折射率差比较大。

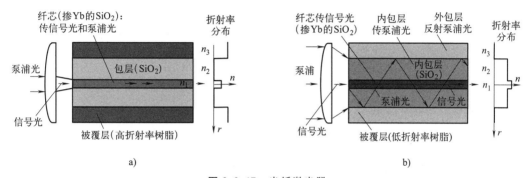

图 2.3.17　光纤激光器

a）增益介质为掺镱普通单模光纤（纤芯数值孔径小）　b）增益介质为掺镱双包层单模光纤（内包层数值孔径大）

8.2.2 节将介绍数值孔径（NA）的作用，NA 表示光纤接收和传输光的能力，NA 越大，光纤接收光的能力越强，从光源到光纤的耦合效率越高，纤芯对光能量的束缚能力也越强。为了提高泵浦光源耦合进掺杂光纤的功率，需要增大掺杂光纤的数值孔径，采用双包层光纤（DCF）或外套空气包层（JAC）光纤，如图 2.3.18b 右上图所示，其中 JAC 光纤截面图是用白光射入内包层观察到的图像。一种 DCF 单模光纤纤芯模场直径约 9 μm，内包层尺寸为 170 $\mu m \times$ 330 μm，数值孔径 0.46，其折射率分布在图中也已表示。JAC 单模光纤纤芯模场直径 9 μm，数值孔径 0.1；内包层直径 20 μm，数值孔径 0.7。

近年来，随着大芯径（如 25～50 μm）双包层掺杂光纤制造工艺和激光二极管泵浦技术的发展，单根单模双包层光纤激光器通过预放大和主放大后的输出功率迅速提高。比如将 45 个泵浦激光器的输出光合束在一起，后向泵浦作为主控光放大器的掺镱大模场面积光纤（双包层光纤），光纤插头输出功率可以达到 10 kW，电光效率大于 30%，甚至有输出 50 kW 的系统。

利用光纤成栅技术把掺铒光纤相隔一定长度的两处写入光栅，两光栅之间相当于谐振腔，用 980 nm 或 1480 nm 泵浦激光激发，铒离子就会产生增益放大。由于光栅的选频作用，谐振腔只能反馈某一特定波长的光，输出单频激光，再经过光隔离器即能输出线宽窄、功率高和噪声低的激光，如图 2.3.18 所示。图 2.3.18a 表示一个自调谐无源耦合腔锁模掺铒光纤激光器，它使用一段掺铒光纤和一段普通光纤分别作为主谐振腔和辅谐振腔，并使用三个光纤布拉格光栅构成耦合腔，掺铒光纤用 980 nm 的 Ti:Al$_2$O$_3$ 激光器泵浦。光隔离器不允许 980 nm 的泵浦光通过，而只能让 1530 nm 的激光通过。实验表明，当三个光栅匹配、主腔和辅腔之间的长度差足够小时（1～2 mm），这种耦合腔光纤激光器总可以提供模式锁定脉冲，而无需精确地控制腔体的长度。事实上 6 m、1 m（掺铒光纤的增益系数为 3.7 dB/m）和 47 cm（掺铒光纤的增益系数为 30 dB/m）长的光纤耦合腔均可以得到脉宽 60 ps、重复率 213 MHz 的光脉冲。1530 nm 激光的平均输出功率随泵浦功率电平的增加而增大，比如对于 47 cm 长的耦合腔激光器，输入泵浦功率为 20 mW 时，输出为 0.5 mW；输入为 50 mW 时，输出为 0.9 mW。腔体长度甚至短至 1 cm 的布拉格光栅光纤 DFB 激光器也已进行了演示。

图 2.3.18b 表示掺镱（Yb）光纤激光器结构原理图，掺镱光纤夹在两个光纤布拉格光栅（FBG）之间，从而构成 F-P 谐振腔。泵浦光从 FBG1 入射到掺稀土元素镱的光纤中，稀土离子吸收泵浦光后，从基态跃升到激活态，发生粒子数反转。但是激活态是不稳定的，激发到激活态的离子很快返回到基态，将其能量差转换成比泵浦光子波长要长的光子，发生受激发射。所以光纤激光器实质上是一种波长转换器，即通过它将泵浦光能量转换成比泵浦光波长要长的所需波长的发射光，如将 915 nm 的泵浦光转换为 977 nm 的强光输出。

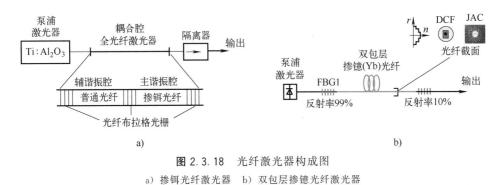

图 2.3.18　光纤激光器构成图

a）掺铒光纤激光器　b）双包层掺镱光纤激光器

图 2.3.19 表示由 5 段铒光纤光栅构成的具有 5 个波长的激光源。

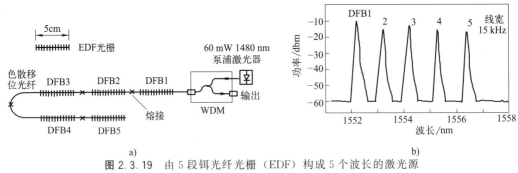

图 2.3.19　由 5 段铒光纤光栅（EDF）构成 5 个波长的激光源

a）构成图　b）频谱图

光纤激光器的优点是，输出激光的稳定性及光谱纯度都比半导体激光器的好，与半导体激光器相比，光纤激光器具有较高的光功率输出、较低的相对强度噪声（RIN）、极窄的线宽，以及较宽的调谐范围。掺铒光纤激光器的输出功率可达 10 mW 以上，其 RIN 为发射噪声极限。光纤激光器的线宽可做到小于 2.5 kHz，显然优于线宽 10 MHz 的分布反馈激光器。WDM 传输系统一个很重要的参数就是可调谐性，光纤激光器不但很容易实现调谐，而且调谐范围可达 50 nm，远大于半导体激光器的 1～2 nm。光纤光栅的调谐是通过对光栅加纵向拉伸力、改变温度或改变泵浦激光器的调制频率来实现的。

掺镱光纤激光器是仍处于发展中的高功率激光系统，由于电光转换效率高、热管理方便、结构紧凑，能够实现高功率和高光束质量激光输出，掺镱光纤激光器输出功率潜力及军事应用前景被普遍看好，得到非常多的关注。在美国海军激光武器系统项目中，成功演示了光纤激光器的军事应用。同时光纤激光器进军材料加工领域后，正在逐步替代 CO_2 激光器的统治地位，因为其波长能够与大多数金属更好地耦合，并且利用光纤可以很方便地将激光导入到工作台。

但是，单根光纤激光器内部极高的功率密度会不可避免地引起受激拉曼（Raman）散射和受激布里渊散射（SBS），从而限制单根光纤激光器输出功率的提高，为此可采用光束合成，或者进行相干光束合成。

2.4 阵列波导光栅（AWG）器件——复用器、滤波器和多波长收发机

以阵列波导光栅（AWG）为基础的平面波导电路（PLC）是光纤通信器件的基础。以 InP 为基础的阵列波导光栅的显著特点是，尺寸小，成本低，设计灵活，易于和光纤耦合，具有平坦的频率响应，小于 3 dB 的插入损耗，优于 -35 dB 串扰电平，以及易于和光探测器、激光器、光调制器和半导体光放大器（SOA）集成，从而使光纤通信器件的体积进一步减小，可靠性进一步提高。

阵列波导光栅属于相位阵列光栅的范畴，其缺点是与偏振和温度有关，它是一种温度敏感器件，为了减小热漂移，可以使用热电制冷器。

由 AWG 构成的 PLC 器件有调谐滤波器、波分复用（WDM）/解复用器、多信道光发射机和接收机、光分插复用器（OADM）以及 WDM 无源光网络（WDM-PON）使用的无色宽带光源等，除 OADM 外，本节将分别加以介绍。

2.4.1 AWG 星形耦合器——相位中心区、光栅圆-罗兰圆中心耦合区

AWG 星形耦合器是一种集成光学结构器件，它是在对称扇形结构的输入和输出波导阵列之间插入一块聚焦平板波导区，即在 Si 或 InP 平面波导衬底上制成的自由空间耦合区，它的作用是把连接到任一输入波导的单模光纤的输入光功率辐射进入该区，均匀地分配到每个输出端，让输出波导阵列有效地接收，如图 2.4.1 所示。

自由空间区的设计有两种方法，一种如图 2.4.1a 所示，输入阵列波导法线方向直接指向输出阵列波导的相位中心 P 点，而输出波导法线方向直接指向输入波导的相位中心 Q 点，其目的是确保当发射阵列的边缘波导有出射光时，接收阵列的边缘波导能够接收到相同的功率。

自由空间区的另一种设计方法如图 2.4.1b 所示，自由空间区两边的输入/输出波导的位置满足罗兰圆和光栅圆规则，即输入/输出波导的端口以等间距排列在半径为 R 的光栅圆周上，并对称地分布在聚焦平板波导的两侧，输入波导端面法线方向指向右侧光栅圆的圆心 P 点；输出波导端面的法线方向指向左侧光栅圆的圆心 Q 点。两个光栅圆周的圆心 Q 和 P 在中心输入/输出波导的端部，并使中心输入和输出波导位于光栅圆与罗兰圆的切点处。

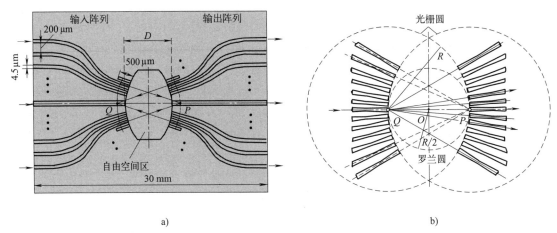

图 2.4.1　采用硅平面波导技术制成的多端星形耦合器

a）相位中心星形耦合器外形原理图　b）光栅圆-罗兰圆中心耦合区原理图

这种结构的星形耦合器容易制造，适合构成大规模的 $N \times N$ 星形耦合器（输入输出均有 N 个端口）。

2.4.2　AWG 的工作原理——多波长光经不同路径在终点干涉

平板阵列波导光栅（AWG）器件由 N 个输入波导、N 个输出波导、两个在 2.4.1 节介绍的 $N \times M$ 平板波导星形耦合器以及一个有 M 个波导的平板阵列波导光栅组成，这里 M 可以等于 N，也可以不等于 N。$N \times M$ 平板波导星形耦合器中心耦合区如图 2.4.1 所示。

这种光栅相邻波导间具有恒定的路径长度差 ΔL，如图 2.4.2a 所示。

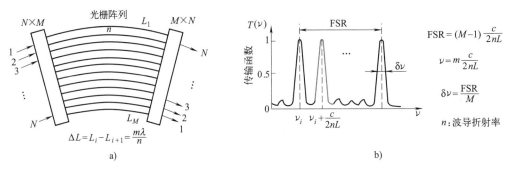

图 2.4.2　阵列波导光栅（AWG）

a）AWG 构成原理图　b）表示 AWG 频谱特性的传输特性

AWG 光栅工作原理是基于多个单色光经过不同的光程传输后的干涉理论。输入光从第一个星形耦合器输入，该耦合器把光功率几乎平均地分配到波导阵列输入端中的每一个波导。由式（2.1.3）可知，M 阵列波导长度 L 用光在该波导中传输的半波长 $\lambda/(2n)$ 的整数倍 m（阶数）表示，即

$$L = m\frac{\lambda}{2n} = m\frac{c}{2\nu n}, \qquad m = 1, 2, 3, \cdots \tag{2.4.1}$$

式中，n 是波导的折射率，$\nu = c/\lambda$ 是光波频率，c 是自由空间光速。由此可以得到用波导长度 L 表示的沿该波导传输的光的频率为

$$\nu = m\frac{c}{2nL}, \qquad m = 1, 2, 3, \cdots \tag{2.4.2}$$

由于阵列波导中的波导长度互不相等，所以相邻波导光程差引起的相位延迟也不等，由式（1.3.4）可知，其相邻波导间的相位差为

$$\Delta\phi = k\Delta L = \frac{2\pi n}{\lambda}\Delta L \tag{2.4.3a}$$

式中，k 是传播常数，$k = 2\pi n/\lambda$，ΔL 是相邻波导间的光程差，由式（2.3.9）给出，即

$$\Delta L = m\lambda/n \tag{2.4.3b}$$

通常为几十微米。从式（2.4.3b）可知，输出端口不同，光程差也不同，输出光的波长也不同，所以 AWG 可以从波分复用信号中分解出每个波长的信号。

图 2.4.2b 表示 AWG 频谱特性的传输特性。由式（2.4.2）和图 2.4.2b 可知，当光频增加 $c/(2nL)$ 时，相位增加 2π，传输特性以自由光谱范围（FSR，见 2.1.2 节）为周期重复

$$FSR = (M-1)\frac{c}{2nL} = (M-1)\Delta\nu_c \tag{2.4.4}$$

传输峰值就发生在以式（2.4.2）表示的频率处。当 $\lambda = 1500$ nm 时，对应的 $\nu = c/\lambda = 200$ THz，当 $\Delta\lambda = 17\sim35$ nm 时，由式（2.1.12）可以求得由 AWG 传输特性决定的 $\Delta\nu = $ FSR 约为 $2\sim4$ THz，这正好是光放大器的增益带宽，或是 LD 的调谐范围，于是阶数 $m = \nu/FSR = 200/(2\sim4) = 100\sim50$，可用 M-Z 干涉器或 m 阶的光栅实现。在 FSR 内相邻信道峰值间的最小分辨率 $\delta\nu$ 为

$$\delta\nu = \frac{FSR}{M} \tag{2.4.5}$$

式中，M 是阵列波导的波导数。假如 $M > N$，信道间距为

$$\nu_c = \frac{FSR}{N} = \frac{M}{N}\delta\nu \tag{2.4.6}$$

例如，AWG 波导有效折射率指数 $n = 3.4$，相邻波导长度差 $\Delta L = 61.5$ μm，$\lambda = 1560$ nm，由式（2.4.3b）可以求出对应的光栅阶数 $m = n\Delta L/\lambda = 130$，由此给出的 FSR = 1560/130 = 12 nm，即 $\Delta\lambda = 12$ nm，由式（2.1.11）可以求出对应的 $\Delta\nu = 1.5$ THz。如果信道间距为 100 GHz，则允许 15 个这种间距的信道复用/解复用，如图 2.4.3a 所示。该图表示当 16 个 WDM 信号从第 8 个输入口输入时，16×16 AWG 的横磁（TM）波输出频谱，

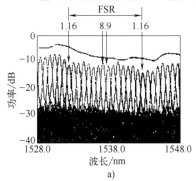
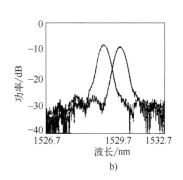

图 2.4.3 16×16 AWG 的横磁（TM）波输出频谱

a）AWG 的 FSR 为 1500 GHz 时允许 15 个间距 100 GHz 的信道通过　b）AWG 第 5 和第 6 输出口的频谱

因为信道 1 和 16 具有相同的频谱特性，所以该器件相当于一个 15×15 波分复用器/解复用器。图 2.4.3b 为相邻的第 5 和第 6 输出口的频谱。

2.4.3　AWG 复用/解复用器——经过不同光程传输后的光干涉

平板阵列波导光栅（AWG）复用/解复用器由 N 个输入波导、N 个输出波导、两个具有相同结构的 $N \times N$ 平板波导星形耦合器以及一个平板阵列波导光栅组成，如图 2.4.4 所示。这种光栅中的矩形波导尺寸约为 $6\ \mu m \times 6\ \mu m$，相邻波导间具有恒定的路径长度差 ΔL，由式（2.4.3）可知，其相邻波导间的相位差为

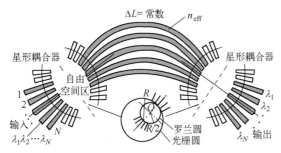

图 2.4.4　由阵列波导光栅（AWG）组成的解复用器

$$\Delta\phi = \frac{2\pi n_{\text{eff}} \Delta L}{\lambda} \qquad (2.4.7)$$

式中，λ 是信号波长；ΔL 是路径长度差，通常为几十微米；n_{eff} 为信道波导的有效折射率，它与包层的折射率差别相对较大，使波导具有较大的数值孔径，以便提高与光纤的耦合效率。

输入光从第一个星形耦合器输入，在输入平板波导区（即自由空间耦合区）模式场发散，把光功率几乎平均地分配到阵列波导输入端中的每一个波导，由阵列波导光栅的输入孔径光阑捕捉。由于阵列波导中的波导长度不等，由式（2.4.7）可知，不同波长的输入信号产生的相位延迟也不等。随后，光场在输出平板波导区衍射会聚，不同波长的信号光聚焦在像平面的不同位置，通过合理设计输出波导端口的位置，实现信号的输出。此处设计采用对称结构，根据互易性，同样也能实现合波的功能。

AWG 光栅工作原理是基于马赫-曾德尔干涉仪的原理，即单色光经过不同光程传输后的干涉理论，所以输出端口与波长有一一对应的关系，也就是说，由不同波长组成的入射光束经阵列波导光栅传输后，依波长的不同就出现在不同的波导出口上。

阵列波导光栅星形耦合器的结构可以是图 2.4.1a 表示的相位中心星形耦合器，也可以是图 2.4.1b 表示的光栅圆中心耦合区，图 2.4.4 是图 2.4.1b 的结构。

图 2.4.5 表示用 AWG WDM 复用器复用 40 个信道（每信道 40 Gbit/s）的 PLC 发送机原理图，每个发送信道包含一个具有后向功率监控的调谐 DFB 激光器，一个电吸收调制器（EAM），一个功率均衡器和前向功率监控器。阵列波导光栅（AWG）用来复用 40 个不同波长信道。

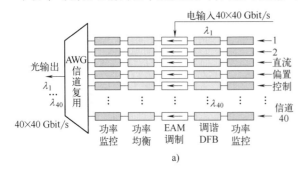

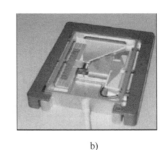

图 2.4.5

a）40×40 Gbit/s 多信道光发送结构原理图　b）10×10 Gbit/s 多信道发送机模块

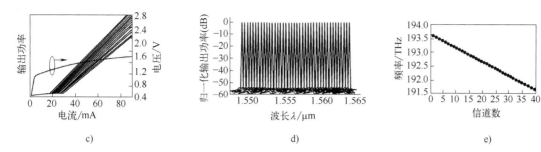

图 2.4.5 40×40 Gbit/s 多信道发送机

c) 40 个信道的 *P-I-V* 曲线　d) 40 个信道归一化频谱曲线　e) 40 个信道的光谱安排

平板阵列波导光栅（AWG）结构适用于制造大规模集成的单模光纤波分复用/解复用器，很有发展前途。

2.4.4　AWG 滤波器——数字调谐、功率均衡

通常滤波器的调谐既可以用改变折射率指数实现，也可以用机械改变 F-P 腔的长度实现。电流注入改变折射率指数调谐速度很快（纳秒量级），然而电流改变与调谐特性的关系却很难预见，也很难重复，机械调谐的速度又很慢。为了克服以上的这些缺点，科学家们在 InP 衬底上开发出了基于阵列波导光栅（AWG）和半导体光放大器（SOA）的数字调谐滤波器，其 PLC 芯片尺寸为 6 mm×18 mm。这种 AWG 在输入端和输出端分别安排 2 个相同的 AWG，而在中间集成了一个 SOA 与它们相连，如图 2.4.6a 所示。第 1 个 AWG 用于波分解复用，即把输入的 WDM 信号的频谱分开（见 2.4.3 节），然后将一个波长的信号送入与它相连的 SOA，被放大或被衰减，放大相当于让其通过，衰减相当于阻断，起到了滤波器的作用。第 2 个 AWG 用作 WDM 复用器，即重新复合 SOA 的输出信号。这种滤波器比简单的调谐滤波器功能更强大，因为在 WDM 系统中，它同时提供接入所有的波长信道。此外，对功率电平低的信道，可以增加与它相连的 SOA 的增益，所以这种滤波器又起功率均衡的作用。另外，对第 1 个 AWG 输出的每个光频进行调制，也可以构建一个多频 WDM 光源（见 2.4.6 节）。

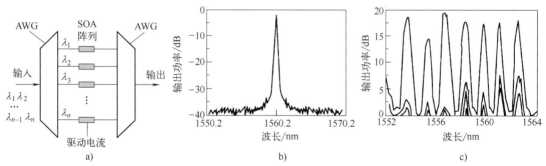

图 2.4.6 基于阵列波导光栅（AWG）和 SOA 的数字调谐滤波器

a) 单片集成原理图　b) 只有一个信道被 SOA 接通的输出频谱　c) SOA 接通输出功率与输入信号波长的关系

该单片集成滤波器可以作为信道分出（下载）滤波器、信道均衡器、WDM 接收机和 WDM 光源。波长信道是数字接入，而间距是由波导阵列光栅（AWG）的几何尺寸确定，因此具有高的精度和可重复性，在 WDM 系统中具有广泛的应用。

2.4.5 AWG 平面光波导多信道光接收机——解复用器+ 阵列光探测器+ 前置放大器

在 WDM 系统中，最重要的器件是直接能把波长信道分解出来的波长解复用接收机，如图 2.4.7 所示，它单片集成了 AWG 波长解复用器和阵列 PIN 光探测器，并且在 PIN 之后紧接着又集成了异质结双极晶体管（HBT）作为前置放大器。AWG 的自由光谱范围（FSR）是 800 GHz（6.5 nm），设计用于信道间距 100 GHz（0.81 nm）的 8 个信道的 WDM 解复用（100 GHz×8＝800 GHz）。

图 2.4.8 表示目前使用的 PLC 多信道光接收机，10×10 Gbit/s 的 WDM 光信号进入 AWG 解复用，AWG 输出与波长有关的 10 Gbit/s 信号，进入 PIN 光探测器阵列，该阵列可能是波导集成单向载流子探测器（UTC-PD）或波导探测器（WD-PD）。为了提高 AWG 输入端的光功率电平，也可以把半导体光放大器（SOA）集成在 AWG 的前端构成另一个新器件。

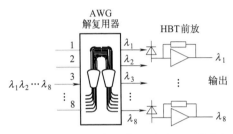

图 2.4.7 AWG 波长解复用阵列 PIN 接收机

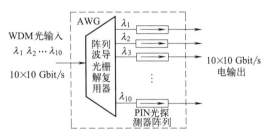

图 2.4.8 平面波导电路（PLC）多信道光接收机

2.4.6 AWG 用于多波长光源——对宽谱光分割

使用阵列波导光栅（AWG），对超发射 LED 的宽谱光或掺铒光纤放大自发辐射（ASE）光进行分割，然后对其放大和平坦，并采用自动功率控制和精密温度控制技术，可制成

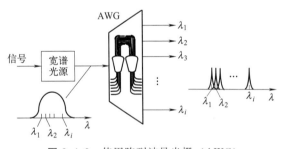

图 2.4.9 使用阵列波导光栅（AWG）
对宽谱光进行光谱分割

WDM 多波长光源或用于 WDM-PON，如图 2.4.9 所示。其基本思想是，首先用信号光调制 LED 的输出光，然后将其输出连接到 AWG 的输入端，此时 LED 的宽光谱就被 AWG 分割成许多波长的光信号，在 AWG 的每个端口输出。结果是将调制后的信号以不同的波长分配给许多用户，这些不同的波长是由 AWG 的特性决定的。

将阵列波导光栅（AWG）和半导体光放大器（SOA）集成在一起，还可以制成 WDM 光源，它可提供 ITU-T 规定的通道间隔 25 GHz、50 GHz 或 100 GHz 输出光，输出光功率 10 dBm，波长范围 1528～1600 nm。

多波长光源可用于掺铒光纤放大器（EDFA）、半导体光放大器（SOA）和拉曼光放大器以及 WDM 系统的测试。

2.4.7 AWG 用于光网络单元无色 WDM-PON——ONU 无光源或使用宽谱光源

基于无色光网络单元（ONU）的技术方案是 WDM-PON 系统的主流，根据使用器件的不同，可分为宽谱光源 ONU 和无色（无光源）ONU。

图 2.4.10 表示 ONU 中采用宽谱光源的 WDM-PON 系统。在这种系统中，ONU 内有一个宽谱光源，例如超发光二极管（SLED），它发出的光进入 AWG 器件的一个端口，该器件对信号进行光谱分割，只允许特定波长的光信号通过并传输到位于中心局的光线路终端（OLT）。尽管所有 ONU 都采用同一个光源，但由于它们连接在 AWG 的不同端口，所以每个 ONU 分切到的是同一个光源的不同光谱，即每个上行通道（ONU）得到的是不同的波长信号。

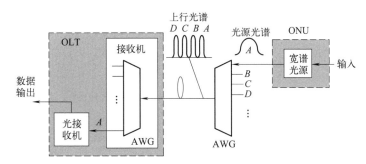

图 2.4.10　ONU 宽谱光源 WDM-PON 系统的上行部分

另一种方案是在 ONU 处无光源（无色），如图 2.4.11 所示，系统中所有的 ONU 共用的宽谱光源置于 OLT 处，并通过 AWG_2 进行光谱分割，然后向每个 ONU 提供波长互不相同的光信号，而 ONU 直接对此光信号进行调制，以产生上行信号。

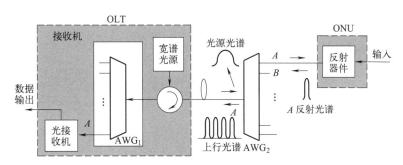

图 2.4.11　ONU 中无光源（无色）WDM-PON 上行系统

2.5　光纤陀螺——飞机、导弹、舰船、坦克等惯性导航

陀螺仪是一种光程差干涉器件，它是导航、精密测量、姿态控制、定位等的关键设备。目前，波音、空客等飞机和卫星、宇宙飞船都已采用了激光陀螺惯性导航系统。

激光陀螺可作为物体旋转角速度的传感器使用。如果在飞机上安装 3 个激光陀螺，使其平面分别与飞机的 3 个坐标轴垂直，就可以测量飞机相对于 3 个轴旋转的角速度，从而掌握飞机的整个飞行姿态，以便进行自动调整控制。实际上可以做成 3 轴的整块激光陀螺，以便简化结构。

由于光纤陀螺体积小、重量轻、动态范围宽，精度可从低到高，因此在军事上它可用于飞机、导弹、舰船与坦克等许多运动平台系统。图 2.5.1 表示一种光纤陀螺的产品。

陀螺仪是一种精确的惯性转速传感器，其容许误差随应用不同而异，对于飞机导航而言，要求容差是 $0.01 \sim 0.001°/h$。若用地球的旋转角转速 $\Omega_E = 15°/h$ 来表示，那么上述的容差便可以写成 $10^{-3}\Omega_E \sim 10^{-4}\Omega_E$，对于方位（纬度）测量要求 $10^{-6}\Omega_E$。理论计算表明，如果光纤陀螺线圈半径 15 cm，单模光纤长 4.3 km，损耗 2 dB/km，选用 3 mW 的激光器作光源，该光纤陀螺可以测出小到 $0.0003°/h$ 的转动角速度，完全可以满足飞机导航和地球角速度的测量要求。

2.5.1　真空中的萨尼亚克效应——两束光在环路中相对传输后干涉

所有陀螺仪都是根据萨尼亚克（Sagnac）效应构成的，该效应是在一个环路中以相对方向传输的两束光的干涉现象，该效应于 1913 年首先被萨尼亚克观察到。当环路以角速度 Ω 旋转时，根据爱因斯坦相对论，这两束光将产生一个与角速度 Ω 成正比的光程差 ΔL。下面来证明这种关系。

假如有一只半径为 R 的圆盘，如图 2.5.2 所示，它正以角速度 Ω 绕着垂直于盘面中心的轴而旋转，那么光沿着圆周在两个相反方向上传输所形成的光程差为

$$\Delta L = \frac{4A}{c}\Omega \tag{2.5.1}$$

式中，c 是光在真空中的传输速度；A 是光程所围的面积，即 $A = \pi R^2$。

图 2.5.1　一种光纤陀螺产品

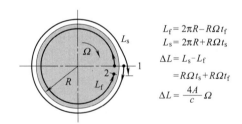

图 2.5.2　真空中的萨尼亚克效应

式（2.5.1）的严格推导是用广义相对论，以光在旋转系中的传播得到的，不过也可以用一种简单的方法得出相同的结果。假如圆周上的某一指定点，如图 2.5.2 中的 1 点，在沿着圆周的顺时针方向和反时针方向发出同样的光子。如果 $\Omega = 0$，那么这些在真空中以光速运动的光子，在 $t = 2\pi R/c$ 的时间内，经过相同的光程 $2\pi R$ 以后，都将到达起点 1。但在圆盘具有旋转角速度 Ω 的情况下，沿反时针方向（下标用 f 表示）传输的光子，在经过 L_f 的光程后，将到达位于圆盘上位置 2 的地方。反时针光程 L_f 短于圆周长 $2\pi R$，并可用下式表示

$$L_f = 2\pi R - R\Omega t_f = c_f t_f \tag{2.5.2}$$

式中，$R\Omega$ 是圆盘的线速度，t_f 是通过反时针光程所用的时间。此外，L_f 也可以用反时针方向上的光速 c_f 与 t_f 的积来表示。对于在真空中传输的光而言，$c_f = c$。

同样，沿顺时针（下标用 s 表示）方向传输的光子，其经历的光程 L_s 则大于圆周，可用下式表示

$$L_s = 2\pi R + R\Omega t_s = c_s t_s \tag{2.5.3}$$

可见，光子在顺时针方向传输与在反时针方向传输的光程差是 $\Delta L = L_s - L_f = R\Omega t_s + R\Omega t_f$。

从式（2.5.2）和式（2.5.3）可以得到光子在顺时针方向传输与在反时针方向传输的时间差 Δt 为

$$\Delta t = t_s - t_f = (2\pi R)(2R\Omega)/c^2 = 4\pi R^2 \Omega/c^2 = (4A/c^2)\Omega \tag{2.5.4}$$

因此，光在时间 Δt 内，顺时针与反时针方向传输经过的光程差 ΔL 可用与式（2.5.1）相同的表达式表示

$$\Delta L = c\Delta t = \frac{4A}{c}\Omega \tag{2.5.5}$$

即这两束光将产生一个与角速度 Ω 成正比的光程差 ΔL。

2.5.2 光纤中的萨尼亚克效应——顺、反时针传输光的相位差与角速度和光纤长度成正比

光在折射率为 n 的光纤中传输时，其传输速度变为 $c_n = c/n$。可以证明，在绕成线圈的光纤中，光子在顺时针方向传输与在反时针方向传输的时间差 Δt 表达式与在真空中的 Δt 相同。如果传输介质是绕成 N 匝线圈的光纤，那么

$$\Delta t = (4NA/c^2)\Omega \tag{2.5.6}$$

所对应的光程差为

$$\Delta L = c\Delta t = \frac{4NA}{c}\Omega \tag{2.5.7}$$

与光在真空中光程差相同。对于一根长 L 而绕成直径为 D 的线圈的光纤，$A = \pi D^2/4$，$N = L/(\pi D)$，因此

$$\Delta L = \frac{4NA}{c}\Omega = \frac{LD}{c}\Omega \tag{2.5.8}$$

由式（1.3.4）可知，该光程差将引入一个相位差，其值为

$$\Delta\phi = \frac{2\pi\Delta L}{\lambda} = \frac{8\pi NA}{\lambda c}\Omega = \frac{2\pi LD}{\lambda c}\Omega \tag{2.5.9}$$

由此可见，在绕成线圈的光纤中，顺时针方向传输的光与反时针方向传输的光将产生一个与角速度 Ω 和光纤长度 L 成正比的相位差。

【例 2.5.1】 计算单环光纤的光程差

如果光纤环包围的面积是 $100\ \text{cm}^2$，典型导航应用要求旋转速度是 $10^{-3}\Omega_E$，计算单环光纤旋转时的有效光程差。

解： 由题可知，$A = 100\ \text{cm}^2$，光纤环旋转速度是 $10^{-3}\Omega_E$，因地球的旋转速度 $= 360°/24\ \text{h} = 15°/\text{h}$，所以光纤环的旋转速度 $\Omega = (15°/\text{h}) \times 10^{-3} = 0.015°/\text{h}$，换算成弧度/秒为 $\Omega = (0.015° \times 0.0175\ \text{rad}/°)/(60 \times 60\ \text{s}) = 7.29 \times 10^{-8}\ \text{rad/s}$。由式（2.5.7）可以得到光程差为

$$\Delta L = c\Delta t = \frac{4A}{c}\Omega = \frac{4 \times 100}{3 \times 10^{10}} \times 7.29 \times 10^{-8}\ \text{cm} \approx 10^{-15}\ \text{cm}$$

可见光程差并不大，为此需要增加光纤的匝数。

【例 2.5.2】 计算多环光纤的光程差

如果使用 1000 匝光纤环，光纤环直径为 11.3 cm，使用氦氖激光器，要求光纤环旋转速度 Ω 是地球旋转速度 Ω_E，计算多环光纤旋转时的有效光程差和相移。

解： 由题可知，$A = \pi D^2/4 = 100 \text{ cm}^2$，$N = 1000$，$\lambda = 0.63 \ \mu\text{m}$，光纤环旋转速度等于地球旋转速度 Ω_E，$\Omega_E = 360°/24 \text{ h} = 15°/\text{h}$，换算成弧度/秒（rad/s），$\Omega_E = (15° \times 0.0175 \text{ rad/°})/(60 \times 60 \text{ s}) = 7.29 \times 10^{-5} \text{ rad/s}$。由式（2.5.7）可以得到光程差为

$$\Delta L = \frac{4NA}{c}\Omega = \frac{4 \times 1\,000 \times 100}{3 \times 10^{10}} \times 7.29 \times 10^{-5} \approx 10^{-9} \text{ (cm)}$$

可见，与单环光纤相比，光程差扩大了 100 万倍。

由式（2.5.9）可以得到相位差为

$$\Delta\phi = \frac{2\pi\Delta L}{\lambda} = \frac{6.28 \times 10^{-9} \times 10^{-2}}{0.63 \times 10^{-6}} \approx 10^{-4} \text{ (rad)}$$

【例 2.5.3】 相移计算

已知光纤环直径为 11.3 cm，光纤长 $L = 355$ m，并设 $\lambda = 0.63 \ \mu\text{m}$，那么转速为 1 rad/s 时相移是多少？

解： 已知光纤环包围的面积为 $A = \pi D^2/4 = 3.14 \times 11.3^2/4 \approx 100 \text{ cm}^2$，$N = L/(\pi D) = 355 \times 10^3/(3.14 \times 11.3) = 1000$，$\Omega = 1 \text{ rad/s}$，根据式（2.5.9）可以得到相移为

$$\Delta\phi = \frac{8\pi NA}{\lambda c}\Omega = \frac{8 \times 3.14 \times 1\,000 \times 100}{0.63 \times 10^{-4} \times 3 \times 10^{10}} \times 1 = 1.3 \text{ (rad)}$$

2.5.3 光纤陀螺——航天、航空、航海、兵器等领域应用广泛

图 2.5.3 表示多匝光纤转速传感器（光纤陀螺）的一种简单结构，它由激光器、3 dB 2×2 光纤耦合器（分光/合光用）、N 匝光纤、探测器和聚焦透镜组成。激光器发出的光被互易光纤耦合器分成 1 和 2 两路光，1 路光在光纤中以顺时针方向传输，2 路光以反时针方向传输，经 N 匝光纤传输后，返回到耦合器，经耦合器合波后送入探测器进行光/电转换。

在线圈不旋转的情况下，即陀螺处于静止状态时，角速度 $\Omega = 0$，两路光不产生光程差，从而也就没有相位差，但由于两路光的衍射干涉，出现了干涉条纹，明亮条纹对应相长干涉，黑暗条纹对应相消干涉。相长干涉引起的峰值光强出现在 $\Delta\phi = 0$ 的中心位置上，相消干涉则出现在 $\Delta\phi = \pi$ 处，如图 2.5.3b 所示。

当陀螺绕线圈轴线旋转时，两路光产生式（2.5.8）表示的光程差 ΔL，从而也就引起一个用式（2.5.9）表示的相位差 $\Delta\phi$。再通过相位解调技术，把光相位测量直接转换为光强度测量。

不同的光程差（或相位差）将产生不同的干涉强度，从而在探测器上得到不同的信号电平（与光生电流的平方成正比）。转速越快（角速度 Ω 越大），两路光产生的相位差也越大。输出信号电平与所产生相位差的余弦三角函数成正比，如图 2.5.3b 所示，当 $\Delta\phi = 0$ 时，输出信号电平最大；当 $\Delta\phi = \pi$ 时，输出信号电平为零。所以，只要测出输出信号的相位变化，就能确定陀螺旋转的速度。应用这种办法来测量陀螺角速度的办法是一种开环方式，这种方式的结构虽然简单，但比例因子的线性度差、动态范围窄、稳定性差。

1. 开环光纤陀螺

图 2.5.4 表示开环转速传感器系统，一个非互易相位调制器（PM）被放置在光纤一个

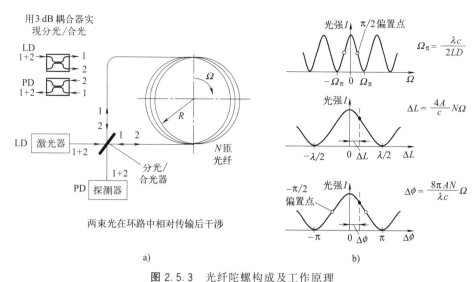

图 2.5.3 光纤陀螺构成及工作原理

a) 光纤陀螺构成图 b) 光纤陀螺输出光强随光程差或相位差变化的曲线

端部，相位调制器可以用电光晶体实现（见 6.1.2 节），但通常在圆柱形的压电陶瓷（PZT）上缠绕光纤，并用 ν_m 频率信号来激励。这种相位调制器价格低，插入损耗小；制造也比较简单。此时，产生的非互易相移是

$$\Delta\phi = \phi_s - \phi_f \approx 2\phi_o \sin(2\pi\nu_m \tau_D / 2) \tag{2.5.10}$$

式中，ϕ_o 是相位调制器产生的互易相移；τ_D 是光在光纤中的传输延迟，可用 nL/c 表示。为了得到最大的非互易相移，必须使式（2.5.10）中正弦函数的相角等于 $\pi/2$，也就是说，要选取 $\nu_m \approx 1/(2\tau_D) = c/(2nL)$。对于 1 km 长的光纤，$\nu_m$ 大约为 100 kHz。

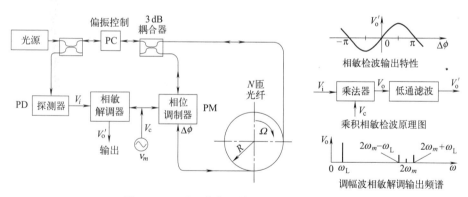

图 2.5.4 开环式非互易调相光纤转速传感器

下面说明相敏检波的工作原理。

设相敏检波的输入信号为一个被 ω_L 频率信号调制的调幅信号

$$V_i = V_m \cos(\omega_L t) \cos(\omega_m t) \tag{2.5.11}$$

参考信号是频率为 ν_m 的信号，它也是激励调相器的信号

$$V_c = V_{cm} \cos(\omega_m t + \phi) \tag{2.5.12}$$

令 $V_m = V_{cm}$，将 V_i 和 V_c 相乘，并滤除高次项后，相敏检波器的输出为

$$V_o' = \frac{V_m^2}{2} \cos(\omega_L t) \cos\phi \tag{2.5.13}$$

当 $\phi=0$ 时，$V'_o=\dfrac{V_m^2}{2}\cos(\omega_L t)$；当 $\varphi=\pi$ 时，$V'_o=-\dfrac{V_m^2}{2}\cos(\omega_L t)$。这表明，当载波信号与参考信号是同相时，输出信号为正；反之为负。这个性质可以用于运动方向的极性判断。

开环全保偏光纤陀螺是一种低精度陀螺，其漂移率为 $10°/\text{h}$，使用模拟电路，器件成本高，已用于波音 777 飞机的姿态和空气数据参考系统。

2. 闭环光纤陀螺

为了克服开环陀螺的缺点，人们开发了闭环式陀螺，如图 2.5.5 所示，即借助电子学反馈电路，通过相位调制器（见 6.1.2 节），产生一个始终与萨尼亚克相移等值反号的非互易相移。这样，光纤环路中总的相位差始终为零。利用所补偿的这一相移量的大小，来确定陀螺旋转的角速度 Ω。这种闭环方式具有动态范围宽、比例因子线性度好、角速度值以数字方式直接读出等优点。

由式（2.5.9）可知，为了提高陀螺的灵敏度，使其能用于低角速度测量，通常增加光纤环的匝数，以增加光纤的长度，以使同一角速度下得到更大的相位差。由于单色光的相干性太好，以致在光纤传输中，后向散射光的干涉效应会干扰光纤陀螺的工作，所以普遍采用性能介于激光器和发光二极管的超辐射二极管（SLED），并采用保偏光纤，尽可能提高系统的信噪比，减少环境的影响。载有角速度信息的光信号由探测器转换为电信号，经过相敏解调器（锁相放大器）进一步提高信噪比后，送到非互易相移发生器（NRPT）进行闭环控制。采用这种方法时，由于在相移发生器中产生的非互易相移正好与转速 Ω 产生的相移大小相等而符号相反，因此该系统始终在零点工作（$\Delta\phi=0$）。因此，相敏检波器的输出 $\Delta\phi$ 就是该系统的输出，可用示波器观察其性能的变化。测得 $\Delta\phi$ 后，通过式（2.5.9）就可以计算出转速 Ω。闭环光纤陀螺的零偏误差（精度）已优于 $0.01°/\text{h}$，若使用掺铒光纤作为光源，其精度可达 $10^{-4}°/\text{h}$。

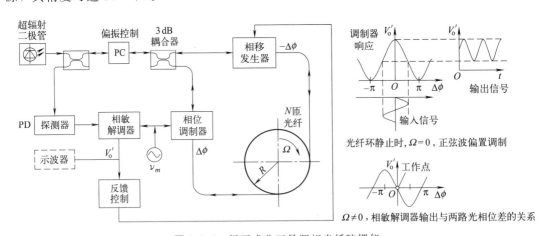

图 2.5.5　闭环式非互易调相光纤陀螺仪

闭环系统与开环系统相比，具有以下优点：其输出与光源的光强变化无关，因为该系统始终在零点工作；只要维持很高的开环增益，其输出与测量系统中每个元件的增益无关；输出的线性和稳定性只与相移发生器有关，与光源的漂移无关；采用数字电路，可使光纤陀螺小型化并提高稳定性。

光纤陀螺的许多关键技术已经得到解决，灵敏度也比原来提高了 4 个数量级，并且角速度的测量精度已从最初的 $15°/h$ 提高到了现在的 $0.001°/h$，当前最高精度是 $0.00038°/h$。与机械陀螺或激光陀螺相比，光纤陀螺具有以下优点：

- 零部件少，无运动部件，系统牢固稳定，具有较强的耐冲击和抗加速运动的能力；
- 环形多匝光纤线圈增长了激光束的光路，提高了测量灵敏度和分辨率，比激光陀螺高几个数量级，从而有效克服了激光陀螺的闭锁问题；
- 无机械传动部件，不存在磨损问题，使用寿命长；
- 易于采用集成光路技术，信号稳定可靠，可直接数字输出，与计算机连接；
- 结构简单，体积小，重量轻，价格低，可做到微型化，质量仅几克，很容易嵌入各种武器平台，实现惯性导航。

所以，光纤陀螺一问世就引起了人们的高度重视，数十年来获得了很大的进展。

2.6 激光武器

激光武器是用高能激光对远距离的目标进行精确射击或用于防御导弹等的武器，激光具有方向性强、单色性好、亮度高、速度快、相干性好、射击精度高、抗电磁干扰能力强等特征，作为武器应用的前景广泛。激光武器在光电对抗、防空和战略防御中可发挥独特作用。激光武器的缺点是受大气影响严重。激光武器系统的核心是激光器，此外配以跟踪、瞄准、光束控制、发射装置等。

激光武器分为战术激光武器与战略激光武器两类。下面对这两类激光武器以及相关的激光器种类进行介绍。

2.6.1 战术激光武器

战术激光武器是用于光电对抗和战术防空的激光武器，作用距离通常在数公里以内，包括低能激光干扰与致盲武器和高能战术激光武器两种。

低能激光干扰与致盲武器采用中小功率激光器，平均功率在万瓦级以下，主要以软破坏的方式干扰和破坏敌方的光电传感器和敌方官兵的眼睛。

高能战术激光武器主要用于攻击作战目标，如飞机、战术导弹等。激光防空武器可对导弹导引头、整流罩进行软破坏，平均功率达 10 万瓦特以上，射程在 10 km 之内。用于对导弹壳体进行硬破坏时，平均功率需达 100 万瓦。目前，以美国的发展较为领先，图 2.6.1、图 2.6.2 所示为美国的激光武器。

图 2.6.1　美国军舰上的激光武器

图 2.6.2　美国导弹驱逐舰上安装的激光武器

战术激光武器是利用激光作为能量，像常规武器那样直接杀伤敌方人员、击毁坦克、飞机等，打击距离一般可达 20 km。这种武器的主要代表有激光枪和激光炮，它们能够发出很强的激光束来打击敌人。1978 年 3 月，世界上的第一支激光枪在美国诞生。激光枪的样式与普通步枪没有太大区别，主要由四大部分组成：激光器、激励器、击发器和枪托。目前已有几种重量与机枪相仿的小巧激光枪，能击穿铜盔，在 1500 m 的距离上烧伤皮肉、致盲等。战术激光武器的"挖眼术"不但能造成飞机失控、机毁人亡，或使炮手丧失战斗能力，而且由于参战士兵不知对方激光武器会在何时何地出现，常常承受着沉重的心理压力。因此，激光武器又具有常规武器所不具备的威慑作用。

雷神公司 2010 年 7 月 19 日在英国范堡罗国际航空航天展览会上播放了一段简短的黑白视频，从视频画面上可以看到，一架无人机首先在空中掠过，几秒之后，它突然变成一团火球，随后坠入海中。乍看上去，这很像小说或电影中外星飞碟击落人类飞机的诡异场面，但事实上，这并非幻觉，而是一次真实的实验。雷神公司称，此次实验的主角是海军的激光武器系统，试验中，当 4 架无人机以 480 km 时速飞过美国加州圣尼古拉斯岛上空的海军武器和训练基地时，位于 3.2 km 之外的美军战舰上的密集阵雷达系统开始工作。它利用电光追踪和无线电传感器探测到无人机的距离和方位等信息，并将其传输给激光武器系统。后者随即发射 32 kW 的激光能量束，数秒之内就将无人机烧毁。这套系统除了可用于打击无人机外，还可用于打击小型舰只、迫击炮弹和火箭弹等。

2017 年，在第十三届阿布扎比国际防务展上，来自我国的保利科技有限公司展出的"寂静狩猎者"是最为吸引眼球的武器之一（图 2.6.3）。这是一款我国自主研发的低空激光防空系统，这也是该武器的车载机动型首次亮相。系统采用光纤激光器，提供最大 30 kW 的输出功率、最远 4 km 的拦截半径，能够拦截直径在 2 m 内、飞行速度小于 60 m/s 的目标。它与美国洛克希德·马丁公司研制的类似车载战术激光武器性能指标相当。

图 2.6.3　中国保利集团公司展出的
"寂静狩猎者"激光防空系统

2.6.2　战略激光武器

战略激光武器，是一种用于攻击战略导弹或卫星的激光武器，射程在几百到几千公里，激光功率在千万瓦级以上。

2009 年，美国军方在新墨西哥州的白沙导弹试验场测试了一种新型激光炮。2010 年 5 月 31 日，美国海军用激光炮在加州海上靶场成功跟踪并摧毁一架无人机。2012 年 8 月，美国研发的导弹驱逐舰舰尾直升机平台上安装有一个激光炮发射装置和辅助设备，这是美国首次上舰试验防空型激光炮。

美国研制的天基激光武器（IFX）于 2013 年完成，企图利用在 1300 km 高的空间轨道上运行的高能激光器星座实现对全球的覆盖，对弹道导弹实施助推段和后助推段拦截。另一种用途是攻击敌方卫星，用于争夺制天权。如美国空军实施的地基反卫星激光武器计划，设想通过对卫星上的传感器进行射击，使卫星上的关键部分受损或失效。21世纪的高能激光武器主要采用化学激光器（见2.1.6节），发展重点是战区和战术激光武器。

战略激光武器可攻击数千公里之外的洲际导弹，以及太空中的侦察卫星和通信卫星等。因此，高能陆基激光武器是夺取宇宙空间优势的理想武器之一。各国研制的反战略导弹激光武器通常采用化学激光器（见2.1.6节）、准分子激光（见2.1.5节）和自由电子激光器（见2.1.10节和2.6.3节）等。

2.6.3 激光器种类

1. 化学激光器

化学激光器（见2.1.6节）将化学键中储藏的能量转化成为激光输出，激活介质的粒子数反转是通过释能化学反应过程实现。由于化学激光器的增益介质一般为气体或气流，通常也把化学激光器归类为特殊的气体激光器。目前，化学激光武器是兆瓦量级功率以上作战应用的最佳选择。其中，氟化氢、氟化氘化学激光器的输出波长分别为 $2.7\,\mu m$ 和 $3.8\,\mu m$，化学氧碘激光器的输出波长为 $1.315\,\mu m$。

化学激光器优点是兆瓦级功率输出，输出光束质量好，技术成熟度高。缺点是体积和重量较大，需进行废气处理。

未来化学激光器的发展将针对体积和重量庞大的缺点，攻克化学激光器的紧凑化技术，减小激光器的重量和体积，提高激光器的平台适装性。

2. 高能固体激光器

固体激光器（见2.1.3节）通常可以分为棒状激光器、板条激光器、热容激光器、液冷激光器和薄片激光器等。其中，棒状激光器具有较大的增益体积，有助于实现功率放大和大脉冲能量的产生，但光束质量较差；液冷激光器利用冷却液的强散热能力实现高功率输出，但难以克服流体对激光性能的劣化影响；热容激光器可以实现高功率输出，但光束质量随激光输出时间增加迅速退化，难以满足长时间的作战需求；板条激光器和薄片激光器的技术成熟度较高，是当前国际上固体激光武器的主要技术路线。板条激光器的板状结构和"Z"字光路设计，可均匀化温度梯度，多链路板条激光器经光束合成后可实现数百千瓦级的功率输出。

高能固体激光器优点是全电工作，战场保障简单，作战效费比高。缺点是大功率输出时热管理较难，难以维持高光束质量。

3. 高能光纤激光器

高能光纤激光器（见2.3.10节）以掺稀土元素的光纤材料为增益介质，通过振荡器或级联放大结构获得高功率激光输出。目前，高能光纤激光器的电光效率可达35%以上。由于转换效率高，产生的废热较少，对冷却要求较低，因此，光纤激光器的结构更加紧凑，重量体积相对较小，环境适应性更强。高能光纤激光器优点是热管理相对简单、电光效率高、单纤光束质量好、战场环境适应性强，适合装载于各种战术移动平台。缺点是由于非线性效应、模式不稳定性等效应的限制，单纤近衍射极限输出功率存在物理极限，光束合成是高功率光纤激光系统的必由之路。

4. 高光束质量半导体激光器

高光束质量半导体激光器（见2.1.8节）特指可以通过合束方式将大量独立的半导体激光器合成一束高能激光的装置，且具有较好的光束质量。获得高光束质量半导体激光输出的最有效途径是外腔反馈光谱合束，目前输出功率已经达到千瓦量级，但光束质量仍有较大提升空间。半导体激光器优点是电光转换效率高、体积重量小。缺点是单管功率提升困难，合成路数受限，激光波长并不都处于大气的高透窗口。

5. 碱金属蒸气激光器

碱金属蒸气激光器（见2.1.7节）利用高功率半导体泵浦具有高量子效率和大发射截面的碱金属原子蒸气实现高功率的近红外激光输出，通过循环气体流动散热实现高效热管理。目前，激光器常见的碱金属工作介质为铷（795 nm）或铯（894 nm）。碱金属蒸气激光器兼具了固体和气体激光器的优势，逐渐成为激光武器新的选择。碱金属蒸气激光器优点是全电模式工作，具备单口径功率定标放大能力，兼具固体和气体激光器的优势。缺点是碱金属元素化学性质极其活泼，易对腔体腐蚀，高腔压运转模式破坏光束质量。

6. 自由电子激光器

自由电子激光器（见2.1.10节）具有输出功率大、光束质量好、转换效率高、可调范围宽等优点，但它体积庞大，只适宜安装在地面上，供陆基激光武器使用。作战时，强激光束首先被发射到处于空间高轨道上的中继反射镜，然后它将激光束反射到处于低轨道的作战反射镜，作战反射镜再使激光束瞄准目标，实施攻击。通过这样的两次反射，设置在地面的自由电子激光武器，就可攻击从世界上任何地方发射的战略导弹。这种高能激光武器是高能激光武器与航天器相结合的产物。当这种激光器沿着空间轨道游弋时，一旦发现对方目标，即可投入战斗。由于它部署在宇宙空间，居高临下，视野广阔，更是如虎添翼。在实际战斗中，可用它对敌方的空中目标实施闪电般的攻击，以摧毁对方的侦察卫星、预警卫星、通信卫星、气象卫星，甚至能将对方的洲际导弹摧毁在助推的上升阶段。

2.7 全息技术——利用光的干涉记录并重现物体真实三维图像

全息技术是利用光的干涉和衍射原理，记录并重现物体真实三维图像的技术，要求使用的光波，如氦氖激光，具有高度的时间相干性和空间相干性（见1.4节）。虽然全息技术1948年就发明了，但它的实际使用和流行是在商用激光器开发出来以后。

全息技术的工作原理如图2.7.1a所示，物体被激光照射，相干光波的一部分被透镜反射，构成参考光束 E_{ref}，到达感光颗粒精细的照相底板，该底板将记录这两束光的干涉光斑。这种记录干涉光斑的胶片经显影、定影处理后叫全息照片，它是一个复杂的光栅，包括必要的重构物体反射波的波前 E_{obj} 的所有信息，所以可以产生一个三维图像。物体反射光波 E_{obj} 的幅度和相位随物体表面形状的不同而变化，假如我们在照相底片位置凝视物体，我们的眼睛将记录反射光波 E_{obj} 的波前，当头转动时，我们将看到反射光波的不同部分，于是我们好像看到一个三维物体。

为了获得三维图像，我们必须用参考光束 E_{ref} 照射全息照片，如图2.7.1b所示。该光束的大部分直接通过全息照片，但是其中一部分被全息照片中的干涉光斑衍射，该衍射光束精确地复制了物体原来的波前 E_{obj}。观察者看到的该波前，好像是从原物反射的波，并且记录该物体的三维图像，这是该物体的虚像。从2.3.2节知道，光栅的一阶衍射必须满足布拉格条件式（2.3.3），$d\sin\theta=m\lambda$（$m=\pm1$），这里光栅周期 d 是全息照片中分开两个干涉条纹的距离。因为全息照片中 d 的变化与物体的干涉光斑有关，所以整个衍射光束和衍射光束波前就精确地复制了物体的光场 E_{obj}。除虚像外，还有一个与虚像对称的在零阶光束另一侧的实像，它是另外一条一阶衍射光束，如图 2.7.1b 所示。由 2.3.2 节可知，这种全息照片是一种传输光栅（见图 2.3.4a）。

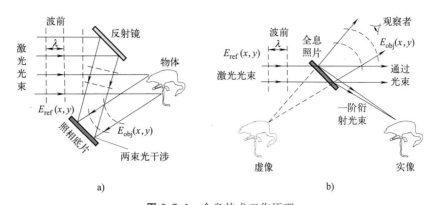

图 2.7.1 全息技术工作原理

a）反射镜反射光束与物体反射光束干涉产生全息照片　b）E_{ref} 光束照射全息照片还原该实像，观察者看到一个虚像

通过多次曝光，还可以在同一张底片上记录多个不同的图像，而且能互不干扰地显示出来。全息技术原理适用各种形式的波动，如 X 射线、微波、声波和电波，只要这些波在形成干涉图案时具有足够的相干性就行。光学全息技术可望在立体电影、电视、显微、遥感、干涉度量、信息存储、军事侦察监视、水下探测等各个方面获得广泛应用。在生活中，可用于全息摄影和商标、证件、银行卡等的防伪标识。

第 **3** 章

光的偏振——高速光纤
通信系统

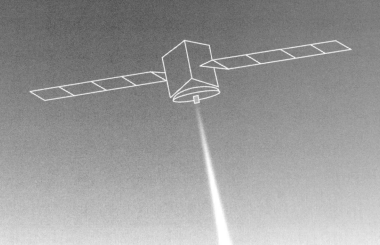

3.1 偏振的基本概念——晶体只允许某一特定方向上的光通过

光波和声波同样都是波,但它们具有不同的性质。声波是在它的行进方向上,以反复的强弱变化来传播的疏密纵波;而光波却是在与传播方向垂直的平面内振动的横波(见 1.3.1 节)。自然光在垂直于它行进方向(z 轴)的平面内(由 y 轴和 x 轴构成的平面)的所有方向上都有振动(见后面图 3.1.5a),我们把这种光称为非偏振光。但是,在晶体中,自然光振动方向要受到限制,它只允许在某一特定方向上振动的光通过,如图 3.1.1 和图 3.1.4 所示。我们把这种只在特定方向上振动的光称为偏振光。

3.1.1 线偏振光

光的偏振(也称极化)描述当它通过晶体介质传输时其电场的特性。线偏振光是它的电场振荡方向和传播方向总在一个平面(振荡平面)内,如图 3.1.1a 所示,因此线偏振光是平面偏振波。与此相反,非偏振光是一束光在每个垂直 z 方向的随机方向都具有电场 E,如图 3.1.4a 所示。一束非偏振光波通过一个偏振片就可以变成线偏振光,因为偏振片把电场振荡仅局限在与传输方向垂直的一个平面内,这个偏振片就叫做起偏器(见后述图 4.2.3)。

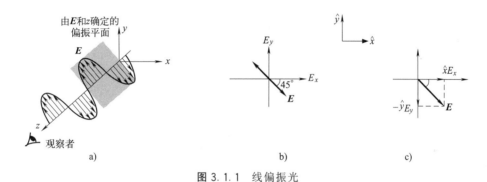

图 3.1.1 线偏振光

a) 线偏振光,它的电场振荡方向限定在沿垂直于传播 z 方向的一个平面内 b) 场振荡包含在偏振平面内

c) 在任一瞬间的线偏振光可用包含幅度和相位的 E_x 和 E_y 合成

1821 年,菲涅耳(图 3.1.2)发表了题为《关于偏振光线相互作用》的论文,假设光是横电磁波,把入射光分为振动平面平行于入射面的线偏振光和垂直于入射面的线偏振光,成功地解释了偏振现象,并导出了光的折射比、反射比之间关系的菲涅耳方程,解释了马吕斯(Malus)的反射光偏振现象和双折射现象,奠定了晶体光学的基础。1823 年,菲涅耳又发现了光的圆偏振和椭圆偏振现象。

现在我们来描述电场 E 沿垂直于 z 方向的分量 E_x 和 E_y。为了找到该光波在任意空间和时间位置的电场,我们把 E_x 和 E_y 看成矢量。E_x 和 E_y 可以分别用具有相同角频率 ω 和传播常数 k 的波动方程来描述

$$E_x = E_{xo}\cos(\omega t - kz) \tag{3.1.1}$$

$$E_y = E_{yo}\cos(\omega t - kz + \phi) \tag{3.1.2}$$

式中,ϕ 是 E_x 和 E_y 的相位差,如果一个分量滞后,则存在该相位差(见图 3.2.1)。

图 3.1.1b 表示的线偏振波具有与 x 轴成 $-45°$ 角的电场 E。在式(3.1.1)和式(3.1.2)中,选择 $E_x = E_{yo}$,$\phi = \pm 180°$($\pm\pi$),即此时 E_x 和 E_y 具有相同幅度,但是有 $180°$

菲涅耳——物理光学的缔造者

奥古斯丁-让·菲涅耳（Augustin-Jean Fresnel，1788—1827）是法国物理学家，成功地解释了偏振现象和双折射现象，发现了光的圆偏振和椭圆偏振现象。

鉴于菲涅耳对光的本性研究以及波动光学理论的建立作出的卓越贡献，1823 年菲涅耳被选为巴黎科学院院士，1825 年又成为英国皇家学会会员，1827 年在重病中获得了人生最后一项殊荣——英国皇家学会授予的拉姆福德奖章，之后不久因结核病去世，享年仅 39 岁。

图 3.1.2　奥古斯丁-让·菲涅耳

的相位差。如果 $\hat{x}$ 和 $\hat{y}$ 是沿 x 方向和 y 方向的单位矢量，在式（3.1.2）中使 $\phi = \pi$，则电场为

$$E = \hat{x}E_x + \hat{y}E_y = \hat{x}E_{xo}\cos(\omega t - kz) - \hat{y}E_{yo}\cos(\omega t - kz)$$

或者
$$E = E_o\cos(\omega t - kz) \tag{3.1.3}$$

式中
$$E_o = \hat{x}E_{xo} - \hat{y}E_{yo} \tag{3.1.4}$$

式（3.1.3）和式（3.1.4）表示与 x 方向成 $-45°$ 角的电场 E_o 沿 z 方向的传输。

3.1.2　圆偏振光

电场除简单的线偏振外，还有许多偏振特性。例如，场矢量 E 的幅度保持恒定不变，但是在 z 方向给定位置上，电场幅度最大点随时间顺时针旋转的轨迹，如光波的观察者所见到的那样，它是一个圆，此时的电磁波称为右圆偏振光，如图 3.1.3 所示。如果它是反时针旋转，该波就称为左圆偏振光。由式（3.1.1）和式（3.1.2）可知，右圆偏振光的 $E_{xo} = E_{yo} = A$，$\phi = \pi/2$，此时

$$E_x = A\cos(\omega t - kz) \tag{3.1.5a}$$
$$E_y = -A\sin(\omega t - kz) \tag{3.1.5b}$$

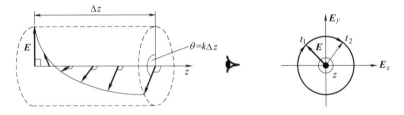

图 3.1.3　右圆偏振光传播距离 Δz 时的瞬间图像，当 $\Delta z = \lambda$ 时轨迹是一个圆

场矢量 E 总是垂直于 z 轴，并且围绕 z 轴顺时针随时旋转，在一个波长的传输距离内其轨迹是一个圆，很显然，式（3.1.5a）和式（3.1.5b）表示一个圆，如图 3.1.3 所示，即

$$E_x^2 + E_y^2 = A^2 \qquad\qquad (3.1.6)$$

图 3.1.3 表示圆偏振光传播距离 Δz 时的瞬间图像，此时场矢量 $\boldsymbol{E}$ 的旋转角是 $\theta = k\Delta z = (2\pi/\lambda)\Delta z$，当 $\Delta z = \lambda$ 时，$\theta = 2\pi$，即在一个波长的传输距离内其轨迹是一个圆。图 3.1.4 给出线偏振光和圆偏振光的比较。

如果场矢量 $\boldsymbol{E}$ 在 z 方向给定空间位置上随时间传播时，其幅度最大点的轨迹是椭圆，那么这种光是椭圆偏振光，或称椭圆光，它也有右椭圆偏振光和左椭圆偏振光之分。图 3.1.5 表示无偏振光、线偏振光和椭圆偏振光的区别。椭圆偏振光可以由幅度不相等、相位差为任意不为零的 ϕ 或整数 π 的 E_{xo} 和 E_{yo} 构成，也可以由幅度相等、相位差是 $\pm\pi/4$ 或 $\pm 3\pi/4$ 的 E_{xo} 和 E_{yo} 构成。在图 3.1.4d 中，如果 $\phi = \pi/2$，$E_{xo} = E_{yo}$，则为右圆偏振光。

当无偏振光入射到介质表面时，由于反射、折射或散射可以引起光的偏振，其偏振的程度与入射角和材料折射率 n 有关，并由布儒斯特（Brewster）定律 $\tan\theta_p = n$ 决定，这里 θ_p 是偏振角。

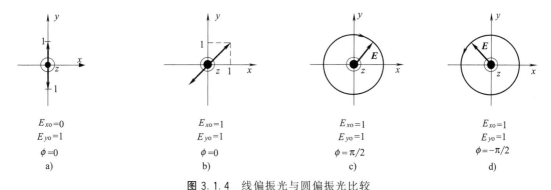

图 3.1.4　线偏振光与圆偏振光比较
a）一种线偏振光　b）另一种线偏振光　c）右圆偏振光　d）左圆偏振光

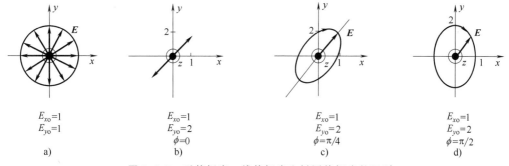

图 3.1.5　无偏振光、线偏振光和椭圆偏振光的区别
a）无偏振光　b）线偏振光　c）一种右椭圆偏振光　d）另一种右椭圆偏振光

【例 3.1.1】　圆偏振和椭圆偏振

假如 $E_x = A\cos(\omega t - kz)$，$E_y = B\cos(\omega t - kz + \phi)$，$A$ 和 B 不等，$\phi = \pi/2$，请问该电磁波是何种偏振？

解： 由 $E_x = A\cos(\omega t - kz)$ 可得到 $\cos(\omega t - kz) = E_x/A$，由 $E_y = B\cos(\omega t - kz + \phi)$ 得到 $\cos(\omega t - kz + \pi/2) = -\sin(\omega t - kz) = E_y/B$，使用 $\cos^2(\omega t - kz) + \sin^2(\omega t - kz) = 1$，我们发现

$$\left(\frac{E_x}{A}\right)^2 + \left(\frac{E_y}{B}\right)^2 = 1$$

该式表示电场的 E_x 和 E_y 分量沿 x 和 y 轴的瞬时值间的关系，当 $A=B$ 时，是圆偏振光，如图 3.1.4c 所示；当 $A \neq B$ 时，是椭圆偏振光，如图 3.1.5c 所示。

那么，它是右偏振光呢？还是左偏振光？已知 $\phi = \pi/2$，当 $z=0$，$\omega t = 0$ 时，$E = E_x = A\cos(\omega t - kz) = A$；稍后，当 $\omega t = \pi/2$ 时，$E = E_y = -B$。显然可见，该光场矢量顶端按顺时针旋转，该波是右圆偏振光。

3.2 光纤的偏振特性和偏振分集接收

3.2.1 光纤的偏振特性——制造缺陷或弯折扭曲致纤芯折射率不等

在标准单模光纤中，基模 LP_{01} 是由两个相互垂直的线偏振（LP）模，即横电模（TE模）和横磁模（TM模）组成的（见 8.2.3 节）。只有在折射率为理想圆对称光纤中，两个偏振模的群速度时间延迟才相同，传输常数 $\beta_{LP_{01}}^x = \beta_{LP_{01}}^y$，因而简并为单一模式。由于制造缺陷和环境干扰（弯折或扭曲），实际光纤的纤芯折射率并不是各向同性，$n_x \neq n_y$，单模光纤也存在 4.1.5 节介绍的双折射现象。折射率与电场方向有关，给定模式的传输常数就与它的偏振（电场方向）有关，当电场分别平行于 x 轴和 y 轴时，电场沿 x 轴和 y 轴的传输常数将具有不同的值，比如 $\beta_{LP_{01}}^x > \beta_{LP_{01}}^y$，导致 E_x 比 E_y 传输得快，在输出端产生时间延迟 $\Delta\tau$，如图 3.2.1c 所示。光纤越长，光程差越大，相差 ϕ 也越大，延迟 $\Delta\tau$ 也越大。即使是单色光源，也会产生色散，使输出光脉冲展宽 $\Delta\tau$，这种色散称为偏振模色散（PMD）。因此，即使是零色散波长的单模光纤，其带宽也不是无限大，而是受到 PMD 的限制。

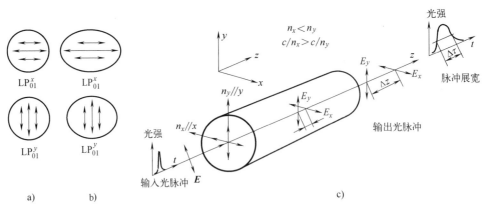

图 3.2.1 椭圆纤芯光纤偏振模色散

a) 在圆纤芯光纤中，$\beta_{LP_{01}}^x = \beta_{LP_{01}}^y$，两个模是简并的 b) 在椭圆纤芯中 $\beta_{LP_{01}}^x \neq \beta_{LP_{01}}^y$，两个模不简并

c) 若 $n_x < n_y$，E_x 比 E_y 传输的快，所以产生相差 $\Delta\phi = k\Delta z$

与群速度色散类似，脉冲展宽可用时间延迟 $\Delta\tau$ 来估算，对于长度为 L 的光纤，PMD 可以表示为

$$\Delta\tau = \left| \frac{L}{\upsilon_{gx}} - \frac{L}{\upsilon_{gy}} \right| = L \left| \beta_{LP_{01}}^x - \beta_{LP_{01}}^y \right| = L\Delta\beta_1 \qquad (3.2.1)$$

式中，$\Delta\beta_1$ 与光纤的双折射有关，群速度 υ_g 与 β 的关系由式（1.3.10b）给出，$\Delta\tau/L$ 用来

描述 PMD 的大小。通常用 $\Delta\tau$ 的均方值描述 PMD 的特性

$$\sigma_\tau = \sqrt{(\Delta\tau)^2} = D_{\mathrm{PMD}}\sqrt{L} \qquad (3.2.2)$$

式中，D_{PMD} 是 PMD 引起的色散参数，典型值为 $D_{\mathrm{PMD}} = 0.1 \sim 1 \ \mathrm{ps}/\sqrt{\mathrm{km}}$。PMD 产生的脉冲展宽与 GVD 的影响相比较小，然而，对于在光纤零色散波长附近工作的长距离系统，PMD 将变成系统性能的限制因素。

3.2.2 相干检测偏振分集接收——输出与偏振无关

在直接检测接收机中，信号光的极化（偏振）态不起作用，这是因为这种接收机产生的光生电流只与入射光子数有关，而与它们的偏振态无关。但是，在相干接收机中，要求接收机信号光的偏振态要与本振光的偏振态匹配，并且还要保证匹配是持续保持的。否则，任何瞬时的失配都将导致数据的丢失。目前主要有下述三种方法来完成偏振匹配任务，即偏振控制、偏振分集接收和发送机中的偏振扰动。关于偏振控制将在 4.2.5 节中给出控制方法，这里只介绍偏振分集接收。

图 3.2.2 为偏振分集接收机的原理方框图。用一个偏振光束分配器获得两个正交偏振成分输出信号，然后分别送到完全相同的两个接收支路进行处理。当在两个支路产生的光生电流平方相加后，其输出信号就与偏振无关。为实现偏振分集接收所付出的代价取决于采用的调制和解调技术。同步解调时，功率代价为 3 dB。然而，理想的异步解调接收机功率代价仅 $0.4 \sim 0.6$ dB。

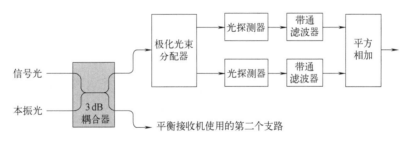

图 3.2.2　偏振分集相干接收机

3.3　偏振复用相干接收系统

3.3.1　偏振复用光纤传输系统

光纤传输正交频分复用（O-OFDM）技术是近年来出现的一种新型光传输技术，它是正交频分复用技术和光纤通信技术相结合的产物，拥有两者的所有优点（见 9.5.1 节）。O-OFDM 系统采用同一波长的扩频序列，频谱资源利用率高，它与波分复用（WDM）技术和偏振复用技术结合，可以大大增加系统容量。

图 3.3.1a 表示光纤信道传输偏振复用正交频分复用（OFDM）系统结构原理图，图 3.3.1b ～图 3.3.1d 表示偏振复用系统有关各点的波形。

在图 3.3.1a 中，发射的 O-OFDM 信息是由 x 和 y 两路偏振信号通过偏振光合波器（PBC）调制或复用而成，所以该系统的容量是单偏振系统的 2 倍，如图 3.3.1d 所示。

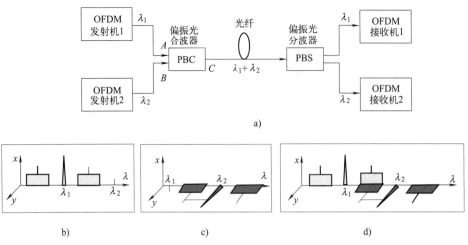

图 3.3.1 偏振复用系统原理构成及其有关点波形

a) 偏振复用光纤系统原理图　b) A 点 λ_1 偏振波形　c) B 点 λ_2 偏振波形　d) C 点 $\lambda_1 + \lambda_2$ 偏振复用后的波形

3.3.2 偏振复用相干接收无中继传输试验系统——实验室已进行了 11000 km 距离传输

今天，几乎所有新铺设的无中继传输系统都工作在 10 Gbit/s 速率及以上。然而，为了满足用户对传输容量的需求，科学家们对传输速率提升到 40 Gbit/s 或以上更感兴趣。在这些高比特率传输技术中，偏振复用（PM）相移键控调制/相干接收看来是一种优选的方案，因为数字信号处理技术可以补偿色度色散（CD）和偏振模色散（PMD），于是可以将已经铺设的系统升级。

海底无中继传输系统有两种不同的发展倾向，一种是尽量扩大传输距离，即使只有几个信道也行；另一种是尽量增加信道数量，以便提供大于 1 Tbit/s 的线路容量。目前，已经实验演示了以下几种 WDM 系统：64×40 Gbit/s 传输距离 230 km，32×40 Gbit/s 距离 402 km，26×100 Gbit/s 距离 401 km，40×100 Gbit/s 距离 365 km。

本节介绍一个偏振复用相干接收无中继传输 WDM 试验系统。据报道，2011 年，阿尔卡特-朗讯将 64 个 WDM 信道采用偏振复用的归零码（RZ）二进制相移键控（PM-RZ-BPSK）发射机和相干接收机，线路中间使用远泵 EDFA，在接收端使用双向三级拉曼泵浦技术和超强前向纠错（FEC）技术实现了 64×43 Gbit/s 无中继 440 km 的无误码传输试验，如图 3.3.2 所示。该试验采用日本住友生产的超低损耗纯硅光纤，纤芯有效面积 115 μm^2，平均传输损耗仅为 0.163 dB/km，总共损耗（包括熔接损耗）71.5 dB，累积色度色散值为 9000 ps/nm。

这种偏振复用无中继传输 WDM 试验系统使用 DFB 激光器，频率间距 50 GHz，21.4 Gbit/s 的数据信号分别通过 RZ-PBSK 中的马赫-曾德尔调制器去调制奇偶信道波长信号，然后分别偏振复用在一起，如图 3.3.2a 所示；接着奇偶波长信道通过 50 GHz 的光频间插（IL）复用在一起。使用同时掺铒和掺镱的光纤放大器（EYDFA）将 50 GHz 间插频谱复用器的输出光信号放大到 33 dBm，然后送入传输光纤。前向纠错采用 BCH 编码，可以使比特误码率（BER）从 10^{-3} 改善到 10^{-13}。使用三级拉曼泵浦源（光纤拉曼放大）对传输光纤反向拉曼泵浦，以便给信号光提供增益，并在传输 146.2 km 后到达铒光纤（EDF）所处位置，拉曼泵浦源的能量通过 EDF 又转移到信号光（见 8.5 节）。光纤拉曼放大器（见 7.2 节）通过铒光纤和传输光纤的拉曼分布式放大，总共提供 40 dB 的增益。

图 3.3.2 发送端采用的 EYDFA 是一种在拉制光纤的过程中，将镱（Yb）和铒（Er）元素同时掺入硅（Si）纤芯中构成的共掺杂光纤放大器。这种共掺杂光放大器允许使用发射波长为 1.053 nm 的掺钕氟化锂钇（Nd:YLF）固体激光器作为泵浦源，而 Nd:YLF 固体激光器又可以使用输出功率高达几瓦的 AlGaAs 激光器作为它的泵浦源。这种 EYDFA 输出饱和功率大、寿命长、可靠性高。在该实验中，EYDFA 输出功率高达 33 dBm。

偏振复用和光频间插复用的原理和过程是这样实现的，如图 3.3.2a 所示，将 64 个波长信道分成两组，奇数信道为一组，偶数信道为另一组，分别复用后的 WDM 光信号通过 M-Z 外调制器分别被 21.4 Gbit/s 的 RZ-BPSK 伪随机序列信号调制。该输出奇/偶波长复用光分别分解成 x 偏振光和 y 偏振光，其中 y 偏振光在时间上比 x 偏振光延迟几百个符号（时延为 τ），然后通过偏振合波器（PBC）在时间上交替偏振复用在一起，如图 3.3.2b 所示。然后，奇数波长二进制相移键控调制（BPSK）偏振复用光和偶数波长 BPSK 偏振复用光通过光频交错器（IL）又间插复用在一起，从而构成一个 43 Gbit/s 的 PDM-RZ-BPSK 信号，如图 3.3.2c 所示，送入 EYDFA。

交替偏振复用差分相移键控（DPSK）调制信号对非线性的容忍可以提高约 2.5 dB。采用这种制式在实验室已进行了 11000 km 距离的传输。

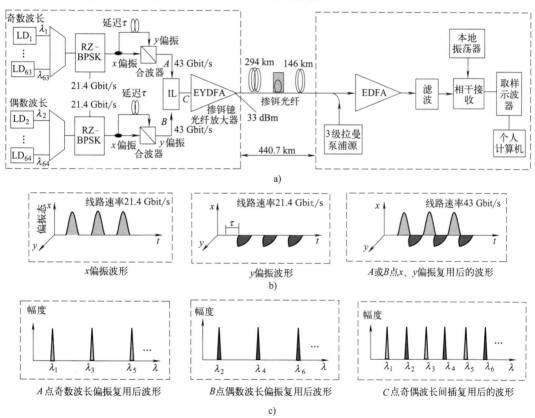

图 3.3.2　偏振复用＋光频间插复用/相干接收 WDM 传输试验系统原理图

a）64×43 Gbit/s 无中继 440 km 偏振复用相干接收 WDM 传输试验系统构成图　b）BPSK 偏振复用以便提高线路速率　c）WDM 系统奇偶波长信道间插复用以便增加波长数

4.1 光的双折射效应概述

当光从空气进入水或玻璃时，就产生折射。但是，当光进入某些晶体时，折射光线不止一条，而是两条。这种现象称为双折射，如图 4.1.1 所示。

4.1.1 各向同性材料和各向异性材料

晶体的一个重要特征是它的许多特性与晶体的方向有关。因为折射率 $n = \sqrt{\varepsilon_r}$ ［式 (1.3.9a)］，相对介电质常数 ε_r 与电子极化有关，电子极化又与晶体方向有关，所以晶体的折射率与传输光的电场方向有关。大部分非晶体材料，例如玻璃和所有的立方晶体是光学各向同性材料，即在每个方向具有相同的折射率。所有其他晶体，如方解石（$CaCO_3$）、铌酸锂（$LiNbO_3$）和液晶，它们的折射率都与传输方向和偏振态有关，这种材料叫做各向异性材料，如图 4.1.2b 所示。

可用三种折射率指数 n_1、n_2 和 n_3 来描述光在各向异性晶体内的传输，n_1、n_2 和 n_3 分别表示互相垂直的三个轴 x、y 和 z 方向上的折射率。这种晶体具有两个光学轴，所以也称为双轴晶体。当 n_1 等于 n_2 时，晶体只有一个光轴，称这种晶体为单轴晶体。在单轴晶体中，$n_3 > n_1$ 的晶体（如石英）是正单轴晶体，显示用的向列相液晶一般也是正单轴晶体；$n_3 < n_1$ 的晶体（如方解石和铌酸锂）称为负单轴晶体。

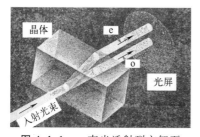

图 4.1.1　一束光透射到方解石
晶体上变成两束光

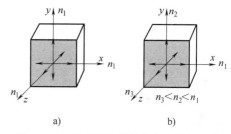

图 4.1.2　各向同性晶体和各向异性晶体
a) 各向同性晶体　b) 各向异性晶体

由于实际光纤的纤芯折射率并不是各向同性，$n_{1x} \neq n_{1y}$，所以单模光纤也存在双折射现象，引起偏振模色散（PMD），有关这方面的介绍见 3.2.1 节和 8.3.3 节。

4.1.2 光的双折射效应——各向异性晶体使非偏振光折射成两束正交的线偏振光

任何非偏振光线进入各向异性晶体后，将折射分成两束正交的线偏振光，以不同的偏振态和相速度经历不同的折射率传输，如图 4.1.3 所示，这种现象称为双折射，利用双折射可制成偏振分束器（PBS）。

在单轴晶体中，两个正交的偏振光称为寻常光（o 光）和非寻常光（e 光）。寻常光在所有的方向具有相同的相速度，它的表现就像普通的电磁波，电场垂直于相速度传输的方向。非寻常光的相速度与传输方向和它的偏振态有关，而且电场也不垂直于相速度传输的方向。

现在考虑方解石晶体（$CaCO_3$）的双折射。方解石是一种负单轴晶体（$n_e < n_o$），沿一定的晶体平面把晶体切成菱面体，晶面是一个平行四边形（相邻两角的角度是 78.08° 和

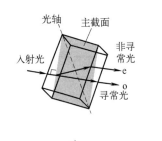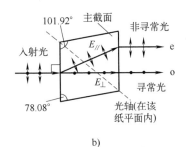

a) b)

图 4.1.3　非极化光进入各向异性晶体方解石后将发生双折射，
产生相互正交偏振的寻常光（o）和非寻常光（e），以不同的速度传播

a）菱形方解石使入射光发生双折射　b）寻常光具有与光轴垂直的偏振

101.92°），如图 4.1.3b 所示，包含光轴并与一对晶体表面垂直的方解石菱形晶体平面叫做主截面。当非偏振光或自然光以法线射入方解晶体时，于是也与主截面成法线，而与光轴成一定的角度。入射光分成相互正交的寻常光和非寻常光。寻常光具有垂直于光轴的场振荡，它遵守斯涅耳定律，即光进入晶体不偏转，于是 E 场振荡的方向必须与纸平面垂直（用黑点表示），$E_\perp$ 是寻常光。

非寻常光是一种与寻常光正交的偏振光，并在包含光轴和波矢量 k 的主截面内。非寻常光的偏振就在纸平面内，用 $E_{/\!/}$ 表示，它的传输速度和发散与寻常光不同。很显然，非寻常光不遵守斯涅耳定律，因为折射角不为零。

1669 年，丹麦物理学家巴托林（E. Bartholin，1625—1698）首次观察到双折射现象，如图 4.1.1 所示，但是他无法解释这一现象。

1669 年，丹麦物理学家巴托林首次观察到，当一束光通过方解石晶体时，会分解成两束光，一束光遵守斯涅耳折射定律，而另一束光却表现为异常（e）光线，即使光束垂直入射晶体的解理面，在晶体内部，e 光束也以偏离正常的（o）光线而折射。这种想象就是双折射现象。当巴托林旋转该晶体时，o 光束保持不动，而 e 光束也随着晶体的旋转而旋转。巴托林的发现是晶体学和光学的一个里程碑事件，从而引起科学家们对材料的各向异性特性的研究和开发利用。

图 4.1.4　双折射现象及其发现者

4.1.3　双折射的几种特例——光相位调制器和液晶显示器

假如用方解石晶体切割出一个晶片，如图 4.1.5 所示，光轴方向是 z 轴方向，非偏振光垂直投射到该晶片上。如果一束与光轴平行的光线垂直入射进入晶片，如图 4.1.5a 所示，此时寻常光和非寻常光传输时经历的折射率相同（$n_e = n_o$），光速也相同 $c/n_o = c/n_e$，则不会分成两束光，同时从晶片出去。

如果一束与光轴垂直的光线以法线方向入射进入晶片，如图 4.1.5b 所示，此时寻常光和非寻常光在晶体中传输时，虽然方向相同，但经历的折射率 不同，对于负单轴晶体方解石，$n_e < n_o$，光速 $c/n_e > c/n_o$，非寻常光传输得比寻常光快，一前一后从晶片出去。这种现象被用于制作相位延迟片和偏振分光器。对于正单轴晶体，如石英，$n_e > n_o$，光速 $c/n_e < c/n_o$，则非寻常光传输得比寻常光慢。

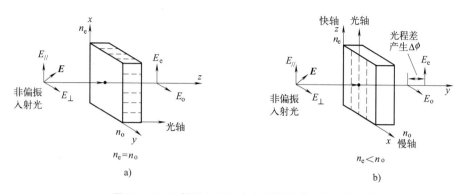

图 4.1.5 入射光与光轴方向不同出现两种不同的情况

a）入射光与光轴平行，不发生双折射，也没有速度差 b）入射光与光轴垂直，不发生双折射，但有速度差

非偏振光入射方向与光轴的关系不同，会产生不同的现象，如图 4.1.6 所示。图 4.1.5a 和图 4.1.6a 表示晶片切割成光轴与晶体的表面垂直，非偏振光与光轴平行投射到晶片上，o 光和 e 光以相同的速度无偏转地通过晶片。所以出射光波与入射光波具有相同的偏振特性，此时的方解石表现得与各向同性晶体一样，o 光和 e 光没有任何区别。对于 4.3 节介绍的液晶，当施加调制电压时，就是这种情况。图 4.1.5b 和图 4.1.6b 表示另外一种特例，晶片切割成光轴与晶片的表面平行，入射光与光轴垂直，虽然 o 光与 e 光同向传输，但在晶体内 o 光比 e 光传输得慢，4.2 节介绍的相位延迟片、沃拉斯顿（Wollaston）棱镜偏振分光器就是这种情形。图 4.1.6c 使用的晶片光轴与晶片的表面成任意角，在这样切割成的晶片中，与晶片表面垂直入射的非偏振光产生两条分开的光波，以不同的速度通过晶体。4.3 节介绍的液晶，当不加电压时，因液晶分子长轴（即光轴）方向旋转，而与入射光方向成一定的角度，就是这种情况。图 4.1.6d 使用的晶片与图 4.1.6c 的相同，并且画出两条如图 4.1.1 一样的出射光束，在互相正交的方向上偏振，图 4.1.3 表示的双折射现象就是这种情形。

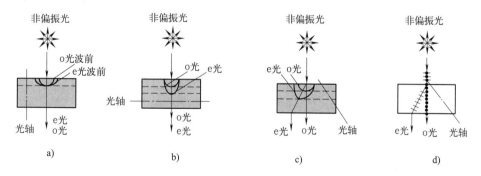

图 4.1.6 非偏振光与光轴的关系不同，投射到方解石晶片（$n_e < n_o$）上产生不同的现象

a）入射光与光轴平行，不发生双折射，也没有速度差 b）入射光与光轴垂直，在同一方向发生有速度差的双折射

（光相位调制器、相位延迟片） c）入射光与光轴成一定角度，在不同方向发生有速度差的双折射

（偏振分束器、液晶显示器） d）同图 4.1.6c，但偏振态和出射光线都表示出来了

4.1.4　晶体的双色性——对光的吸收取决于光波传输的方向和偏振态

一些各向异性晶体除折射率与方向有关外，也表现出双色性。所谓双色性，就是材料对光的吸收取决于光波传输的方向和偏振态。双色晶体是一种光学异性晶体，这种晶体对非寻常光或寻常光具有强烈的吸收（衰减）效应。也就是说，进入双色晶体的任意偏振光波只有限定的偏振态出现在晶体输出端，因为与此正交的偏振光可能被衰减了。通常，双色性取决于光的波长，例如铝硼硅酸盐晶体对寻常光的吸收比对非寻常光的吸收更强。

4.1.5　光纤双折射效应——光纤圆柱对称性受到破坏的非均匀应力引起

当纤芯和包层折射率差 Δ 远远小于 1 时，场的 z 轴向电场分量 E_z 和磁场分量 H_z 很小，因此，弱导光纤中 HE_{11} 模近似为线偏振模，并记为 LP_{01}，它有两个沿 x 方向和 y 方向的偏振模，具有相同的传输常数（$\beta_x = \beta_y$）和截止频率 V（$V = 2.405$），因此 LP_{01} 模包括两个正交的线偏振模 LP_{01}^x 和 LP_{01}^y，在理想光纤的情况下，它们相互简并在一起。

但是，正交偏振模的简并特性，只适用理想圆柱形纤芯的光纤。实际上，光纤的纤芯形状沿长度难免出现变化，光纤也可能受非均匀应力而使圆柱对称性受到破坏，两个模式的传播常数 $\beta_x \neq \beta_y$，所以光纤波导也是一种各向异性介质波导，也存在双折射，使光纤正交偏振简并的特性受到破坏。$\Delta\beta$ 越大，拍长 L_B 越短，即双折射现象越严重。

关于光纤双折射效应和偏振特性的进一步介绍见 8.2.3 节和 8.3.3 节。

4.2　双折射器件——偏振器件

在 4.1 节中，已介绍了光的双折射现象，即一束光入射到各向异性晶体上时变成两束光——寻常光（o 光）和非寻常光（e 光）。本节将介绍利用该现象制成的偏振器件，这些器件在电光调制器、电光开关、光隔离器和相干系统中是必不可少的。

4.2.1　相位延迟片和相位补偿器

为了解释相位延迟片的工作原理，让线偏振光入射到正单轴石英晶片上，看会发生什么现象。使该晶片的光轴沿 z 方向，并平行于晶片的两个解理面，如图 4.2.1 所示。因石英晶体是一种正单轴晶体，对非寻常光的折射率 $n_e = 1.553$，对寻常光的为 $n_o = 1.544$，所以 $n_e > n_o$。

在图 4.2.1 中，以法线方向入射到晶体解理面上的线偏振光的电场 E（与 z 方向成 α 角）可以分解成平行于光轴的 $E_{/\!/}$ 光和垂直于光轴的 $E_\perp$ 光。非寻常光（$E_{/\!/}$ 光）和寻常光（$E_\perp$ 光）分别以速度 c/n_e 和 c/n_o 沿 y 轴方向传输通过晶体。因为 $n_e > n_o$，所以在晶体中，$E_\perp$ 偏振光要比 $E_{/\!/}$ 偏振光传输得快些。所以，称与光轴平行的 z 轴是慢轴，与光轴垂直的 x 轴是快轴。假如 L 是晶片的厚度，寻常光 $E_\perp$ 通过晶体经历的相位变化是 $k_o L$，$k_o = (2\pi/\lambda)n_o$ 是寻常光传输常数；而非寻常光 $E_{/\!/}$ 经历的相位变化是 $(2\pi/\lambda)n_e L$，于是线偏振入射光 E 分解成的两个相互正交的 $E_{/\!/}$ 和 $E_\perp$ 分量通过相位延迟片出射时，产生与式（1.3.4）类似的相位差

$$\Delta\phi = \frac{2\pi}{\lambda}(n_e - n_o)L \tag{4.2.1}$$

$\Delta\phi$ 的大小与入射角 α、延迟片厚度 L 和晶体类型（$n_e - n_o$）有关。虽然寻常光和非寻常光在同一 y 方向传输，但却有不同的速度，尽管从同一方向出去，但是离开出射解理面的时间却不同，如图 4.2.1 所示。这种现象被用来制作相位延迟和补偿器件。用波长表示相位差的晶体称为延迟片，比如相位差为 π（180°）的延迟片，称为半波长（$\lambda/2$）延迟片（简称半波片）；相位差为 $\pi/2$（90°）的延迟片，称为四分之一波长（$\lambda/4$）延迟片（简称四分之一波片）。

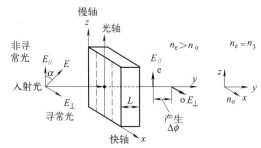

图 4.2.1 线偏振入射光 E 分解成的两个相互正交的 $E_{/\!/}$ 和 $E_\perp$ 分量通过相位延迟片产生相位差 $\Delta\phi$

相位差 $\Delta\phi$ 不同，通过晶体的光波偏振态就不同。例如，四分之一波片能使寻常光线与非寻常光线的相位差变化 $\lambda/4$。如偏振方向与波片光轴的方向的夹角 α 为 45° 角时，入射时两分量数值（光强度）和相位都相同，但线偏振光通过 $\lambda/4$ 晶片后，数值虽相同，但分量 $E_{/\!/}$ 与 $E_\perp$ 相比延迟了 90°，成为圆偏振光，如图 4.2.2c 所示。反之，若入射光是圆偏振光，则出射光就变成线偏振光。

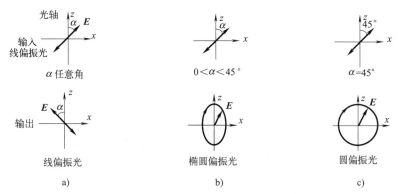

图 4.2.2 以不同的入射角入射的线偏振光通过不同的相位延迟片后出现不同的偏振态

a）通过半波片，$\Delta\phi = \pi$　b）通过四分之一波片，$\Delta\phi = \pi/2$　c）通过四分之一波片，$\Delta\phi = \pi/2$

当线偏振光以 $0° < \alpha < 45°$ 的入射角通过 $\lambda/4$ 波片后，输出光就变成椭圆偏振光，如图 4.2.2b 所示。

半波片的厚度 L 使线偏振光两个正交分量 $E_{/\!/}$ 和 $E_\perp$ 的相位差 $\Delta\phi = \pi$，对应波长一半（$\lambda/2$）的延迟，其结果是分量 $E_{/\!/}$ 与 $E_\perp$ 相比延迟了 180°。此时，如果输入线偏振光电场 E 与光轴的夹角是 α，那么输出 E 与光轴的夹角就是 $-\alpha$，输出光与输入光一样仍然是线偏振光，只是 E 逆时针旋转了 2α，如图 4.2.2a 所示。

【例 4.2.1】 石英半波片

石英晶体的寻常折射率指数是 $n_o = 1.5442$，非寻常折射率指数是 $n_e = 1.5533$，请问波长 $\lambda = 590\ nm$ 的石英晶体半波片的厚度应该是多少？

解： 半波片的相位差 $\Delta\phi = \pi$，代入式（4.2.1）得到 $\Delta\phi = \dfrac{2\pi}{\lambda}(n_e - n_o)L = \pi$，由此可以求得

$$L = \frac{\frac{1}{2}\lambda}{n_e - n_o} = \frac{\frac{1}{2}(590 \times 10^{-9} \text{m})}{1.5533 - 1.5442} = 32.4 \ \mu\text{m}$$

假如用方解石代替石英，方解石 $n_o = 1.658$，$n_e = 1.486$，经重复计算得厚度仅为 1.7 μm，很显然这是不实际的。通常云母、石英和聚合物被用作相位延迟片，因为 $n_e - n_o$ 并不大，晶体需要的厚度比较合适。

4.2.2 起偏器和检偏器

起偏器和检偏器是利用双折射现象制成的一种光学元件。当非偏振光入射到起偏器上时，就分成寻常光和非寻常光，同时起偏器吸收寻常光而让非寻常光通过，输出平面线偏振光，如图 4.2.3b 所示。

在图 4.2.3a 中，起偏器位于纸面所在平面内，而传播方向 z 则垂直指向纸面。与传播方向垂直的起偏器上的任意电场 E 可分解为两个矢量 E_x 和 E_y，其大小分别为 $E_x = E \sin\theta$ 和 $E_y = E \cos\theta$。只有与偏振片偏振化方向平行的 E_y 才能通过偏振片，而与偏振片偏振化方向垂直的 E_x 却在偏振片内被吸收。

让我们将第 2 个偏振片 P_2 放置在起偏器之后，如图 4.2.3b 所示，这种应用称为检偏器。如果将 P_2 绕着光的传播方向旋转，我们就会发现有两个位置光最强，而有两个位置又最弱，强弱间隔为 $90°$，即两个相隔 $180°$ 的位置，透射光的强度几乎为零。这两个位置就是 P_1 和 P_2 的偏振化方向成正交的位置。

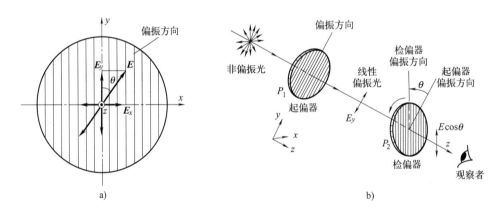

图 4.2.3　起偏器和检偏器的作用

a) 与传播方向 z 垂直的起偏器上的任意电场 E 可以分解为两个矢量 E_x 和 E_y，只有与偏振化方向平行的 E_y 才能通过偏振片　b) 将检偏器 P_2 绕着 z 轴旋转，有两个位置光最强，而有两个位置又最弱，透射光的强度几乎为零的两个位置就是 P_1 和 P_2 的偏振化方向成正交的位置

如果透射到 P_2 上的线偏振光（在 y 方向）的振幅为 E，则从检偏器 P_2 射出的光的振幅为 $E\cos\theta$，其中 θ 为 P_1 和 P_2 的偏振方向的夹角。由于光强与振幅的平方成正比，所以检偏器 P_2 的输出光强为

$$I = I_0 \cos^2\theta \qquad (4.2.2)$$

式中，I_0 为透射光强度的极大值。由式（4.2.2）可知，当 $\theta = 0°$ 或 $180°$ 时，透射光强度最大；当 $\theta = 90°$ 或 $270°$ 时，透射光强度最小。式（4.2.2）叫做马吕斯（Malus）定律，是马吕斯于 1809 年从实验中发现的。

液晶显示器（见 4.3 节）所用的起偏/检偏膜是一种掺碘分子的高分子聚合物，如聚乙烯醇（PVA），大分子键在各个方向上都是完全均匀的，无规则排列聚集成膜，但在拉伸之后，几乎所有的大分子键都被迫按照拉伸力方向伸展开来，形成了栅栏一样的结构，如图 4.2.3a 所示，从而在纵横两个方向上具有强烈的各向异性，只有与栅栏平行的光才能通过。将 PVA 在碘液中浸渍，经拉伸定型后即形成了偏光膜。

4.2.3　尼科耳棱镜 —— 一种起偏器

尼科耳（Nicol）棱镜是一种起偏器。所谓尼科耳棱镜就是两块磨成一定角度的各向异性单轴晶体，用折射系数 n 比寻常光折射系数 n_o 大，而比非寻常光折射系数 n_e 小的透明胶黏合而成的一种棱镜。当非偏振光入射到棱镜上时，就分成寻常光和非寻常光。此时，非寻常光由于偏转角大，在到达胶合界面时，入射角大于临界角，因而发生全反射（见 8.1.1 节），至棱镜吸收边界而被吸收。寻常光在到达晶体与黏胶的界面时，由于透明胶的折射指数 n 比寻常光的 n_o 的大，不会发生内部反射，而是通过第二块晶体从棱镜透射出来，成为线偏振光（图 4.2.4 是垂直偏振光）。此时的尼科耳棱镜称为偏振器或起偏器。把它置于光探测器之前，也可以用作偏振分析，例如，当沿光的传输方向旋转它，在某一位置上输出光变得很弱，此时所观察到的光就是线偏振光，此时的尼科耳棱镜称为检偏器或偏振分析器，如图 4.2.5 所示。

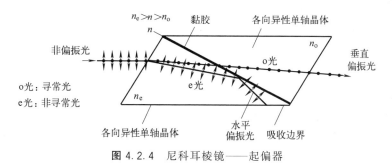

图 4.2.4　尼科耳棱镜——起偏器

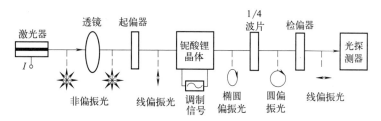

图 4.2.5　起偏器和检偏器在电光晶体调制器中的应用

4.2.4　沃拉斯顿棱镜 —— 一种偏振分光器

由双折射晶体制成的棱镜可以产生非常好的偏振光波，也可以作为偏振分光器。沃拉斯顿棱镜是一种偏振分光器，由它分开的两束光具有正交的偏振态。沃拉斯顿棱镜由两块单轴晶体棱镜 A 和 B 按图 4.2.6 所示的光轴方向黏合而成。由相互正交的线偏振光 E_x 和 E_y 组成的非偏振入射光垂直入射到 A 棱镜的侧面，在棱镜 A 内，由于入射光束垂直于光轴，如图 4.2.6b 所示，e 光和 o 光不会发生偏折，见图 4.1.6b，只是 o 光比 e 光传输得快些。但是，从 e 光和 o 光到达 A 和 B 两块棱镜的黏合面开始，就发生折射，非寻常光（e 光）向上偏转，寻常光（o 光）向下以相同的角度偏转，如图 4.2.6b 所示。分开的两光束夹角可以在 15°到 45°之间变化。同普通棱镜和光束分离器比较，沃拉斯顿棱镜的主要优点是光波没有能量损失。它既可以当分光棱镜用，反过来也可以当合光棱镜用，在相干光通信中获得广泛的应用。

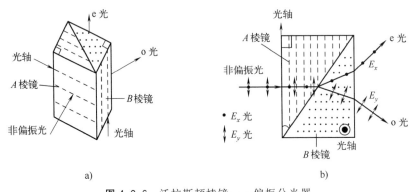

图 4.2.6 沃拉斯顿棱镜——偏振分光器

a）立体图　b）横截面图

4.2.5 偏振控制器——用光纤双折射控制偏振

在光纤通信中，有些器件是对偏振敏感的，如 $LiNbO_3$ 电光调制器和半导体光放大器；有些系统是偏振相关的，如相干光通信系统。解决偏振匹配问题有两种方法，一种是采用偏振保持光纤，另一种是对输入光进行偏振控制。偏振控制器有波片型、电光/磁光晶体型、液晶型和光纤型等，其中光纤型因具有抗干扰能力强、插入损耗小、易于光纤耦合等特点得到广泛的应用。

最简单、最常用的一种光纤偏振控制器如图 4.2.7 所示，它是在一块底板上垂直安装 3～4 个可转动的圆盘，半径比光纤芯径大得多，约为 75 cm，圆盘圆周上有槽，光纤可以绕在盘上，这样外面的光纤被拉伸，里面的光纤被压缩，引起光纤双折射，使输入偏振光 E_x 和 E_y 产生不同的相位延迟，从而再重新生成所期望的偏振态，起到控制偏振的作用。当转动光纤线圈时，光纤中的快轴和慢轴也发生旋转，因此通过调整线圈的方向，可以获得所需要的任意偏振方向。

图 4.2.8 表示的是另一种偏振控制器，它是把光纤和压电晶体固定在一起，当给晶体施加电压时，晶体的长度伸长压挤光纤，也使光纤发生双折射，从而达到控制偏振状态的目的。压力的大小可通过外加电压精细控制，用 4 个挤压器串行连接可以达到良好的控制效果。

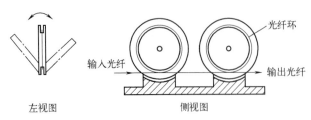

图 4.2.7 转动光纤线圈实现偏振控制

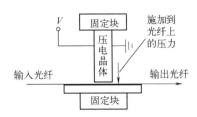

图 4.2.8 挤压光纤实现偏振控制

4.3 液晶显示器件——双折射和偏振的应用

液晶显示（LCD）器件是利用液态晶体的光学各向异性特性，在电场作用下对入射光进行调制而实现显示的。关于晶体的各向异性特性，已在 4.1.1 节进行了介绍。

早在 1888 年，奥地利植物学家莱尼茨尔（图 4.3.1）就合成了一种奇怪的有机化合物，它有两个熔点，一个是变成浑浊的液体，另一个是变成透明的液体。1961 年，美国无线电公司（RCA）发现，当在夹入掺有染料液晶的两片透明导电玻璃之间加上几伏电压时，液晶层就由红色变成了透明态。直到 1968 年，RCA 利用此特性制作出液晶显示装置。此后，液晶显示技术得到了飞速发展，目前已广泛应用于钟表、计算器、仪器仪表、计算机、彩电、投影电视等家庭、工业、军事显示器领域。

莱尼茨尔（F. Reinitzer），奥地利植物学家，1888 年他在做胆甾醇苯酸酶加热实验时发现，当加热到 145.5℃ 时，晶体熔成一片混浊的液体，继续加热到 178.5℃ 时，混浊的液体又变得清澈透明；再把液体冷却，液体颜色又从紫、橙到绿各色变化。同年，他把这一现象告诉了德国卡尔斯鲁厄理工学院物理学家勒曼（D. Lehmann）。勒曼在偏光显微镜下发现，这种奇异的液体具有与晶体类似的双折射性质，并首次把这种状态的液体命名为"液晶"，从此，科学家开始了对液晶的深入研究。

1968 年，美国无线电公司（RCA）发现，施加电压给液晶，液晶分子会改变其排列状态，并且可以让射入的光线产生偏转。利用此原理，RCA 发明了世界第一台使用液晶的显示屏。

图 4.3.1　液晶发现者——莱尼茨尔

4.3.1　液晶的双折射效应和偏振特性——液晶快慢轴两个方向传输的折射率不等

1. 液晶的分子结构和排列状态

液晶是液态晶体的简称，是一种流动的晶体。液晶分为两大类：溶致液晶和热致液晶。前者要溶解在水中或有机溶剂中才能显示出液晶状态，而后者则在一定的温度范围内呈现出液晶状态。作为显示技术应用的液晶都是热致液晶。

显示用的液晶都是一些有机化合物，液晶分子的形状呈棒状，很像"雪茄烟"，直径约为十分之几纳米，长约数纳米，长度约为直径的 4~8 倍。棒状分子的基本结构如图 4.3.2b 所示，图中的 X 及两个苯环，称为中央基团；Y 和 Y' 称为末端基团。液晶的各种物理、化学性质完全由这些基团所决定。液晶分子有较强的电偶极矩和容易极化的化学基团。液晶分子间作用力比固体弱，所以液晶分子容易呈现各种状态。微小的外部能量，如电能、磁能、热能等就可实现各分子状态间的转变，从而引起其光、电、磁的物理性质发生变化，液晶材料用于显示器件就是利用它的这些光学性质的变化。一般情况下，单一液晶材料满足不了实用显示器件的性能要求，实际使用的液晶材料都是多种单质液晶的混合体，通常由 20 种以上的单质液晶混合调配而成。

显示器件通常用向列相液晶材料做成，它的分子长轴互相平行，但不排列成层，它能上下、左右、前后滑动，如图 4.3.2 所示，只在分子长轴方向上，保持相互平行或近于平行，分子间横向方向上相互作用微弱。向列相液晶分子的排列和运动比较自由，对外界电场、磁场、温度、应力都比较敏感。

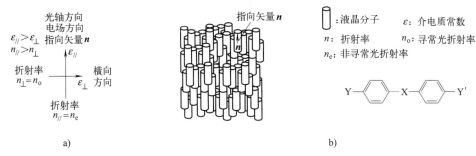

图 4.3.2　向列相液晶的分子排列

a）P 型向列相液晶分子排列和各向异性特性　b）液晶分子的基本结构

热致液晶仅在一定的温度范围内才呈现液晶特性，此时为浑浊不透明状态，其稠度随不同的化合物而有所不同，从糊状到自由流动的液体都有，即黏度不同。如果 T_1 和 T_2 分别为固体和液晶、液晶和液体的分界温度，那么，低于 T_1 就变成固体；在 $T_1 \sim T_2$ 范围内为液晶；高于 T_2 就变成液体，如图 4.3.3 所示。

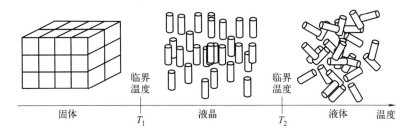

图 4.3.3　热致液晶所处的温度范围

2. 液晶的双折射效应和偏振特性

利用传统的晶体光学理论，可以描述光在液晶中的传播。在外电场的作用下，液晶的分子排列极易发生变化，液晶显示器件就是利用液晶的这一特性设计的。

从 4.1.1 节已经知道，晶体的一个重要特征是它的许多特性与晶体的方向有关。

大部分非晶体材料，例如玻璃和所有的立方晶体是光学各向同性材料，即在每个方向具有相同的折射率。而折射率与传输方向和偏振态有关的材料叫各向异性材料，可见，液晶是一种各向异性材料。

液晶分子长轴排列的平均取向单位矢量 ***n*** 称为指向矢量，设 $\varepsilon_{//}$ 和 $\varepsilon_{\perp}$ 分别为电场与 ***n*** 平行和垂直时测得的液晶介电常数，如图 4.3.2a 所示。用介电常数 $\varepsilon_{//}$ 和 $\varepsilon_{\perp}$ 之差来度量晶体的各向异性程度

$$\Delta\varepsilon = \varepsilon_{//} - \varepsilon_{\perp} \tag{4.3.1}$$

将 $\Delta\varepsilon>0$ 的液晶称为 P 型（正向）液晶，显然，图 4.3.2a 表示的向列相液晶为 P 型液晶。反之，$\Delta\varepsilon<0$ 的液晶为 N 型液晶。在外电场的作用下，P 型液晶分子长轴方向平行于外电场方向，而 N 型（负向）液晶分子长轴方向垂直于外电场方向。目前的液晶显示器件主要使用 P 型液晶。

在 P 型向列相液晶中，长轴方向振动的光波有一个最大的折射率 $n_{//}$，而垂直这个方向振动的光波有一个最小的折射率 $n_\perp$。因为，介质中光波传输的速度是 $c_n=c/n$，所以 $E_{//}$ 光要比 $E_\perp$ 光传输得慢些。因为液晶折射率只有两个，所以是单轴晶体，分子的长轴方向就是光轴，寻常光折射率 $n_o=n_\perp=\sqrt{\varepsilon_\perp}$，非寻常光折射率 $n_e=n_{//}=\sqrt{\varepsilon_{//}}$，且 $n_e>n_o$，所以还是正单轴晶体，其折射率之差为

$$\Delta n=n_{//}-n_\perp=n_e-n_o \tag{4.3.2}$$

因为光在液晶中两个方向传输时经历的折射率不等，所以光在液晶中传输时也会出现双折射现象（见 4.1.2 节），可以使入射光的偏振态发生变化。Δn 与波长有关，波长越长，Δn 越小，如图 4.3.15 所示。

现在考虑一束线偏振光通过 P 型向列相液晶的情况，如图 4.3.4 所示，这种情况与 4.2.1 节介绍相位延迟片的情况类似，偏振光电场方向 $\boldsymbol{E}_0$ 与指向矢量 $\boldsymbol{n}$（即 z 方向，液晶光轴）的夹角是 α，入射光在 z、x 方向上的电场 $E_{//}$ 和 $E_\perp$ 是

$$E_{//}=E_0\cos\alpha\cos(\omega t-k_{//}d)=a\cos(\omega t-k_{//}d) \tag{4.3.3}$$

$$E_\perp=E_0\sin\alpha\cos(\omega t-k_\perp d)=b\cos(\omega t-k_\perp d) \tag{4.3.4}$$

式中，$a=E_0\cos\alpha$，$b=E_0\sin\alpha$。根据式（1.3.4），并考虑到 $\nu=c/\lambda$，$\omega=2\pi\nu$，以及介质中的光速 $c_n=c/n$，两光场相位差为

$$\Delta\phi=kd\Delta n=\frac{2\pi d}{\lambda}(n_{//}-n_\perp)=\frac{2\pi\nu d}{c}(n_e-n_o) \tag{4.3.5}$$

式中，d 是液晶盒的厚度，即偏振光 $E_{//}$ 或 $E_\perp$ 经历的路程，则合成光场

$$\left(\frac{E_{//}}{a}\right)^2+\left(\frac{E_\perp}{b}\right)^2-2E_{//}E_\perp\frac{\cos\Delta\phi}{ab}=\sin^2\Delta\phi \tag{4.3.6}$$

由式（4.3.3）和式（4.3.4）可知，当 $\alpha=0$，$E_\perp=0$，只有 $E_{//}$ 光；当 $\alpha=\pi/2$，$E_{//}=0$，只有 $E_\perp$ 光。$E_{//}$ 光或 $E_\perp$ 光经历距离 d 传输后，偏振光的振动方向和状态没有改变，仍以线偏振光和原方向传输。

当 $\alpha=\pi/4$ 时，且 $a=b=1$，则式（4.3.6）变为

$$(E_{//})^2+(E_\perp)^2-2E_{//}E_\perp\cos\Delta\phi=\sin^2\Delta\phi=\sin^2\left(\frac{2\pi d}{\lambda}\Delta n\right) \tag{4.3.7}$$

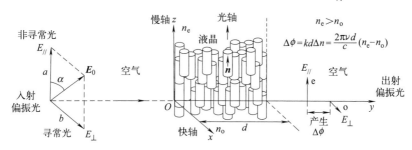

图 4.3.4 线偏振光在向列相液晶中的传输

由式（4.3.7）可见，在外加电场的作用下，随着线偏振光沿着 y 方向传输，如果两个光场的相位差足够大，则偏振光相继变成椭圆偏振光、圆偏振光和线偏振光（见 3.1 节和图 8.3.3），同时偏振方向也发生了改变。最后，这束光将以相位差 $\Delta\phi$ 所决定的偏振状态进入空气，如图 4.3.4 所示。这种情况与 3.2.1 节介绍的光纤偏振模色散的概念类似。

线偏振光变为椭圆偏振光的过程，随所加电压的不同，经检偏器后显示的颜色就不同，液晶的这种电压控制颜色变化，称为色相调制电光效应。这种效应的阈值电压

$$V_{th} = \pi \left(\frac{K_{33}}{\varepsilon_0 \,|\, \Delta\varepsilon |} \right)^{1/2} \tag{4.3.8}$$

式中，K 为描述液晶分子弹性形变的物理量，K_{33} 为展曲弹性系数，$\Delta\varepsilon$ 由式（4.3.1）给出，ε_0 是液晶的绝对介电常数。由式（4.3.8）可见，$\Delta\varepsilon$ 绝对值越大，则阈值电压越小。目前已发现阈值降到 1.0 V 的多种液晶材料。

液晶输出光强 I 和输入光强 I_0 的关系为

$$I = I_0 \sin(2\alpha) \sin^2 \frac{\Delta\phi}{2} = I_0 \sin(2\alpha) \sin^2 \left(\frac{\pi d}{\lambda} \Delta n \right) \tag{4.3.9}$$

式中，d 为液晶盒的厚度。若令 $\alpha = 45°$，则上式可简化为

$$I = I_0 \sin^2 \frac{\Delta\phi}{2} = I_0 \sin^2 \left(\frac{\pi d}{\lambda} \Delta n \right) \tag{4.3.10}$$

可见，$\Delta\phi = n\pi \ (n = 1, 3, 5, \cdots)$ 时，I 值最大。

4.3.2 扭曲双折射向列相液晶显示器件——外加电场使液晶分子转变排列方式实现对线偏振光调制

1. 扭曲双折射向列相液晶的结构和工作原理

在两块带有氧化铟锡薄膜透明导电电极的玻璃基板上，涂上聚酰亚胺聚合物薄膜作为取向层，用摩擦的方法在表面形成方向均匀一致的微细沟槽，并使两块基板上的沟槽方向相互正交。将两块基板密封成间隙为几微米的液晶盒，用真空注入法灌入向列相液晶，并加以密封。在液晶盒玻璃基板上层外表面，粘贴当起偏器用的线偏振片，使该起偏器片的偏振轴与该基板上的摩擦方向一致或垂直；而在液晶盒玻璃基板下层外表面，粘贴当检偏器用的线偏振片，并使该检偏器片的偏振轴与该基板上的摩擦方向垂直或一致。因此，检偏器和起偏器的偏振轴就相互正交。这样，就构成了最简单的正显示或负显示扭曲向列相液晶盒，如图 4.3.5a 和图 4.3.5c 所示。

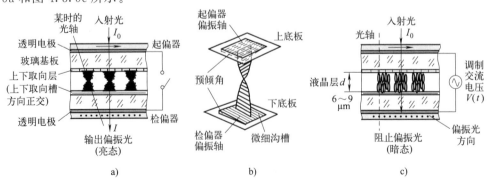

图 4.3.5 扭曲向列相液晶盒（TN-LCD）结构和扭曲效应的分子排列

a) 无外加电压状态　b) 无外加电压状态下扭曲效应的分子排列　c) 有外加电压状态

在锚泊力的作用下，液晶与取向层表面接触的液晶分子沿沟槽排列。入射自然光（如液晶电视的背光）通过起偏器后变成线偏振光，在通过不加交变电场的液晶层时，因为上下基板的取向层沟槽方向正交排列，所以上下基板液晶分子的取向也互相垂直，液晶分子从上到下也扭曲了90°。液晶分子的扭转也使光轴方向扭转（光轴方向就是长轴方向），所以入射光方向与光轴不平行，使液晶发生双折射，如图4.1.6c、d那样。由于扭曲液晶的双折射效应，使入射偏振光的偏振方向沿液晶分子长轴方向螺旋扭转，通过整个液晶层后，偏振方向也随液晶分子长轴旋转了90°，这就是扭曲向列相液晶的旋光特性。因为检偏器与起偏器的偏振方向呈正交状态，如图4.3.6a所示，所以到达检偏器的线偏振光的偏振方向与检偏器的偏振方向一致，所以可以通过检偏器（见4.2.2节），输出呈亮态。

加调制电压时，如果电压大于式（4.3.12）表示的液晶阈值电压，除了与内表面接触的液晶分子仍然沿着基板表面平行排列外，液晶盒内各层液晶分子的排列均受到外加电场的影响，最终分子长轴都沿所加电压 V 方向而成垂直排列的状态，而没有发生螺旋扭曲。此时入射光方向与液晶光轴方向平行，就如图4.1.6a表示的那样，没有发生双折射，也没有速度差。进入液晶盒的偏振光的偏振方向没有改变，所以输入线偏振光方向与检偏器的偏振方向正交，不能通过检偏器，输出呈现暗态，即实现了白底上的黑字显示，称为正（P型）显示。

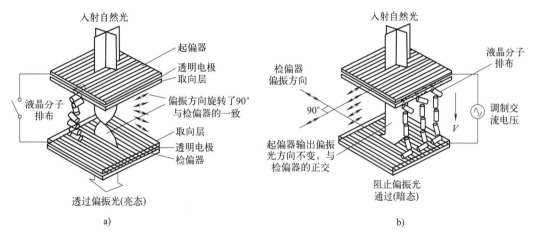

图4.3.6 正显示扭曲向列相液晶显示器的工作原理
a) 无外加电压时，扭曲发生双折射，偏振光通过液晶，呈现亮态
b) 有外加电压时，没有扭曲没有双折射，阻止偏振光通过，呈现暗态，白底黑字，正显示

如果将液晶盒输入端的起偏器和输出端的检偏器的偏振方向平行粘贴，则可以在不施加电压时，使LCD变暗；施加电压时，使其变亮，从而实现黑底上的白字显示，称为负（N型）显示。

扭曲向列相液晶分子在外加电场的作用下转变排列方式，从而对线偏振光进行调制或控制而实现显示或通断的现象，称为液晶的扭曲效应。前者可用来制作液晶显示器件，后者可用来制作扭曲液晶光门3D眼镜（见4.4.2节）和光开关。

扭曲向列相液晶产生旋光特性必须满足以下条件

$$d\,\Delta n \gg \frac{\lambda}{2} \tag{4.3.11}$$

式中，d 为液晶盒的厚度，Δn 为液晶材料传输寻常光和非寻常光时的折射率差，λ 为入射光波长。一般的液晶材料，取 d 为 6～9 μm，可以很好地满足上述条件。如果 $d\,\Delta n=\lambda/2$，则会使液晶盒变成一个 F-P 光学谐振腔，有可能产生驻波，会变为滤波器或激光器，所以必须使 $d\,\Delta n\gg\lambda/2$。

2. 扭曲双折射向列相液晶的特性

扭曲向列效应的阈值电压为

$$V_{th}=\frac{1}{\varepsilon_o\,|\,\Delta\varepsilon\,|}\big[K_{11}\pi^2+(K_{33}-2K_{22})\theta^2\big] \tag{4.3.12}$$

式中，θ 为上下基板放置的扭曲角；$\Delta\varepsilon$ 由式（4.3.1）给出；ε_o 是液晶的绝对介电常数；K 为描述液晶分子弹性形变的物理量，其中 K_{11} 为弯曲弹性系数，K_{22} 为扭曲弹性系数，K_{33} 为展曲弹性系数。外加电压应为交流电压，对于扭曲向列相液晶，阈值电压在 1～2 V 之间。

厂家通常提供液晶产品的透光率与电压均方根值的特性，图 4.3.7a 表示通过液晶的线偏振光旋转角 Φ 和透光率 T 与加在液晶盒上的均方根电压 V_{rms} 的关系。透光率 T 是液晶透光率与亮态时透光率之比，100％是指没加电压或电压很小时的透光率。

扭曲向列相液晶的电光特性如图 4.3.7a 所示，阈值电压 V_{th} 定义为器件最大透光率的 90％（常白型，即 P 型）或 10％（常黑型，即 N 型）所对应的电压有效值。饱和电压 V_{sat} 定义为器件最大透光率的 10％（常白型）或 90％（常黑型）所对应的电压有效值。

具有扭曲效应的液晶电阻率在 $10^{11}\sim10^{13}$ Ω·cm 之间，所以工作电流小、功耗低、寿命长。

扭曲向列相液晶的响应特性如图 4.3.7b 所示，液晶的电光响应通常滞后几十毫秒，透光率并不和外加电压同时增加；驱动电压停止后，透光率也并不立即下降到零。扭曲向列相液晶的响应特性通常用三个参数表示：响应（上升）时间 τ_r、余辉（延迟）时间 τ_d 和下降时间 τ_f。τ_r 表示液晶分子长轴方向与外加电场方向趋向一致的时间，τ_f 表示电场取消后分子与液晶取向层方向趋向一致的时间，通常 $\tau_f>\tau_r$。其中响应时间 τ_r 和余辉（延迟）时间 τ_d 分别为

$$\tau_r=\frac{\eta d^2}{\Delta\varepsilon V-\pi^2 K_{22}} \tag{4.3.13}$$

$$\tau_d=\frac{\eta d^2}{\pi^2 K_{22}} \tag{4.3.14}$$

式中，V 为外加电压，d 为液晶盒厚度，η 为液晶材料与温度有关的黏度系数。由式（4.3.13）和式（4.3.14）可见，液晶的上升时间 τ_r 和延迟时间 τ_d 与外加电压 V、液晶材料的弹性系数 K_{22}、黏度系数 η、液晶盒温度有关。

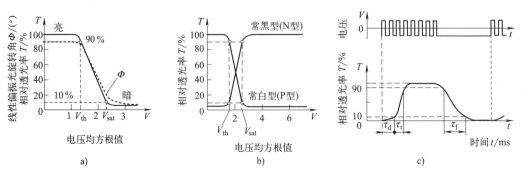

图 4.3.7 扭曲向列相液晶的特性

a）P 型液晶线偏振光的旋转角 Φ 和相对透光率 T 与加在 LCD 盒上的有效电压的关系 b）电光特性 c）响应特性

陡度定义为

$$\gamma = \frac{V_{\text{sat}}}{V_{\text{th}}} \tag{4.3.15}$$

由于 $V_{\text{sat}} > V_{\text{th}}$，所以 γ 是大于 1 的数值，极限值为 1。γ 决定器件的多路驱动能力和灰度性能（见图 4.3.9 和图 4.3.10），陡度越大，多路驱动能力越强，但灰度性能下降；反之则相反。

目前，在室温时，普通扭曲向列相液晶的 τ_d 为数毫秒，τ_r 为 10～100 ms，τ_f 为 20～200 ms。目前，商用液晶屏的响应时间为 4 ms。由于液晶材料的黏度系数随温度上升而减小，所以响应时间也随温度上升而减小。

3. 扭曲双折射向列相液晶的驱动

扭曲向列相液晶按电极类型可分为三类：固定图形电极，用于显示固定符号和图形；段式电极，用于显示数字和拼音字母；矩阵式电极，除显示数字、外文、中文外，还可显示图表、曲线和图像。不同的电极形式有不同的驱动方式，例如，段式电极一般用静态驱动或简单的多路驱动，矩阵式电极用矩阵寻址驱动。

LCD 驱动的特点是：直流电压会使液晶材料发生不可逆的电化学反应，缩短使用寿命，因此必用交流驱动，而且还要防止交流波形不对称产生的直流分量；驱动频率低于数千赫兹时，通常为 1 kHz，LCD 的透光率只与驱动电压的有效值（rms）有关，而与电压波形和峰值无关。外加电压极性的改变，不会影响液晶分子长轴方向总是试图与电场方向平行的工作原理，因为电压要么是正值，要么是负值（见图 4.3.7c）。不管哪种情况，光场是不旋转的，所以检偏器的输出没有光。驱动时，LCD 像素可以看作一个无极性的容性负载。

静态驱动，在需要的时间里，分别同时给所需要显示的段电极加上驱动电压，直至不需要显示时为止。静态驱动的对比度较高，但使用的驱动元件较多，只适用于电极数量不多的段式显示。

矩阵寻址驱动，把 LCD 上下基板上的电极做成条状图形，并互相正交。行、列电极交叉点为显示单元，称为像素，如图 4.3.8b 所示。寻址驱动时，按时间顺序逐一给各行电极施加选通电压，即扫描电压，选到某一行时，各列电极同时施加相应于该行的信号电压。先

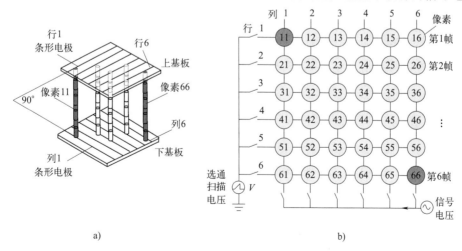

a)　　　　　　　　　　　　　　　　　b)

图 4.3.8　液晶的矩阵寻址驱动

a）上、下基板上的电极做成互相正交的行、列条状图形　b）行、列电极交叉点为显示像素

从像素 11 开始扫描，行电极选通一遍，最后一个像素 66 被扫描完后，就显示出一帧信息。设行和列电极数分别为 N 和 M，每一行选通时间只有一帧时间的 $1/N$，称 $1/N$ 为该矩阵寻址的占空比。占空比越小，每行在一帧时间内实际显示的时间所占的比例越小。

为了实现 LCD 大容量的信息显示，人们提出了多种解决方案：超扭曲向列相液晶显示（STN-LCD）和有源矩阵液晶显示（AM-LCD）等。其中 STN-LCD 是提高电光特性的陡度，AM-LCD 是在每个像素上串接一个非线性开关器件，彻底改变液晶像素双向导通的特性，并把占空比提高到接近 1，这就极大地提高了多路寻址能力和显示质量。

4.3.3　超扭曲向列相液晶显示器件

1. STN-LCD 与 TN-LCD 的比较——电光特性陡度前者比后者好

扭曲向列相液晶显示（TN-LCD）器件，其液晶分子的扭曲角为 $90°$，它的电光特性曲线不够陡峭，在采用无源矩阵驱动时，限制了其多路驱动能力。理论分析和实验表明，把液晶分子的扭曲角从 $90°$ 增加到 $180°\sim270°$ 时，可大大提高电光特性的陡度，如图 4.3.9 和图 4.3.10 所示。由图 4.3.10 可见，曲线的陡度随扭曲角的增大而增大，当扭曲角为 $270°$ 时，斜率达到无穷大。曲线陡度的提高，允许器件工作在较多的扫描行数下，但要求液晶分子在取向层上有较大的预倾角 θ_m（见图 4.3.5b），这在规模生产中比较困难，目前，产品的扭曲角一般在 $180°\sim240°$ 范围内，相应的预倾角在 $10°$ 以下。这种扭曲角在 $180°\sim240°$ 范围内的液晶称为超扭曲向列相液晶。

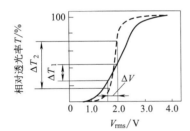

图 4.3.9　提高液晶电光特性的陡度可以产生更大的透光率

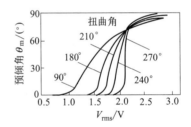

图 4.3.10　不同扭曲角下液晶盒中央液晶分子的倾角与所加电压的关系，增加扭曲角可增大陡度

STN 液晶盒的结构和 TN-LCD 差别不大，只是所用液晶材料的电光陡度特性更好。为增加其扭曲程度，添加手征性液晶材料 1% 左右，比 TN-LCD 的浓度大一个数量级。液晶盒厚度较薄，一般 $5\sim7\ \mu m$。由于它对预倾角厚度和均匀性要求更高，规模生产的难度要比 TN-LCD 的大。

2. STN-LCD 工作原理——液晶材料超扭曲和双折射两个效应的应用

超扭曲向列相液晶显示（STN-LCD）器件利用了液晶材料的超扭曲和双折射两个效应，是基于光干涉的显示器件。其工作原理如图 4.3.11 所示，取扭曲角 $180°$，起偏器偏振方向与液晶盒表面分子长轴在其上的投影方向呈 $45°$，检偏器偏振方向与起偏器的垂直。

在不加电压时，在锚泊力的作用下，液晶与取向层表面接触的液晶分子沿沟槽排列，由于上下基板的取向层沟槽方向成平行排列（因扭曲角为 $180°$），假如上行基板的倾斜角为 $10°$，无电场作用时，液晶分子从上到下也扭曲了 $180°$。液晶分子的扭转也使光轴方向扭转（光轴方向就是长轴方向），所以入射光方向与光轴不平行，使液晶发生双折射，如图 4.1.6c、d 那样。由于入射到液晶表面的线偏振光方向与分子长轴方向呈 $45°$，从而使入射光分解为两束光：寻常光和非寻常光，如图 4.3.4 和图 4.3.11a 所示。由于液晶的各向异性特性，两束光经液晶传输时，光程经历的液晶折射率不同，传输速度也不同（光速与折射率成反比），所以通过正在不断扭曲的液晶时，光程差也在不断变化，出射光的偏振态也在不断变化，经过精心设计，使检偏器输出与检偏器偏振方向相同的线偏振光，输出呈现亮态。

在加上电压后，如果电压 V 大于液晶的阈值电压，液晶盒内各层的液晶分子其长轴都沿电场 V 取向而成平行排列状态，而没有发生扭曲。入射光方向与光轴平行，液晶不发生双折射，如图 4.1.6a 那样，该偏振光方向与起偏器的偏振方向相同，而与检偏器的成正交状态，所以被检偏器阻止，输出为暗态，如图 4.3.11b 所示。

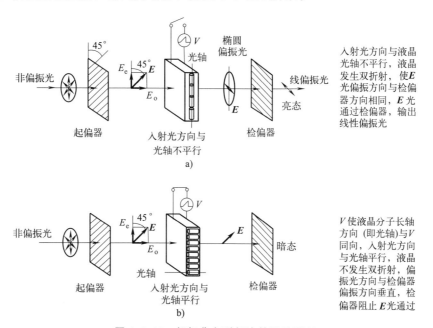

图 4.3.11　超扭曲向列相液晶显示原理

a）不加电压时，液晶分子扭曲了 180°，输出线偏振光　b）加调制电压 V 后，液晶分子没有扭曲，没有输出光

4.3.4　超扭曲向列相液晶显示器件的色彩技术——液晶像素调制白色背光源光，滤色器获得三基色，不同比例三基色光混合

彩色是人的视觉系统对光谱中可见光区域的感知效果，它仅存在于人的眼睛和大脑中。彩色滤色器（CF）是 LCD 实现彩色显示的关键部件。背光源发出的白色光经液晶像素调制，通过滤色器后射出不同强度的三基色。根据空间混色原理，不同比例三基色光的混合就可以生成千变万化的颜色。

LCD 用滤色器的基本结构如图 4.3.12 所示，其主体是由制作在玻璃基板上的红（R）、绿（G）、蓝（B）三基色点阵组成，其间镶嵌有黑色矩阵，以增加对比度。为了保证 RGB 点阵不受后续制作工艺的影响，同时保证十分平整的液晶盒表面，在 RGB 点阵上涂有保护层，并制作 LCD 列电极层和取向层。

三基色点阵排列的方式有品字形、田字形和条形结构，如图 4.3.13 所示。条形结构用于办公用显示字符和图形，品字形、田字形用于显示动态图像和电视图像。

LCD 用于记录 JPEG 等图像文件的数码相机，采用全像素或帧读出方式，即每一个滤色器单元读出到对应的寄存器里。

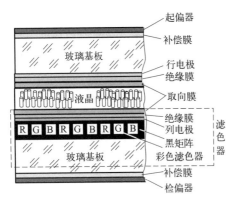

图 4.3.12 彩色 STN-LCD 结构示意图

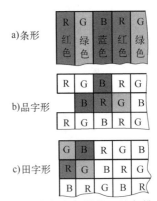

图 4.3.13 彩色滤色器的三基色排列方式

在图 4.3.12 中，贴在偏振器上的补偿膜是对 STN-LCD 有色背景的补偿。由式 (4.3.10) 可见，$\Delta\phi = n\pi$ 时，I 值最大。当施加的电压变化时，$\Delta\phi$ 值也在变化，从而输出光的色彩也在变化，图 4.3.14 表示 $d = 20~\mu m$ 液晶的电压-色谱特性曲线。根据液晶层厚度的不同，以及起偏器和检偏器相对取向的不同，常有黄绿色背景上显示黑字或在蓝色背景上显示白字两种模式。如果把检偏器旋转 90°，则两种模式可以发生转变。

图 4.3.15 表示通过液晶的非寻常光和寻常光折射率差 Δn 与波长 λ 的关系。

根据人们的观察习惯，希望实现黑白显示；而要实现彩色显示，首先也必须实现黑白显示。因此，必须对 STN-LCD 的有色背景实行补偿，通常采用补偿膜进行补偿。

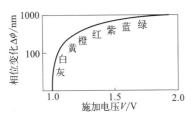

图 4.3.14 液晶双折射效应
呈现的电压-色谱特性

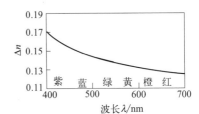

图 4.3.15 液晶各向异性
折射率差和波长的关系

4.3.5 有源矩阵驱动液晶显示器件——无串扰、显示质量高

STN-LCD 在增大扭曲角后，电光特性的陡度有了提高，多路驱动能力也随之增强，但是它仍是一个简单矩阵，没有从根本上摆脱因液晶像素双向导电引起的串扰，也没有解决因扫描行数增加使占空比下降所带来的显示质量的劣化。解决这个问题的最好办法是在每个像素上串接一个有源器件，组成一个有源矩阵（AM）。串接有源器件后，液晶像素不再具有双向导电特性，彻底解决了串扰问题。依靠存储电容的帮助，液晶像素两端的电压，可以在一帧时间内保持不变，从而使占空比提高到接近 1，这就从原理上消除了扫描行数增加使对比度降低的矛盾，从而获得很高的显示质量。

AM-LCD 的结构和等效电路如图 4.3.16 所示，每个像素都串接一个金属-氧化物-半导体场效应晶体管（MOSFET）或一个薄膜晶体管（TFT）。它的栅极 G 连接扫描电压，漏极 D 连接信号电压，源极 S 与像素电极连接。像素液晶可以等效成一个电阻 R_{LCD} 和一个电容

C_{LCD} 的并联。当扫描脉冲加到 G 上时，使 D-S 导通，器件导通电阻很小，信号电压产生大的通态电流 I_{on}，并对 C_{LCD} 充电，很快充到信号电压数值，一旦充电电压均方根值 V_{rms} 大于液晶像素的阈值电压 V_{th}，该像素就开始显示。当扫描电压移到下一行时，该 TFT 上的栅压消失，D-S 断开，器件断态电阻很大，C_{LCD} 的电压只能通过 R_{LCD} 缓慢放电。只要选择电阻率很高的液晶材料，可维持在此后的一帧时间内，C_{LCD} 上的电压始终大于 V_{th}，使该单元像素在一帧时间内都在显示，这就是所谓的存储效应。存储效应使 TFT-LCD 的占空比为 1:1，不管扫描行数增加多少，都可以得到对比度很高的显示质量（目前，商用液晶屏为 40000:1）。

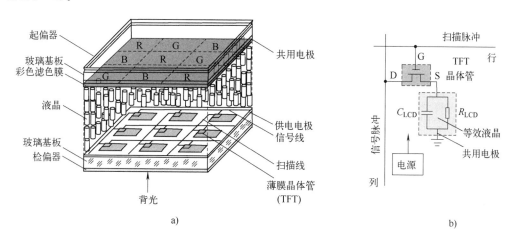

图 4.3.16 有源矩阵液晶（AM-LCD）显示器件示意图

a）有源矩阵液晶显示器件结构　b）单元等效电路

TFT 矩阵是在玻璃基板上，采用大面积成膜技术（如溅射、CVD 或真空蒸发等）和微米光刻技术制作。TFT 的图形虽然没有 IC 那样复杂，但要求在大面积上均匀一致，而且只允许极小的缺陷率，从而产生了一个新的巨微电子学概念。

LCD 需要背光源照射，光源的色温、发光效率、驱动电路等对 LCD 的色彩、亮度和功耗有直接影响，它消耗的功率是整个 LCD 模块的 90% 以上。LCD 背光源主要有冷阴极荧光灯、电致发光板和发光二极管（LED）等。电致发光板是全固态平板结构，无需真空，其本身就是面光源，发光均匀，厚度薄，调光范围大，电压低，但亮度没有荧光灯高，白光不够纯净，寿命较短，大多用在字符图表显示领域。LED 在亮度、均匀性、颜色、寿命、节能和体积等方面，均比其他背光源产品更有优势（见第 10 章），目前的液晶电视背光源几乎都用 LED 照射。

在 LCD 屏上加装控制、驱动电路和背光源就组成了实用的 LCD 模块，如图 4.3.17 所示。驱动控制器在行、场同步信号的作用下，产生列驱动器需要的移位信号、列锁存信号，以及行驱动器需要的行移位信号和帧反转信号。由于 LCD 需要在对称的交流信号下工作，以确保 LCD 的寿命，变换电路把单极性的三基色信号变换成交变的视频信号，同时把行、场同步信号变换成行、列驱动器能认识的逻辑信号。列驱动器是一种串行输入、并行输出的移位寄存器，内有两个 RAM 区，一个用来存储，一个用来显示。在移位信号的作用下，把时域上的视频信号变成位置上的视频信号，实施一时一线制的显示方式。行驱动器电路较为简单，是一种计数译码电路，在行信号同步下，从第一行选到最后一行，完成一帧显示。

　　LCD 显示屏行、列电极数量多、节距小，如何可靠地从每个电极上引出信号，并和驱动电路相连，是个特殊的技术问题。现在常用的方法有两种，一种是将未经封装的裸驱动集成电路（IC）自动粘贴在柔性引线带上，然后再连接到 LCD 电极引线头上，如图 4.3.18a 所示；另一种是将裸驱动 IC 直接粘贴到已做好相应引线图形的 TFT 玻璃基板上，如图 4.3.18b 所示。

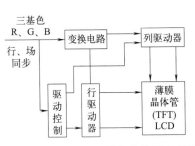

图 4.3.17　TFT LCD 模块电路原理框图

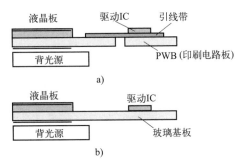

图 4.3.18　LCD 电路连接方法
a）芯片自动粘贴到引线带上
b）芯片直接粘贴在已有连线的 TFT 玻璃基板上

4.3.6　液晶显示器应用及前景

　　LCD 显示已成为显示屏领域的霸主，它的三大应用领域是显示器、笔记本计算机和液晶电视机。另外，在投影显示、便携式电视、摄录一体化显示、汽车导航显示等方面的应用也方兴未艾。

　　STN-LCD 平板显示器是最早应用于笔记本计算机显示屏的器件，由于它价格便宜，显示质量可满足字符和动画的要求，早期在笔记本计算机中占主要地位，而在较小显示容量的打字机、传真机、电子词典、移动电话机、MP3 播放器和游戏机中广泛应用。在军用武器装备中用于对体积和功耗要求严格的手持式通信机、指挥仪等领域。

　　STN-LCD 的开发和生产已经成熟，其面临的主要问题是有源矩阵液晶显示（AM-LCD）的挑战。由于 TFT-LCD 的规模化生产和成本的降低，使得 STN-LCD 的价格优势不再明显。在便携式计算机终端显示领域，彩色 STN-LCD 已经被 AM-LCD 取代，而在移动电话机、数码照相机等高档产品领域的市场份额也正在逐渐被 TFT-LCD 抢占。在中小尺寸的小容量字符显示领域，单色 STN-LCD 仍将在较长时期里，发挥其价廉质优的优势，占有市场。

　　TFT-LCD 因其轻薄、可靠和电池供电，是实现信息显示便携化和实时处理的关键器件，在战机座舱显示、头盔显示系统等军事应用领域已得到广泛应用。

　　TFT-LCD 技术的发展趋势是，由个人计算机（PC）液晶显示器和笔记本计算机显示器向电视显示终端、移动电话机屏幕发展。

　　另外，液晶技术在太赫兹器件方面也有着广泛的应用前景，通过电场或磁场改变液晶的双折射特性，对器件的传输特性进行有效的调节，可制成用于太赫兹的许多器件，如液晶移相器、可调液晶滤波器、可调偏振器等。

4.4 立体眼镜

4.4.1 纵横检偏器 3D 眼镜

3D 眼镜也称立体眼镜,是一种用于 3D 电视、3D 电影和 3D 游戏影像的特别眼镜。3D 眼镜的工作原理是令两只眼睛接收不同的影像,大脑会将两边的影像合并(复用)在一起,实现立体的效果。

平时我们用两只眼睛看物体才能产生立体感,偏振光眼镜就是模拟这种情况。

拍摄场景时,如人眼那样,也用一左一右两个镜头,从两个不同的方向同时摄录同一个场景的影像。左边镜头的影像光经过一个横向偏振片(起偏器,见 4.2.2 节)过滤,得到横向偏振光,而右边镜头的影像光经过一个纵向偏振片(将该起偏器与左镜头的起偏器垂直)过滤,得到纵向偏振光。

放映场景时,通过两个放映机用偏振方向互相垂直的两种偏振光重叠地放映在银幕上。人们观看时,戴上分别装有横向偏振片和纵向偏振片(检偏器,见 4.2.2 节)的偏光式 3D 眼镜,横向偏振光只能通过横向偏振片,而纵向偏振光只能通过纵向偏振片,这样就保证了左边摄影机拍摄的影像只能进入左眼,而右边摄影机拍摄的影像只能进入右眼,于是左右眼看到的画面就不同,经过大脑合成(复用)后就生成一幅不闪式 3D 立体影像。

这种技术接收端的成本较低,而发射端的成本较高,非常适合商业影院使用。

4.4.2 扭曲液晶光门 3D 眼镜

前面介绍了采用偏振复用偏光式 3D 眼镜,这里介绍时分式复用快门式 3D 眼镜。快门式 3D 眼镜使用液晶显示器(LCD)镜片作为控制影像通过的光门(光开关),采用电子控制方法,使液晶镜片交替遮挡(让光通过或不通过,见图 4.3.4)左右镜片,使影像交替进入大脑混合(复用),利用视觉暂留特性,便可看到立体影像。这种技术要求左眼和右眼看到的影像各以 60 Hz(每秒 60 次)交替快速刷新,所以整个画面的刷新率为 120 Hz,所以这种电视机的扫描频率至少应为 120 Hz。

快门式 3D 眼镜之所以使用 LCD 镜片作为控制影像通过的光门(光开关),是因为扭曲向列相液晶分子具有扭曲效应,即在外加电场作用下要转变排列方式,从而对线偏振光进行控制而实现通断的现象(见 4.3.2 节)。

这种方式也要求从左右两个不同的方向,以每秒 60 次的频率交替快速摄录同一个影像。

2023 年 2 月,小米科技有限责任公司发布了其最新的 3D 光门 LED 眼镜概念产品,这款眼镜具有一对 MLED(见 10.4 节)屏幕和三个前置摄像头,其质量仅为 126 g。

第5章

光电效应——光探测器、太阳能电池

5.1 光探测概述
5.2 光探测器——光电效应把光信号转变为电信号
5.3 太阳能电池——光电效应把光能转化成电能

光电效应是半导体晶体材料吸收入射光子的能量后，产生电子的效应，这种现象最早是由德国物理学家赫兹在 1887 年研究电磁波的性质时偶然发现的，但当时人们用经典电磁理论无法对实验中得到的结果做出合理的解释。直到 1905 年，爱因斯坦用光量子的概念，从理论上才成功地解释了光电效应现象（见 1.2.2 节），为此爱因斯坦 1912 年获得了诺贝尔物理学奖。光电效应的主要应用是光探测器、光伏电池和电荷耦合器件（CCD）等。光探测器是吸收入射光子能量后把光信号转变为电信号，产生光生电流；光伏电池是将太阳能转换为电能；而 CCD 则是将图像光信号产生的电荷收集、存储和转移出去（见 11.3 节）。

想象力比知识更重要，因为知识是有限的，而想象力概括着世界的一切，推动着进步，并且是知识进化的源泉。严格地说，想象力是科学研究中的实在因素。

—— 爱因斯坦（A. Einstein）

5.1　光探测概述

5.1.1　光探测原理——光的受激吸收

在构成半导体晶体的原子内部，存在着不同的能带（见 1.5.1 节）。如果占据高能带（导带）E_c 的电子跃迁到低能带（价带）E_v 上，就将其间的能量差（禁带能量）$E_g = E_c - E_v$ 以光的形式放出，如图 5.1.1a 所示。这时发出的光，其波长基本上由能带差 ΔE 所决定，这是受激发射的机理。

反之，如果把光子能量大于 $h\nu$ 的光波照射到占据低能带 E_v 的电子上，则电子吸收该能量后被激励跃迁到较高的能带 E_c 上。在半导体结上外加电场后，就可以在外电路上取出处于高能带 E_c 上的电子，使光能转变为电流，如图 5.1.1b 和图 5.1.2a 所示，这就是光探测器件。这里 h 是普朗克常数，ν 是入射光频率。

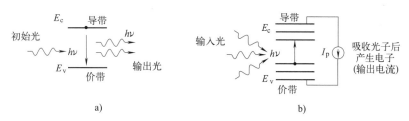

图 5.1.1　光的受激发射和吸收

a）激光器——光的受激发射　b）光探测器——光的受激吸收

5.1.2　响应度和量子效率

光生电流 I_P 与产生的电子-空穴对和这些载流子运动的速度有关，也就是说，直接与入射光功率 P_{in} 成正比，即

$$I_P = R P_{in} \tag{5.1.1}$$

式中，R 是光探测器响应度，用安培/瓦（A/W）量度。由此式可以得到

$$R = \frac{I_P}{P_{in}} \tag{5.1.2}$$

响应度 R 可用量子效率 η 表示，η 定义为每秒产生的电子数与每秒入射的光子数之比，即

$$\eta = \frac{I_{\mathrm{P}}/q}{P_{\mathrm{in}}/h\nu} = \frac{h\nu}{q}R \tag{5.1.3}$$

式中，$q = 1.6 \times 10^{-19}$ C，是电子电荷；$h = 6.63 \times 10^{-34}$ J·s，是普朗克常数。由式（5.1.3）可以得到响应度

$$R = \frac{\eta q}{h\nu} \approx \frac{\eta\lambda}{1.24} \tag{5.1.4}$$

式中，$\lambda = c/\nu$ 是入射光波长，用 μm 表示；$c = 3 \times 10^8$ m/s，是真空中的光速。式（5.1.4）表示光探测器响应度随波长增长而增加（见图 5.2.3），这是因为光子能量 $h\nu$ 减小时可以产生与减少的能量相等的电流。R 和 λ 的这种线性关系不能一直保持下去，因为光子能量太小时将不能产生电子。当光子能量变得比禁带能量 E_{g} 小时，无论入射光多强，光电效应也不会发生（见 1.2.2 节），此时量子效率 η 下降到零，也就是说，光电效应必须满足条件

$$h\nu > E_{\mathrm{g}} \quad \text{或者} \quad \lambda < hc/E_{\mathrm{g}} \tag{5.1.5}$$

5.1.3 响应带宽——受限于结电容和负载电阻组成的时间常数

光敏二极管的本征响应带宽由载流子在电场区的渡越时间 t_{tr} 决定，而载流子的渡越时间与电场区的宽度 W 和载流子的漂移速度 υ_{d} 有关。由于载流子渡越电场区需要一定的时间 t_{tr}，对于高速变化的光信号，光敏二极管的转换效率就相应降低。定义光敏二极管的本征响应带宽 $\Delta\nu$ 为，在探测器入射光功率相同的情况下，接收机输出高频调制响应与低频调制响应相比，电信号功率下降 50%（3 dB）时的频率，如图 5.1.2b 所示，则 $\Delta\nu$ 与上升时间 τ_{r} 成反比

$$\Delta\nu_{3\mathrm{dB}} = \frac{0.35}{\tau_{\mathrm{r}}} \tag{5.1.6}$$

式中，上升时间 τ_{r} 定义为输入阶跃光脉冲时，探测器输出光电流最大值的 10%～90% 所需的时间。本征响应带宽与 W 和 υ_{d} 的具体关系为

$$\Delta\nu_{3\mathrm{dB}} = 0.44 \frac{\upsilon_{\mathrm{d}}}{W} \tag{5.1.7}$$

可以通过对 W 和 υ_{d} 的优化，使光敏二极管具有较高的本征响应带宽，目前 InGaAsP PIN 光敏二极管的本征响应带宽已超过 20 GHz。

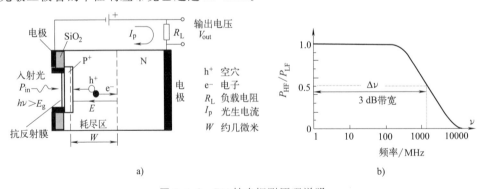

图 5.1.2 PN 结光探测原理说明

a）反向偏置的 PN 结，在耗尽区产生线性变化光场，光入射时光生电子空穴对分别向
N 区和 P 区漂移，在外电路产生光生电流 b）探测器的频率响应带宽

APD（雪崩光电二极管）的本征响应带宽与倍增系数有关，因为 APD 二次电子-空穴对的产生需要一定的时间，当接收高频调制光信号时，APD 的增益将会下降，从而形成对 APD 响应带宽的限制。APD 的传输函数 $H(\omega)$ 可以写成

$$H(\omega) = \frac{M(\omega)}{M(0)} = \frac{1}{[1 + (\omega \tau_e M_0)^2]^{1/2}} \tag{5.1.8}$$

式中，M_0 为 APD 的低频倍增系数；τ_e 为等效渡越时间，它与空穴和电子的碰撞电离系数比值 α_h / α_e 有关，在 $\alpha_e > \alpha_h$ 时，$\tau_e \approx \frac{\alpha_h}{\alpha_e} \tau_{th}$。由式（5.1.8）可得到 APD 的 3 dB 电带宽为

$$\Delta \nu = (2\pi \tau_e M_0)^{-1} \tag{5.1.9}$$

式（5.1.9）表明了带宽 $\Delta \nu$ 与倍增系数 M_0 的矛盾关系，也表明采用 $\alpha_h / \alpha_e \ll 1$ 的材料制作 APD，可获得较高的本征响应带宽。由于 Si 半导体材料的 $\alpha_h / \alpha_e = 0.22$，因此利用 Si 材料可以制成性能较好的 APD，用于 $0.8\ \mu m$ 波长的光纤通信系统。

与半导体激光器一样，光敏二极管的实际响应带宽常常受限于二极管的结电容 C_d 和负载电阻 R_L 的 RC 时间常数，而不是受限于其本征响应带宽，所以为了提高光敏二极管的响应带宽，应尽量减小结电容 C_d。受 RC 时间常数限制的带宽为

$$\Delta \nu_{3dB} = \frac{1}{2\pi R_L C_d} \tag{5.1.10}$$

5.2　光探测器——光电效应把光信号转变为电信号

光纤通信中最常用的光敏探测器是 PIN 光敏二极管和雪崩光敏二极管（APD），以及高速接收机用到的波导光探测器（WG-PD），本节将具体介绍这些器件及其相关器件。

5.2.1　PN 结光敏二极管

假如入射光子的能量 $h\nu$ 超过禁带能量 E_g，只有几微米宽的耗尽区每次吸收一个光子，将产生一个电子-空穴对，发生受激吸收，如图 5.2.1a 所示。在 PN 结施加反向电压的情况下，受激吸收过程生成的电子－空穴对在电场的作用下，分别离开耗尽区，电子向 N 区漂移，空穴向 P 区漂移，空穴和从负电极进入的电子复合，电子则离开 N 区进入正电极，从而在外电路形成光生电流 I_P。当入射功率变化时，光生电流也随之线性变化，从而把光信号转变成电流信号。

图 5.2.1b 表示反偏光敏二极管（PD）的工作模式，图中也定义了正向电流 I 和电压 V 的方向，R_L 是负载电阻。在没有光照时，暗电流很小，它随反偏电压的增加而增大，理想情况下，它应该是一个等于反偏饱和电流的常数。有光照时，产生与入射光功率 P_0 成正比的流过负载电阻 R_L 的电流 I_{ph}。如果光敏二极管短路，有光照时的短路电流 $I_{sc} = -I_{ph}$。

通过负载电阻 R_L 的电流 I 和跨接其上的电压遵守欧姆定律

$$I = [(-V) - (+V_r)]/R_L = -(V + V_r)/R_L \tag{5.2.1}$$

图 5.2.1c 表示利用一个电流-电压变换器直接将光生电流转换成输出电压 $V_{out} = R_f I_{ph}$，以便测量微小的光生电流，反馈电阻直接决定了该电路的增益（$R_f = V_{out} / I_{ph}$）。

但是，这种简单的 PN 结光敏二极管 RC 时间常数较大，不利于高频接收；另外，长波长的量子效率很低。为了克服这些缺点，人们采用 PIN 光敏二极管（见 5.2.2 节）。

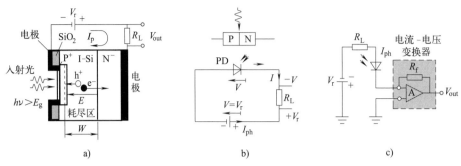

图 5.2.1　PN 结光敏二极管

a）PN 结光敏二极管结构　b）光照反偏光敏二极管　c）利用电流-电压变换器直接将光生电流转换成电压

5.2.2　PIN 光敏二极管——扩大增益带宽、提高量子效率

1. 工作原理

简单的 PN 结光敏二极管（图 5.2.1）具有两个主要的缺点：一是它的结电容或耗尽区电容较大，RC 时间常数较大，不利于高频接收；二是它的耗尽层宽度最大也只有几微米，此时长波长的穿透深度比耗尽层宽度 W 还大，所以大多数光子没有被耗尽层吸收，而是进入不能将电子-空穴对分开的电场为零的 N 区（见图 5.2.1a），因此长波长的量子效率很低。为了克服以上缺点，人们采用 PIN 光敏二极管。

PIN 二极管与 PN 二极管的主要区别是：在 P^+ 和 N^- 之间加入一个在 Si 中掺杂较少的 I 层（本征层），作为耗尽层，如图 5.2.2 所示。I 层的宽度较宽，为 $6\sim60~\mu m$，可吸收绝大多数光子。PIN 光敏二极管耗尽层的电容是

$$C_d = \frac{\varepsilon_o \varepsilon_r A}{W} \tag{5.2.2}$$

式中，A 是耗尽层的截面，ε_o、ε_r 是 Si 的介电常数。因为宽度 W 是由结构所固定的，不像 PN 二极管那样由施加的电压所决定。PIN 光敏二极管结电容 C_d 通常为皮法（pF）数量级，对于 $60~\Omega$ 的负载电阻，RC 时间常数为 $60~ps$。

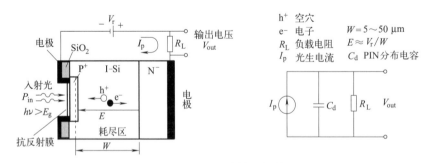

图 5.2.2　PIN 光敏二极管

注：反向偏置的 PN 结，在耗尽区产生不变的光场。因耗尽区较宽，
可以吸收绝大多数光生电子空穴，使量子效率提高

PIN 光敏二极管的响应时间由光生载流子穿越耗尽层的宽度 W 所决定。增加 W 可使更多的光子被吸收，从而增加量子效率，但是载流子穿越 W 的时间增加，响应速度变慢。载流子在 W 区的漂移时间为

$$t_{tr} = \frac{W}{\upsilon_d} \tag{5.2.3}$$

式中，υ_d 为漂移速度。为了减小漂移时间，可增加施加的电压，以便提高响应速度。

【例 5.2.1】 PIN 光敏二极管的响应速度

PIN 光敏二极管的 Si 层宽 20 μm，受光面 P^+ 层很薄，只有 0.1 μm，PIN 反偏电压 100 V，入射窄脉冲光波长 900 nm，请问光敏二极管的响应速度是多少？

解：从图 1.5.4 可知，光波长 900 nm 的吸收系数约为 3×10^4 m^{-1}，所以吸收深度约是 33 μm。已知 Si 层宽 20 μm，所以可以认为光生载流子的过程在整个 Si 层都发生了。在 Si 层的电场是

$$E \approx V_r/W = 100/(20 \times 10^{-6}) = 5 \times 10^6 \, (V \cdot m^{-1})$$

该电场的电子漂移速度非常接近饱和速度 10^5 $m \cdot s^{-1}$，而空穴漂移速度 υ_h 约为 7×10^4 $m \cdot s^{-1}$，它比电子的漂移速度慢，所以 PIN 的响应时间由空穴决定。空穴穿越 I-Si 层的时间是

$$t_h = W/\upsilon_h = (20 \times 10^{-6})/(7 \times 10^4) = 2.86 \times 10^{-10} \, (s) = 0.29 \, (ns)$$

即也是 PIN 的响应时间。为了提高响应速度，Si 层的宽度尽量要窄，但是这样就使吸收光子的数量减少了，从而使响应度降低了，所以我们不得不在响应速度和响应度上进行折中。

2. 光敏二极管的响应波长

由产生光电效应的条件式（5.1.5）可知，任何一种材料制作的光敏二极管，都有上截止波长，即

$$\lambda_c = \frac{hc}{E_g} = \frac{1.24}{E_g} \tag{5.2.4}$$

式中，禁带宽度 E_g 用电子伏特表示。对硅（Si）材料制作的光敏二极管，$E_g = 1.12$ eV，对应的 $\lambda_c = 1.11\mu$m；对于锗（Ge）光敏二极管，$E_g = 0.66$ eV，对应的 $\lambda_c = 1.87$ μm；对于 InGaAs 材料制作的光敏二极管，$E_g = 0.74$ eV，对应的 $\lambda_c = 1.72$ μm。

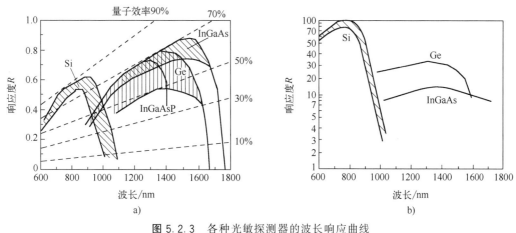

图 5.2.3 各种光敏探测器的波长响应曲线

a）PIN 光敏探测器   b）APD 光敏探测器

波长比截止波长短的入射光子，当它们在半导体内传输时被吸收，所以与光子数成正比的光强在半导体内随距离的增加按指数式衰减。光强 I 与从半导体表面开始的距离 x 的关系是

$$I(x) = I_0 \exp(-\alpha x) \tag{5.2.5}$$

式中，I_0 是入射光的强度；α 是吸收系数，它是材料的特性，与光子能量和波长有关。63% 的光子吸收发生在距离 $1/\alpha$ 内，所以称 $1/\alpha$ 为穿透厚度或吸收深度 δ。图 1.5.4 表示各种半导体材料吸收系数 α 与波长的关系，图中也表示出各种典型半导体材料的截止波长。

光敏二极管除了有上截止波长外，还有下截止波长。当入射光波长太短时，光/电转换效率也会大大下降，这是因为材料对光的吸收系数是波长的函数，如图 1.5.4 所示。当入射波长很短时，材料对光的吸收系数变得很大，结果使大量的入射光子在光敏二极管的表面层就被吸收。而反向偏压主要是加在 PN 结的耗尽层里，光敏二极管的表面层里往往存在着一个零电场区域。在零电场区域里产生的电子-空穴对不能有效地转换成光生电流，从而使光/电转换效率降低。因此，用不同种类材料制作的光敏二极管对光波长的响应也不同。Si 光敏二极管的波长响应范围为 $0.6 \sim 1.0~\mu m$，适用于短波长波段；Ge 和 InGaAs 光敏二极管的波长响应范围为 $1.1 \sim 1.6~\mu m$，适应于长波长波段，各种光探测器的波长响应曲线如图 5.2.3 所示。

3. PIN 光敏二极管的性能参数

PIN 光敏二极管的性能参数有量子效率 η、响应度 R、暗电流 I_d（无光照时出现的反向电流）、响应速度和结电容 C_d。

【例 5.2.2】 本征吸收深度

一个发射波长 860 nm 的 GaAs 红外 LED，用一个 Si 光敏二极管来接收，计算需要多厚的 Si 晶体才能吸收绝大部分光线。

解： 从图 1.5.4 可知，$\lambda = 860$ nm 处，Si 的吸收系数 $\alpha = 6 \times 10^4~m^{-1}$，所以吸收深度为

$$\delta = \frac{1}{\alpha} = \frac{1}{6 \times 10^4} = 1.7 \times 10^{-5}~(m) = 17~(\mu m)$$

如果晶体厚度为 17 μm，则可吸收 63% 的光线。若厚度为 2δ，吸收光线的百分比由式（5.2.5）可以得到

$$吸收光线的百分比 = 1 - \exp[-\alpha(2\delta)] = 0.86 = 86\%$$

可见，当 Si 晶体厚度为 34 μm 时，可吸收 86% 的光线。

5.2.3 雪崩光敏二极管——倍增光生电流

1. 工作原理

雪崩光敏二极管（APD）因工作速度高，并能提供内部增益，已广泛应用于光通信系统中。与 PIN 光敏二极管不同，APD 的光敏面是 N^+ 区，紧接着是掺杂浓度逐渐加大的三个 P 区，分别标记为 P、π 和 P^+，如图 5.2.4a 所示。APD 的这种结构设计，使它能承受高的反向偏压，从而在 PN 结内部形成一个高电场区，如图 5.2.4c 所示。光生的电子-空穴对经过高电场区时被加速，从而获得足够的能量，它们在高速运动中与 P 区晶格上的原子碰撞，使晶格中的原子电离，从而产生新的电子-空穴对，如图 5.2.5 所示。这种通过碰撞电离产生的电子-空穴对，称为二次电子-空穴对。新产生的二次电子和空穴在高电场区里运动时又被加速，又可能碰撞别的原子，这样多次碰撞电离，使载流子迅速增加，反向电流迅速加大，形成雪崩倍增效应。APD 就是利用雪崩倍增效应使光生电流得到倍增的高灵敏度探测器。

为了比较，图 5.2.4b 也给出了 PIN 光敏二极管各区的电场分布。

2. 平均雪崩增益

雪崩光敏二极管雪崩倍增的大小与电子或空穴的电离率有关。电子（或空穴）的电离率是指电子（或空穴）在漂移的单位距离内平均产生的电子和空穴数，分别用 α_e 和 α_h 表示，其单位是 m^{-1}。α_e 和 α_h 随半导体材料的不同而不同，同时也随高场区电场强度的增加而增大。空穴电离率和电子电离率之比（$k_A = \alpha_h / \alpha_e$）可对 APD 光探测器性能进行量度。

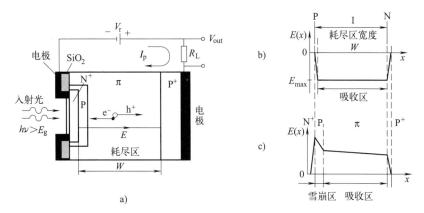

图 5.2.4　雪崩光敏二极管的结构和电场分布

a）APD 的结构　b）PIN 各区电场分布，在耗尽区产生不变的电场

c）APD 各区电场分布，雪崩发生在 P 区，吸收发生在 π 区

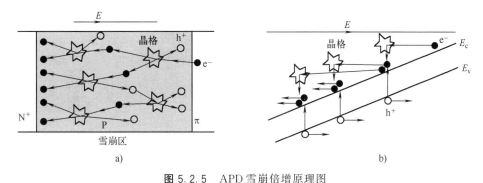

图 5.2.5　APD 雪崩倍增原理图

a）离子碰撞过程释放电子-空穴对，导致雪崩　b）具有能量的导带电

子与晶格碰撞，转移该电子动能到一个原子价的电子上，并激发它到导带上

雪崩倍增过程是一个复杂的随机过程，通常用平均雪崩增益 M 来表示 APD 的倍增大小，M 定义为

$$M = I_M / I_P \tag{5.2.6}$$

式中，I_P 是初始的光生电流，I_M 是倍增后的总输出电流的平均值，M 与结上所加的反向偏压有关。

APD 存在击穿电压 V_{br}，当 $V = V_{br}$ 时，$M \to \infty$，此时雪崩倍增噪声也变得非常大，这种情况定义为 APD 的雪崩击穿。APD 的雪崩击穿电压随温度而变化，当温度升高时，V_{br} 也增大，结果使固定偏压下 APD 的平均雪崩增益随温度而变化。对于 Si APD，M 可以达到 100，但是对于 Ge APD，M 通常约为 10，而 InGaAs-InP APD 的 M 值也只有 $10 \sim 20$。

5.2.4　单行载流子光探测器——只有电子充当载流子可减小渡越时间

在 PIN 光敏二极管中，对光生电流作出贡献的有电子和空穴两种载流子，如图 5.2.2 所示。在耗尽层（吸收层）中的电子和空穴各自独立运动都会影响光响应，由于各自速度不同，电子很快掠过吸收层，而空穴则慢得多，因而总的载流子迁移时间主要取决于空穴（见例 5.2.1）。另外，当输出电流或功率增大时，其响应速度和带宽会进一步下降，这是因为低迁移率的空穴在输运过程中形成堆积，产生空间电荷效应，进一步使电位分布发生变形，从而阻碍载流子从吸收层向外运动。

为此，设计了一种结构新颖的单行载流子光探测器（UTC-PD）。在这种结构中，只有电子充当载流子，空穴不参与导电，电子的迁移率远高于空穴，因而其载流子渡越时间比 PIN 的小。

图 5.2.6b 表示 UTC-PD 的能带结构、载流子状态和迁移方向，作为比较，图 5.2.6a 也表示出一般 PIN 光探测器的能带结构图。在 UTC-PD 结构中，由于外加电压的作用，在收集层产生强电场，有利于光生电子从吸收层向收集层的运动。在电子收集层，光生电流完全由从吸收层漂移过来的电子产生。在光子吸收层，电子由于漂移阻挡层（势垒层）的阻挡，只有极少数电子越过势垒层，而空穴不能漂移形成光生电流。因此称这种探测器为单行载流子光探测器。

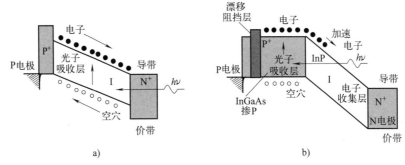

图 5.2.6　电子载流子光探测器（UTC-PD）

a）PIN 能带结构图　b）UTC-PD 能带结构图

图 5.2.7b 为一种平板折射 UTC-PD 的结构，由图可见，光入射到斜面上产生折射，改变方向后到达吸收光敏区。利用这种方式工作的器件，耦合面积非常大，垂直方向和水平方向的耦合长度分别达到了 9.5 μm 和 47 μm，即使在没有偏压的情况下，外部量子效率也达

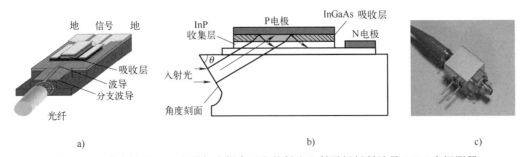

图 5.2.7　分支波导 PIN 和增加光耦合面积的斜边入射平板折射波导 UTC 光探测器

a）分支波导 PIN　b）芯片结构图　c）模块组件

到了 91%。在 0.5 V 偏压下，它的响应度达到了 0.96 A/W。这种器件和 WG-PD 相比，前者的耦合面积要远大于后者，外量子效率也要比后者高得多。从结构图中可以看出，器件的另外一个显著特征是光在斜面上折射后斜入射到光吸收区，增大了光吸收长度和光吸收面积，提高了内量子效率，同时分散光吸收可以增大探测器的饱和光电流。

5.2.5 波导光探测器——内量子效率高、响应速度快

按光的入射方式，光探测器可以分为面入射光探测器和边耦合光探测器，图 5.2.8a 表示的普通 PIN 光敏二极管是面入射探测器，图 5.2.8b 表示的波导探测器（WG-PD）是边耦合探测器。

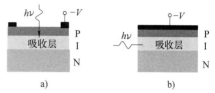

图 5.2.8　面入射光探测器和边耦合光探测器
a) PIN-PD　b) WG-PD

1. 面入射光探测器

在面入射光探测器中，光从正面或背面入射到光探测器的 $In_{0.63}Ga_{0.47}As$ 光吸收层中，产生电子-空穴对，并激发价带电子跃迁到导带，产生光生电流，如图 5.2.8a 所示。所以，在面入射光探测器中，光行进方向与载流子的渡越方向平行，如一般的 PIN 探测器（PIN-PD）就是这样。PIN 光探测器的响应速度受 PN 结 RC 数值、I 层（吸收层）厚度和载流子渡越时间等的限制。在正面入射光探测器中，光吸收区厚度一般在 $2\sim3$ μm，而 PN 结直径一般大于 20 μm，最大响应速率小于 20 Gbit/s。为此，提出了实现高速光探测器的解决方案——边耦合光探测器。

2. 边耦合光探测器

在（侧）边耦合光探测器中，光行进方向与载流子的渡越方向垂直，如图 5.2.8b 所示，吸收区长度沿光的行进方向，吸收效率提高了；而载流子渡越方向不变，渡越距离和所需时间不变，这样就很好地解决了吸收效率和电学带宽之间对吸收区厚度要求的矛盾。相比面入射探测器，边耦合光敏探测器可以获得更高的 3 dB 响应带宽。波导探测器（WG-PD）就是一种边耦合光探测器。

3. 波导光探测器（WG-PD）

面入射光探测器的固有弱点是量子效率和响应速度相互制约，一方面可以采用减小其结面积来提高它的响应速度，但是这会降低器件的耦合效率；另一方面也可以采用减小本征层（吸收层）的厚度来提高器件的响应速度，但是这会减小光吸收深度，降低内量子效率，因此这些参数需折中考虑。

波导光探测器正好解除了 PIN 探测器的内量子效率和响应速度之间的制约关系，极大地改善了其性能，在一定程度上满足了光纤通信对高性能探测器的要求。

图 5.2.8b 为 WG-PD 的结构图，光垂直于电流方向入射到探测器的光波导中，然后在波导中传播，传播过程中光不断被吸收，光强逐渐减弱，同时激发价带电子跃迁到导带，产生电子-空穴对，实现了对光信号的探测。在 WG-PD 结构中，吸收系数是 $In_{0.63}Ga_{0.47}As$ 本征层厚度的函数，选择合适的本征层厚度可以得到最大的吸收系数。其次，WG-PD 的光吸收是沿波导方向进行的，其光吸收长度远大于传统型光探测器。WG-PD 的吸收长度是探测器波导的长度，一般可大于 10 μm，而传统型探测器的吸收长度是 InGaAs 本征层的厚度，仅为 1 μm。所以 WG-PD 结构的内量子效率高于 PIN-PD 结构的。另外，WG-PD 还很容易

与其他器件集成。

但是，和面入射探测器相比，WD-PD 的光耦合面积非常小，导致光耦合效率较低，同时也增加了和光纤耦合的难度。为此，可采用分支波导结构增加光耦合面积，如图 5.2.9a 所示。在图 5.2.9a 的分支波导探测器（Tapered WG-PD）的结构中，光进入折射率为 n_1 的单模波导，当传输到 n_2 多模波导光匹配层的下面时，由于 $n_2 > n_1$，所以光向匹配层偏转，又因吸收区 $n_3 > n_2$，所以光就进入 PD 的吸收层，转入光生电子的过程。分支波导探测器各层折射率的这种安排正好和渐变多模光纤的折射率结构相反（见图 8.2.2），渐变多模光纤是把入射光局限在纤芯内传输；很容易理解，分支波导探测器就应该把光从入射波导中扩散出去。在这种分支波导结构中，永远不会发生全反射现象。图 5.2.9b 表示串行光反馈速度匹配周期分布式波导探测器结构示意图。

图 5.2.9　增加光耦合面积的分支波导探测器

a) 单模波导光经过光匹配层进入 PD 吸收层（分支波导）　b) 串行光反馈速度匹配周期分布式波导探测器

WG-PD 可以和其他 LD、调制器等在 InP 基板上集成。表 5.2.1 列出光探测器性能比较。

表 5.2.1　光探测器性能比较

	工作原理	响应度/(A/W)	最大带宽/GHz	输出电功率/dBm	特点
PIN	受激吸收光子，产生电流	0.6～0.8	1.4～40	−9.6	
APD	雪崩倍增光生电子-空穴对	0.6～0.8	1.6～3.6	小	倍增系数 10～40
MSM	平面探测，受激吸收产生光生电流	0.2～0.4	1	小	结电容小，带宽大
UTC-PD	只有电子载流子，空穴不参与导电	0.22	120	−2.7	响应快，饱和电流大
WG-PD	斜入射分支波导结构，边传输，边被吸收，吸收长度长、面积大	0.96	160	大	效率高，饱和电流大

5.2.6　肖特基结光探测器——金属-半导体-金属（MSM）结构

肖特基结型光探测器是一种由金属和半导体接触所制成的光探测器。

金属-半导体-金属（MSM）光探测器也可用于光纤通信，但它与 PN 结二极管不同，它是另一种类型的光探测器。然而，其光/电转换的基本原理却仍然相同，即入射光子产生电子-空穴对，电子-空穴对的流动就产生了光电流，其基本结构如图 5.2.10 所示。

像手指状的平面金属电极沉淀在半导体的表面，这些电极交替地施加电压，所以这些电极间存在着相当高的电场。光子撞击电极间的半导体材料，产生电子-空穴对，然后电子被正极吸引过去，而空穴被负极吸引过去，于是就产生了电流。因为电极和光敏区处于同一平面内，所以这种器件称为平面光探测器。

与 PIN 和 APD 探测器相比，这种结构的结电容小，所以它的带宽大，已有 3 dB 带宽 1 GHz 器件的报道。另外它的制造也容易。但缺点是灵敏度低（0.4～0.7 A/W），因为半导体材料的一部分面积被金属电极占据了，所以有源区的面积减小了。有报道称，用低温 MOVPE（金属有机物气相外延），已研制成功具有非掺杂 InP 肖特基势垒增强层的 InCaAs MSM，偏压 1.5 V 时暗电流 < 60 nA（面积 100 μm ×

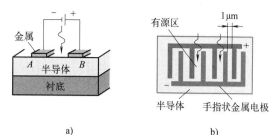

图 5.2.10　肖特基结光探测器——金属-半导体-金属（MSM）结构

a）A 和 B 两个金属电极沉淀在半导体表面，施加足够大的电压　b）指状电极

100 μm），偏压 6 V 时响应时间小于 30 ps，灵敏度 6 V 时为 0.42 A/W。

表 5.2.2 给出一些肖特基结光探测器的性能指标。

✥ 表 5.2.2　一些肖特基结光探测器的性能指标

肖特基结探测器	响应波长/nm	峰值响应/(A/W)	暗电流 I_d/mm^2	备注
GaAsP	190～680	0.16(610 nm)	5 pA	紫外到红外，上升时间 $\tau_r=3.5\ \mu s$
GaP	190～550	0.12(440 nm)	5 pA	紫外到绿光，$\tau_r=5\ \mu s$
AlGaN	220～375	0.13(350 nm)	1 pA	紫外测量
GaAs	320～900	0.2(830 nm)	约 1 nA	宽带宽，>10 GHz，$\tau_r<30$ ps
GaAs MSM	450～870	0.3(850 nm)	0.1 nA	光的高速测量，$\tau_r=30$ ps，$\tau_f=30$ ps
InGaAs MSM	850～1650	0.4(1300 nm)	5 μA	光的高速测量，$\tau_R=80$ ps，$\tau_F=160$ ps

5.2.7　紫外光探测器

波长在 10 ～390 nm 的光称为紫外光，它处于红外光和 X 射线之间（见图 1.2.2）。紫外光与其他光波一样，在物理学与应用光学方面具有共性，即具有波动和粒子的二象性，遵循经典的干涉、衍射原理，符合反射、折射定律等。然而，由于紫外所处波段不同，它又有自己异样的特性，例如，具有可识别物质真假和伪劣的荧光效应，可对水、空气和食物进行灭菌与消毒的生物灭菌效应，还可利用紫外光提高光信息存储密度和存储容量等。另外，紫外光在军事上的应用也十分广泛，如导弹紫外告警、紫外通信、紫外制导、紫外干涉和紫外成像侦察等。

本节简要介绍利用紫外线光电效应制作的 PIN 紫外探测器。

紫外器件所用的半导体材料为氮化镓（GaN）、氮化铟（InN）、氮化铝（AlN）和氮镓铝（Al$_x$Ga$_{1-x}$N），这四种材料的禁带宽度分别为 3.4 eV、1.9 eV、6.2 eV 和 3.4 eV（$x=0$）～6.2 eV（$x=1$），覆盖了从可见光到紫外光波段。

GaN 同质结 PIN 紫外探测器的典型结构和光谱响应曲线如图 5.2.11 所示。

半导体紫外探测器还有利用光电效应的金属-半导体-金属（MSM）光探测器、肖特基结型和场效应晶体管（FET），以及利用热电效应的光电导探测器。此外，还有光电发射紫外探测器，如光电管、光电倍增管。

表 5.2.3 给出一些从紫外到红外 PN 结和 PIN、APD 光敏二极管的典型特性参数。

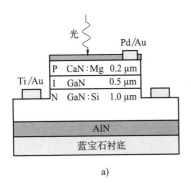
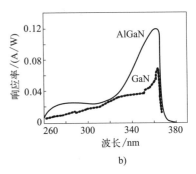

a)   b)

图 5.2.11 PIN 紫外光敏二极管
a) 探测元的典型结构   b) 光谱响应曲线

表 5.2.3 一些 PN 结、 PIN、 APD 光敏二极管的典型特性参数及应用范围

光敏二极管 类　型	波长范围 /nm（或 μm）	峰值波长 /(nm 或 μm)	响应率 /(A/W) (在峰值波长)	增　益	暗电流 I_d （光敏面 1 mm²）	应　用
GaP PIN	150～550	450	0.1	<1	1 nA	紫外探测
GaAsP PN	150～750	500～720	0.2～0.4	<1	0.005～0.1 nA	紫外到可见，I_d 小
GaAs PIN	570～870	850	0.4～0.5	<1	0.1～1.0 nA	高速，I_d 小
Si PN	200～1100	600～900	0.5～0.6	<1	0.005～0.1 nA	便宜，I_d 小
Si PIN	300～1100	800～1000	0.5～0.6	<1	0.1～1.0 nA	比 PN 结响应快
Si APD	400～1100	800～900	0.4～0.6	10～10³	1～10 nA	高增益，高速
Ge PIN	700～1800	1500～1580	0.4～0.7	<1	0.1～1.0 μA	红外，高速
Ge APD	700～1700	1500～1580	0.4～0.6	10～20	1.0～10 μA	红外，高速
InGaAs PIN	800～1700	1500～1600	0.7～1.0	<1	1～50 nA	通信，高速，I_d 小
InGaAs APD	800～1700	1500～1600	0.7～0.95	10～20	0.05～10 μA	通信，高速，高增益
InAs PN	2.0～3.6 μm	3.0～3.5 μm	1.0～1.5	<1	>100 μA	光伏，需制冷
InSb PN	4.0～5.5 μm	5 μm	3.0	<1	大	光伏，需制冷

5.2.8 光敏晶体管——具有光生电流增益的光探测器

光敏晶体管也是利用光电效应将光信号转变为电信号的半导体器件，用于汽车点火系统、微机控制系统和发动机转速测量的传感器，并广泛用于光信号检测和光信号转换电路中。

光敏晶体管由两个 PN 结构成，是一个双结晶体管，如图 5.2.12a 所示，当光照射基极时，产生微小的基极电流，经过晶体管放大，可产生很大的集电极电流，所以，它是具有光生电流增益的光探测器。并且，光生电流在一定范围内随光强变化。在理想的器件中，只有耗尽区即空间电荷层（SCL）具有电场。通常基极是开路的，就像一个共发射极的双极晶体管那样，集电极和发射极间施加一个电压 V_{cc}。在基极和集电极间的 SCL 入射光子被吸收，产生电子-空穴对，然后被 SCL 中的电场 E 分开，电子向集电极漂移，空穴向基极漂移，如图 5.2.12a 所示，这种从集电极流向基极的初始光生电流构成了基极电流。当漂移电子到达集电极时，它被电池收集（被正电荷中和）。另一方面，当空穴进入中性的基极区时，被大量从发射极进入基极的电子中和。通常，在基极，空穴和电子的复合时间与电子漂移到基极的时间相比很长，这就是说，只有很少从发射极进入基极的电子与进入基极的光生空穴复合。于是，发射极必须注入大量的电子，以便中和在基极富余的空穴。这些电子漂移通过基极，到达集电极，从而构成放大了的光生电流 I_{ph}。

换句话说，以更直观的方式说，在集电极 SLC 中，光生电子-空穴对降低了该区的电阻，从而也降低了基极-集电极结间的电压 V_{cb}，但因为 $V_{be}+V_{cb}=V_{cc}$，所以必须增加基极-发射极电压 V_{be}，以便维持 V_{cc} 不变。因为发射极电流 I_e 与 $\exp\left[eV_{be}/(k_BT)\right]$ 成正比，所以 I_e 也增加了。

因为光子产生的最初光生电流 I_{ph0} 被放大了，好像晶体管的偏流被放大一样，所以在外电路流动的光生电流是

$$I_{ph} \approx \beta I_{ph0} \tag{5.2.7}$$

式中，β 是晶体管的电流增益（或 h_{FE}）。通常，光敏晶体管总是由基极-集电极结的 SCL 吸收入射光子。大多数商用光敏晶体管只有两个电极，即发射极和集电极，而没有外部基极。

发射极、基极和集电极使用不同的带隙材料可以构成异质结光敏晶体管，例如，在图 5.2.12a 中，发射极材料是 $E_g=1.35$ eV 的 InP，而基极是 $E_g \approx 0.85$ eV 的 InGaAsP 晶体，此时，1.35 eV$>E_g>0.85$ eV 的光子将通过发射极被基极吸收。

尽管光生电流已被光敏晶体管放大，但是输出电流仍然有限，为此，可以采用图 5.2.12b 的电路对光敏晶体管的输出电流进行进一步的放大。图 5.2.12c 是使负载电阻 R_L 得到更大输出电压的电路。

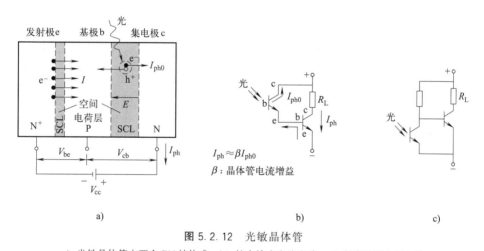

图 5.2.12　光敏晶体管

a）光敏晶体管由两个 PN 结构成　b）扩大输出电流电路　c）提高输出电压电路

5.3　太阳能电池——光电效应把光能转化成电能

5.3.1　太阳能电池概述

光伏器件常用于把太阳能直接转化为电能，所以又称为太阳能电池（简称光伏电池）。

太阳光是由不同波长的光组成，其辐射光谱相当于 6000 K（约 5700 ℃）的黑体辐射，如图 5.3.1 所示，图中也表示出三种不同入射情况下，太阳光的光谱强度与波长的关系，AM0 为入射到大气层上的情况，AM1 为垂直入射到地球表面的情况，AM1.5 为一种斜射光线的情况，如图 5.3.2 所示。考虑到太阳气团、夫琅禾费（Fraunhofer）吸收（氢气吸收）和太阳表

面温度变化的影响，已对光谱强度进行了修正。通常，定义光的强度为单位时间单位面积的能量流（W/m²），而光谱强度 I_λ 定义为单位波长单位面积的光强。因此 $I_\lambda \delta\lambda$ 是一小段波长范围内的光强，如果对整个光谱的光强 I_λ 积分，则可以得到太阳光整个光谱的强度 I。

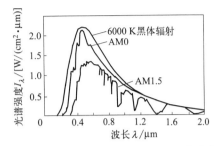

图 5.3.1　辐射到地球表面（AM1.5）与大气层表面（AM0）的太阳能光谱强度和波长的关系

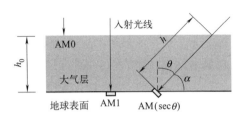

图 5.3.2　太阳光线入射角度 θ 对光线路径长度的影响

对地球大气层上光强进行积分，就得出垂直太阳方向的单位面积的总功率流量，称该值为太阳辐射常数（AM0），大约为 1.353 kW/m²。地球表面实际的光谱强度取决于大气吸收和散射的影响，以及大气成分和通过大气辐射的路径长度。这些大气的影响还与波长有关。云层增加了对太阳光的吸收和散射，因此，也就减少了入射强度。在晴朗的天气，到达地球表面的光强约为到达大气层上光强的 70%。

地面光伏系统大量使用的是以硅为基底的硅光伏电池，可分为单晶硅、多晶硅、非晶硅光伏电池。在能量转换效率和使用寿命等综合性能方面，单晶硅和多晶硅电池优于非晶硅电池。多晶硅比单晶硅转换效率低，但价格更便宜。

光伏组件是根据应用需求，将光伏电池组合成额定输出功率和输出电压的一组光伏电池。光伏组件采用高效单晶硅或多晶硅光伏电池、高透光率钢化玻璃、抗腐蚀铝合金边框材料，使用先进的真空层压及脉冲焊接工艺制造，即使在最严苛的环境中，也能保证长的使用寿命。

组件的安装架设十分方便，组件的背面安装有一个防水接线盒，通过它可以十分方便地与外电路连接。对每一块光伏电池组件，都保证 20 年以上的使用寿命。根据光伏电站大小和规模，由光伏组件可组成各种大小不同的阵列，如图 5.3.3 所示。

利用太阳能的光伏电池不受资源分布地域的限制，无枯竭风险，无污染，可在用电处就近快速发电，供电系统工作可靠。但缺点是照射能量分布密度小，获得的能源与四季、昼夜及阴晴等条件有关，造价比较高。

图 5.3.3　运行中的光伏电站

夜间不能发电是光伏电池的一大缺点，为此，把光伏电池当作补充电力，由于日间电力需求较大，光伏电池在日间提供服务可以让电厂电源负载更均匀，也减少电网的尖峰负载。可把白天的太阳能转成其他的能量形式加以储存，例如蓄电池、飞轮装置、压缩空气、抽蓄发电厂等，到夜间再把储存的能量释放出来。目前，对于光伏电池夜间不能发电引起电压波动的问题，国内应用比较普遍的措施是水光互补和风光互补，其中水光互补指的是，水电资源和光伏资源混合使用，让水电在晴朗的白天少发电，而在晚上多发电，保持供电电压稳定不变。

【例 5.3.1】 根据所需消耗的电功率计算光伏器件的面积

假如一个家庭在太阳充足的地方居住，平均每天消耗 500 W 的电功率。如果年平均每天入射的太阳光强大约是 6 kW·h·m^{-2}，转换太阳能为电能的光伏器件具有 15% 的效率。请问要求器件的面积是多少？

解：1 天内可用的太阳能是

$$单位面积 1 天入射的太阳能 \times 面积 \times 器件效率$$

该值必须等于一天内每个房间消耗的平均能量，于是

$$面积 = \frac{每天每个房间消耗的能量}{单位面积入射的太阳能 \times 器件效率}$$

$$= \frac{500 \text{ W} \times 60 \text{ s/min} \times 60 \text{ min/h} \times 24 \text{ h}}{(6 \times 10^3 \text{ W·h·m}^{-2} \cdot \text{d}^{-1}) \times 60 \text{ s/min} \times 60 \text{ min/h} \times 0.15} = 13.3 \text{ m}^2$$

或者选择 3.6 m×3.6 m 的光伏电池平板。

5.3.2 太阳能电池发展历史

1839 年，光生伏特效应第一次由法国物理学家 A. E. Becquerel 发现。1849 年，术语"photo-voltaic"出现在英语中，意指由光产生伏特。

20 世纪 50 年代，随着对半导体物理性质的逐渐了解，以及加工技术的进步，美国贝尔实验室发现，在硅中掺入少量杂质后，硅对光更加敏感。第一个有实际应用价值的光伏电池于 1954 年诞生，太阳能电池技术的时代终于到来。

从 20 世纪 60 年代开始，美国发射的人造卫星就已经利用光伏电池提供能量。

20 世纪 70 年代出现了能源危机，世界各国察觉到能源开发的重要性。1973 年发生了石油危机，人们开始把光伏电池的应用转移到民生用途上。

在中国，光伏产业亦得到政府的大力鼓励和资助。2009 年 3 月，财政部宣布拟对光伏光电建筑等大型光伏工程进行补贴。

2021 年 11 月 29 日，国家能源局和科学技术部发布《"十四五"能源领域科技创新规划》，提出研制基于溶液法与物理法的钙钛矿电池量产工艺制程设备，开发高可靠性组件级联与封装技术，研发大面积、高效率、高稳定性、环境友好型的钙钛矿电池；开展晶体硅/钙钛矿、钙钛矿/钙钛矿等高效叠层电池制备及产业化生产技术研究；开展隧穿氧化层钝化接触（TOPCon）、异质结（HJT）、背电极接触（IBC）等新型晶体硅电池低成本高质量产业化制造技术研究。

2023 年，国家知识产权局称，我国太阳能电池全球专利申请量为 12.64 万件，全球排名第一，具有较强的创新实力。其中，太阳能电池的光/电转换率，我国企业引领世界。据中国光伏行业协会统计，从 2014 年以来，中国企业创造世界最高光/电转换效率就达到 56 次。

光伏产业已经历了三代：第一代太阳能电池，主要指单晶硅和多晶硅太阳能电池，其在实验室的光电转换效率已经分别达到 25% 和 20.4%；第二代太阳能电池，主要包括非晶硅薄膜电池和多晶硅薄膜电池，已经产业化的有薄膜硅电池、铜铟镓硒（CIGS）电池和碲化镉（CdTe）电池等；第三代太阳能电池，主要指具有高转换效率的有机太阳能电池，以及一些新概念电池，如染料敏化电池、量子点电池等。

光伏发电行业发展至今，产业链各环节技术持续推陈出新，如金刚线切割技术的采用、电

池转换效率的持续提升等，不断促进了光伏发电效率的提高，降低了光伏发电成本。根据中国光伏产业联盟（CPIA）的统计，2022 年单晶硅电池、多晶硅电池平均转换效率分别达到 23.20% 和 21.10%，较 2017 年的 21.3% 和 20.0% 已有显著提高；而 TOPCon（隧道氧化层钝化接触）电池、异质结电池、xBC（各类背接触）电池平均转化效率则能达到 24.5%、24.6%、24.5%。自 2007 年以来，我国每度光伏发电成本累计下降超过 90%，光伏上网电价不断逼近平价。在可预见的未来，光伏发电上网价格低于传统燃煤机组电价的情况将不再久远，更低的用电成本会使得市场对光伏发电的需求不断增强，从而扩大行业市场空间。

另外还有聚光光伏组件，其最高转换效率达到 40%，但由于技术尚不成熟，聚光光伏电池占市场份额还比较少。聚光电池是通过聚光器使较大面积的阳光会聚在一个较小的范围内，并将太阳能电池置于光斑或光带上，以增加光强，获得更多的电能输出（见 5.3.9 节）。

5.3.3 太阳能电池工作原理——载流子扩散建立内部电场，引起载流子漂移在外电路产生开路电压

光伏电池是通过光电效应直接把光能转化成电能的装置。

从 1.5.3 节可知，载流子因浓度不均匀而发生的定向运动称为扩散，载流子受电场的作用所发生的运动称为漂移。

P 型半导体和 N 型半导体接触处会形成 PN 结，在热平衡状态下，N 侧的电子和 P 侧的空穴是多数载流子，而 N 侧的空穴和 P 侧的电子则是少数载流子。在 PN 结中，由于结区两边的载流子浓度不同，便引发载流子扩散，P 区的空穴扩散进 PN 结的 N 侧，而 N 区的电子也扩散进 PN 结的 P 侧，如图 5.3.4a 所示，结果在结区形成了一个由 N 区指向 P 区的内部电场 E_o。当太阳光照射在半导体 PN 结上时，假如入射光子的能量 $h\nu$ 超过半导体材料的禁带能量（也叫带隙能量）E_g，PN 结每次吸收一个光子，就从价带（V_B）上激发一个电子到导带（C_B）上，从而产生一个电子-空穴对，在 P-N 结内部初始电场 E_o 的作用下，电子由 P 区流向 N 区，空穴由 N 区流向 P 区，如图 5.3.4b 所示，则在指状电极的两端产生一个开路电压 V_{oc}。如果将外电路短路，那么就会产生一个光生电流 I_{ph}，分别如图 5.3.4b 和图 5.3.5 所示。

与普通光探测器一样，光伏电池也是利用半导体材料的光电效应，但是光探测器要加反向偏压，N 端加正电压，P 端加负电压，如图 5.1.2 所示，工作在光导模式；而光电池不加偏压，工作在光伏模式。

图 5.3.4 表示典型的光伏电池工作原理简图，考虑一个 PN 结，N 区很薄，而且掺杂很多，入射光通过 N 区、耗尽区（W）扩展进入 P 区。在耗尽层有一个内部电场 E_o，沉淀在 N 侧表面的指状电极必须允许太阳光进入器件，而同时只产生一个很小的串联电阻，N 侧表面镀有很薄的一层抗反射膜，以便减少反射而允许更多的太阳光进入器件。图 5.3.4c 表示用于减小光伏电池串联电阻的指状电极。

因为 N 区很薄，所以大部分光子在耗尽区（W）和 P 区（L_p）被吸收后，产生了少数载流子电子（e^-）-空穴（h^+）对。在耗尽区产生的电子-空穴对，立即被内部建立的电场 E_o 分开，电子漂移到 N 区，于是，由于大量电子在 N 区的堆积而变负；与此类似，空穴漂移到 P 区，使 P 区变正。这样使 P 区的电势高于 N 区的电势，在 PN 结外部产生的电场 V_{oc} 正好和内部电场 E_o 的方向相反，相当于在 PN 结上加了正向偏压，这一正向偏压就会引起 PN 结的正向电流，这一电流的方向正好与漂移光生电流的方向相反。如果外接一个负载电

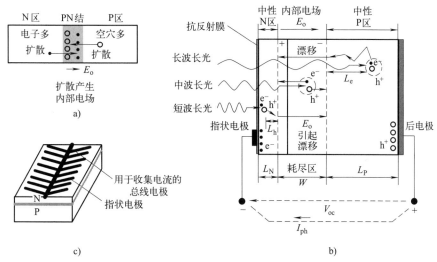

图 5.3.4 光伏电池的工作原理和前电极结构

a）PN 结因载流子扩散建立起内部电场 E_o b）光伏电池在内部电场的作用下，载流子

漂移在外电路产生开路电压 V_{oc} c）光伏电池前电极结构

阻，则 N 区的过剩电子就通过外部电路做功后，到达 P 区，与 P 区的过剩空穴复合。这里要特别强调，如果没有内部电场 E_o，也就不可能分开光生电子-空穴对，同时也就不可能在 N 区堆积过剩的电子，而在 P 区堆积过剩的空穴。

长波长光子产生的电子-空穴对在 P 区被吸收，因为该区没有电场，所以只在该区扩散。假如电子的再复合寿命是 τ_e，它扩散的平均距离是 L_e，$L_e = \sqrt{2D_e\tau_e}$，这里 D_e 是它在 P 区的扩散系数。这些在距离 L_e 内的电子很容易扩散到耗尽区，然后在 E_o 的作用下漂移到 N 区，如图 5.3.4 所示。因此，只有这些到达耗尽区的在 L_e 距离内的光生电子-空穴对才能产生光伏效应，留在 P 区的空穴则贡献给该区的正电荷。

同样的原理，短波长光子产生的电子-空穴对在 N 区被吸收，这些在扩散长度 L_h 内光生的空穴可以到达耗尽区，然后在内部电场的作用下漂移到 P 区。因此，贡献给光伏效应的光生电子-空穴对的总距离是 $L_h + W + L_e$。如果使光伏器件的电极短路，如图 5.3.4b 和图 5.3.5 所示，N 侧的过剩电子可以通过外电路流到 P 侧，与 P 侧的过剩空穴中和。这种由于光生电子的流动产生的电流就叫做光生电流 I_{ph}。

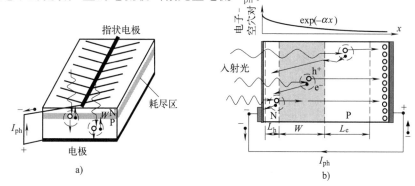

图 5.3.5 光伏电池

a）典型的光伏电池 PN 结   b）在距离 $L_h + W + L_e$ 内光生电子的漂移产生光生电流 I_{ph}，

图上方也表示出光生电子-空穴对与距离的关系，α 是给定波长的吸收系数

由式（5.1.5）可知，当光子能量（$h\nu$）比禁带能量 E_g 小时，无论入射光多强，光电效应也不会发生，因为光子能量太小时将不能产生电子。因此，用任何一种材料制作的光伏电池都有上截止波长［见式（5.2.3）］。但是，当入射光波长太短（频率太高）时，光/电转换效率也会大大下降，这是因为材料对光的吸收系数是波长的函数，如图 5.3.6 所示。当入射波长很短时，材料对光的吸收系数变得很大，结果使大量的入射光子在光伏电池的表面层里被吸收。内部建立的电场 E 主要是加在 PN 结的结区附近的耗尽层里，光伏电池的 N 区表面层里往往存在着一个零电场区域（见图 5.3.4）。在零电场区域里产生的电子-空穴对不能有效地转换成光生电流，从而使光/电转换效率降低。因此，某种材料制作的光伏电池对光波长的响应有一定的范围。Si 光电池的波长响应范围为 $0.5 \sim 1.0~\mu m$。光伏电池除有上截止波长外，还有下截止波长。

由于在靠近表面的 N 侧或在漂移长度 L_h 之外，吸收精力充沛的光子能量后产生的电子-空穴对中的空穴在到达耗尽区之前，因重新复合而丢失，因为这些电子-空穴对在 N 侧的寿命时间通常很短（由于深度掺杂）。因此，N 区应做得很薄，典型值小于 $0.2~\mu m$。的确，N 侧的 L_N 可能比空穴的漂移距离 L_h 还要短（见图 5.3.4a）。

在 $1.0 \sim 1.1~\mu m$ 的长波长，硅的吸收系数 α 很小，吸收深度（$1/\alpha$）典型值大于 $100~\mu m$。为了捕获这些长波长光子，

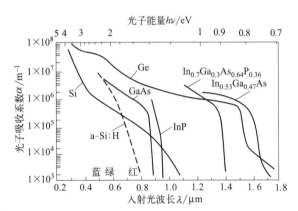

图 5.3.6 半导体材料吸收系数 α 与波长 λ 的关系

我们需要厚的 P 区，同时也需要长的少数载流子漂移距离 L_e。典型的 P 区厚度为 $200 \sim 500$ μm，L_e 趋向比该值短些。

晶体硅具有 1.1 eV 的带隙能量，它对应 $1.1~\mu m$ 的阈值（截止）波长（如图 5.3.6 所示）。从图 5.3.1 可见，在大于 $1.1~\mu m$ 的波长区约有 25% 的入射光能量被浪费了，这是一个不小的数。然而，影响光/电转换效率最坏的因素是，在靠近晶体表面吸收了高能量光子产生的电子-空穴对，由于在表面区的再复合产生高达 40% 的浪费。这些因素导致产生 45% 的效率下降。此外，抗反射膜也并不能使入射光完全进入器件内，也减少了光子的收集。从 5.3.8 节可以知道，使用单晶硅可使光/电转换效率提高到 $24\% \sim 26\%$。

5.3.4 太阳能电池 *I*-*V* 特性

太阳能电池 *I*-*V* 特性是一个很重要的技术指标，从特性曲线可以得到工作点，它是负载线与光伏电池特性曲线的交点。从工作点，可以求得光伏电池的工作电流和工作电压，输送给负载的功率是工作电流 I 和工作电压 V 坐标围起来的矩形面积。下面就来解释其原因。

考虑一个理想的 PN 结光伏器件连接一个负载电阻的情况，习惯上定义正向电流 I 和正向电压 V 的方向如图 5.3.7a 所示，即正向电压方向由电势高端（＋）指向低端（－），而流经电阻的电流方向也是由电压的正端到负端。如果负载是一个短路电路，此时电路中只有入射光产生的电流，如图 5.3.7b 所示，称该电流为光生电流 I_{ph}，其大小取决于光生的电子-空穴对数量（见图 5.3.5）。光照越强，产生的光子数就越多，光生电流 I_{ph} 也就越大。假如光强是 I_{Li}，那么短路电流是

$$I_{sc} = -I_{ph} = -KI_{Li} \tag{5.3.1}$$

式中，K 是与器件有关的常数。由式（5.3.1）可见，光生电流与光强成正比，而与 PN 结电压 V 无关，因为总是有一些内部电场 E_o 使光生电子-空穴对漂移（见图 5.3.4b），即使器件两端没有电压，也有光生电流在流动。

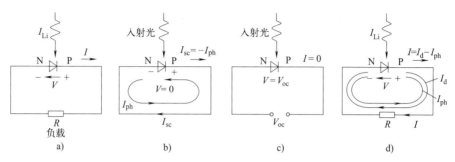

图 5.3.7 入射光使光伏电池产生光生电流
a) 对正向电压和正向电流的定义 b) 短路时 c) 开路时 d) 接负载的光伏电池

如果在器件两端跨接一个电阻 R，则正向电压 V 加在 PN 结上，导致电流通过负载 R，如图 5.3.7d 所示。该电压 V 减小了 PN 结内建立的电势 E_o（两者方向相反），因此引起少数载流子注入和漂移，就像它是一个正常的二极管。于是，正向偏置二极管暗电流 I_d 加到方向与此相反的光生电流 I_{ph} 上，这里 I_d 由 PN 结电压 V 产生。在开放电路中，净电流是零，这就是说，光生电流 I_{ph} 刚刚可以产生足够的开路光伏电压 V_{oc}，以便产生与光生电流 I_{ph} 相等的二极管暗电流 I_d。

光伏电池典型的 I-V 特性曲线如图 5.3.8 所示，它工作在第四象限，由图可见，它对应一条正常二极管的暗电流 I_d 特性曲线和向下移动一定距离的两条光生电流 I_{ph} 特性曲线，光生电流曲线移动的距离则取决于光强（光生电流与输入光强成正比）。光伏电池开路输出电压 V_{oc}（$I=0$）由 I-V 曲线与电压轴交会点决定。由图可见，虽然 V_{oc} 取决于光强，但典型值是 $0.4 \sim 0.6$ V。由于光伏电池不加偏压，其伏安特性实际上表示的是它在某一光照度下输出电流和电压随负载电阻变化的关系。

当光伏电池连接负载时，如图 5.3.7d 所示，该负载具有与光伏电池相同的电压，传输相同的电流；但是通过电阻的电流现在与常规的电流相比方向相反，通常电流是从高电势流向低电势。于是，图 5.3.9a 中的电流和电压的关系是

$$I = -\frac{V}{R} \tag{5.3.2}$$

在电路中，实际的电流 I' 和电压 V' 既要满足图 5.3.8 表示的光伏电池的 I-V 特性，又要满足式（5.3.2）表示的负载线特性的要求。通常，使用光伏电池的特性曲线直观地用图来求解，如图 5.3.9b 所示。

式（5.3.2）表示的负载线是一条直线，斜率是 $-1/R$，如图 5.3.9b 所示。负载线与光伏电池特性曲线的交点是 P 点，在该点，负载 R 和光伏电池具有相同的电流 I_{op} 和电压 V_{op}，代表了光伏

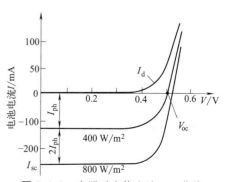

图 5.3.8 光照时光伏电池 I-V 曲线

电池电路的工作点，因此由 P 点可以求得电路的工作电流 I_{op} 和工作电压 V_{op}，它几乎对应光伏电池所能得到的最大功率 $I_m V_m$。

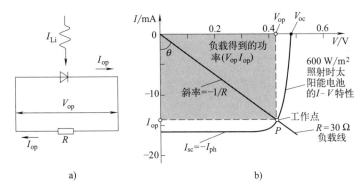

图 5.3.9 光伏电池的伏安特性

a）光伏电池驱动负载电阻　b）用工作点求解负载的电压和电流

输送给负载的功率是

$$P_{out} = I_{op} V_{op} \tag{5.3.3}$$

它是图 5.3.9b 中的两条虚线和电流 I、电压 V 坐标围起来的矩形面积。当 $I_{op} = I_m$、$V_{op} = V_m$ 时，矩形面积最大，送给负载的功率也最大，这可以通过改变负载和照射强度来实现。因为最大可能的电流是短路电流 I_{sc}，而最大可能的电压是开路电压 V_{oc}，因此数值 $I_{sc} V_{oc}$ 代表了给定光伏电池送给负载所希望的目标功率。因此，把 $I_m V_m$ 与 $I_{sc} V_{oc}$ 比较是有用的，定义填充系数 FF 为送给负载的最大功率与目标功率之比

$$FF = \frac{I_m V_m}{I_{sc} V_{oc}} \tag{5.3.4}$$

它是衡量光伏电池优劣的指数。由式（5.3.4）可知，FF 应尽可能接近 1，但是，PN 结产生电子-空穴对的指数特性（见图 5.3.5）使 FF→1 很困难，通常该值只有 $70\% \sim 85\%$，其大小由器件材料和结构决定。

负载线与电流坐标的夹角 θ 越小，负载电阻越小，电池输出电流与光照的线性关系越好，当负载短路（$R_L = 0$）时，输出电流是短路电流 I_{sc}。

光伏电池的输出功率与负载电阻有关（$P_{out} = I_{op}^2 R_L$），当 $R_L = 0$（负载短路）时，输出功率为零；当 $R_L = \infty$（电路开路）时，输出电流和输出功率均为零；只有 $0 < R_L < \infty$，输出功率 $P_{out} > 0$。显然，存在一个最佳负载电阻 R_{Lopt}，可以获得最大的输出功率。令 $\dfrac{dP_{out}}{dR_L}\Big|_{R_{Lopt} = R_L} = 0$，可以求得 R_{Lopt}。在实际工程计算中，常利用经验公式通过伏安特性曲线求得最佳负载电阻 $R_{Lopt} = (0.6 \sim 0.7) V_{oc} / I_{ph}$，这里 V_{oc} 为开路电压，I_{ph} 为光生电流，由图 5.3.9 给出。负载电阻得到的最大功率为 $P_{out} = (0.6 \sim 0.7) V_{oc} I_{ph}$。

【例 5.3.2】 光伏电池驱动负载

考虑一个驱动 30 Ω 负载电阻的光伏电池，如图 5.3.9a 所示，假如该电池面积为 1 cm × 1 cm，照射光强为 600 W/m²，具有如图 5.3.9b 所示的特性曲线。请问该电路的电流和电压是多少？负载得到的功率是多少？效率是多少？

解：负载的 I-V 特性是由式（5.3.2）给出的负载线决定，即

$$R = -\frac{V}{I} = -\frac{0.425}{14.2 \times 10^{-3}} \approx -30 \; (\Omega)$$

该负载线已由图 5.3.9b 表示的斜率为 1/30 Ω 的直线画出，该负载线由与电池 I-V 特性曲线的交点 $I_{op} = 14.2$ mA、$V_{op} = 0.425$ V 决定，分别是图 5.3.9a 表示的光伏电路的电流和电压。因此，输送给负载的功率是

$$P_{out} = I_{op} V_{op} = (14.2 \times 10^{-3} \; A) \times 0.425 \; V = 0.006035 \; W = 6.035 \; mW$$

入射的太阳能是

$$P_{in} = 光强 \times 电池受光面积 = (600 \; W/m^2) \times (0.01 \; m)^2 = 0.06 \; W$$

器件效率是

$$\eta = 100 \frac{P_{out}}{P_{in}} = 100 \frac{0.006035}{0.06} = 10.06\%$$

假如调整负载到接近光伏电池的最大功率点，效率可以提高，但是已经很有限了，因为矩形面积已经接近最大了。

5.3.5　太阳能电池的等效电路

实际的光伏电池可能与图 5.3.8 表示的理想 PN 结光伏电池的特性有所不同。考虑驱动负载电阻 R_L 的 PN 结，并假定因受光照射在耗尽层产生了光子。光生电子必须穿越表面的半导体区到达最近的指状电极。所有这些在 N 区表面的电子到达电极的路径在光伏电路中均引入一个串联电阻 R_s，如图 5.3.10 所示。假如指状电极很薄，电极本身的电阻又使 R_s 增大。同样，中性 P 区也有电阻，不过通常与串联电阻 R_s 比较很小。

图 5.3.11a 表示理想的 PN 结光伏电池的等效电路，光生电流过程用一个恒流源发生器 I_{ph} 表示，光生电流 I_{ph} 与入射的光强成正比。光生载流子通过 PN 结的流动在 PN 结产生了光伏电压差 V，该电压

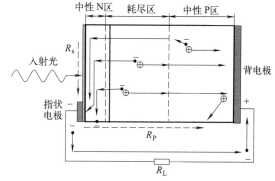

图 5.3.10　实际的光伏电池，存在串联电阻 R_s 和并联电阻 R_p

又导致正向偏置二极管暗电流 I_d 的产生，如图 5.3.11a 所示。显然，光生电流 I_{ph} 与暗电流 I_d 流动方向相反，因此，开路时（不接负载）光伏电压使 I_{ph} 和 I_d 幅度相等，而相互抵消。

图 5.3.11b 表示实际使用的光伏电池的等效电路，串联电阻 R_s 引起电压 V 下降，因此可以防止光伏电压饱和。光生载流子的一小部分不是流过负载 R_L，而是流过晶体的表面（器件边缘），或者在多晶器件中流过晶体颗粒边界。这种阻碍光生载流子流向外部电路的影响可用一个电池内部的分流电阻或并联电阻 R_p 代表，该电阻分流了部分流向负载电阻的光生电流。通常，该电阻的影响比串联电阻 R_s 小，除非器件是一个多晶器件，并且光生电流通过颗粒边界流动不可忽略。

光伏电池的性能主要由串联电阻 R_s 决定，如图 5.3.12 所示，图中 $R_s = 0$ 是光伏电池最好的情况。由图显见，串联电阻减小了可用的最大功率，因此也就减小了电池的效率。另

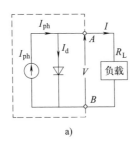 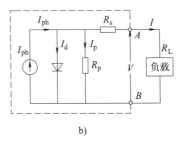

a)   b)

图 5.3.11　光伏电池的等效电路

a）理想的光伏电池　b）实际的光伏电池

外，当 R_s 足够大时，它限制了电池电路的短路电流。与此类似，电池材料过多的缺陷使并联电阻 R_p 减小，因此也就降低了电池效率。虽然 R_s 没有影响开路电压 V_{oc}，但小的 R_p 导致 V_{oc} 也减小了。

　　由以上讨论可知，光伏电池的等效电路可以表示为一个光生电流源 I_{ph} 并联一个二极管和一个分流电阻 R_p、一个串联电阻 R_s，如图 5.3.11b 所示。R_s 表示由于电池衬底材料及其金属导线和接触点中存在的材料缺陷和欧姆接触产生的损耗。串联电

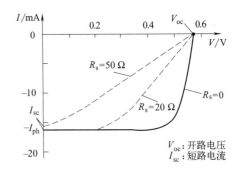

图 5.3.12　串联电阻展宽了光伏电池 I-V 特性曲线的弯曲部分，减小了最大可用功率和效率

阻 R_s 是一个关键参数，因为它限制了光伏电池的最大可用功率 P_{max} 和短路电流 I_{sc}，在理想情况下，串联电阻应该为零。并联电阻 R_p 表示由于沿电池边缘的表面漏电或晶格缺陷造成的损耗，在理想情况下，并联电阻应该为无穷大。

5.3.6　太阳能电池的并联和串联——串联提高输出电压，并联提高输出电流

　　要使太阳能电池提供最大的电功率输出，除了选择最佳的负载电阻外，还要串联或（和）并联多个单片光伏电池。单片光电池的输出很低，输出电流很小，所以必须把它们组装成光电池组，才能作为电源使用。又因为在一定的光照下，单片光电池的开路电压是定值，与光电池的面积无关；而光生电流则与光电池面积成正比，所以可串联光电池以提高输出电压，并联光电池以提高输出电流。

1. 太阳能电池的并联

　　考虑两个完全相同的光伏电池并联的情况，两个电池受到同样的光照，光生电流 $I_{ph}=$ 10 mA，假定并联电阻 $R_p=\infty$。下面讨论一个光伏电池提供的最大功率，两个电池并联或串联起来又能提供多大的功率，并讨论最大工作点对应的电压和电流。

　　首先，考虑图 5.3.11 表示的单个光伏电池，单个电池的 I-V 特性如图 5.3.13 虚线所示，输出功率（$P=IV$）也在图中画出。当电流 $I=8$ mA，$V=0.27$ V 时，输出功率最大，$P=2.2$ mW，此时的负载 R_L 必须是 34 Ω。

　　其次，讨论两个相同的光伏电池并联在一起的情况，如图 5.3.14 所示。在同样光照情况下，并联在一起的两个光伏电池共同驱动一个负载电阻 R_L，现在 I 和 V 是两个器件并联后构成系统的总电流和电压，如图 5.3.13 实线。实线与虚线比较后发现，电池并联后串联

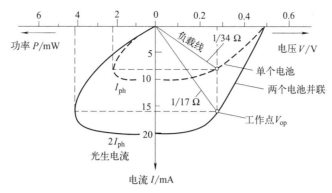

图 5.3.13 单个光伏电池和两个光伏电池并联时的 I-V 特性和 P-I 特性

电阻 R_s 减小了一半，变成 17 Ω，光生电流 I_{ph} 却加倍了。这是显然可见的，因为并联后器件总面积加倍了。图 5.3.13 给出器件的 I-V 特性和 P-I 特性，同时也画出负载线和工作点。负载线由式（5.2.1）给出，当 $I=0$ 时，开路电压 $V=-V_r$，它是横坐标上的一个点；当 $V=0$ 时，短路电流 $I=-V_r/R_L$，它是纵坐标上的一个点。连接这两个点得到的这条线就是负载线，它具有负斜率 $-1/R_L$，它与光探测器特性曲线的交点是电路的工作点 P，该点的电流 I_{op} 和电压 V_{op} 是电路的工作电流和工作电压，如图 5.3.13 所示。由图可见，当工作电流 $I \approx 16$ mA，工作电压 $V \approx 0.27$ V 时，输出功率最大，$P=4.4$ mW（$VI=0.27 \times 16$），此时的负载 R_L 必须是 17 Ω（$V/I=0.27/0.016$）。显然，电池并联后增加了可用的电流，而且减小了要驱动的负载电阻。

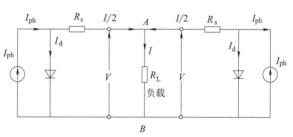

图 5.3.14 两个相同的光伏电池并联在一起
共同驱动一个负载电阻的等效电路

2. 太阳能电池的串联

使用两个或多个太阳能电池级（串）联，如图 5.3.15 所示，可以增加吸收入射光子的能力。第一个电池由宽带隙材料制成，只吸收光子能量大于 E_{g1} 的光子（$h\nu > E_{g1}$）；第二个电池吸收通过电池 1 进入电池 2 且光子能量大于 E_{g2} 的光子（$h\nu > E_{g2}$）。使用晶格匹配的晶体层在单个晶体上生长整个单片集成的级联器件。此外，如果使用光线收集（聚光）器，

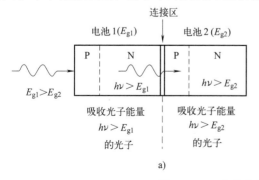

a)

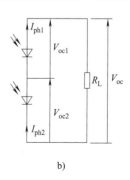

b)

图 5.3.15 光伏电池的级（串）联
a）两个光伏电池片串联 b）两个光伏电池片串联后的电路

效率还可以提高，例如，工作在相当于原来 100 倍太阳光的情况，一个 GaAs-GaSb 级联电池具有 34% 的效率。级联电池已用于效率高达 12% 的薄膜氢化物（Si:H）PIN 光伏电池，该电池使用一个 Si:H 电池和一个 Si:Ge:H 电池级联，这种电池很容易大面积制造。

考虑用两个相同的光伏电池片串联，与并联时的一样，假如受到相同的光照，$I_{ph} = 10$ mA。下面讨论两个电池串联后的 I-V 特性曲线，并找出这两种情况负载电阻得到的最大功率和对应的电压和电流值。

由图 5.3.15 可见，两个电池串联后，开路电压 $V_{oc} = V_{oc1} + V_{oc2}$，由图 5.3.16 可知，$V_{oc1} = 0.55$ V，所以 V_{oc} 是 1 V，短路电流 I_{sc} 将与光生电流 I_{ph} 相同，且 $I_{ph1} = I_{ph2} = 10$ mA，由负载线得到工作电流约为 8 mA，工作电压为 0.55 V，最大输出功率将是 4.4 mW$(VI = 0.55 \times 8)$，该功率将需要约 68 Ω $[V/I = 0.55/(8 \times 10^{-3})]$ 的负载。

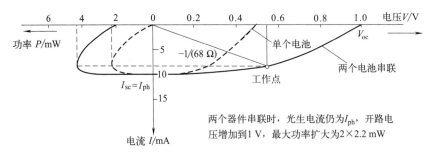

图 5.3.16 两个光伏电池串联的特性曲线

然而，这种理想的简化，当这两个电池不完全相同（失配）时，并联或串联后的性能，与完全匹配的两个电池性能相比，可能导致更差的性能。

图 5.3.17 表示光电池的两种组装方式，图 5.3.17a 表示单片光电池分组串联后再并联，图 5.3.17b 表示单片光电池分组并联后再串联。图 5.3.17 中的二极管 VD 起保护作用，防止因入射光功率的减少造成光电池组输出电压降低，反而使蓄电池对光电池反放电。

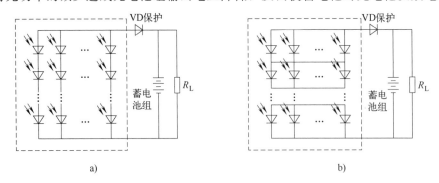

图 5.3.17 提高光伏电池输出功率的两种组装方式

a) 单片光电池分组串联后再并联　b) 单片光电池分组并联后再串联

5.3.7 温度对光伏电池的影响——输出电压和效率随温度下降增加

光伏电池的输出电压和效率随温度的下降而增加，因此它最好是工作在低温下。理论计算表明，温度升高到 40 ℃后，光伏电池开路电压由原来的 0.55 V 下降到 0.475 V，下降的比例为 $(0.55 - 0.475)/0.55 \approx 0.14$，即下降了 14%。所以，光伏电池最好工作在低温下。

如果假定电池的吸收特性不变（半导体材料的禁带能量 E_g、电子-空穴对漂移距离维持不变），光生电流 I_{ph} 也保持不变，则光伏电池的效率至少也要降低 14%。图 5.3.26b 将给出商用光伏电池温度对开路电压、短路电流和输出功率的影响。

另外，在强光照射或聚光照射下，必须要考虑光电池的工作温度和散热措施。如果光电池结温太高，例如硒光电池的结温超过 50 ℃，硅光电池的结温超过 200 ℃，就会破坏它们的晶体结构，造成损坏。因此，通常硅光电池使用温度不允许超过 125 ℃。

5.3.8 太阳能电池材料、器件种类和提高效率的措施

1. 硅光伏电池及其效率

光伏电池的转换效率是最重要的参数，它是与其他能量转换器件进行经济评价的最重要指标。光伏电池的效率是指入射的太阳光能量有多少转换成电能。对于某地的太阳光谱，该转换效率取决于半导体材料的特性和器件结构。此外，周围环境，如温度和高能量粒子（如空间应用）的高辐射损伤的影响也必须考虑。还有，一个地方的太阳光谱与另一个地方的可能会显著不同，这也会改变光伏电池的效率。在对光谱有显著漫射成分的地方，使用高带隙半导体材料的器件可能更有效。使用太阳能收集器，聚焦太阳光到太阳能电池上，可以显著地增加效率。假如一个效率高的电池的成本阻碍其应用，这种效率本身是没有意义的。因此，也必须要知道产生单位电功率的成本（¥/W）。但这是很困难的，因为批量生产会减小整个成本，而其他类型的能源成本并没有包括对环境污染的成本。

大多数光伏电池是硅光电池，因为硅半导体材料制造技术现在已经成熟，可以制造出成本效率高的器件。典型的硅光伏电池的效率：多晶硅器件约为 18%，单晶硅器件约为 22%～24%。后者具有特殊的结构，以便吸收尽可能多的入射光子。

图 5.3.18 表示减小硅光电池效率各种因素，当有 100% 的光能入射到电池表面时，首先约有 26% 的太阳能被浪费了，因为光子没有足够的能量来产生电子-空穴对。接着在太阳光谱的低端，短波长高能量光子在晶体表面被吸收后，光生电子-空穴对因再复合而丢失，因此引起 41% 的能量损失。这部分损失的能量取决于器件表面钝化（覆盖氧化层以保护其免受腐蚀和增加电子稳定性）情况，而且一个器件设计得可以与另一个器件不同。另外，电池必须尽可能多地吸收有用光子，这种光子收集效率取决于器件结构，通常有 5% 的损失。最大的电输出功率用电池开路电压 V_{oc} 和优劣指数 FF 衡量，分别也有 40% 和 15% 的损失。其结果是所谓高效硅光电池的整个效率也只有 21%。

图 5.3.18 计算高效率的硅光电池中的各种损耗

单晶硅光伏电池，其转换效率在我国已经平均达到 16.5%，而实验室记录的最高转换效率超过了 24.7%。这种光伏电池一般以高纯的单晶硅棒为原料，纯度要求 99.9999%。

2024 年 5 月 30 日报道，隆基绿能科技股份有限公司自主研发的背接触异质结单晶硅光伏电池（HBC），实现 27.30% 的转换效率，创造了单晶硅太阳能电池转换效率的新世界纪录。

多晶硅光伏电池，顾名思义，它是以多晶硅材料为基体的光伏电池。由于多晶硅材料多以浇铸代替了单晶硅的拉制过程，因而生产时间缩短，制造成本大幅度降低。再加之单晶硅棒呈圆柱状，用它制作的光伏电池也是圆片，因而组成光伏组件后平面利用率较低。与单晶硅光伏电池相比，多晶硅光伏电池就显得具有一定竞争优势。

隧道氧化层钝化接触（TOPCon）太阳能电池是硅晶体光伏电池家族中的一员，其电池结构为在N型硅衬底电池背面，制备一层超薄氧化硅（SiO_2）层，然后再沉积一层掺杂多晶硅薄层，二者共同形成了钝化接触结构，这种结构，为硅片的背面提供了良好的表面钝化，有效降低表面复合和金属接触复合，从而极大地降低了金属接触复合电流，提升了电池的开路电压和短路电流。这种TOPCon光伏电池理论极限效率为28.7%，已经接近了硅光伏电池的效率极限29.43%。

钝化的前后电极电池（PERC）也是硅晶体光伏电池家族中的一员，它在电池晶体前后表面各形成一层致密的SiO_2钝化层，如图5.3.19b所示，有效地阻止了内部电子跃迁到电池表面，避免了复合载流子的形成，从而提高了电池效率。

倒立角锥（倒金字塔）结构光伏电池，如果把钝化前后电极电池（PERC）前表面刻蚀成倒立角锥（倒金字塔）结构，如图5.3.19所示，可以尽可能多地捕获入射光。从平坦晶体表面的正常反射导致光能损失，但是这种角锥结构的内部反射提供光子的第二次甚至第三次吸收。另外，反射后的光子可能以倾斜的角度进入半导体材料，这意味着它们更有可能在光生电子长度（L_e）内被吸收。

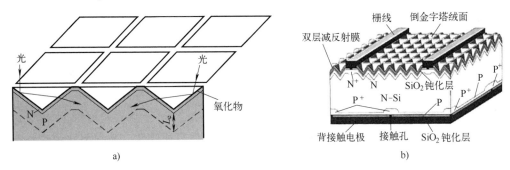

图5.3.19　钝化的前后电极电池（PERC）前表面刻蚀成倒立角锥（倒金字塔）结构，
可以显著地减小反射损耗和增加器件的光子吸收概率
a）原理图　b）立体结构图

2. 化合物薄膜光伏电池

化合物薄膜光伏电池是用有机半导体为原料制成的一种新型薄膜电池。有机半导体是一种不定形晶体结构的半导体，可分为高分子系和低分子系等几类。用它制作的光伏电池厚度只有$1\mu m$，相当于单晶硅光伏电池的1/300。它的工艺制造过程与单晶硅和多晶硅相比大大简化，硅材料消耗少，单位电耗也降低了很多。但有机半导体禁带能量宽度大约为1.7 eV，比结晶硅的1.1 eV要大得多，因此有机半导体可吸收光的波长局限于700 μm以下。另外，有机半导体还存在光致劣化问题，即它受到光的持续照射后，由于材料缺陷增加，致使电池转换效率下降了20%。

异质结光伏电池（HJT），具有可以忽略的接触面缺陷，所谓异质结是指由不同材料构成的PN结，如图5.3.21所示。而同质结光伏电池是在同一块晶体上制作PN结的光伏电池，如图5.3.20所示。有一些Ⅲ-Ⅴ族半导体化合物材料具有不同的禁带能量，如表5.3.1

所示，但是具有相同的晶格常数。异质结（由不同材料构成的 PN 结）光伏电池具有可以忽略的接触面缺陷。AlGaAs 材料比 GaAs 材料具有更宽的带隙，允许更多的入射光子通过。假如，在 GaAs 材料 PN 结上，涂覆一层很薄的 AlGaAs 材料，如图 5.3.20 所示，于是，这一层就钝化了通常在同质结 GaAs 电池中出现的缺陷。因此，AlGaAs 材料窗口层就克服了表面光生电子-空穴对再复合的局限性，从而也就提高了电池的效率，这种结构的电池具有约 24% 的效率。

⊕ 表 5.3.1　一些半导体材料的禁带（带隙）能量 E_g（温度 300 K 时）、截止波长 λ_c

半导体材料	禁带能量 E_g/eV	截止波长 λ_c/μm
非晶硅(有机半导体)	1.7	0.7
钙钛矿	0.9～1.7	
InP	1.35	0.91
GaAs$_{0.88}$Sb$_{0.12}$	1.15	1.08
Si	1.12	1.11
In$_{0.7}$Ga$_{0.3}$As$_{0.64}$P$_{0.36}$	0.89	1.4
In$_{0.53}$Ga$_{0.47}$As	0.75	1.65
Ge	0.66	1.87
InAs	0.35	3.5
InSb	0.18	7

晶格匹配的异质结材料具有潜在开发高效光伏电池的能力。图 5.3.21 表示最简单的单异质结结构，它由两种不同的半导体材料组成，N 区是 AlGaAs 材料，P 区是 GaAs 材料，N 区的带隙（$E_g = 2$ eV）比 P 区的（$E_g = 1.4$ eV）大。能量大于 2 eV（$E_g = h\nu > 2$ eV）的光子在 N 区被吸收；能量小于 2 eV 而大于 1.4 eV（1.4 eV $< h\nu < 2$ eV）的光子在 P 区被吸收。这样就可以充分吸收不同波长太阳光的光子，使效率提高。AlGaAs 层带隙从表面开始缓慢递变的更复杂的光伏电池可以借助改变 AlGaAs 层的成分来实现。

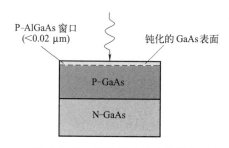

图 5.3.20　同质结光伏电池结构
在钝化的 GaAs 表面涂覆一层 AlGaAs 窗口，
使短波长光生电子-空穴效率提高

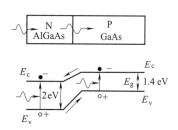

图 5.3.21　异质结（HJT）光伏电池结构
可以充分吸收不同波长太阳光的光子，使效率提高

为了提高电池入射太阳光光谱的利用率和光/电转换效率，可利用Ⅲ-Ⅴ族半导体化合物材料制成的异质结 PN 结光伏电池级联。2 个异质结电池的级联如图 5.3.22a 所示，第 1 个电池由宽带隙材料制成，只吸收 $h\nu > E_{g1}$ 的光子；第 2 个电池吸收穿过第 1 个电池、能量 $h\nu > E_{g2}$ 的光子。2 个电池采用很薄的隧道结连在一起。最有效的级联是 3 个这样的电池级联，如图 5.3.22b 所示。所有的层都在 Ge 衬底上生长，每个电池都是 PN 结。使用 2 个隧

道结将 3 个电池连在一起。第 1 个 PN 结中的材料为 GaInP$_2$，吸收 640 nm 波长的入射光；第 2 个 PN 结的材料是 GaAs，吸收 870 nm 波长的入射光；第 3 个 PN 结材料是 Ge，吸收 1900 nm 波长的入射光。为了减小电池连接的光学和电学损耗，采用隧道结连接。这种商用 3 个异质结电池级联的转换效率可以达到 29.5%，如果采用聚光结构，转换效率还可以提高 10%。多于 3 结的电池因增加 PN 结而提高的效率，会被因光谱敏感度的提高而降低的效率所抵消，所以 4 结电池或 5 结电池结构也并不可取。

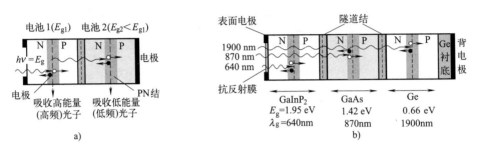

图 5.3.22　光电池级联可以提高入射太阳光光谱的利用率和转换效率

a）2 个异质结光伏电池级联　b）3 个异质结光伏电池级联

砷化镓（GaAs）光伏电池是一种 I-V 族化合物半导体光伏电池。与硅光伏电池相比，砷化镓光伏电池光/电转换效率高，硅光电池理论效率为 23%，而单结砷化镓光伏电池的转换效率已经达到 27%；可制成薄膜和超薄型太阳能电池，同样吸收 95% 的太阳光；砷化镓光伏电池只需 5～10μm 的厚度，而硅光伏电池则需大于 150μm。

碲化镉（CdTe）是一种化合物半导体，其带隙最适合于光电能量转换。用这种半导体做成的级联光伏电池有很高的理论转换效率，目前，已实际获得的最高转换效率达到 16.5%。碲化镉光伏电池通常在玻璃衬底上制造，玻璃上第一层为透明电极，其后的薄层分别为硫化镉、碲化镉和背电极。背电极可以是碳浆料，也可以是金属薄层。碲化镉的沉积技术方法很多，如电化学沉积法、近距离蒸气转运法、物理气相沉积法、丝网印刷法和喷涂法等。碲化镉层的厚度通常为 1.5～3μm，而碲化镉对于光的吸收有 1.5μm 的厚度也就足够了。

铜铟硒（CuInSe$_2$）光伏电池是以铜、铟、硒三元化合物半导体为基本材料，在玻璃或其他廉价衬底上沉积制成的半导体薄膜。由于铜铟硒电池吸收光的性能好，所以膜厚只有单晶硅光伏电池的大约 1/100。

铜铟镓硒（CIGS）是在铜铟硒（CuInSe$_2$）材料中添加一定量的 Ga 元素替代相应的 In 元素而形成的四元化合物半导体材料。这种材料是多晶体，成分配比不严格，易于制造，带隙宽，开路电压高，稳定性好，弱光发电性能好，可见光吸收系数高（10^5cm^{-1}），吸收层 1～2 μm 厚就可将阳光全部吸收利用，外观漂亮，可做柔性电池，发展潜力大。

表 5.3.2 给出了各种光伏电池的典型参数。由表 5.3.2 可见，单晶 GaAs 材料电池比硅电池具有更高的效率。硅光伏电池效率低的最主要的原因是，光子能量小于禁带能量（$h\nu < E_g$）时，光子没有被吸收，以及太阳光短波长光子在器件表面被吸收，如图 5.3.4b 所示。如果使用级联（串联）光伏电池结构，如图 5.3.15 所示，或者采用图 5.3.21 表示的异质结 PN 结结构，就可以提高电池的光能转换效率。

半导体材料	带隙 E_g/eV	开路电压 V_{cc}/V	最大 J_{sc}/(mA/m^2)	优劣指数 FF	效率 η/%	说明
单晶硅	1.1	0.5~0.69	42	0.7~0.8	16~24	
多晶硅	1.1	0.5	38	0.7~0.8	12~19	
非晶硅 Si:Ge:H 薄膜	1.7	—	—	—	8~10	不同材料电池级联，大面积制造
单晶 GaAs	1.42	1.03	27.6	0.85	24~25	
AlGaAs/GaAs 异质结电池级联	—	1.03	27.9	0.864	24.8	不同带隙材料电池级联，以增加吸收效率
GaInP/GaAs 异质结电池级联	—	2.5	14	0.86	25~30	
CdTe 薄膜	1.52	0.84	26	0.73	15~16	多晶硅薄膜
单晶 InP	1.34	0.88	29	0.85	21~22	
CuInSe$_2$	1.0				12~13	
多晶 CuInGaSe	1.04~1.67	高			20	优质薄膜电池材料
非晶硅 Si:Ge:H 薄膜	1.7	—	—	—	8~10	不同材料电池级联，大面积制造
钙钛矿	0.9~1.7	1.0~1.3			30	

注：通常 AM1.5，照射强度 1000 W/m^2，室温下测试。

背接触电池（xBC，xBack Contact），是各种背接触电池的统称，它是将正面的金属栅线放到电池背面，以便减少阳光遮挡，提高转换效率，其技术可以和 TOPCon 电池、PERC 电池、HJT 电池相结合，通用性好。缺点是制造流程复杂、成本较高。

3. 光敏化太阳能电池——钙钛矿太阳能电池

作为一种新型的光伏电池，已成为继晶体硅电池、薄膜电池之后的第三代光伏电池之中的突围者。2021 年，国家能源局、科技部共同编制印发了《"十四五"能源领域科技创新规划》，提出发展钙钛矿等先进光伏技术。钙钛矿材料具有良好的吸光性以及优异的光电转化性能。晶硅太阳能电池效率由最初的 3% 提升到目前的 26%，花费了将近 80 年；而钙钛矿太阳能电池效率由 3.8% 提升到目前的 26%，只用了 10 多年。

2023 年 12 月 4 日，安徽省工业和信息化厅发布，第三代光伏电池有望实现突破，科学家们首次发现阳离子分布不均匀是影响钙钛矿太阳能电池稳定性的主要原因，并制备出均匀化钙钛矿太阳能电池，相关成果在线发表在《自然》杂志上。在太阳能电池领域，晶体硅电池称王已是不争的事实，其市场份额超 95%，但是，晶体硅电池的效率已接近极限。钙钛矿材料是一类 ABX$_3$ 结构形的材料，A、B 和 X 分别代表一价有机阳离子或无机铯离子、二价金属阳离子和卤素离子。这种光电材料具有极为优秀的吸光性能和载流子传输特性，这些优势使钙钛矿成为目前最有前景的新一代光电转换材料之一。

钙钛矿不是矿产，而是一种晶体结构。它是几种化学物质的组合，将几种化学物质按照比例溶于溶液中，经挥发后就形成了钙钛矿材料，具有与 CaTiO$_3$ 相同晶体结构的一类有机-无机杂化材料，属于半导体。它具有类似于非晶硅片薄膜光伏电池的 N-I-P 结构，钙钛矿材料作为光吸收层（I本征区）夹在电子传输层（N区）和空穴传输层（P区）之间。钙钛矿的禁带宽度为1.5 eV。钙钛矿电池典型结构有5层，除空穴传输层、电子传输层和夹在中间的钙钛矿层外（是刷上去的一层化学材料，像一层薄膜，厚度为纳米级）外，还有位于最外层的两个电极，如图5.3.23所示。

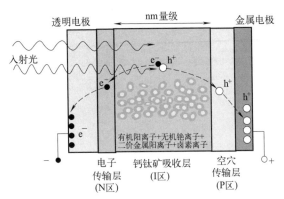

图5.3.23 钙钛矿（CaTiO$_3$）光伏电池结构及其工作原理示意图

钙钛矿光伏电池的工作原理是，当太阳光到达钙钛矿吸光层（I本征区），能量大于钙钛矿禁带宽度的光子将价带电子激发至导带，产生一个自由电子，并在价带留下可自由移动的空穴，这两种由光激发产生的电荷，称为光生载流子；光生电子趋向于跃迁至电子传输层（N区），发生电子的集聚，而光生空穴则移动到空穴传输层（P区），实现了光生电子和空穴的分离，在外电路中将产生光生电流。钙钛矿光伏电池效率峰值分布的范围也比较广，当禁带宽度为0.9~1.7eV时，转换效率也可超过30%。因此，大多数太阳光吸收材料的理论效率极限均较为相近。

2024年5月30日，晶科能源有限公司宣布，基于N型TOPCon的钙钛矿叠层电池研发取得重大突破，其转化效率达到33.24%。该电池使用了晶科自主开发的N型高效单晶钝化接触TOPCon电池作为底电池，通过超薄聚酯纤维钝化接触技术、新型绒面陷光技术、高透光率、高载流子迁移率中间复合层材料技术、钙钛矿界面混合材料钝化提升技术等多项材料技术创新，再度实现钙钛矿/TOPCon叠层电池转换效率突破。这一突破性的成果再一次证明了TOPCon作为太阳能主流电池技术的卓越性能，更展示了其与下一代钙钛矿叠层电池技术的完美融合能力。

5.3.9 聚光太阳能电池

1. 聚光太阳能电池的作用

聚光太阳能电池（CPC）是用聚光器将大面积的阳光会聚在较小面积的太阳能电池上，以增加光强，获得更多的电能输出，提高太阳光的转换效率，如图5.3.24a所示。聚光技术一向以效率高、系统成本低、投资少著称，是降低光伏电池成本的一种有效措施。现在，使用聚光Ⅲ-Ⅴ族太阳能电池，已开发出转换效率达到37%甚至更高的产品。通常，聚光比超过10，则系统只能利用直射阳光，因而必须采用跟踪系统，以便使光电池总是直面阳光。在固定温度下，太阳能电池效率随聚光比的增加而增加；但在高聚光比时，因为电池工作在大电流下，随聚光比的增加，工作温度也随之升高，将导致效率反而降低。所以，需要有效的散热设备。

一种如图5.3.22a结构的3结聚光光伏电池，聚光后相当于175个聚光前太阳光照射在光电池上，当AM1.5（见图5.3.2）、17.5 W/cm^2、25 ℃时，测得效率为37.5%，如图5.3.24b所示。一种聚光系统总的截面积为154 m^2，共80面抛物镜，反射镜为1.17 m×1.6 m，功率为20 kW，采用铝制散热片，双轴跟踪，几何聚光比为30，实际聚光比为23，电池为高效单晶硅电池，工作于70 ℃左右。

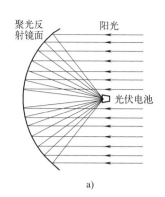

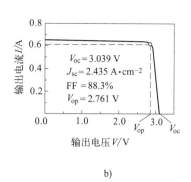

a)   b)

图 5.3.24 聚光光伏电池

a) 聚光光伏电池示意图   b) 3 个异质结聚光电池的 I-V 特性（效率 37.5%）

近年来，聚光光伏技术及产业以倍增速率发展。聚光光伏系统通常由聚光器、光伏电池、散热器和跟踪控制单元组成。

2. 聚光器

聚光系统除聚光器外，有时还有二次聚光器和分色镜等。

聚光器依光学原理可分为折射型、反射型和混合型等。折射聚光器元件可以是菲涅耳透镜或普通透镜。菲涅耳透镜是平面聚光镜，与普通透镜相比，重量轻，成本低。但对于小尺寸电池而言，由于普通透镜比菲涅耳透镜有更高的效率，所以普通透镜更为适合。反射聚光器包括抛物槽、平板、组合抛物面等，反射镜材料是镀银玻璃和镀铝面。混合聚光器是综合使用了折射、反射和内部反射。

聚光器依聚光形式不同可分为点聚光器和线聚光器，点聚光器也叫轴向聚光器，即用聚光透镜或反射镜和太阳能电池处于同一条光学轴线上，如图 5.3.24a 所示。线聚光器由条形透镜、抛物槽和组合抛物面组成，其截面图也就像图 5.3.24a 表示的那样，不过此时电池成线状。

聚光系统按聚光比可分为低聚光系统和高聚光系统。由透镜构成的点聚光系统，聚光比一般小于 500；线聚光系统一般在 15～60。低聚光系统，虽然聚光比不高，但不需要跟踪太阳，因为可利用散射辐射，适用于直接辐射不太好的地区。

二次聚光器是第一次聚光没有照射在电池上，而是聚光到第二次聚光器上，然后经第二次聚光后再照射到电池上。这样，可以增加接收角，提高聚光比。

分色镜将太阳光谱分成几部分，每一部分光直接进入相应的禁带宽度电池，这样可以充分利用太阳光的入射能量，如图 5.3.25 所示。图中，使用卡塞格林望远镜光伏聚光器，InGaP/GaAs 双结电池的效率为 30%，经过 25 cm×25 cm 分色镜，红外光入射到 GaSb 红外电池上，该电池的效率为 8%，总效率达到 38%。

3. 散热器

由于聚光电池工作在强光大电流下，其工作温度的升高会使聚光电池性能下降，因此散热器就显得特别重要。

散热器分为主动式散热和被动式散热。主动式散

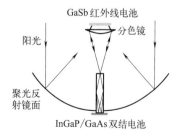

图 5.3.25 使用分色镜，将红外线从可见光光谱中分离出来，进入 GaSb 红外电池以提高效率

热是用流动的水、氨水或其他介质将聚光组件工作时产生的热量带走，以达到冷却电池的目的。被动式散热是用散热片直接把电池矩阵产生的热量散发到大气中。主动式散热可以更好地降低电池的温度，但存在的隐患是，如果冷却系统一旦出现故障，电池矩阵可能由于温度过高而损坏。与此相比，被动式冷却的可靠性就高，是聚光电池散热的首选方式。

主动式散热通常与电、热联用结合在一起，不仅提供电能，而且提供热能，这将有利于提高系统的成本效益。

4. 跟踪控制器

跟踪方式分为固定式、单轴跟踪和双轴跟踪。固定式通常是线聚光，纵轴东西放置。单轴跟踪主要用在槽式反射镜面系统中，也可用在低聚光（聚光比小于 20）的透镜系统中。双轴跟踪用在使用透镜或盘式反射镜面、聚光比超过 60 的系统，目前多数采用双轴跟踪。

控制方式有开环控制和闭环控制。开环控制需要天文计时装置、全球定位系统（GPS）。闭环控制系统装有太阳位置传感器，但是在多云情况下很难正常使用，并且在早晨需要有自动机构使其指向东方。最好的办法是将两种方式结合在一起使用。

通常，聚光比越高，跟踪精度要求就越高，其结构就越复杂，造价就越高，因此设计跟踪控制系统必须在成本和性能之间进行合理选择。

基于 Ⅲ-Ⅴ 族材料的多结聚光电池是目前所有太阳能电池中效率唯一超过 40% 的电池。多结电池的效率以每年 0.5%～1% 的速度增长，预计效率很快就会达到 45%～50%。目前，商业化的多结聚光电池的效率范围为 35%～39%。

目前聚光光伏组件和装配件的鉴定标准为 IEC 62108。

5.3.10 商用太阳能电池技术指标和特性曲线

一种商用太阳能电池采用串联单片单晶硅电池结构，采用绒面高强度高透光率钢化玻璃，以便减少太阳光反射，边框使用阳极氧化铝合金，以便提高机械强度。该组件已广泛用于太阳能光伏电站、微波通信、森林防火、交通指示、路面照明等场所。实际使用时，光伏组件输出接蓄电池组。如果是交流负载，蓄电池组通过逆变换器带动负载；如果是直流负载，则蓄电池组直接驱动负载。表 5.3.3 给出 3 种串联组件的技术指标，图 5.3.26 表示可输出功率 110 W 的 72 片电池串联组件的伏安特性曲线。

⊕ 表 5.3.3 一种商用太阳能电池组件技术指标

串联组件	36 片电池串联组件	72 片电池串联组件	72 片电池串联组件
组件可提供的功率/W	80	110	160
单晶硅光伏电池片尺寸 /(mm×mm)	103×103	103×103	125×125
开路电压 V_{oc}/V	20.5	42.8	42.8
短路电流 I_{sc}/A	5.15	3.4	4.9
工作电压 V_{op}/V	17.1	34.2	34.2
工作电流 I_{op}/A	4.68	3.32	4.68
系统提供的最大直流电压/V	1000	1000	1000
组件效率/%	12.58	12.32	12.49
正常工作温度/℃	25	25	25

串联组件	36 片电池串联组件	72 片电池串联组件	72 片电池串联组件
短路电流(I_{sc})温度系数/%	+0.05	+0.05	+0.05
开路电压(V_{oc})温度系数 /(mV/℃)	−158	−158	−158
功率温度系数/(%/℃)	−0.46	−0.46	−0.46
外形尺寸(长×宽×厚) /(mm×mm×mm)	1200×530×35	1325×674×46	1589×806×46
质量/kg	7.5	11.1	15
工作温度范围/℃	−40～85	−40～85	−40～85

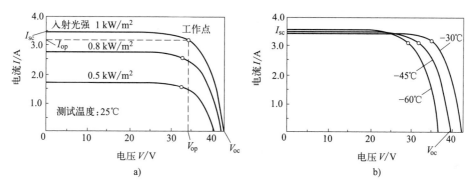

图 5.3.26 商用单晶硅光伏电池 110 W 组件的特性曲线

a) 伏安特性 b) 温度对伏安特性的影响

房顶的光伏板把光能转换为直流电流（DC），逆变换器将 DC 转换为交流（AC）220 V/ 50 Hz 的市电。

第 **6** 章

电光/磁光/声光/热电效应——光调制器、光隔离器和光开关

6.1 电光效应——光调制器和光开关

6.2 磁光效应——磁光开关和光隔离器

6.3 声光效应——滤波器、调制器和声光开关

6.4 热电效应及热光开关

6.1 电光效应——光调制器和光开关

6.1.1 电光效应原理——外电场使晶体折射率 n 变化

电光效应是外加电场引起各向异性晶体材料折射率改变的效应。而外加电场也会引起材料发光，这种现象称为电致发光效应，利用这种效应可制成电致发光平板显示器件（见第 10 章）。

电光效应是指某些光学各向同性晶体在电场作用下显示出光学各向异性的效应（双折射效应）。折射率与所加电场强度的一次方成正比变化的称为线性电光效应，即泡克耳斯（Pockels）效应，它于 1893 年由德国物理学家泡克耳斯发现；折射率与所加电场强度的二次方成正比变化的称为二次电光效应，即克尔（Kerr）效应，它于 1875 年由英国物理学家克尔发现。

电光调制的原理是基于晶体的线性电光效应，即电光材料如 $LiNbO_3$ 晶体的折射率 n 随施加的外电场 E 而变化，即 $n=n(E)$，从而实现对激光的调制。

电光调制器是一种集成光学器件，它把各种光学器件集成在同一个衬底上，从而增强了性能，减小了尺寸，提高了可靠性和可用性。

图 6.1.1a 表示的横向泡克耳斯线性电光效应调制器，施加的外电场 $E_a=V/d$ 与 y 方向相同，光的传输方向沿着 z 方向，即外电场在光传播方向的横截面上。假设入射光为与 y 轴成 45° 的线偏振光 E，我们可以把入射光用沿 x 和 y 方向的偏振光 E_x 和 E_y 表示，外加电场引入沿 z 轴传播的双折射（入射光垂直于晶体光轴），即平行于 x 和 y 轴的两个正交偏振光经不同的折射率

$$n'_x \approx n_x + \frac{1}{2} n_x^3 \gamma_{22} E_a \quad \text{和} \quad n'_y \approx n_y - \frac{1}{2} n_y^3 \gamma_{22} E_a \tag{6.1.1}$$

沿着 z 轴方向传播。式中，n_x 是 x 方向的折射率；n_y 是 y 方向的折射率；γ_{22} 是泡克耳斯线性电光系数，其值取决于晶体结构和材料。此时，施加电场 E_a 引起的折射率变化 $\Delta n = \alpha E_a$ 为

$$\Delta n = \frac{n_0^3}{2} \gamma_{ij} E_j \tag{6.1.2}$$

式中，n_0 是 $E=0$ 时材料的折射率；γ_{ij} 是线性电光系数，i、j 对应于在适当坐标系中，输入光相对于各向异性材料轴线的取向。根据式（1.3.4）和式（6.1.2），得到相位差 $\Delta\phi$ 和施加外电压 V 的关系为

$$\Delta\phi = \frac{2\pi}{\lambda} \Delta n_i L = \frac{\pi}{\lambda} \left(n_0^3 \gamma_{22} \frac{L}{d} V \right) \tag{6.1.3}$$

式中，L 是相互作用长度。于是施加的外电压在两个电场分量间产生一个可调整的相位差 $\Delta\phi$，因此，出射光波的偏振态可被施加的外电压 $V(t)$ 控制。横向线性电光效应的优点是可以分别独立地减小晶体厚度 d 和增加长度 L，前者可以增加电场强度，后者可引起更多的相位变化。因此 $\Delta\phi$ 与 L/d 成正比，但纵向线性电光效应除外。

图 6.1.1b 表示利用横向线性电光效应相位调制器制成的马赫-曾德尔平面波导电路（PLC）调制器。

泡克耳斯像及泡克耳斯对晶体学的贡献如图 6.1.2 所示。

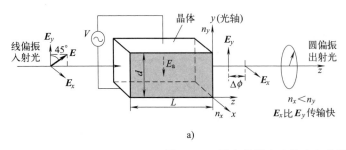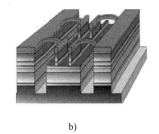

a)   b)

图 6.1.1 横向线性电光效应相位调制器

a）横向线性电光效应相位调制器原理图　b）利用横向线性电光效应相位调制器制成的马赫-曾德尔 PLC 调制器

泡克耳斯（Pockels，1865—1913）出生在意大利，1888 年获得博士学位，1900—1913 年，任海德堡大学科学和数学系理论物理学教授，在这里他对晶体的电光特性进行了广泛研究，于 1893 年发现了晶体折射率与所加电场强度的一次方成正比变化的效应，后来人们就以他的名字命名为泡克耳斯效应。晶体的泡克耳斯效应是许多实用化电光调制器的基础。

图 6.1.2 泡克耳斯像及泡克耳斯对晶体学的贡献

6.1.2 电光相位调制器

目前，大多数调制器是由铌酸锂（$LiNbO_3$）晶体制成的，这种晶体在某些方向具有非常大的电光系数。根据式（6.1.3）可以构成相位调制器，它是电光调制器的基础，通过相位调制，可以实现幅度调制和频率调制。图 6.1.3 表示集成横向泡克耳斯效应相位调制器，它是在 $LiNbO_3$ 晶体表面扩散进钛（Ti）原子，制成折射率比 $LiNbO_3$ 高的掩埋波导，加在共平面条形电极的横向电场 E_a 通过该波导，如图 6.1.3b 所示，两电极长为 L，间距为 d。衬底是 x 切割的 $LiNbO_3$ 晶体，在电极和衬底间镀上一层很薄的电介质缓冲层（约 200 nm

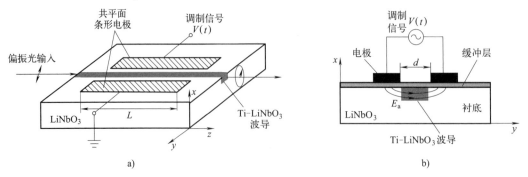

a)   b)

图 6.1.3 x 切割 $LiNbO_3$ 晶体集成相位调制器

a）结构原理图　b）结构截面图

厚的 SiO_2），以便把电极和衬底分开。入射光分解为沿 x 和 y 方向的偏振光 E_x 和 E_y，如图 6.1.1a 所示，由于泡克耳斯效应，其对应的折射率分别为 n'_x 和 n'_y，于是当 E_x 和 E_y 沿 z 传输距离 L 后，产生随施加调制信号 $V(t)$ 变化的折射率变化 $\Delta n = n'_x - n'_y$。

E_x 和 E_y 产生的相位变化为

$$\Delta\phi = \phi_1 - \phi_2 = \Gamma\frac{2\pi}{\lambda}\left(n_o^3 r_{22}\frac{L}{d}V\right) \tag{6.1.4}$$

但是，由于施加的电场没有完全作用于波导中的光场，只有电场和光场相互作用的部分才产生 Δn，所以要引入一个系数 Γ，$\Gamma = 0.5 \sim 0.7$。对于 x 切割的 $LiNbO_3$ 晶体片，$\lambda = 1.5~\mu m$，$d \approx 10~\mu m$，$V_{\lambda/2}L \approx 35~V \cdot cm$，当 $L = 2~cm$ 时，半波电压为 $V_{\lambda/2} \approx 17.5~V$。

【例 6.1.1】 电光效应相位调制器

在图 6.1.1 表示的横向相位 $LiNbO_3$ 调制器中，晶体的施加电压为 24 V，自由空间工作波长为 1.3 μm，如果要求通过该晶体传输的电场分量 E_x 和 E_y 产生的相位差为 π（半波片），请问 d/L 值是多少？

解：在式（6.1.3）中，令 $\Delta\phi = \pi$，$V = V_{\lambda/2}$，对于 $LiNbO_3$ 晶体，$n_o = 2.272$，$r_{22} = 3.4 \times 10^{-12}~m/V$，所以

$$\Delta\phi = \frac{2\pi}{\lambda}\left(n_o^3 r_{22}\frac{L}{d}V_{\lambda/2}\right) = \pi$$

由此得到

$$\frac{d}{L} = \frac{1}{\Delta\phi}\times\frac{2\pi}{\lambda}(n_o^3 r_{22}V_{\lambda/2}) = \frac{1}{\pi}\times\frac{2\pi}{1.3\times10^{-6}}\times2.2^2\times(3.4\times10^{-12})\times24 = 1.3\times10^{-3}$$

这样薄的厚度可用集成光学技术实现。

6.1.3 电光开关——其输出由波导光相位差决定

6.1.1 节已介绍了电光效应，利用其原理也可以构成波导光开关。

图 6.1.4 表示由两个 Y 形 $LiNbO_3$ 波导构成的马赫-曾德尔 1×1 光开关，在理想的情况下，输入光功率在 C 点平均分配到两个分支传输，在输出端 D 干涉，其输出幅度与两个分支光通道的相位差有关。根据式（2.2.9），当 A、B 分支的相位差 $\Delta\phi = 0$ 时，输出功率最大；当 $\Delta\phi = \pi/2$ 时，两个分支中的光场相互抵消，使输出功率最小，在理想的情况下为零。相位差的改变由外加电场控制。

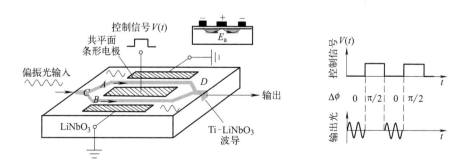

图 6.1.4 马赫-曾德尔 1×1 波导光开关

6.2 磁光效应——磁光开关和光隔离器

6.2.1 磁光效应原理——强磁场使非旋光材料偏振面发生右旋转

一个人只要肯干、自强，即便生活在社会底层也能取得伟大成就。

——法拉第（M. Faraday）

把非旋光材料如玻璃放在强磁场中，当平面偏振光沿着磁场方向入射到非旋光材料时，光偏振面将发生右旋转，如图 6.2.1a 所示，这种效应就称做法拉第（Faraday）效应，它由迈克尔·法拉第（Michael Faraday）在 1845 年首先观察到。旋转角 θ 和磁场强度 H 与材料长度 L 的乘积成比例，即

$$\theta = \rho H L \tag{6.2.1}$$

式中，ρ 是材料的韦尔代（Verdet）常数，表示单位磁场强度使光偏振面旋转的角度，对于石英光纤，$\rho = 4.68 \times 10^{-6}$ rad/A；H 是沿入射光方向的磁场强度，单位是 A/m 或 Oe $[1\ \text{Oe} = 10^3/(4\pi)\ \text{A/m}]$；$L$ 是光和磁场相互作用长度，单位为 m。如果反射光再一次通过介质，则旋转角增加到 2θ。磁场由包围法拉第介质的稀土磁环产生，起偏器由双折射材料如方解石担当（见 4.2.2 节），它的作用是将非偏振光变成线偏振光，因为它只让与自己偏振化方向相同的非偏振光分量通过。法拉第介质可由掺杂的光纤或者具有大的韦尔代常数的材料构成，如钇铁石榴石（YIG-$Y_3Fe_5O_{12}$）和用稀土元素如钆（Gd）、镱（Yb）部分取代钇（Y）形成的晶体。

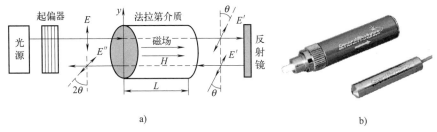

图 6.2.1　法拉第磁光效应
a）法拉第磁光效应原理图　b）法拉第旋转器

已有中心波长 1310 nm 和 1550 nm 的法拉第旋转器，波长范围 ±50 nm，插入损耗 0.3 dB，法拉第旋转角度 90°，最大承受功率 >300 mW，它能使光纤上任意一点出射光的偏振态与入射光的偏振态正交，一种法拉第旋转器的外形如图 6.2.1b 所示。

6.2.2　磁光开关

图 6.2.2a 表示一种磁光效应光开关的结构，这种光开关由三只耦合透镜、磁光效应开关元件和单模光纤组成。开关元件由 Gd:YIG 晶体构成的可旋转 45° 的法拉第介质、可旋转 45° 的石英介质、玻璃块、平行四边形棱镜、三只起偏振器和检偏器的方解石和电磁铁组成。当线圈施加电压 +5 V 时，如图 6.2.2a 所示，电磁铁对 Gd:YIG 晶体施加磁场，因为法拉第介质和石英介质对光束偏振面的旋转分别为 −45° 和 45°，所以光束通过这两个元件的总偏

振旋转角为零。入射光束由方解石 1 分离为 o 光束（寻常光）和 e 光束（非寻常光），然后由方解石 2 组合为一束，并通过棱镜和玻璃块，最后从端 2 输出。当线圈施加电压－5 V 时，如图 6.2.2a 的中图所示，光束偏振面共旋转 90°（法拉第介质 45°，石英介质 45°），因此 o 光束转换为 e 光束，e 光束转换为 o 光束，由棱镜反射后合成一束，从端 3 输出。因此通过控制加在线圈上的电压极性就可以控制输入光信号是到达输出光纤 2 还是 3。

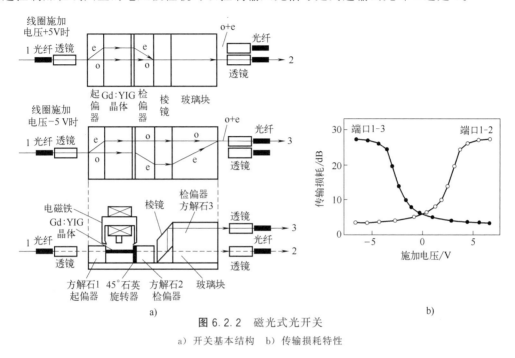

图 6.2.2　磁光式光开关

a）开关基本结构　b）传输损耗特性

图 6.2.2b 表示磁光式光开关的传输损耗特性，这种光开关在电磁铁驱动电压 ±5 V 时磁场达到饱和，开关开始运行，此时当电压为 ±20 V 时，开关时间为 30 μs，串扰主要来自 Gd:YIG 的质量。

6.2.3　光隔离器——隔离入射光和反射光

希望你们年青的一代，也能像蜡烛为人照明那样，有一分热，发一分光，忠诚而踏实地为人类伟大的事业贡献自己的力量。

——法拉第（M. Faraday）

连接器、耦合器等大多数无源器件的输入和输出端是可以互换的，称为互易器件。然而一些光电子系统也需要非互易器件，如光隔离器和光环形器。光隔离器是一种只允许单方向传输光的器件，即光沿正向传输时具有较低的损耗，而沿反向传输时则有很大的损耗，因此可以阻挡反射光对光源的影响。对光隔离器的要求是隔离度大、插入损耗小、饱和磁场低和价格便宜。某些光器件特别是激光器和光放大器，对于从诸如连接器、接头、调制器或滤波器反射回来的光非常敏感，引起性能恶化。因此通常要在最靠近这种光器件的输出端放置光隔离器，以消除反射光的影响，使系统工作稳定。

光通信用的隔离器几乎都用法拉第磁光效应原理制成。图 6.2.3 表示法拉第旋转隔离器的原理。起偏器 P 使与起偏器偏振方向相同的非偏振入射光分量通过，所以非偏振光通过起偏器后就变成线偏振光，调整加在法拉第介质的磁场强度，使偏振面旋转 45°，然后通过偏振方向与起偏器成 45° 的检偏器 A。光路反射回来的非偏振光通过检偏器又变成线偏振光，该线偏振光的偏振方向与入射光第一次通过法拉第旋转器的相同，即偏振方向与起偏器输出偏振光的偏振方向相差 45°。由此可见，这里的检偏器也是扮演着起偏器的作用。反射光经检偏器返回时，通过法拉第介质偏振方向又一次旋转了 45°，变成了 90°，正好和起偏器的偏振方向正交，因此不能通过起偏器，也就不会影响到入射光。光隔离器的作用就是把入射光和反射光相互隔离开来。

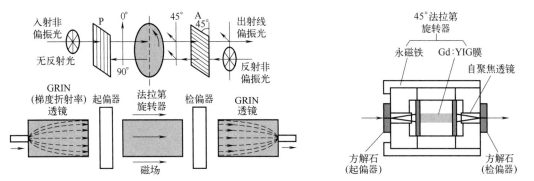

图 6.2.3　法拉第旋转隔离器工作原理　　　　图 6.2.4　厚膜 Gd:YIG 构成的隔离器结构

　　YIG 单晶体法拉第旋转器由于单晶是熔炼生长的，因速度慢、价格昂贵而受到限制。薄膜波导器件因性能差而不能接受。一种用液相外延（LPE）方法在 GGG（$Gd_3Ga_5O_{12}$）基片上生长 Gd:YIG（$Gd_{0.2}Y_{2.8}Fe_5O_{12}$）厚膜构成的器件，性能良好、价格低廉，克服了上述缺点，受到了重视，这种隔离器的结构如图 6.2.4 所示。在波长 1.3 μm 时，其隔离度 25 dB，插入损耗 0.8 dB（不包括透镜损耗 1 dB）。性能和晶体 YIG 器件相近，饱和磁场只需 100 Oe，器件尺寸为 ϕ7 mm×7 mm，价格只有晶体 YIG 器件的 1/10。这种隔离器已用于单模光纤通信系统。

　　　　　学习这件事不在乎有没有人教你，最重要的是在于自己有没有觉悟和恒心。

——法拉第（M. Faraday）

6.3　声光效应——滤波器、调制器和声光开关

6.3.1　声光效应原理——声波引起晶体折射率周期性变化

　　晶体折射率的周期性变化，不但可由施加的电场（波）引起，而且也可以由施加的声场（波）引起，前者称为电光效应，后者则称为声光效应，如图 6.3.1 所示。声波是一种弹性波（纵向应力波），在介质中传输时，它使介质密度产生局部的密集和疏松，发生相应的弹性形变，使折射率产生周期性的变化

$$\Delta\left(\frac{1}{n^2}\right) = pS \tag{6.3.1}$$

式中，S 是声波信号产生的应力，p 是光弹性系数。这就相当于一个光栅，该光栅间距等于声波波长。当光波通过这种光栅时，同样也会发生光的衍射，衍射光的传输方向、偏振、频

率和强度都随声波的变化而变化。

6.3.2 声光滤波器——声生光栅对波长具有选择性

第 2 章介绍的几种滤波器，光栅是永久性刻蚀在 Si 或 InGaAsP 波导表面的。声光滤波器却相反，光栅由声波动态产生，声波又由施加在压电晶体（如 $LiNbO_3$）上的射频信号产生，这类光栅就是声光调谐光滤波器（AOTF）。它同样基于布拉格原理，即只有满足布拉格条件的波长才能通过滤波器。这种滤波器工作的物理机制是基于光弹性效应，即通过声光材料传输的声波或超声波信号产生随声波幅度周期性变化的应力，使该材料的密度发生周期性的

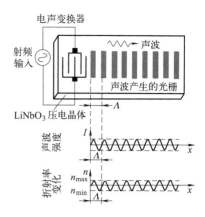

图 6.3.1　介质中传输的声波使介质密度弹性形变使折射率周期性变化

变化，相当于使折射率 n 产生周期性的变化，其结果是声波产生了可以对光束衍射的光栅，因此对波长具有选择性。

射频调制信号通过电极施加在压电晶体上，由于压电效应，在晶体表面产生应力，从而产生表面声波（SAW），如图 6.3.2b 所示，AOTF 包含一个表面电声变换器、两个正交偏振分光/合光器和两个靠得很紧的与偏振无关的 $LiMbO_3$ 光波导，它们都被集成在同一个衬底上。SAW 的作用是使光偏振态从 TE（横电）模转化到 TM（横磁）模，如图 6.3.2a 所示，光波导靠得很紧的目的是使光信号很容易从一个波导耦合到另一个波导。

电声变换器（又称超声发生器）是利用某些压电晶体（如石英、$LiNbO_3$ 等）在外加电场的作用下产生机械振动，形成超声波辐射，所以电声变换器起着将调制的电功率转换成声功率的作用。

图 6.3.2b 表示马赫-曾德尔（M-Z）干涉仪结构声光滤波器构成原理图，它由正交偏振的分光/合光器和 2 个图 6.3.2a 表示的声波发生器 $LiNbO_3$ 光波导组成，它们都被集成在同一个衬底上。入射的 WDM 信号中的 λ_m 波长信号，被第一个偏振分光器分割成两个正交的线偏振成分，即 TE 波和 TM 波（见 8.1.3 节），分别在 AOTF 的上臂和下臂传输，因为它们满足布拉格（谐振）衍射条件，所以发生模式转换，即上臂的 TE 模转换成 TM 模，下臂的 TM 模转换成 TE 模，然后由偏振合光器合波，在输出端 3 输出。其他波长的信号由于没有满足布拉格（谐振）衍射条件，则不会发生模式转换，在端口 4 输出。

AOTF 也是一种与极化无关的器件。AOTF 选择的波长 λ_m 与声波波长 Λ 和 Δn 有关，根据布拉格光栅表达式（2.3.10），当阶数 $m=2$ 时，选择的波长 λ_m 为

$$\lambda_m = \Lambda \Delta n \qquad (6.3.2)$$

式中，$\Delta n = n_{TE} - n_{TM}$，$n_{TE}$ 和 n_{TM} 分别是 $LiNbO_3$ 材料对入射光 TE 模和输出衍射光 TM 模的折射率，Δn 与声波的强度（幅度）有关。

图 6.3.2c 表示可调谐声光滤波器的输出光波长和声波频率的关系，由图可见，输出光的波长随声波频率的升高而下降。当改变声频时，满足布拉格衍射条件的入射光 λ_m 的波长随之改变，从而实现可调谐光谱滤波。

滤波器通带为

$$\Delta\lambda = 0.8\lambda^2 / (L\,\Delta n)(\mu m) \qquad (6.3.3)$$

式中，L 为产生 TE/TM 模式转换的 M-Z 干涉仪臂长中声光相互作用长度。

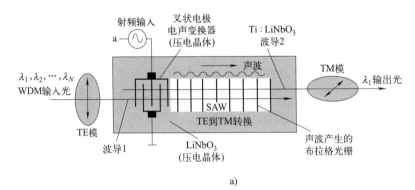

a)

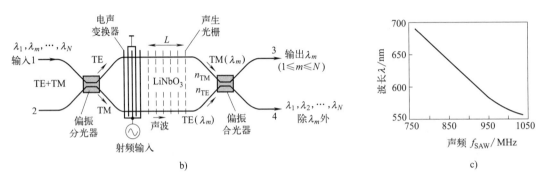

b)   c)

图 6.3.2   声光调谐滤波器（AOTF）

a）声波使入射 TE 光转变到 TM 光输出   b）由 M-Z 干涉仪构成的声光滤波器   c）AOTF 输出光波长和声频的关系

【例 6.3.1】   声光调谐滤波器

如果在 $LiNbO_3$ 晶体中，TE 模和 TM 模的折射率差是 $\Delta n = 0.07$，声速是 3.75 km/s，声光相互作用长度 $L = 22$ mm，要选择的波长是 1540.56 nm。请计算

（a）声波的频率。

（b）声光调谐滤波器的调谐时间。

解：（a）为了计算声波的频率 f_{SAW}，需要计算 SAW 的波长，该波长就是光栅的周期 Λ。我们可以把 f_{SAW} 和 Λ 用公式 $\Lambda f_{SAW} = \upsilon$ 联系在一起，这里 υ 是声波的速度。已知 $\lambda_m = 1540.56$ nm，于是由式（6.3.2）我们得到

$$\Lambda = \lambda_m / \Delta n = 22.008 \ \mu m \qquad f_{SAW} = \upsilon / \Lambda = 170.4 \ MHz$$

（b）调谐时间 t_{tun} 是 SAW 沿声光相互作用长度 L 的传输时间，换句话说，L 是声波引入的光栅长度。此时改变光栅周期要求的最小时间是在长度 L 上建立 SAW 所需的时间，因此

$$t_{tun} = L / \upsilon = 5.87 \mu s$$

6.3.3   声光调制器——声生光栅对入射光调制输出衍射光波

由 6.3.1 节已经知道，声光滤波器是基于光弹性效应，通过电极施加在压电晶体上的射频调制信号，在晶体表面产生应力，从而产生表面声波（SAW），该声波信号通过声光材料传输时，产生随声波幅度周期性变化的应力，使该材料的密度产生局部的密集和疏松，相当于使折射率产生周期性的变化，其结果是声波产生了可以对光束衍射的光栅，如图 6.3.3 所

示。入射光束 A 和 B 为平行相干光，由于折射率的变化，这些波将在点 O 和 O' 反射为 A' 和 B' 波。假如 A' 和 B' 波同相，它们将相互加强，构成衍射光束（见 2.1.2 节）。假如声波波长为 Λ，则声生光栅的折射率变化周期也是 Λ。光束 A' 和 B' 的光程差为 $PO'Q$，它等于 $2\Lambda\sin\theta$，根据布拉格衍射条件式（2.3.10），光程差应是波长的整数倍，其值为

$$2\Lambda\sin\theta = \lambda/n \tag{6.3.4}$$

式中，λ 是自由空间光波长，n 是介质折射率，θ 是入射光束与声波的传输波面的夹角。由此式可知，对于给定的材料，n 是常数，所以 λ/n 也是常数，所以 Λ 和 $\sin\theta$ 成反比。

如果 θ 满足式（6.3.4），入射光束将产生衍射，称 θ 为布拉格角。因此我们可以简单地选择声波波长 Λ，就可以使入射光束发生不同的倾斜（改变 θ），很显然，在射频调制电压的作用下，声波波长 Λ 的变化将引起入射光束衍射角 θ 的变化。

假如 ω 是入射光波的角频率，由于多普勒（Doppler）效应，衍射光束随着声波传输的方向，要么频率高一点，要么低一点。假如 Ω 是声波的频率，衍射光束具有一个多普勒频移，其值为

$$\omega' = \omega \pm \Omega \tag{6.3.5}$$

当声波传输方向与入射光束相对传输时，如图 6.3.3 所示，此时衍射光束频率为 $\omega' = \omega + \Omega$；当声波传输方向与入射光束同向传输时，$\omega' = \omega - \Omega$。很显然，声波频率 Ω 的变化，将引起衍射（反射）光波频率的变化，如果把要传输的电信号驱动电声变换器，就可以实现对光波的调制。

·光学多普勒效应是当光源和接收器之间存在相对运动时，接收器接收到的光波频率不等于光源和接收器相对静止时的频率，两频率之差就是多普勒频移。显然，多普勒频移直接与光源和接收器之间相对运动的速度有关，利用这一原理可以测量飞行器喷射气流的速度和确定失事飞机坠毁的方位和区域，如在 2014 年 3 月确定马来西亚航空公司 MH370 航班客机坠毁区域时就用了这一原理。

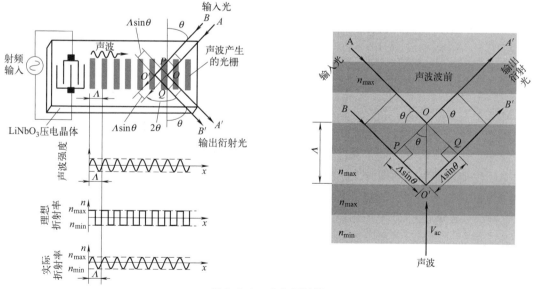

图 6.3.3 声光调制器

入射光经光栅衍射后，除大部分反射外，也有一部分穿过光栅透射出去。反射的幅度取决于产生的疏密材料折射率变化 Δn，即取决于声波的强度。衍射光束强度与 Δn^2 成正比，

改变声波强度（改变调制射频电压的大小），就可以调制衍射光束的强度。

声光调制器是利用声光效应将信息加载于光载波上的一种物理过程。调制电信号加在电声换能器上，产生超声波，当光波通过声光介质时，由于声光作用，使光载波受到调制而成为携带信息的强度调制波。布拉格声光调制特性曲线与电光强度调制相似，如图 6.3.4 所示，衍射（反射）光强随超声波（调制电信号）强度的变化并不总是成线性关系，所以为了使其工作在线性区，需要对电声换能器加偏置。

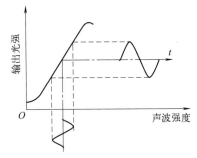

图 6.3.4 衍射（反射）光强随超声波（调制电信号）强度的变化特性

除 $LiNbO_3$ 晶体可用于电光效应调制外，最近，聚合物很受重视，因为这种材料用旋压涂覆方法大面积喷镀，在固化过程中对材料施加电压，聚合物所要求的光各向异性特性就"冻结"起来，构成各向异性材料，价格十分便宜。

【例 6.3.2】 声光调制器

假如我们在 $LiNbO_3$ 晶体的表面产生 $f = 250\ MHz$ 的声波，在 $LiNbO_3$ 晶体中的声速 υ_{ac} 是 $6.57\ km/s$，折射率为 2.2。调制光为 $\lambda = 632.8\ nm$ 的 He-Ne 光。请计算声波波长、倾斜角和多普勒频移。

解： 假如 f 是声波频率，声波波长为

$$\Lambda = \upsilon_{ac}/f = \frac{6.57 \times 10^3\ m \cdot s^{-1}}{250 \times 10^6\ s^{-1}} = 2.63 \times 10^{-5}\ m = 26.3\ \mu m$$

由式（6.3.4）求得布拉格角

$$\sin\theta = \frac{\lambda/n}{2\Lambda} = \frac{(632.8 \times 10^{-9}\ m)/2.2}{2 \times 2.63 \times 10^{-5}\ m} = 0.00547$$

由此得 $\theta = 0.31°$ 或者倾斜角为 $2\theta = 0.62°$。式（6.3.5）表示的多普勒频移就是声波的频率 250 MHz。

6.3.4 声光开关

在 6.3.1 节和 6.3.2 节中，已对声光滤波器和声光调制器的原理做了介绍，也可以用这种原理做成声光开关。我们已经知道，通过电极施加在压电晶体上的射频调制信号，由于光弹性效应，在晶体表面产生应力，从而产生表面声波（SAW），该声波信号通过声光材料传输时，产生随声波幅度周期性变化的应力，使该材料折射率产生周期性变化，其结果是声波产生了可以对光束衍射的光栅，如图6.3.5 所示。入射光经声生光栅衍射后，除大部分反射外，也有一部分穿过光栅透射出去。反射的幅度取决于疏密材料间的折射率变化 Δn，即取决于声波的幅度。衍射光束强度与 Δn^2 成正比，改变声波强度（改变控制电压大小），就可以使入射光信号

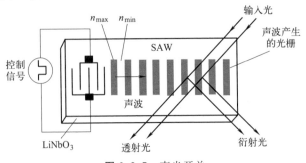

图 6.3.5 声光开关

完全衍射出去。如果控制电压为零，$\Delta n = 0$，输入光则完全透射出去，从而完成光路的切换。

6.4　热电效应及热光开关

6.4.1　热电效应原理——外部热源引起波导折射率 n 变化

各向异性晶体材料折射率改变不但可以由外加电场引起（电光效应），而且可以由外部热源引起。硅介质波导内的相位变化由热源引起的效应就是热电效应。在通电加热 Cr 薄膜时，引起它下面波导的折射率和相位变化 [见式 (1.3.4)]，其变化规律如图 6.3.1 下方图所示，其值分别为

$$\Delta n = \alpha \Delta T, \qquad \Delta \phi = 2\pi \Delta n L / \lambda \tag{6.4.1}$$

式中，α 为折射率受热变化系数，ΔT 为温度的变化，L 为薄膜加热器长度。如果温度变化是正弦函数，则折射率变化和相位变化也是正弦函数。

6.4.2　热光开关

在图 6.1.4 表示的电光波导开关中，用一个薄膜加热器代替加控制电压的电极，就可构成热光开关（TOS），如图 6.4.1a 所示，它具有马赫-曾德尔干涉仪结构形式，包含两个 3 dB 定向耦合器和两个长度相等的波导臂。波导芯和包层的折射率差较小，只有 0.3%。波导芯尺寸为 8 μm × 8 μm，包层厚 50 μm。每个臂上具有 Cr 薄膜加热器，其尺寸为宽 50 μm，长 5 mm。该器件的尺寸为 30 mm × 3 mm。该器件的交换原理就是基于马赫-曾德尔干涉滤波器原理（见 2.2.2 节），在硅介质波导内的相位变化由热电效应引起。不加热时，器件处于交叉连接状态；但在通电加热 Cr 薄膜时，引起它下面波导的折射率和相位变化 [式 (6.4.1)]，当通电功率为 0.4W 时，就可以切换到平行连接状态。通常只对一个 Cr 薄膜通电加热。图 6.4.1c 表示该器件的输出特性和驱动功率的关系。这种器件的优点是插入损耗小（0.5 dB）、稳定性好、可靠性高、成本低，适合作大规模集成，但是它的响应时间较慢（1~2 ms）。利用这种器件已制成空分交换系统用的 8×8 热光波导开关。

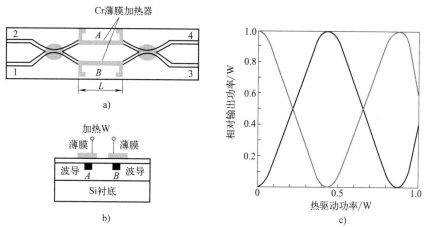

图 6.4.1　热光波导开关

a）俯视图　b）截面图　c）2×2 热光波导开关响应曲线

第 **7** 章

非线性光学效应——光纤拉曼放大器

7.1　非线性光学效应——由强光场引起

7.2　光纤拉曼放大器——增益频谱只由
　　　泵浦波长决定

7.3　光纤孤子通信——光纤自相位调制
　　　补偿群速度色散使光脉冲波形始终
　　　维持不变

7.1 非线性光学效应——由强光场引起

7.1.1 非线性光学效应概念——强电场引起电介质极化

从 1.3.1 节的介绍中已经知道，光是电磁波，即由密切相关的电场和磁场交替变化形成的一种偏振横波，通常用电场 E_x 来描述光波与介质的相互作用，今后凡提到光场就是指电场。这里就来介绍强电场（即强光场）与介质相互作用时产生的非线性光学效应。

当电场 E 施加到电介质材料时，将引起组成它的原子和分子极化。介质对电场的响应可用引起介质的极化 P 来描述，它表示单位体积引起的净偶极矩。在线性电介质中，引起的极化 P 与所加的电场 E 成正比，其关系是 $\boldsymbol{P} = \varepsilon_o \chi E$，式中 χ 是极化系数。但是在强电场作用下，P 与 E 的关系将不遵守线性关系，如图 7.1.1a 所示。此时 P 与 E 的关系是

$$\boldsymbol{P} = \varepsilon_o \chi_1 E + \varepsilon_o \chi_2 E^2 + \varepsilon_o \chi_3 E^3 \tag{7.1.1}$$

式中，χ_1、χ_2 和 χ_3 分别是线性、二阶和三阶极化系数。因为高阶系数对 P 的贡献下降很快，所以没有考虑。非线性二阶和三阶极化系数的影响程度与电场强度 E 有关。当场强约达到 10^7 V/m 时，非线性不得不考虑，这样高的场强要求光强约达到 1000 kW/cm^2。

假如光场是 $E = E_o \sin(\omega t)$，把它代入式（7.1.1），整理并忽略 χ_3 项，就可以得到光场引起的极化 P 为

$$\boldsymbol{P} = \varepsilon_o \chi_1 E_o \sin(\omega t) - \frac{1}{2} \varepsilon_o \chi_2 E_o \cos(2\omega t) + \frac{1}{2} \varepsilon_o \chi_2 E_o \tag{7.1.2}$$

式中，第一项是基波，第二项是二次谐波，第三项是直流项，如图 7.1.1c 所示。

在光纤传输系统中，特别是高功率多波长光信号以 WDM 方式发射进同一根光纤时，非线性的影响就不得不考虑，最大的非线性效应是四波混频（FWM）、受激拉曼散射（SRS）和受激布里渊散射（SBS）。

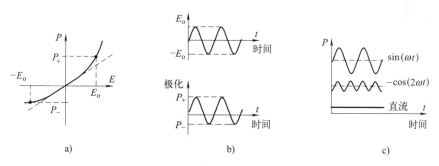

图 7.1.1 强电场引起非线性光学效应
a）强电场 E 与它引起的非线性介质极化 P 的关系 b）正弦光场产生的极化
c）极化可用基波、二次谐波和直流分量表示

7.1.2 几种光纤非线性光学效应

对于入射光功率较低和传输距离不太长的光纤通信系统，假设光纤是线性系统，光纤的传输特性与入射光功率的大小无关是合适的。但是，在强电磁场的作用下，任何介质对光的响应都是非线性的，光纤也不例外。SiO_2 本身虽不是强的非线性材料，但作为传输波导的

光纤，其纤芯的横截面积非常小，高功率密度光经过长距离的传输，光纤非线性效应就不可忽视了。特别是波分复用系统、相干光系统以及模拟传输的大型有线电视（CATV）干线网显得更为突出。

光纤非线性光学效应是光和光纤介质相互作用的一种物理效应，这种效应主要来源于介质材料的三阶极化率 χ_3，与其相关的非线性效应主要有受激拉曼散射（SRS）、受激布里渊散射（SBS）、自相位调制（SPM）、交叉相位调制（XPM）和四波混频（FWM），以及孤子（Soliton）效应等。非线性效应对光纤通信系统的限制是一个不利的因素，但利用这种效应又可以开拓光纤通信的新领域，例如制造光纤拉曼放大器，以及实现先进的光孤子通信等。本节讨论几种重要的光纤非线性光学效应。

1. 受激光散射

光波通过介质时将发生散射，当使用高功率相干光时，这种散射是一种受激发射过程。瑞利散射是一种弹性散射，在弹性散射中，散射光的频率（或光子能量）保持不变。相反，在非弹性散射中，散射光的频率要降低，或光子能量要减少。拉曼散射和布里渊散射是非弹性散射，光波和介质相互作用时要交换能量。受激拉曼散射和受激布里渊散射都是一个光子散射后成为一个能量较低的光子，其能量差以声子（Phonon）的形式出现，所谓声子是一个能量量子，它与晶格中原子的振动有关，与光子类似，区别在于受激拉曼散射和介质光学性质有关，频率较高的声子参与散射；而受激布里渊散射和介质宏观弹性性质有关，频率较低的声子参与散射。两种散射都使入射光能量降低，在光纤中形成一种损耗机制，只有在低功率时，功率损耗可以忽略。在高功率时，受激拉曼散射和受激布里渊散射都将导致大的光损耗。当入射光功率超过一定阈值时，两种散射的光强都随入射光功率成指数增加，差别是受激拉曼散射在单模光纤的后向发生，而受激布里渊散射则在前向发生。

另一方面，在光纤通信系统的研究和设计中，可以利用受激拉曼散射和受激布里渊散射的特性，把泵浦光的能量转换为信号光的能量，实现信号光的放大（见7.2节）。目前，受激拉曼散射和受激布里渊散射光放大器均已实现，用受激拉曼散射使信号光放大已普遍用于高速光纤通信系统。另外，受激散射光在适当条件下，可往返放大而产生振荡，构成拉曼激光器。

2. 非线性折射率调制效应

（1）自相位调制（SPM）

在讨论光纤模式时，认为 SiO_2 光纤的折射率与入射光功率无关。在低功率情况下，可得到很好的近似结果。但在高功率时，必须考虑非线性效应的影响。在相干光通信系统中，折射率对功率的依赖关系将是限制系统的一个因素。由于相位移 ϕ_{NL} 是由光场自身引起的，所以这种非线性机理叫做自相位调制（SPM）。

（2）交叉相位调制（XPM）

当两个或两个以上的信道使用不同的载频同时在光纤中传输时，折射率与光功率的依赖关系，也可以导致另一种叫做交叉相位调制（XPM）的非线性现象。这样某一信道的非线性相位移不仅与本信道的功率有关，而且与其他信道的功率有关。

（3）四波混频及其对密集波分复用（DWDM）系统的影响和对策

前面讨论到，折射率与光强度有关是由介质的三阶极化率 χ_3 引起的，石英光纤的 χ_3 不为零，可以引起另一种叫做四波混频（FWM）的非线性现象，如图7.1.2所示。如果有三个频率分别为 f_1、f_2 和 f_3 的光场同时在光纤中传输，χ_3 将会引起频率为 f_4 的第四个

场，$f_4 = f_1 \pm f_2 \pm f_3$，从形式上看，式中的"±"决定
的几个光场都可能存在，但实际上大多数"±"组合的光
场都不能产生，因为四波混频过程还需要相位匹配条件。
在多信道复用系统中，$f_1 + f_2 - f_3$ 形式的组合最为不
利，特别是当信道间隔相当小的时候（约 1 GHz），相位
匹配条件很容易满足，有相当大的信道功率可能通过四波
混频被转换到新的光场中去。

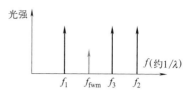

图 7.1.2　四波混频产生了新的
　　　频率分量 $f_{\text{fwm}} = f_1 + f_2 - f_3$

　　四波混频不仅导致信道的光能损耗，信噪比下降，而且还会产生信道干扰。当 f_1、f_2
和 f_3 三个频率分量的信号输入功率增加时，或者信道间距减小时，四波混频（f_{fwm}）功率
就增加。实验已证实，200 GHz 间距的四波混频影响要比 100 GHz 的小，所以四波混频限
制了光纤通信系统的容量，然而光纤色散和长度的增加可以减小四波混频影响。

　　四波混频产生的新频率分量的强弱和影响与各波长相互之间的间距 Δf、强度、光纤色
散、折射率指数、光纤长度以及材料的高阶极化特性（非线性克尔系数）等因素有关。另
外，在光纤近端（光源端）四波混频影响最大；在远端，由于光纤衰减和对不同波长光的传
输延迟不同影响减小，如图 7.1.3 所示。

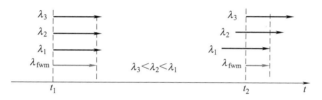

图 7.1.3　在光纤近端四波混频影响最大，在远端由于衰减和传输延迟的不同影响减小

7.2　光纤拉曼放大器——增益频谱只由泵浦波长决定

　　掺铒光纤放大器（EDFA）只能工作在 1530～1564 nm 的 C 波段，而光纤拉曼放大器
（FRA）则可以工作在全波光纤工作窗口。因为分布式光纤拉曼放大器（DRA）的增益频谱
只由泵浦波长决定，而与掺杂物的能级电平无关，所以只要泵浦波长适当，就可以在任意波
长获得信号光的增益。正是由于 DRA 在光纤全波段放大的这一特性，以及可利用传输光纤
作在线放大实现光路的无损耗传输的优点，1999 年在 DWDM 系统上获得成功应用，再次受
到人们的关注。如果用色散补偿光纤作放大介质构成拉曼放大器，那么光传输路径的色散补
偿和损耗补偿可以同时实现。光纤拉曼放大器已成功地应用于 DWDM 系统和无中继海底光
缆系统中。

7.2.1　光纤拉曼放大器的工作原理——拉曼散射光频等于信号光频

　　与 EDFA 利用掺铒光纤作为它的增益介质不同，分布式光纤拉曼放大器（DRA）利用
系统中的传输光纤作为它的增益介质。研究发现，石英光纤具有很宽的受激拉曼散射
（SRS）增益谱。光纤拉曼放大器（FRA）基于非线性光学效应的原理，利用强泵浦光束通
过光纤传输时产生受激拉曼散射，使组成光纤的硅分子振动和泵浦光之间发生相互作用，产
生比泵浦光频率 ω_P 还高的散射光（斯托克斯光，$\omega_P - \Omega_R$）。该散射光与待放大的信号光 ω_s

重叠，从而使弱信号光放大，获得拉曼增益，如图 7.2.1a 和图 7.2.3a 所示。就石英玻璃而言，泵浦光波长与待放大信号光波长之间的频率差大约为 13 THz，在 1.5 μm 波段，它相当于约 100 nm 的波长差，即有 100 nm 的增益带宽。

采用拉曼放大时，放大波段只依赖于泵浦光的波长，没有像 EDFA 那样的放大波段的限制，也不需要像半导体激光放大器（SOA）那样的粒子数反转。从原理上讲，只要采用合适的泵浦光波长，就完全可以对任意输入光进行放大。

图 7.2.1a 为采用前向泵浦的分布式光纤拉曼放大器（DRA）的构成。分布式光纤拉曼放大器采用强泵浦光对传输光纤进行泵浦，可以采用前向泵浦，也可以采用后向泵浦。通常采用后向泵浦，详见后述。

图 7.2.2 为印度科学家拉曼（C. V. Raman，1888—1970）及其发现拉曼效应的简介。

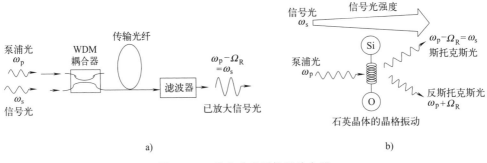

图 7.2.1 分布式光纤拉曼放大器

a）构成图 b）工作原理图

1928 年 2 月 28 日下午，拉曼决定采用单色光作光源，从目测分光镜观看液体散射光，他看到在蓝光和绿光的区域里，有两根以上的尖锐亮线，每一条入射谱线都有相应的散射光线。一般情况，散射光线的频率比入射光线的低，偶尔也观察到比入射光线频率高的散射光线，但强度更弱些。不久，人们开始把拉曼的这种新发现称为拉曼效应。在拉曼发现这一效应之后几个月，苏联的兰兹伯格和曼德尔斯坦也独立地发现了这一效应。所谓拉曼散射是指光波被介质散射后其光波频率发生变化的现象。为此，拉曼于 1930 年获得了诺贝尔物理学奖。1930 年，美国光谱学家伍德把频率变低的散射光线称为斯托克斯线；把频率变高的光线称为反斯托克斯线。

图 7.2.2 拉曼效应发现者——印度科学家拉曼

7.2.2 拉曼增益和带宽——信号光与泵浦光频差不同增益也不同

泵浦光 ω_p 和信号光 ω_s 的频率差 $\Omega_R = \omega_p - \omega_s$ 称为斯托克斯（Stokes）频差，在受激拉

曼散射（SRS）过程中扮演着重要的角色。由硅分子振动能级确定的 Ω_R 值决定了发生 SRS 的频率（或波长）范围。幸好，由于玻璃的非结晶性，硅分子的振动能级汇合在一起就构成了一个能带，如图 7.2.3a 所示，其结果是信号光在很宽的频率范围 $\Omega_R = \omega_p - \omega_s$ 内（约 20 THz），通过 SRS 仍可获得放大。强泵浦光通过光纤介质时产生受激拉曼散射，使泵浦光与光纤的硅分子振动发生相互作用，泵浦光子能级（$h\nu_p$）与硅分子振动高能级之差（$h\nu_p - E_{vib}^H$）发射频率较低的 ω_{s1} 光子（$h\nu_{s1}$）［见式（2.1.7），即 $\Delta E = h\nu$］，而与低能级之差（$h\nu_p - E_{vib}^L$）发射频率较高的 ω_{s2} 光子（$h\nu_{s2}$），使入射的光信号放大。

图 7.2.3b 为测量到的硅光纤拉曼增益系数 $g_R(\omega)$ 频谱曲线，由图可见，当 $\Omega_R = \omega_p - \omega_s = 13.2$ THz 时，$g_R(\omega)$ 达到最大，增益带宽（FWHM）$\Delta\nu_g$ 可以达到约 8 THz（15.5－7.5）。光纤拉曼放大器相当大的带宽使它们在光纤通信应用中具有极大的吸引力。

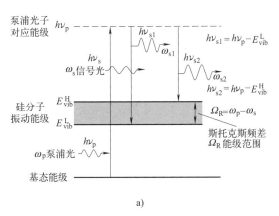
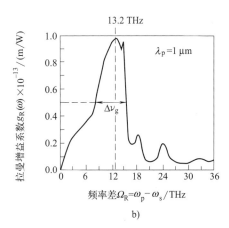

图 7.2.3　泵浦光通过受激拉曼散射对入射光信号放大的原理说明

a）介质受激拉曼散射使信号光放大的能级图　b）测量到的介质拉曼增益频谱

光信号的拉曼增益与泵浦光和信号光的频率（波长）差有密切的关系，图 7.2.4 为小信号光在长光纤内获得的拉曼增益。由图可见，又一次实验证明，泵浦光和信号光的频率差为 13.2 THz 时，拉曼增益达到最大，该频率差对应于信号光比泵浦光的波长要长 60～100 nm。此外，光信号的拉曼增益还与泵浦光的功率有关，由图 7.2.4 可知，泵浦功率为 200 mW 时，最大增益值为 7.78 dB；泵浦功率为 100 mW 时，最大增益值为 3.6 dB，在增益峰值附近的增益带宽为 7～8 THz。不同波长光的信号与泵浦光的频率差不同，获得的增益也不同。在同一波

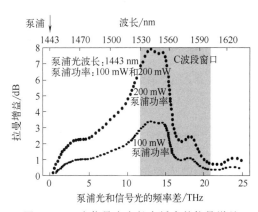

图 7.2.4　小信号光在长光纤内的拉曼增益

长但功率不同的光泵浦时，不同波长的信号光在光纤中所获得的拉曼增益不同，但具有相同的增益波动曲线。为了减小波动使增益曲线平坦，可以改变泵浦光的波长，或者采用多个不同波长的泵浦光。图 7.2.6b 为用 5 个波长的光泵浦的增益曲线，由图可见，其合成的增益曲线要平坦得多。

7.2.3 放大倍数和增益饱和

在光纤拉曼放大器中，泵浦光在光纤传输时，一方面提供能量放大信号光，另一方面也受到光纤吸收，所以随着信号光功率 P_s 的增加和光纤距离的延长，泵浦光功率 P_p 也逐渐衰减。所以，信号光的放大过程和泵浦光的衰减过程可用两个耦合方程来描述，理论推导表明，光纤拉曼放大器的增益或放大倍数为

$$G_A = \exp(g_0 L) \tag{7.2.1}$$

式中，g_0 是拉曼放大小信号增益系数，L 是光纤长度。图 7.2.5 表示测量到的光纤拉曼放大增益或放大倍数与泵浦功率的关系，该实验使用的光纤拉曼放大器长 1.3 km，泵浦光波长 $\lambda_p = 1.017\ \mu m$，信号光波长 $\lambda_s = 1.064\ \mu m$。放大倍数 G_A 开始随泵浦光 P_p 指数增加，但是当 $P_p > 1\ W$ 时，因为增益饱和，开始偏离指数规律，实验结果和理论计算值符合得很好，1.5W 的泵浦功率可以获得 30 dB 的增益。

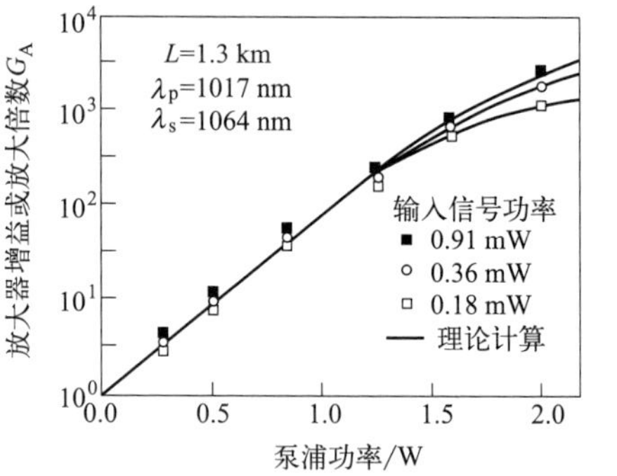

图 7.2.5　光纤拉曼放大器增益
G_A 和泵浦功率 P_p 的关系

7.2.4 噪声指数——等效噪声比 EDFA 的小

由于拉曼放大是分布式获得增益的过程，其等效噪声要比集中式放大器的小。当作为前置放大器的分布式光纤拉曼放大器与作为后置放大器的常规 EDFA 混合使用时，其等效噪声指数为

$$F = F^R + F^E / G^R \tag{7.2.2}$$

式中，G^R 和 F^R 分别是分布式拉曼放大器的增益和噪声指数，F^E 是 EDFA 的噪声指数。因为作为前置放大器的分布式光纤拉曼放大器的噪声指数 F^R 通常要比后置放大器 EDFA 的噪声指数 F^E 小，由式（7.2.2）可知，只要增加拉曼增益 G^R 就可以减小总的噪声指数。

分布式光纤拉曼放大与常规 EDFA 混合使用，在一定的增益范围内，能有效地降低系统的噪声指数，增加传输跨距。

7.2.5 多波长泵浦增益带宽——获得平坦光增益带宽

增益波长由泵浦光波长决定，选择适当的泵浦光波长，可对任意波长的信号光放大。分布式光纤拉曼放大器的增益频谱是每个波长的泵浦光单独产生的增益频谱叠加的结果，所以它是由泵浦光波长的数量和种类决定的。图 7.2.6b 表示 5 个泵浦波长单独泵浦时产生的增益频谱和总的增益频谱曲线，当泵浦光波长逐渐向长波长方向移动时，增益曲线峰值也逐渐向长波长方向移动，比如 1402 nm 泵浦光的增益曲线峰值在 1500 nm 附近，而 1495 nm 泵浦光的增益曲线峰值就移到了 1610 nm 附近。EDFA 的增益频谱是由铒能级电平决定的，它与泵浦光波长无关，它是固定不变的。EDFA 由于能级跃迁机制所限，增益带宽只有 80 nm。光纤拉曼放大器使用多个泵源，可以得到比 EDFA 宽得多的增益带宽。目前增益带宽已达 132 nm。这样通过选择泵浦光波长，就可实现任意波长的光放大，所以光纤拉曼放大器是目前唯一能实现 1290～1660 nm 光谱放大的器件，光纤拉曼放大器可以放大 EDFA 不能放大的波段。

可以采用前向泵浦，也可以采用后向泵浦，因为后向泵浦减小了泵浦光和信号光相互作

用的长度，从而减小了泵浦噪声对信号的影响，所以通常采用后向泵浦，如图 7.2.6a 所示。

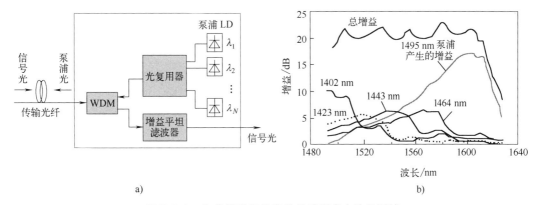

图 7.2.6 为获得平坦的光增益采用多个波长泵浦

a）后向泵浦分布式拉曼放大器　b）拉曼总增益是各泵浦波长光产生的增益之和

分布式光纤拉曼放大器已成功地应用于 1300 nm 和 1400 nm 波段，试验表明，增益可达到 40 dB，噪声指数只有 4.2 dB，输出功率超过 20 dBm，完全可以用于 1300 nm 波段的 CATV 系统。使用分布式光纤拉曼放大器在 1400 nm 波段用 1400 km 的全波光纤也成功地进行了 DWDM 系统的演示。

7.2.6　光纤拉曼放大技术应用——全波段使用，与 EDFA 混合使用

由于分布式光纤拉曼放大器（DRA）采用分布光纤增益放大技术，其噪声指数明显比传统的掺铒光纤放大器的小。因此，DRA 与 EDFA 的组合使用，可明显地提高长距离光纤通信系统的总增益，降低系统的总噪声，提高系统的 Q 值，从而可以扩大系统所能传输的最远距离。如使用 400 mW 的泵浦功率在叶状光纤里获得了 13 dB 的拉曼增益，可使传输距离扩大 2.5 倍。为了充分发挥 DRA 的优点，还要同时采用色散补偿、增益波动管理/补偿和前向纠错技术。由于 DRA 与 EDFA 的组合使用，扩大了系统传输的距离，从而减少了均衡、再生和定时功能（3R）中继器的使用数量，降低了系统的成本，可获得更大的商业利润。

DRA 也是提升现有的光纤线路到 40 Gbit/s 和 100 Gbit/s 的关键器件。没有 DRA，利用现有的各种光纤，就不可能使 40 Gbit/s 速率的时分复用系统的传输跨距达到 100 km。

由于使用分布式光纤拉曼放大器减小了入射信号的光功率，降低了光纤非线性的影响，从而避免了四波混频效应的影响，可使 DWDM 系统的信道间距减小，相当于扩大了系统的带宽容量。另外，由于四波混频效应影响的减小，允许使用靠近光纤的零色散点窗口，光纤的可用窗口也扩大了。数字模拟表明，原来设计的波长间距为 100 GHz 的 10 Gbit/s 系统，在波长间距减小为 50 GHz 后，信道数扩大了一倍，但没有增加任何代价。

图 7.2.7 表示后向泵浦的分布式光纤拉曼放大器，32 个波长的 DWDM 信号光和 2 个波长的泵浦光在光纤中反向传输时，光功率在传输光纤中的分布情况，由图可见，在光纤的后半段，信号光功率电平已足够低，所以不会产生光纤的非线性影响。

分布式光纤拉曼放大器不但能够工作在 EDFA 常使用到的 C 波段（1530～1564 nm），而且也能工作在与 C 波段相比较短的 S 波段（1350～1450 nm）和较长的 L 波段（1564～1620 nm），完全满足全波光纤对工作窗口的要求。

由于分布式光纤拉曼放大器可利用传输光纤做在线放大，它与 EDFA 组合使用，可明显地提高长距离光纤通信系统的增益和 Q 值，降低系统的噪声指数，扩大系统传输的跨距。比如，在 3.3.2 节已介绍了 64 个 WDM 信道采用偏振复用的归零码（RZ）二进制相移键控（PDM-RZ-BPSK）发射机和相干接收机，线路中间使用远泵 EDFA，在接收端使用双向三级拉

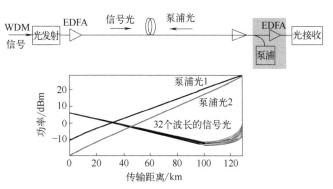

图 7.2.7　光功率在分布式光纤拉曼放大传输光纤中的分布

曼泵浦技术和超强前向纠错（SFEC）技术，实现了 64×43 Gbit/s 无中继 440 km 的无误码传输试验。分布式光纤拉曼放大器可使 DWDM 系统的信道间距减小，扩大系统的带宽容量，所以分布式光纤拉曼放大器具有广阔的应用前景，得到了人们极大的重视。

7.3　光纤孤子通信——光纤自相位调制补偿群速度色散使光脉冲波形始终维持不变

7.3.1　基本概念——光纤非线性应用的典型事例

光纤孤子通信系统是又一个光纤非线性应用的典型事例。

孤子（Soliton）被用来描述在非线性介质中脉冲包络像粒子的特性，在一定的条件下，该包络不仅无畸变地传输，而且存在着像粒子那样的碰撞特性。光纤中也存在孤子，光孤子是一种特别的波，它可以传输很长的距离而不变形，而且即使两列光孤子波相互碰撞后，依然保持各自原来的形状不变。

光纤孤子的存在是 8.4.1 节介绍的光纤群速度色散（GVD）和 7.1.2 节介绍的自相位调制（SPM）平衡的结果。大家知道，群速度色散和自相位调制单独作用于光纤传输的光脉冲时，均限制光纤通信系统的性能。群速度色散使传输波形展宽，而自相位调制则使波形中较高频率分量不断累积，使波形变陡。若将这两种对立因素结合在一起，相互平衡就有可能保持波形稳定不变。光孤子现象就是利用随光强而变化的自相位调制特性来补偿光纤中的群速度色散，从而使光脉冲波形在传输过程中始终维持不变。光纤传输损耗则由光纤放大器的增益来补偿，这样就可能使光脉冲经过长距离传输后仍然维持波形的幅度和形状不变，形成所谓的"光孤子"。

光纤通信中，限制传输距离和传输容量的主要原因是损耗和色散。损耗使光信号在传输过程中能量不断减弱；而色散则使光脉冲在传输过程中逐渐展宽。所谓光脉冲，其实是一系列不同频率的光波振荡组成的电磁波的集合。光纤的色散使得不同频率的光波以不同的速度传播，同时出发的光脉冲，由于频率不同，传输速度就不同，到达终点的时间也不同，便造成了脉冲展宽，使得信号畸变失真。现在随着光纤制造技术的发展，光纤的损耗已经降低到接近理论极限值的程度，色散问题就成为实现超长距离和超大容量光纤通信的主要问题。

从光孤子传输理论分析，光孤子是理想的光脉冲，因为它很窄，其脉冲宽度在皮秒（1

ps$=10^{-12}$ s）级，这样就可使占空比很大的相邻光脉冲不会发生重叠，产生干扰。利用光孤子进行通信，其传输容量极大，传输速率极高。如此高速将意味着世界上最大的图书馆——美国国会图书馆的全部藏书，只需要 100 s 就可以全部传完。由此可见，光孤子通信的能力是何等的强大！

7.3.2　光孤子通信实验系统

光孤子通信系统的构成如图 7.3.1 所示，孤子源是一个光孤子激光器，用来发射光孤子。调制器用来对光孤子进行编码，使之承载信息。孤子放大传输线路包括传输光孤子的色散移位光纤和周期性地放大孤子的铒光纤放大器。探测器对光孤子进行探测，除此之外，还有光隔离器、超高速光电子集成电路等。

光孤子通信系统的工作原理大体如下：光孤子源产生一列脉冲很窄、占空比又很大的光脉冲，即孤子序列，作为信息的载子进入光调制器。信息通过光调制器对孤子调制，使之承载信息。被调制后的孤子流经掺铒光纤放大器（EDFA）放大后，耦合进入传输光纤。为了克服光纤损耗引起的孤子展宽，在光纤线路上周期性地插入光纤放大器，向光孤子注入能量以补偿因光纤损耗引起的能量消耗，确保光孤子稳定传输，也就是说使 $G_0 \exp(-\alpha L)=1$，这里 G_0 是 EDFA 增益，α 是光纤衰减系数，L 是传输距离。在接收端，通过光探测器和解调装置，使孤子承载的信息重现。

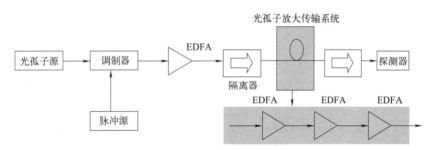

图 7.3.1　光孤子通信系统构成框图

图 7.3.2 表示光孤子在 5000 km 距离上传输的波形，孤子阶数 $N=\sqrt{\ln G_0}=1.78$，假定光纤损耗 0.2 dB/km，光孤子每 100 km 被 $G_0=20$ dB 的 EDFA 放大一次，正好补偿了 100 km 光纤上 20 dB 的损耗。尽管经过 50 级 EDFA 放大，光孤子形状也保持得相当好。

光孤子通信是一种很有潜在应用前景的传输方式，能否迅速应用，取决于技术发展的成熟性、可靠性，经济上的合理性以及市场的需求等因素。

如上所述，对于光纤通信来说，使用一阶光孤子（$N=1$）作为信息的载体，显然是一种理想的选择。它的波形稳定，容易控制，原则上不随传输距离而改变。特别是由于掺铒光纤放大器的使用，使光孤子通信如虎添翼，展示出令人神往的应用前景。

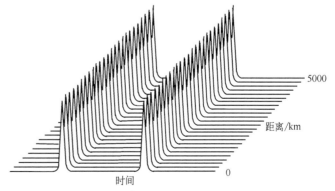

图 7.3.2　光孤子在长距离光纤线路上传输的波形

第8章

光纤波导及其传光原理

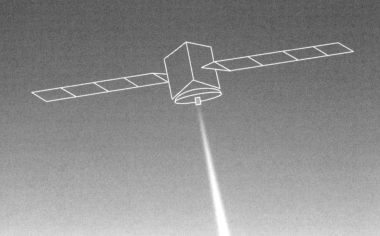

8.1 光与介质的相互作用——光反射和折射

8.1.1 斯涅耳定律和全反射

光的全反射是多模光纤传光的必要条件，所以我们首先回忆一下光的反射和折射。

光在同一种物质中传播时，是直线传播的。但是光波从折射率较大的介质入射到折射率较小的介质时，在一定的入射角度范围内，光在边界会发生反射和折射，如图 8.1.1a 所示。入射光与法平面的夹角 θ_i 叫入射角，反射光与法平面的夹角 θ_r 叫反射角，透射光与法平面的夹角 θ_t 叫透射角。

把筷子倾斜地插入水中，可以看到筷子与水面的相交处发生弯折，原来的一根直直的筷子似乎变得向上弯了。这就是光的折射现象，如图 8.1.1b 所示。

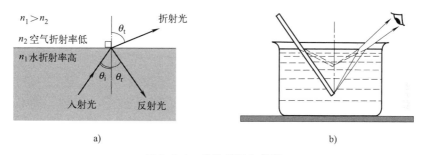

图 8.1.1 光的反射和折射

a）入射光、反射光和透射光 b）插入水中的筷子变得向上弯曲了

水下的潜水员在某些位置时，可以看到岸上的人，如图 8.1.2 入射角为 θ_{i1} 的情况，但是当他离开岸边向远处移动时，当入射角等于或大于某一角度 θ_c 时，他就感到晃眼，什么也看不见。此时的入射角 θ_c 就叫临界角。下面我们就来解释这种现象。

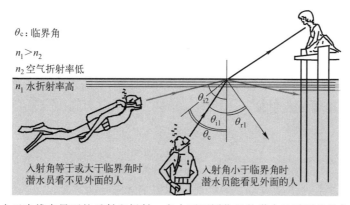

图 8.1.2 由于光线在界面的反射和折射，在水下不同位置的潜水员看到的景色是不一样的

现在考虑一个平面电磁波从折射率为 n_1 的介质 1 传输到折射率为 n_2 的介质 2，并且 $n_1 > n_2$，就像光从纤芯辐射到包层一样，如图 8.1.3 所示，k_i、k_r 和 k_t 分别表示入射光、反射光和透射光的波矢量，但因入射光和反射光均在同一个介质内，所以 $k_i = k_r$；θ_i、θ_r 和 θ_t 分别表示入射光、反射光和透射光方向与两介质边界面法线的角度。

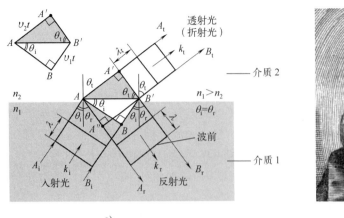

图 8.1.3　光波从折射率较大的介质入射到折射率较小的介质时在边界发生反射和折射

a）反射折射解释用图　b）斯涅耳（W. Snell，1580—1626）

入射光在界面反射时，只有 $\theta_r = \theta_i$ 的反射光因相长干涉而存在，因入射光 A_i 和 B_i 同相，所以反射波 A_r 和 B_r 也必须同相，否则它们会相消干涉而相互抵消，所有其他角度的反射光都不同相而相消干涉。

透射光 A_t 和 B_t 在介质 2 中传输，因为 $n_1 > n_2$，所以光在介质 2 中的速度要比光在介质 1 中的快。当波前 AB 从介质 1 传输到介质 2 时，在同一波前上的两个点总是同相位的，入射光 B_i 上的相位点 B 经过一段时间到达 B'，与此同时入射光 A_i 上的相位点 A 到达 A'。于是波前 A' 波和 B' 波仍然具有相同的相位，否则就不会有透射光。只有透射光 A_t 和 B_t 以一个特别的透射角 θ_t 折射时，在波前上的 A' 点和 B' 点才同相。

如果经过时间 t，相位点 B 以相速度 v_1 传输到 B'，此时 $BB' = v_1 t = ct/n_1$。同时相位点 A 以相速度 v_2 传输到 A'，$AA' = v_2 t = ct/n_2$。波前 AB 与介质 1 中的波矢量 $\boldsymbol{k}_i$ 垂直，波前 $A'B'$ 与介质 2 中的波矢量 $\boldsymbol{k}_t$ 垂直。由几何光学（见图 8.1.3 左上角的小图）可以得到

$$AB' = \frac{v_1 t}{\sin\theta_i} = \frac{v_2 t}{\sin\theta_t} \quad \text{或} \quad \frac{\sin\theta_i}{\sin\theta_t} = \frac{v_1}{v_2} = \frac{n_2}{n_1} \tag{8.1.1}$$

这就是斯涅耳定律，即折射定律，它表示入射角和透射角与介质折射率的关系，该定律由荷兰数学家、物理学家斯涅耳（W. Snell，图 8.1.3b）1621 年通过实验精确测定。

现在考虑反射波，波前 AB 变成 $A''B'$，在时间 t，B 移动到 B'，A 移动到 A''。因为它们必须同相位，以便构成反射波，BB' 必须等于 AA''。因为 $BB' = AA'' = v_1 t$，从三角形 ABB' 和 $A''AB'$ 我们可以得到

$$AB' = \frac{v_1 t}{\sin\theta_i} = \frac{v_1 t}{\sin\theta_r}$$

因此 $\theta_r = \theta_i$，即入射角等于反射角，与物质的折射率无关。

在式（8.1.1）中，因 $n_1 > n_2$，所以透射角 θ_t 要比入射角 θ_i 大。在图 8.1.1 中，因为水的折射率要比空气的大（$n_1 > n_2$），所以透射角 θ_t 要比入射角 θ_i 大，因此我们看到水中的筷子向上翘起来了。当透射角 θ_t 达到 90°时，透射光沿交界面向前传播，如图 8.1.4b 所示，此时的入射角称为临界角 θ_c，有

$$\sin\theta_c = \frac{n_2}{n_1} \tag{8.1.2}$$

当入射角 θ_i 超过临界角 θ_c（$\theta_i > \theta_c$）时，没有透射光，只有反射光，这种现象叫做全反射（TIR），如图 8.1.4c 所示。这就是图 8.1.2 中入射角为 θ_{i2} 的那个潜水员，只觉得水面像镜面一样晃眼，看不见岸上姑娘的道理。也就是说，潜水员要想看到岸上的姑娘，入射角必须小于临界角，即 $\theta_i < \theta_c$。

由此可见，全反射就是光纤波导传输光的必要条件。光线要想在光纤中传输，必须使光纤的结构和入射角满足全反射的条件，使光线闭锁在光纤内传输。

对于 $\theta_i > \theta_c$，不存在透射光线，即发生了全内反射。

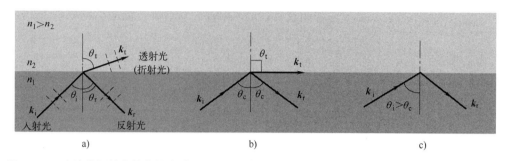

图 8.1.4 光波从折射率较大的介质以不同的入射角进入折射率较小的介质时出现三种不同的情况
a）$\theta_i < \theta_c$ b）$\theta_i = \theta_c$ c）$\theta_i > \theta_c$

8.1.2 抗反射膜——使入射光和反射光相消干涉

当光入射到光电器件的表面时总会有一些光被反射回来，除增加耦合损耗外，还会对系统产生不利的影响，为此需要在器件表面镀一层电介质材料，以便减少反射，如图 8.1.5 所示。在该例中，空气折射率 $n_1 = 1$，器件材料是硅，$n_3 = 3.5$，抗反射膜选用电介质材料 Si_3N_4，其折射率 $n_2 \approx 1.9$，在空气和硅器件折射率之间。当入射光到达空气和抗反射膜界面时，标记为 A 的一些光被反射回来，因为它是外反射，所以反射光与入射光相比有 180° 的

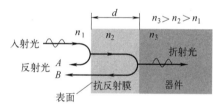

图 8.1.5 镀抗反射膜以减少反射光强度

相位变化。该光在电介质材料中传播，当到达抗反射膜和器件界面时，除大部分光进入器件外，一些光又被反射回来，标记为 B。因为 $n_3 > n_2$，还是外反射，B 光仍有 180° 的相位变化，而且当它从抗反射膜出来时，已经历了 $2d$ 距离的传输延迟，d 为抗反射膜的厚度，由式（1.3.4）可知，其相位差为 $k_c(2d)$，其中 k_c 是电介质材料的波矢量，并且 $k_c = 2\pi/\lambda_c$，式中 λ_c 是光在抗反射膜中的波长。因为 $\lambda_c = \lambda/n_2$，λ 是自由空间波长，根据式（1.3.4），反射光 A 和 B 间的相位差是

$$\Delta\phi = \frac{2\pi n_2}{\lambda} \times 2d \tag{8.1.3}$$

为了减少反射光，光波 A 和 B 必须相消干涉，这就要求两者的相位差必须为 π 或者 π 的奇数倍，于是

$$\frac{2\pi n_2}{\lambda} \times 2d = m\pi \quad \text{或} \quad d = m\left(\frac{\lambda_c}{4}\right) = m\left(\frac{\lambda}{4n_2}\right), \qquad m = 1, 3, 5, \cdots \tag{8.1.4}$$

即镀膜的厚度必须是四分之一镀膜介质波长的奇数倍。

为了使反射光 A 和 B 的相消干涉效果更好，两者的幅度必须尽量相等，这就要求 $n_2 = \sqrt{n_1 n_3}$，此时空气和镀膜介质间的反射系数与镀膜介质和器件间的反射系数相等。

8.1.3　光纤传导模——TE 模、TM 模和 HE 模

在图 8.1.6 中，光波中的电场 E 垂直于传输的方向 z。入射平面是包含入射光线和反射光线的平面，即包含 y 轴和 z 轴的平面，即纸平面。电场分量分别有入射波、反射波和透射波分量，现在我们只考虑入射波的电场分量。

图 8.1.6 表示向光纤纤芯和包层边界传播的入射波包含两种可能的电场分量 $E_\perp$ 和磁场分量 $B_\perp$，它们均与入射平面垂直，分别如图 8.1.6a 和图 8.1.6b 所示。$E_\perp$ 入射进入纸平面，而 $B_\perp$ 从纸平面出来。$E_\perp$ 沿 x 方向传播，所以 $E_\perp = E_x$，而伴随它产生的磁场 $B_{//}$ 平行于入射平面。磁场分量 $B_\perp$ 垂直于入射平面，而伴随它产生的电场分量 $E_{//}$ 也平行于入射平面。

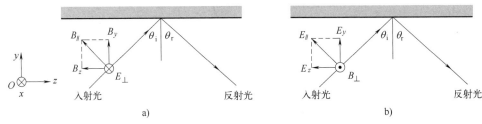

图 8.1.6　横电波（TE）和横磁波（TM）

a）TE 模　b）TM 模

其他垂直于入射光波的在任何方向的电场，可以分解为沿 $E_{//}$ 和 $E_\perp$ 方向传播的电场分量。这两个电场分量经历着不同的相位变化——$\phi_{//}$ 和 $\phi_\perp$，以不同的入射角 θ_m 沿波导传播。因此，对于 $E_{//}$ 和 $E_\perp$，就有互不相同的一套模式。与 $E_\perp$（或 E_x）有关的模式被称为横电（TE）模，用 TE_m 表示，因为 $E_\perp$ 垂直于传播方向 z，所以称"横"模。

与横电模相对应，垂直于传播方向伴随 $E_{//}$ 场产生的磁场 $B_\perp$ 的模式称为横磁（TM）模，用 TM_m 表示。$E_{//}$ 具有平行于 z 轴的场分量 E_z，它沿着光波传输的方向传输。很显然，E_z 是传播的纵电模（与"横电模"对应）。与此相对应，对于 TE 模，沿着光波传输的方向传输的磁场分量 B_z 是纵磁模。在法布里-珀罗谐振腔内沿轴线方向的各种驻波分布状态是纵模（见 2.1.2 节），但与光纤内纵向上光波的传输要求是行波状态不同（见 8.2.3 节）。光波纵模的概念和声波纵模的概念（见 6.4 节）是一致的，即都与传播方向一致（见 2.1.1 节）。

TE 波在传输方向上有磁场分量，无电场分量；而 TM 波正好相反，在传输方向上无磁场分量，有电场分量。在均匀介质中传播的光波是平面波，其电场和磁场的方向与光的传播方向垂直，如图 1.3.1 所示，即在传播方向上既无电场分量也无磁场分量，所以是一种横电磁波（TEM 波）。在光纤中传输的光波，在传播方向上既有电场分量，也有磁场分量，它是一种混合模，用 HE 模或 EH 模表示，可以看作是传播方向上不同的平面波的合成。HE 模或 EH 模的差异，主要由电磁场在传输 z 方向上的投影分量的大小来决定。如 z 方向上磁场分量占优势，则为 HE 模；如 z 方向上电场分量占优势，则为 EH 模。

当纤芯和包层的相对折射率差（Δ）远远小于 1 时〔见式（8.2.1）〕，场的轴向电场分量 E_z 和磁场分量 H_z 很小，因而弱导光纤中 HE_{11} 模近似为线偏振模，并记为 LP_{01}。所

以，HE_{11} 模是由两种偏振态相互垂直的 TE 模和 TM 模组成，TE 模和 TM 模传播常数十分接近，具有相同的等效折射率和相同的传输速度。TE 模和 TM 模相互叠加的模，称为兼并模。有关光纤中传输的这种模，在 8.2.3 节还要进一步介绍。

与全反射有关的相位 ϕ 的变化取决于电场的偏振态，而且 ϕ 随 $E_{//}$ 和 $E_{\perp}$ 的不同而不同。但是当 $(n_1 - n_2) \ll 1$ 时，两者 ϕ 的差别很小，可以忽略不计。所以，对于 TE 模和 TM 模，波导条件和波长截止条件可以认为是相同的。

8.2 光纤传光原理

根据光纤横截面上折射率的径向分布情况，把光纤可以粗略地分为阶跃（SI）光纤和渐变（GI）光纤。阶跃光纤折射率在纤芯为 n_1 保持不变，到包层突然变为 n_2，如图 8.2.1a 所示。渐变光纤折射率 n_1 不像阶跃光纤是个常数，而是在纤芯中心最大，沿径向往外按抛物线形状逐渐变小，直到包层变为 n_2，如图 8.2.1b 所示。

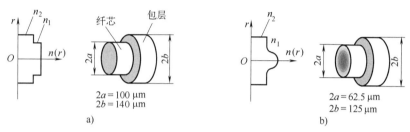

图 8.2.1 光纤折射率的径向分布

a）阶跃光纤 b）渐变光纤

作为信息传输波导，实用光纤有两种基本类型，即多模光纤和单模光纤。多模光纤可以传输多个模式的光，而单模光纤却只能传输一个模式的光。单模光纤与多模光纤一样，也是阶跃光纤，不过单模光纤的芯径要比多模光纤细得多。

根据纤芯直径 $2a$ 和光波波长 λ 比值的大小，光纤的传输原理可用光在波导中的光线光学或导波光学两种方法进行分析。对于多模光纤，$2a/\lambda$ 远远大于光波波长 λ，可用几何光学的光线光学近似分析光纤的传光原理和特性。对于单模光纤，$2a$ 可与 λ 比拟，就必须用麦克斯韦导波光学来进行分析，下面分别加以介绍。

8.2.1 渐变多模光纤传光原理——折射率分布使光线同时到达终点

图 8.2.1b 表示的渐变（GI）多模光纤折射率分布特性可使光纤内的光线同时到达终点，其理由是，虽然各模光线以不同的路径在纤芯内传输，但是因为这种光纤的纤芯折射率不再是一个常数，所以各模的传输速度也互不相同。沿光纤轴线传输的光线速度最慢（因 $n_{1,r \to 0}$ 最大，所以速度 $c/n_{1,r \to 0}$ 最慢）；光线 2 到达末端传输的距离最长，但是它的传输速度最快（因 $n_{1,r \to a}$ 最小，所以速度 $c/n_{1,r \to 0}$ 最快），这样一来到达终点所需的时间几乎相同。

无论是阶跃光纤还是渐变光纤，均定义 Δ 为光纤的相对折射率差，即

$$\Delta = \frac{n_1 - n_2}{n_1}$$

（8.2.1）

光能量在光纤中传输的必要条件是 $n_1 > n_2$，Δ 越大，把光能量束缚在纤芯的能力越强，通常 Δ 远小于 1。

8.2.2 数值孔径和受光范围——数值孔径越大，接收光能力越强，但信号展宽越大

从以上介绍已经知道，光波从折射率较大的介质入射到折射率较小的介质时，在边界将发生反射和折射，当入射角 θ_i 超过临界角 θ_c 时，将发生全反射，如图 8.1.4c 所示。光纤传输电磁波的条件除满足光线在纤芯和包层界面上的全反射条件外，还需满足传输过程中的相干加强条件。因此，对于特定的光纤结构，只有满足一定条件的电磁波可以在光纤中进行有效的传输，这些特定的电磁波称为光纤模式。光纤中可传导的模式数量取决于光纤的具体结构和折射率的径向分布。如果光纤中只支持一个传导模式，则称该光纤为单模光纤。相反，支持多个传导模式的光纤称为多模光纤。

为简单和直观起见，以阶跃光纤为例，我们进一步用几何光学方法分析多模光纤的传输原理和导光条件。如图 8.2.2 所示，光线在光纤端面以不同角度 α 从空气入射到纤芯（$n_0 < n_1$），不是所有的光线能够在光纤内传输，只有一定角度范围内的光线在射入光纤时产生的透射光线才能在光纤中传输。假如在光纤端面的入射角是 α，在波导内光线与垂直于光纤轴线的夹角是 θ。此时，$\theta > \theta_c$（临界角）的光线将发生全反射，而 $\theta < \theta_c$ 的光线将进入包层泄漏出去。于是，为了光能够在光纤中传输，入射角 α 必须要能够使进入光纤的光线在光纤内发生全反射而返回纤芯，并以曲折形状向前传播。由图 8.2.2 可知，最大的 α 角应该是使 $\theta = \theta_c$。在 n_0/n_1 界面，根据斯涅耳定律［见式（8.1.1）］可得

$$\frac{\sin\alpha_{max}}{\sin(90° - \theta_c)} = \frac{n_1}{n_0} \qquad (8.2.2)$$

全反射时由式（8.1.2）可知，$\sin\theta_c = n_2/n_1$，将此式代入式（8.2.2），可得

$$\sin\alpha_{max} = \frac{(n_1^2 - n_2^2)^{1/2}}{n_0}$$

当光从空气进入光纤时，$n_0 = 1$，所以

$$\sin\alpha_{max} = (n_1^2 - n_2^2)^{1/2} \qquad (8.2.3)$$

定义数值孔径（NA）为

$$NA = \sqrt{n_1^2 - n_2^2} = n_1\sqrt{2\Delta} \qquad (8.2.4)$$

式中，$\Delta = (n_1 - n_2)/n_1$ 为纤芯与包层相对折射率差。设 $\Delta = 1\%$，$n_1 = 1.5$，得到 $NA = 0.21$ 或 $\theta_c = 12.1°$。因此用数值孔径表示的光线最大入射角 α_{max} 是

$$\sin\alpha_{max} = \frac{NA}{n_0}$$

$$\sin\alpha_{max} = NA（n_0 = 1 \text{ 时}） \qquad (8.2.5)$$

角度 $2\alpha_{max}$ 称为入射光线的总接收角，它与光纤的数值孔径和纤芯的折射率 n_1 有关。式（8.2.5）只应用于子午光线入射，对于斜射入射光线，具有较宽的可接收入射角。多模光纤的大多数导模的入射光线是斜射光线，所以它对入射光线所允许的最大可接收角要比子午光线入射的大。

当 $\alpha > \alpha_{max}$（$\theta < \theta_c$）时，在纤芯和包层界面，除反射光线（没有画出）外，折射光线将进入包层并逐渐消失，如图 8.2.2a 所示。

当 $\alpha = \alpha_{max}$ （$\theta = \theta_c$）时，光线在波导内以 θ_c 入射到纤芯与包层交界面，除反射光线外，透射光线沿交界面向前传播（透射角为 90°），如图 8.2.2b 所示。

因此，只有与此相对应的在半锥角为 $2\alpha_{max}$ 的圆锥内入射的光线才能在光纤内传播，所以光纤的受光范围是 $2\alpha_{max}$。

NA 表示光纤接收和传输光的能力，NA（或 α_{max}）越大，光纤接收光的能力越强，从光源到光纤的耦合效率越高。对无损耗光纤，在 α_{max} 内的入射光都能在光纤中传输。NA 越大，纤芯对光能量的束缚能力越强，光纤抗弯曲性能越好。但 NA 越大，经光纤传输后产生的输出信号展宽越大，因而限制了信息传输容量，所以要根据使用场合，选择适当的 NA。

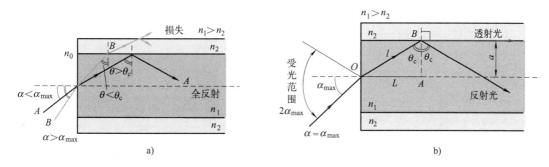

图 8.2.2　光纤数值孔径和受光范围
a）不同入射角 θ 的光线　b）$\theta = \theta_c$ 的光线

8.2.3　光线光学分析光纤传光原理——各种传导模沿光纤传输

光纤波导横截面是二维（r 和 φ）尺寸，反射从所有表面，即从与 y 轴成 φ 角的任意半径方向所碰到的界面发生反射，如图 8.2.3a 所示。因为任意方向的半径均可以用 x 和 y 来表示，所以波的相长干涉包括 x 方向和 y 方向的反射，因此我们用两个整数 l 和 m 来标记所有可能在波导中存在的行波或导模。

在阶跃光纤中，沿光纤曲折传输的光线，除通过轴线入射的子午光线外（每个反射光线也通过光纤轴线），如图 8.2.3a 所示，还有非轴线入射的斜射光线，此时反射光线没有通过轴线，而是围绕轴线螺旋式前进，如图 8.2.3b 所示。

在阶跃多模光纤中，入射的法线光线和斜射光线都产生沿光纤传输的导模，每一个都具有一个沿 z 方向的传输常数 β。法线光线在光纤内产生 TE 波和 TM 波，然而斜射光线产生的导模既有横电场 E_z 分量，又有横磁场 B_z 分量，因此既不是 TE 波，也不是 TM 波，而是 HE 波或 EH 波，这两种模的电场和磁场都具有沿 z 方向的分量，所以称为混合模，如图 8.2.4c 所示。HE 模的磁场分量比电场分量强，而 EH 模却相反。当光纤的折射率差 $\Delta \ll 1$ 时，称这种光纤为弱导光纤。通常阶跃光纤 $\Delta \approx 0.01$，所以它是弱导光纤。这种光纤的导模几乎是平面偏振行波，它们具有横电场和横磁场，即 $\boldsymbol{E}$ 和 $\boldsymbol{B}$ 互相垂直，且垂直于 z 轴，类似于平面波的场方向，但是场强在平面内不是常数，称这些波为线偏振（LP），即具有横电场和横磁场的特性。这种沿光纤传输的 LP 导模可用沿 z 方向的电场分布 $E(r,\varphi)$ 表示，这种场分布或者场斑是在垂直于光纤轴（z 方向）的平面内，因此与 r 和 φ 有关，而与 z 方向无关。因此用对应于 r 和 φ 两种边界的两个整数 l 和 m 来描述其特性。这样在一个 LP 模中

的传输场分布可用 $E_{lm}(r,\varphi)$ 表示，称这种模为 LP_{lm}。于是 LP_{lm} 模就可用沿 z 方向的行波表示

$$E_{LP}=E_{lm}(r,\varphi)\exp[j(\omega t-\beta_{lm}z)] \tag{8.2.6}$$

式中，E_{LP} 表示 LP 模的电场，β_{lm} 是它沿 z 方向的传输常数。显然，对于给定的 l 和 m，$E_{lm}(r,\varphi)$ 表示在 z 轴某个位置上特定的场分布，该场以 β_{lm} 沿光纤传播。

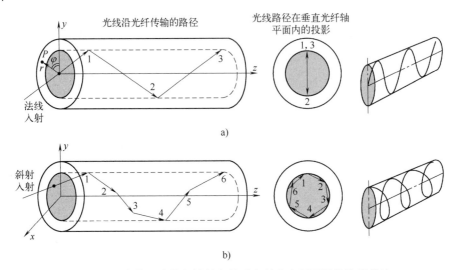

图 8.2.3 光线以法线和斜射入射时在纤芯内以不同的路径传输

a）子午光线总与光纤轴相交 b）斜线光线不与轴相交，而是围绕轴曲折前进（螺旋光线），数字表示光线反射的次数

图 8.2.4 表示阶跃光纤的基模（E_{01}）电场分布，它对应 $l=0$ 和 $m=1$ 的 LP_{01} 模（即零次模，$N=0$）。该场在纤芯的中心（光纤轴）最大，由于消逝波的存在，有部分场进入包层，其大小与 V 参数有关，由式（8.2.7）可知，即与波长有关。各模的光强与 E^2 成正比，这意味着在 LP_{01} 内的光强分布具有沿光纤轴线的最大值，如图 8.2.4b 所示，在中心最大，逐渐减弱，接近包层最小。图 8.2.4c 表示 LP_{11}（即 1 次模，$N=1$）和 LP_{21}（即 2 次模，

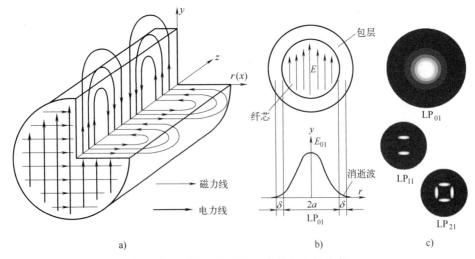

图 8.2.4 阶跃光纤 LP_{lm} 各模的电场分布

a）LP_{01}（HE_{11}）电力线和磁力线在光纤波导中的分布 b）LP_{01} 与光纤轴垂直的横截面的电场分布

c）LP_{lm} 与光纤轴垂直的横截面的强度分布

$N=2$）模的强度分布。l 和 m 对应 LP_{lm} 模的光强分布图案（场斑），l 表示循环一周（$\varphi=360°$）最大光强的对数，m 表示从纤芯开始沿 r 方向到包层具有场斑的个数。例如，LP_{21} 模表示循环一周有两对场斑，从纤芯到包层有一个场斑。由此可见，l 表示螺旋传输的程度，或者说斜射光线对该模贡献的大小，对于 LP_{01}（基模）l 为零，说明没有斜射光线，对于 LP_{11} 模，循环一周有一对场斑；m 直接与光线的反射角有关。

从上面的讨论可知，光以各种传导模沿光纤传输，每种模具有自己的传输常数 β_{lm}、电场分布 $E_{lm}(r,\varphi)$，以及与波长有关的群速度 $\upsilon_g(l,m)$。当脉冲光射入光纤后，它通过各种导模沿光纤传输，然而每种模式的光以不同的群速度传输，低次模传输快，高次模传输慢，所以到达光纤末端的时间也各不相同，经光探测器转变成光生电流后，各模式混合使输出脉冲相对于输入脉冲展宽，这种色散称为模间色散（见 8.4.1 节）。

8.2.4 导波光学分析光纤传光原理——由麦克斯韦波动方程完美解释

从 1.3.2 节已经知道，麦克斯韦预言了光是一种电磁波，光的传播就是通过电场、磁场的状态随时间变化的规律表现出来。他把这种变化列成了数学方程，后来人们就叫它为麦克斯韦波动方程，这种统一电磁波的理论获得了极大的成功。同样用它也完美地解释了光波在光纤中的传输。

光纤是导电率为零的电介质。在光纤中传输的光波是电磁波，其运动规律仍遵守麦克斯韦波动方程，它是一种微分方程。在均匀和线性介质中，即相对介电常数（ε_r）在所有方向都相同（即与电场无关），麦克斯韦波动方程描述的电场 E 由式（1.3.5）表示。

由光纤结构决定的边界条件，对麦克斯韦方程求解，便可把光的传播用电磁波表示。只有满足边界条件所决定的某一相位匹配条件之电磁波，才能被封闭在纤芯内传输。这就是传输模。解波动方程可以得到光纤模式特性、场结构、传输常数和截止条件等。用波动光学分析光波在光纤中的传输结果是，第一类 l 阶贝塞尔函数 $J_l(x)$ 可以描述光波在纤芯内的光场分布，它有点像衰减的正弦函数；第一类 l 阶修正的贝塞尔函数 $K_l(x)$ 可以描述光波在包层内的光场分布，它有点像衰减的指数函数。对于阶跃光纤，可以得到反映其特性的 V 参数为

$$V=k_0 a n_1 \sqrt{2\Delta}$$

因传播常数 $k_0=2\pi/\lambda$（见 1.3.1 节），所以

$$V=\frac{2\pi a}{\lambda}\sqrt{n_1^2-n_2^2}=\frac{2\pi a}{\lambda}n_1\sqrt{2\Delta}=\frac{2\pi a}{\lambda}\mathrm{NA} \tag{8.2.7}$$

式中，λ 是自由空间工作波长，a 是纤芯半径，n_1 和 n_2 分别是纤芯和包层的折射率，NA 是光纤的数值孔径（见 8.2.2 节），Δ 是纤芯和包层的相对折射率差，其计算如下

$$\Delta=\frac{n_1-n_2}{n_1}\approx\frac{n_1^2-n_2^2}{2n_1^2} \tag{8.2.8}$$

由式（8.2.7）可知，V 参数与光纤的几何尺寸（芯径）$2a$ 有关，所以称为归一化芯径；另一方面，V 参数又与 $k_0=\omega/c$ 成正比，具有频率的量纲，所以又称为归一化频率，同时又与波导特性 n_1 和 n_2 有关，因此它是描述光纤特性的重要参数。

当 $V<2.405$ 时，只有一种模式，即基模 LP_{01} 通过光纤芯传输，当减小芯径使 V 参数进一步减小时，光纤仍然支持 LP_{01} 模，但是该模进入包层的场强增加了，因此该模的一些光功率被损失掉。这种只允许基模 LP_{01} 在要求的波长下传输的光纤称为单模光纤。通常单

模光纤比多模光纤具有更小的纤芯半径 a 和较小的折射率差 Δ。

当 $V > 2.405$ 时，假如光源波长 λ 减小到足够短时，单模光纤将变成多模光纤，高阶模也将在光纤中传输。因此，由 $V_{\text{cut-off}} = (2\pi a/\lambda_c)(n_1^2 - n_2^2)^{1/2} = 2.405$，得出光纤变成单模的截止波长 λ_c 为

$$\lambda_c = \frac{2\pi a}{2.405}(n_1^2 - n_2^2)^{1/2} \tag{8.2.9}$$

当 $V > 2.405$ 时，模数增加得很快。在阶跃多模光纤中能够支持的模式数量 N 可用下式表示

$$N = \frac{4V^2}{\pi^2} \approx \frac{V^2}{2} \tag{8.2.10}$$

例如，一个 $a = 25\mu m$、$\Delta = 5 \times 10^{-3}$ 的典型多模光纤，在 $\lambda = 1.3~\mu m$ 处，当 $V = 18$ 时，$N = 162$；当 $V = 5$ 时，$N = 7$。当 V 小于一定值时，除 LP_{01}（HE_{11}）外，其他模式均截止，只传输单个模式，这种光纤就是单模光纤。

改变阶跃光纤各种物理参数对传输模数量的可能影响可从式（8.2.7）推断出来，例如，增加芯径（a）或者折射率（n_1）可增加 V 参数，另一方面增加波长 λ 或者包层折射率（n_2）可以减少 V 参数。式（8.2.7）不包含包层直径，这说明它在各导模的传输中没有扮演重要的角色。在多模光纤中，光通过许多模传输，并且所有模主要局限在芯内传输。在阶跃光纤中，一小部分基模电场进入包层作为消逝波沿边界传输。假如包层没有足够厚，这部分电场将到达包层的最外边并泄漏出去，发生光能量的损失，如图 8.2.4b 所示。因此，通常阶跃单模光纤的包层直径至少是纤芯直径的 10 倍。

定义归一化传输常数 b 为

$$b = \frac{(\beta/k)^2 - n_2^2}{n_1^2 - n_2^2} \tag{8.2.11}$$

式中，$\beta = \beta_{lm} = (2\pi n_1/\lambda)\cos\theta = (2\pi\nu n_1/c)\cos\theta = (n_1\omega/c)\cos\theta$，$k = (2\pi n_1/\lambda)\sin\theta$，均为传输常数，$\beta$ 和 k 是波矢量 $\boldsymbol{k}_1$ 分解成两个沿波导（z 轴）的互为正交的传输常数。n_1 和 n_2 分别是纤芯和包层的折射率。由式（8.2.7）和式（8.2.11）可知，b 和 V 均与 $n_1^2 - n_2^2$ 有关，所以 b 和 V 就联系在一起。因为 LP 模的传输常数 β_{lm} 取决于波导特性和光源波长，因此用仅与 V 参数有关的归一化传输常数 b 描述光在波导中的传输特性是非常方便的。

V 和 β 均是无量纲参数，光波在光纤中传播的条件是，在纤芯要把光能量尽量约束在纤芯中传输，在包层光场是消逝波（见图 8.2.4），即 $r \to \infty$ 时，场强衰减为零。这就要求传播常数在纤芯要满足 $\beta < n_1\omega/c$，在包层要满足 $\beta > n_2\omega/c$，因此在光纤中传导模存在的条件是，使传输常数 β 为

$$\frac{n_1\omega}{c} > \beta > \frac{n_2\omega}{c} \tag{8.2.12}$$

根据以上的定义，最小的归一化传输常数 $b = 0$，由式（8.2.11）得出 $\beta = kn_2$，即在包层中传输；最大的归一化传输常数 $b = 1$，对应 $\beta = kn_1$，即在纤芯中传输。对于各种传导模，b 与 V 的关系在相关文献中已经计算出来，图 8.2.5 表示几种低阶线偏振模（LP）的 b 与 V 的关系。由图可见，基模 LP_{01} 对所有的 V 参数都存在，所以 LP_{01} 在任何光纤中都能存在，是永不截止的模式，称为基模或主模。而 LP_{11} 在 $V = 2.405$ 截止。对于每个比基模高的特定 LP 模，总有一个对应于截止波长的截止 V 参数。给出光纤的 V 参数，从图 8.2.5

可以很容易找到对于允许在波导中存在的 LP 模所对应的 b，接着按式（8.2.11）就可以求得 β。

在 8.2.3 节中，我们已介绍了 TE 模、TM 模和 HE 模。HE_{11} 模是两种偏振态相互垂直的 TE 模和 TM 模，传播常数十分接近，具有相同的等效折射率，具有相同的传输速度，相互叠加的模，称为兼并模；它就是基模（LP_{01} 模）。

从式（8.2.11）可以得到

$$\beta/k=\sqrt{n_2^2+b(n_1^2-n_2^2)} \qquad (8.2.13)$$

几乎所有的阶跃光纤，折射率指数差 Δ 非常小，也就是说它们是弱导光纤。式（8.2.11）可以近似为一个简单的表达式

$$b\approx\frac{(\beta/k)-n_2}{n_1-n_2} \qquad (8.2.14)$$

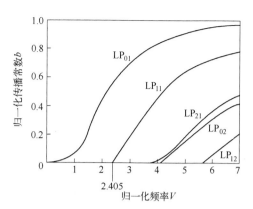

图 8.2.5　几种 LP 模的归一化传输常数与归一化频率的关系

LP_{01} 为零次模，$N=0$；LP_{11} 为 1 次模，$N=1$；LP_{21} 为 2 次模，$N=2$

在单模光纤中，基模的群速度计算包括与 b 有关的频率，b 又与 V 有关（见图 8.2.5）。当 $1.5<V<2.5$ 时，b 可用下式给出

$$b\approx\left(1.1428-\frac{0.996}{V}\right)^2 \qquad (8.2.15)$$

式（8.2.15）在计算单模光纤传输特性时是非常有用的。

【例 8.2.1】　多模光纤模式数量计算

纤芯折射率为 1.468，直径为 $100\ \mu m$，包层折射率为 1.447，假如光源波长为 850 nm，请计算阶跃多模光纤所允许传输的模式数量。

解： 将 $a=50\ \mu m$、$\lambda=0.850\ \mu m$、$n_1=1.469$ 和 $n_2=1.447$ 代入式（8.2.7）

$$V=\frac{2\pi a}{\lambda}\sqrt{n_1^2-n_2^2}=\frac{2\pi\times50}{0.850}\sqrt{1.468^2-1.447^2}=91.44$$

因为 $V\gg2.405$，根据式（8.2.10），得到模数为

$$N\approx V^2/2=91.44^2/2=4181$$

【例 8.2.2】　单模光纤芯径计算

纤芯折射率 $n_1=1.468$，包层折射率为 $n_2=1.447$，假如光源波长为 1300 nm，请计算单模光纤的芯径是多少。

解： 当 $V\leqslant2.405$ 时可实现单模传输，于是

$$V=2\pi a\lambda^{-1}\sqrt{n_1^2-n_2^2}=2\pi a\times(1.3\ \mu m)^{-1}\times\sqrt{1.468^2-1.447^2}\leqslant2.405$$

从中解得 $a\leqslant2.01\ \mu m$，所以这样细的芯径，对于光纤与光纤的耦合或者光源与光纤的耦合都是相当困难的，必须采用特别的技术才行。注意芯径已能够和光源波长相比拟，所以几何光学已不能在这里使用。

8.3　光纤的基本特性

做事固执，冥顽不化，可能不是个好品质，但所有的科学家都应该固执己见，一旦认准的路，就要百折不回走到底，撞上南墙也不回头，否则的话，你永远不会成功。

—— 高琨（K. C. Kao）

8.3.1 基模传输条件——V 参数小于 2.405

由 8.2.4 节的分析可知，单模光纤的传输条件是归一化频率

$$V < 2.405 \qquad (8.3.1)$$

此时其他模式的光波均被截止，只有 HE_{11} 模（线偏振模 LP_{01}）在光纤中传输，它是光纤的主模。V 值由式（8.2.7）确定。利用式（8.2.7）可以估计单模光纤在 $1.3 \sim 1.6 \ \mu m$ 波长范围内的纤芯半径 a。取 $\lambda = 1.2 \ \mu m$，$n_1 = 1.45$，$\Delta = 5 \times 10^{-3}$，则当 $a = 3.2 \ \mu m$ 时，即能满足 $V < 2.405$。若 $\Delta = 3 \times 10^{-3}$，则纤芯可增至 $a = 4 \ \mu m$。实际上大多数单模光纤设计在 $a \approx 4 \ \mu m$，欲使光纤在可见光谱区也能在单模条件下工作，则 a 应减小一半。

8.3.2 场结构和模式简并

由式（8.2.1）可知，当 Δ 远远小于 1 时，场的轴向电场分量 E_Z 和磁场分量 H_Z 很小，因此，弱导光纤中 HE_{11} 模近似为线偏振模，并记为 LP_{01}，它有两个沿 x 方向和 y 方向的偏振模，它们具有相同的传输常数（$\beta_x = \beta_y$）和截止频率 V（$V = 2.405$），因此 LP_{01} 模包括两个正交的线偏振模 LP_{01}^x 和 LP_{01}^y，在理想光纤的情况下，它们相互简并在一起。

8.3.3 双折射效应和偏振特性

正交偏振模的简并特性，只适用理想圆柱形纤芯的光纤。实际上，光纤的纤芯形状沿长度难免出现变化，光纤也可能受非均匀应力而使圆柱对称性受到破坏，两个模式的传播常数 $\beta_x \neq \beta_y$，所以光纤波导也是一种各向异性介质波导，也存在双折射，使光纤正交偏振简并的特性受到破坏。定义归一化的双折射程度为

$$B = |n_x - n_y| = \frac{\beta_x - \beta_y}{k_0} = \frac{\Delta\beta}{2\pi}\lambda \qquad (8.3.2)$$

式中，$k_0 = 2\pi/\lambda$ 为自由空间传播常数，n_x 和 n_y 为它们的等效折射率。双折射导致两个偏振成分功率周期性地发生变化。由于两个模式的传播常数不同，光场沿光纤传输时，在半个周期（π）内，偏振态按如下方式不断变化：线偏振→椭圆偏振→圆偏振→椭圆偏振→线偏振，如图 8.3.1 所示。在下半个周期内，偏振态变化方式也相同，只是由左旋转变成右旋转。当偏振态变化 2π 时，相应的传输长度称为拍长，记为 L_B，可表示为

$$L_B = \lambda/B = \frac{2\pi}{\Delta\beta} \qquad (8.3.3)$$

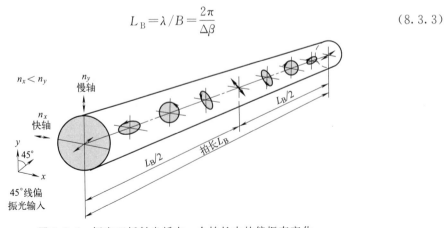

图 8.3.1 恒定双折射光纤在一个拍长中的偏振态变化

通常，B 约为 10^{-7}，L_B 约为 10 m（$\lambda = 1\ \mu m$ 时）。可见，$\Delta\beta = \beta_x - \beta_y$ 越大，L_B 越短，即双折射现象越严重。

单模光纤的双折射效应使模场偏振态在传输过程中发生变化，在相干光纤传输系统中，信号光和本振光的偏振态要保持一致，信号光偏振态的变化会产生偏振噪声。在采用集成光路的接收机中，对偏振态有选择性，也产生偏振噪声。在常规单模光纤传输系统中，双折射效应产生偏振模色散（PMD），它对模拟 CATV 系统和高速长距离系统有重大影响。

为了实现单一偏振模的传输，开发了保偏光纤，但这种光纤的损耗较普通光纤略大，约 0.4 dB/km。

关于双折射现象，我们已在第 4 章进行了介绍。

8.4 光纤的传输特性

8.4.1 光纤色散——展宽输入脉冲、减少光纤带宽

色散是日常生活中经常会碰到的一种物理现象。一束白光通过一块玻璃三角棱镜时，在棱镜的另一侧被散开，变成五颜六色的光带，在光学中称这种现象为色散。

当光信号通过光纤时，也要产生色散。色散是由于不同成分的光信号在光纤中传输时，因群速度不同产生不同的时间延迟而引起的一种物理效应。光信号分量包括光发送机非单色光源谱宽中的频率分量，以及光纤中的不同模式分量。

1.3.4 节已介绍了群速度概念，群速度和光纤模式有关，模数不同，其群速度也不同。由于不同的模式有不同的传播速度，因而在入射端输入的光脉冲中，次数越高的模越滞后。这并不难理解，因为模的次数越高，其角度 θ 越大（见图 8.4.1），传播就需要更多的时间，在光纤末端经光探测后各模式混合使输出光生电流脉冲相对于输入脉冲展宽，如图 8.4.1 所示，它取决于光纤的折射率分布，并和材料折射率的波长特性有关。

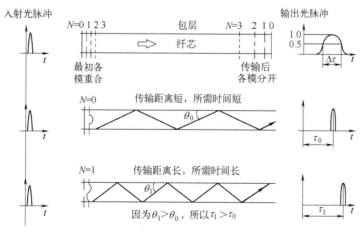

图 8.4.1 多模光纤模式色散

为了估算信号沿阶跃多模光纤波导传输的模式色散，需要考虑最慢模式和最快模式光以不同的群速度在波导中传输需要的最短和最长时间。由图 8.2.1a 可知，阶跃折射率光纤的纤芯折射率比包层的大，很显然，纤芯传输的速度比包层的慢，沿光纤芯传输模的所需时间

最长，而入射角等于临界角（$\theta_i = \theta_c$）的光线（见图8.2.2），其透射光沿纤芯和包层交界面传输，可认为就在包层中传输，因 $n_2 < n_1$，其群速度 $\upsilon_g^{\max} = c/n_2$ 最快，所需时间最短。

假如 $\Delta\tau$ 是最快和最慢模式通过距离 L 的时间差，定义模式色散为

$$\Delta\tau = \frac{L}{\upsilon_g^{\min}} - \frac{L}{\upsilon_g^{\max}} \qquad (8.4.1)$$

式中，$\upsilon_g^{\min}$ 是最慢模式光的最小群速度，而 $\upsilon_g^{\max}$ 是最快模式光的最大群速度。最低阶模（$m=0$）的群速度是 $\upsilon_g^{\min} = c/n_1$；最高阶模的群速度可以粗略地认为是 $\upsilon_g^{\max} = c/n_2$。

在光电子学中，通常用输出光强最大值一半的全宽 $\Delta\tau_{1/2}$ 来表示展宽，这要比 $\Delta\tau$ 小些，但作为一阶近似，当有多个模式存在时，可以近似认为 $\Delta\tau_{1/2} \approx \Delta\tau$。

在单模光纤中，只有一种模式（$m=0$ 模），所以没有模式色散。但并不能说单模光纤就没有色散。因为群速度除了和光纤模式有关外，还和光发送机非单色光源谱宽中的频率分量以及因调制产生的光频分量有关。

色散对光纤所能传输的最大比特速率 B 的影响可利用相邻脉冲间不产生重叠的原则来确定，即 $\Delta T < 1/B$。群速度色散对单模光纤比特率和距离乘积的限制为

$$BL < \frac{1}{|D|\Delta\lambda} \qquad (8.4.2)$$

式中，D 为色散系数，单位为 ps/(nm·km)，其值是

$$D = \frac{d}{d\lambda}(1/\upsilon_g) = -(2\pi c/\lambda^2)\beta_2 \qquad (8.4.3)$$

光纤的偏振模色散可参见 3.2.1 节。

8.4.2　光纤衰减

通常，光纤内传输的光功率 P 随距离 z 的衰减，可以用下式表示

$$\frac{dP}{dz} = -\alpha P \qquad (8.4.4)$$

式中，α 是衰减系数。如果 P_{in} 是在长度为 L 的光纤输入端注入的光功率，根据式（8.4.4），输出端的光功率应为

$$P_{out} = P_{in}\exp(-\alpha L) \qquad (8.4.5)$$

习惯上用 dB/km 表示 α 的单位，由式（8.4.5）得到衰减系数

$$\alpha_{dB} = \frac{1}{L} \times 10 \times \lg\frac{P_{in}}{P_{out}} \qquad (8.4.6)$$

引起衰减的原因是光纤对光能量的吸收损耗、散射损耗和辐射损耗，如图8.4.2所示。光纤是熔融 SiO_2 制成的，光信号在光纤中传输时，由于吸收、散射和波导缺陷等机理产生功率损耗，从而引起衰减。吸收损耗有纯 SiO_2 材料引起的内部吸收和杂质引起的外部吸

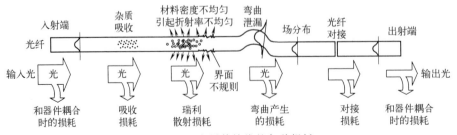

图 8.4.2　光纤传输线的各种损耗

收。内部吸收是由于构成 SiO_2 的离子晶格在光波（电磁波）的作用下发生振动损失的能量。外部吸收主要由 OH^- 离子杂质引起。散射损耗主要由瑞利散射引起，瑞利散射由英国物理学家瑞利勋爵（图 8.4.3）发现，他于 1871 年发表了一篇描述这一现象的论文。此外，瑞利还因发现并分离出氩气获得 1904 年诺贝尔物理学奖。瑞利散射是由在光纤制造过程中材料密度的不均匀（造成折射率不均匀）产生的。

图 8.4.3　瑞利勋爵
（Lord Rayleigh，1842—1919）

另外还有非线性损耗，它是在 DWDM 系统中，当光纤中传输的光强大到一定程度时就会产生受激拉曼散射、受激布里渊散射和四波混频等非线性现象，使输入光能量转移到新的频率分量上产生的散射损耗。

图 8.4.4 给出了典型单模光纤和多模光纤衰减谱。单模光纤衰减在 $1.55~\mu m$ 已降到 $0.19~dB/km$，在 $1.30~\mu m$ 已降到 $0.35~dB/km$。

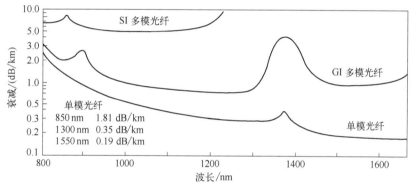

图 8.4.4　典型光纤衰减谱

【例 8.4.1】　光纤长度计算

注入单模光纤的 LD 功率为 1 mW，在光纤输出端光探测器要求的最小光功率是 10nW，在 $1.3~\mu m$ 波段工作，光纤衰减系数是 $0.4~dB/km$，请问无需中继器的最大光纤长度是多少？

解：由式（8.4.6）可得

$$L = \frac{1}{\alpha_{dB}} \times 10 \times \lg\left(\frac{P_{in}}{P_{out}}\right) = \frac{1}{0.4} \times 10 \times \lg\frac{10^{-3}}{10 \times 10^{-9}} = 125~km$$

8.5　光纤衰减的补偿——掺铒光纤放大器

光信号经光纤传输后，由于光纤衰减使幅度减小了，光纤通信早期是使用光-电-光中继器，对信号光进行放大补偿。自从掺铒光纤放大器（EDFA）发明后，通常就使用 EDFA 对光信号进行补偿。下面就来介绍 EDFA 的构成、工作原理和特性。

另外，还可以用传输光纤进行光纤拉曼放大，对光纤损耗进行分布式补偿（见 7.2.6 节）。

8.5.1　掺铒光纤放大器的构成

使用铒离子作为增益介质的光纤放大器称为掺铒光纤放大器。铒离子在光纤制作过程中被掺入光纤芯中，使用泵浦光直接对光信号放大，提供光增益。这种放大器的特性（如工作波长、带宽）由掺杂剂所决定。掺铒光纤放大器因为工作波长在靠近光纤损耗最小的 $1.55\mu m$ 波长区，比其他光放大器更引人注意。

图 8.5.1a 为一个实用光纤放大器的构成方框图。光纤放大器的关键部件是掺铒光纤和高功率泵浦源，作为信号和泵浦光复用的波分复用器（WDM），以及为了防止光反馈和减小系统噪声在输入和输出端使用的光隔离器。

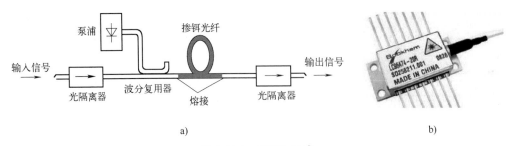

a)   b)

图 8.5.1   EDFA 组成

a）EDFA 组成图   b）980 nm 大功率输出泵浦激光器

8.5.2   EDFA 工作原理及其特性——泵浦光能量转移到信号光

1. 泵浦特性

EDFA 的增益特性与泵浦方式与光纤掺杂剂（如锗和铝）有关。图 8.5.2a 为硅光纤中铒离子（Er^{3+}）的能级图。可使用多种不同波长的光来泵浦 EDFA，但是 $0.98\ \mu m$ 和 $1.48\ \mu m$ 的半导体激光泵浦最有效。使用这两种波长的光泵浦 EDFA 时，只用几毫瓦的泵浦功率就可获得高达 $30\sim40$ dB 的放大器增益。

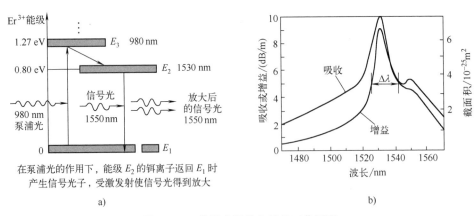

a)   b)

图 8.5.2   掺铒光纤放大器的工作原理

a）光纤中铒离子的能级图   b）EDFA 的吸收和增益频谱

现在我们具体说明泵浦光是如何将能量转移给信号的。若掺铒离子的能级图用三能级表示，如图 8.5.2a 所示，其中：能级 E_1 代表基态，能量最低；能级 E_2 代表中间能级；能级 E_3 代表激发态，能量最高。若泵浦光的光子能量等于能级 E_3 与 E_1 之差，掺杂离子吸收泵浦光后，从基态 E_1 升至激活态 E_3。但是激活态是不稳定的，激发到激活态能级 E_3 的铒离子很快返回到能级 E_2。若信号光的光子能量等于能级 E_2 和 E_1 之差，则当处于能级 E_2 的

铒离子返回基态 E_1 时就产生信号光子，这就是受激发射，使信号光放大，获得增益。图 8.5.2b 表示 EDFA 的吸收和增益光谱。为了提高放大器的增益，应尽可能使基态铒离子激发到能级 E_3。从以上分析可知，能级 E_2 和 E_1 之差必须是相当于需要放大信号光的光子能量，而泵浦光的光子能量也必须保证使铒离子从基态 E_1 跃迁到激活态 E_3。

图 8.5.3 为输出信号功率与泵浦功率的关系，由图可见，能量从泵浦光转换成信号光的效率很高，因此 EDFA 很适合作为功率放大器。泵浦光功率转换为输出信号光功率的效率为 92.6%，60 mW 功率泵浦时，吸收效率［(信号输出功率－信号输入功率)/泵浦功率］为 88%。

图 8.5.4 为小信号输入时，实际掺铒光纤增益和泵浦功率的关系，1.48 μm 泵浦时的增益系数是 6.3 dB/mW。

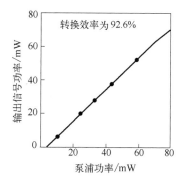

图 8.5.3 输出信号功率与泵浦功率的关系

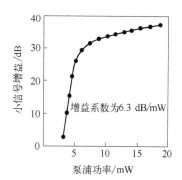

图 8.5.4 小信号增益 G 与泵浦功率的关系

2. 增益频谱

光放大器增益 G（有时也称放大倍数）为

$$G = P_{out}/P_{in} \tag{8.5.1}$$

式中，P_{in} 和 P_{out} 分别是正在放大的连续波（CW）信号的输入和输出功率。

EDFA 的增益频谱曲线形状取决于光纤芯内掺杂剂的浓度。图 8.5.2b 为纤芯掺锗的 EDFA 的增益频谱和吸收频谱。从图中可知，掺铒光纤放大器的带宽［曲线半最大值全宽（FWHM）］大于 10 nm。

图 8.5.5 和图 8.5.6 分别表示将铝与锗同时掺入铒光纤的小信号增益频谱和大信号增益频谱特性，与图 8.5.2b 比较可知，将铝与锗同时掺入铒光纤，可获得比纯掺锗更平坦的增益频谱。

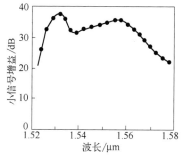

图 8.5.5 小信号增益 G 频谱

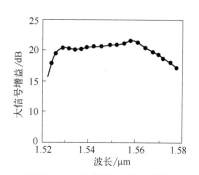

图 8.5.6 大信号增益 G 频谱

3. 小信号增益

EDFA 的增益与铒离子浓度、掺铒光纤长度、芯径和泵浦功率有关。

对于给定的放大器长度 L，小信号增益为

$$G = \exp(gL) \tag{8.5.2}$$

式中，g 是介质的增益系数，表示单位距离光强净增加了多少（单位 m^{-1}）。

放大器增益 G 最初随泵浦功率按指数函数增加，如图 8.5.7a 所示，但是当泵浦功率超过一定值后，增益的增加就变得缓慢。对于给定的泵浦功率，放大器的最大增益对应一个最佳光纤长度，如图 8.5.7b 所示，并且当 L 超过这个最佳值后，增益很快降低，其原因是铒光纤的剩余部分没有被泵浦，反而吸收了已放大的信号。既然最佳的 L 值取决于泵浦功率 P_p，那么就有必要选择适当的 L 值和 P_p，以便获得最大的增益。由图 8.5.7b 可知，当用 1.48 μm 波长的激光泵浦时，如泵浦功率 $P_p = 5\ mW$，放大器长度 $L = 30\ m$，则可获得 35 dB 的光增益。

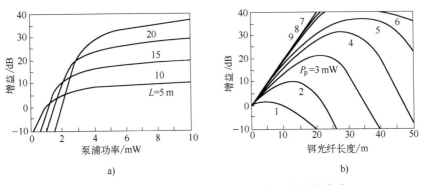

图 8.5.7　小信号增益和泵浦功率与光纤长度的关系

a）小信号增益 G 和泵浦功率的关系　b）小信号增益 G 和光纤长度的关系

图 8.5.7 所示的放大器特性在所有的 EDFA 中都已观察到，理论和实践结果一般都符合得很好。

光波通信系统——海底、空间、移动和对潜通信

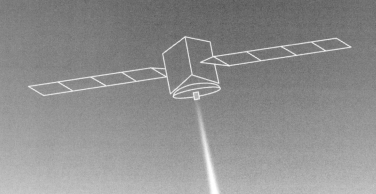

光波通信系统使用的光探测器、激光器、光复用/解复用器和光滤波器已分别在第5章、第2章介绍过，所使用的光调制器、光开关、光隔离器和光放大器也分别在第6章、第5章和第7章讲述了。光纤通信在光波通信中占据着极其重要的地位，有关光纤传光原理、光纤基本特性和传输特性已在第8章中阐述了，高速光纤通信系统及其偏振器件也在第3章和第4章介绍了。本章专门简要讲述海底、空间、移动和对潜光波通信系统。

9.1 海底光缆通信系统

9.1.1 海底光缆通信系统在世界通信网络中的地位和作用

海底光缆（图9.1.1）通信容量大、可靠性高、传输质量好，在当今信息时代，起着极其重要的作用，因为世界上绝大部分互联网跨洋数据和长途通信业务是通过海底光缆传输，有的国外学者甚至认为，可能占到99%。中国海岸线长、岛屿多，为了满足人们对信息传输业务不断增长的需要，大力开发建设中国沿海地区海底光缆通信系统，改善中国通信设施，对于推动整个国民经济信息化进程、巩固国防具有重大的战略意义。随着全球通信业务需求量的不断扩大，海底光缆通信发展应用前景将更加广阔。

图 9.1.1 海底光缆（通信中继器）

一个全球海底光缆网络可看作由4层构成，前3层是国内网、地区网和洲际网，第4层是专用网。连接一个国家的大陆和附近的岛屿，以及连接岛屿与岛屿之间的海底光缆组成国内网。国内网在一个国家范围内分配电信业务，并向其他国家发送电信业务。地区网连接地理上同属一个区域的国家，在该地区分配由其他地区传送来的电信业务，以及汇集并发送本地区发往其他地区的业务。洲际网连接世界上由海洋分割开的每一个地区，因此也称这种网为全球网或跨洋网。与前3层网络不同，第4层网络是一些专用网，如连接大陆和岛屿之间的国防专用网、连接岸上和海洋石油钻井平台专用网，由各国政府或工业界使用。

9.1.2 海底光缆通信系统组成和分类

海底光缆通信系统按有/无海底光放大中继器，可分为有中继/无中继海底光缆系统。有中继海底光缆系统通常由海底光缆终端设备、远供电源设备、线路监测设备、网络管理设备、海底光中继器、海底分支单元、在线功率均衡器、海底光缆、海底光缆接头盒、海洋接地装置以及陆地光电缆等设备组成，如图9.1.2所示。

无中继海底光缆系统与有中继海底光缆通信相比，除没有光中继器、均衡器和远供电源设备外，其他部分几乎与有中继的相同。

海底光缆通信系统按照终端设备类型可分为SDH系统和WDM系统。

图9.1.2表示海底光缆通信系统构成和边界的基本概念，通常，海底光缆通信系统包括中继器和/或海底光缆分支单元。该图中，A代表终端站的系统接口，在这里系统可以接入陆上数字链路或到其他海底光缆系统；B代表海滩节点或登陆点。A—B代表陆上部分，

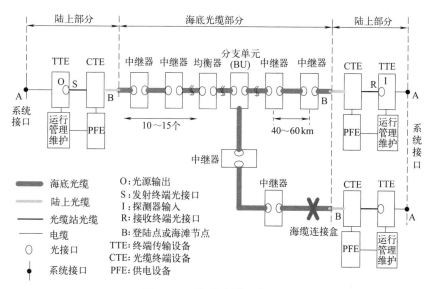

图 9.1.2　海底光缆通信系统

B—B 代表海底部分，O 代表光源输出口，I 代表光探测输入口，S 代表发送端光接口，R 代表接收端光接口。

海底光缆部分：包括海床上的光缆、海缆中继器、海缆分支单元和海缆接头盒。

海底光缆中继器，包含一个或者多个光放大器；

BU，即分支单元，连接多于两个海缆段的设备；

海缆连接盒，将两根海底光缆连接在一起的盒子。

陆上部分：处于终端站 A 中的系统接口和海滩连接点或登陆点之间，包括陆上光缆、陆上连接点和系统终端设备。该设备也提供监视和维护功能。

系统接口 A，是数字线路段终结点，是指定设备数字传输系统 SDH 设备时分复用帧上的一点；

光接口 S，是两个互联的光线路段间的共同边界；

B，是海底光缆和陆上光缆在海滩的连接点；

TTE，终端传输设备，它在光接口终结海底光缆传输线路，并连接到系统接口；

运行管理维护（OA&M），是一台连接到监视和遥控维护设备的计算机，在网络管理系统中对网元进行管理；

PFE，供电设备，该设备通过海底光缆里的电导体，为海底光中继器和/或海底光缆分支单元提供稳定恒电流；

CTE，光缆终端设备，该设备提供连接 LTE 光缆和海底光缆之间的接口，也提供 PFE 馈电线和光缆馈电导体间的接口。通常，CTE 是 PFE 的一部分。

9.1.3　连接中国的海底光缆通信系统

1993 年 12 月，中国与日本、美国共同投资建设的第一条通向世界的大容量海底光缆——中日海底光缆系统正式开通。这个系统从上海南汇到日本宫崎，全长 1252 km，传输速率为 560 Mbit/s。有两对光纤，可提供 7560 条话路，相当于原中日海底电缆的 15 倍，显著提高了中国的国际通信能力。

接入中国的主要国际海底光缆通信系统如表 9.1.1 所示。这些系统通达世界 30 多个国家和地区，形成覆盖全球的高速数字光通信网络。

亚太二号海底光缆（APCN-2）2001 年 NEC 公司开通时是 10 Gbit/s 的密集波分复用（DWDM）系统，2011 年将设备升级到 40 Gbit/s，2014 年又升级到 100 Gbit/s，其光纤容量可扩大至原设计能力 2.56 Tbit/s 的 10 倍多。

跨太平洋海底光缆（FASTER）已于 2016 年 6 月 30 日正式投入使用，项目由中国移动、中国电信、中国联通、日本 KDDI、谷歌等公司组成的联合体共同出资建设，工程由日本 NEC 公司负责，采用偏振复用/相干检测技术的 DWDM，每个波长速率 100 Gbit/s，共 100 个波长，线路总长 13000 km，设计容量 54.8 Tbit/s。

2016 年底报道，NEC 宣布亚太直达海底光缆（APG）的全部工程建设已经完成，并已交付使用。该系统全长约 10900 km，采用信道速率 100 Gbit/s 的偏振复用/相干检测技术 DWDM 系统，可以实现超过 54.8 Tbit/s 的传输容量。该系统在新加坡与其他海底光缆系统连接，可达北美、中东、北非、南欧。APG 海缆是中国电信、中国联通与国外 13 家国际电信企业组成的联盟筹资建设。

新跨太平洋海缆（NCP）由中国电信、中国联通、中国移动联合其他国家和地区企业共同出资建设，信道速率为 100 Gbit/s，设计总容量为 80 Tbit/s，采用鱼骨状分支拓扑结构，系统全长 13618 km，项目 2018 年正式投产。

2022 年，从中国西部地区出发，穿越中国-巴基斯坦经济走廊，在瓜达尔港入海，经由阿拉伯海、亚丁湾、红海连接东部非洲，再经地中海连接法国马赛港的 PEACE 海底光缆系统已开通商用，总长度超过 12000 km，由亨通光电股份有限公司建设，采用华为海洋最先进的 200 Gbit/s 波分复用光纤通信传输技术，每对光纤设计容量 16 Tbit/s。建成后可大大降低中国—欧洲—非洲的通信时延。

2023 年，亚洲直达海底光缆（ADC）由中国电信主导，联合亚洲多家运营商发起建设，光缆系统全长 9988 km，在汕头段登陆，每对光纤设计容量 16 Tbit/s 以上，8 对光纤承载的总流量超过 140 Tbit/s。

✦ 表 9.1.1　连接中国的主要海底光缆系统

名称	连接国家或地区	信道传输速率,容量	光纤对数	开通/扩容时间
中韩海底光缆	中国、韩国	0.565 Gbit/s	2	1996 年
环球海底光缆（FLAG）	中国、日本、韩国、印度、阿联酋、西班牙、英国等	5 Gbit/s 10 Gbit/s 100 Gbit/s	2	1997 年 2006 年 2013 年
亚欧海底光缆（SEA-ME-WE-3）	中国、日本、韩国、菲律宾、澳大利亚、英国、法国等	2.5 Gbit/s×8 波长 10 Gbit/s×8 波长 40 Gbit/s×8 波长	2	1999 年 2002 年 2011 年
亚太二号海底光缆（APCN-2）	中国、日本、韩国、新加坡、菲律宾、澳大利亚等	10 Gbit/s×64 波长 40 Gbit/s×64 波长 100 Gbit/s×64 波长	4	2001 年 2011 年 2014 年
C2C 国际海底光缆	中国、日本、韩国、菲律宾等	10 Gbit/s×96 波长, 7.68 Tbit/s	8	2002 年

名称	连接国家或地区	信道传输速率,容量	光纤对数	开通/扩容时间
太平洋海底光缆（TPE）	中国、韩国、日本、美国	10 Gbit/s×64,2.56 Tbit/s 100 Gbit/s,22.56 Tbit/s	4	2008 年 2016 年
亚洲-美洲海底光缆（AAG）	中国、美国、越南、马来西亚、菲律宾、新加坡等	100 Gbit/s,2.88 Tbit/s	3/2	2010 年 2015 年
东南亚-日本海底光缆（SJC）	中国、日本、新加坡、菲律宾、文莱、泰国	64×40 Gbit/s 64×100 Gbit/s	6	2013 年 2015 年
亚太直达海底光缆（APG）	中国、韩国、日本、泰国、马来西亚、新加坡等	100 Gbit/s,54.8 Tbit/s	4	2016 年
跨太平洋海底光缆（FASTER）	中国、美国、日本、新加坡、马来西亚等	100 Gbit/s×100 波长,55 Tbit/s	3	2016 年
亚欧海底光缆（SEA-ME-WE-5）	中国、新加坡、巴基斯坦、吉布提、法国等	100 Gbit/s,24 Tbit/s	—	2017 年
新跨太平洋海底光缆（NCP）	中国、韩国、日本、美国等	100 Gbit/s,60 Tbit/s	6	2018 年
香港关岛海底光缆 HK-G	中国、美国、菲律宾等	100 Gbit/s,48 Tbit/s	—	2020 年
PEACE 海底光缆系统	中国、巴基斯坦、非洲东部、法国	200 Gbit/s,16 Tbit/s	8	2022 年
亚洲直达海底光缆（ADC）	中国、日本、新加坡、越南、菲律宾、泰国	16 Tbit/s,140 Tbit/s	8	2024 年

西方工业国家把海缆（早期是电缆，后来是光缆）作为一种可靠的战略资源已有一个多世纪。当前海底光缆通信领域由欧洲、美国、日本的企业主导，承担了全球 80％以上的海底光缆通信系统市场建设。连接我国的主要海底光缆系统设备、工程施工维护几乎都由这些公司垄断。为了保证国家安全、国防安全，大陆到我国东海、南海诸岛的海底光缆，必须自己铺设，所用设备原则上也必须自己制造。国内急需培养这方面的技术开发、关键器件设计生产（包括 100G、400G 系统的收发模块，DSP 芯片，光电器件等）设备制造人才。欣慰的是，近年来国内已对此引起了重视。华为技术有限公司为打破国外企业垄断，于 2008 年成立了华为海洋网络有限公司（2020 年已由亨通光电公司承接）；烽火科技集团公司 2015年也成立了烽火海洋网络设备有限公司，致力于掌握海底光缆通信系统的关键技术和工程施工维护技术，开发生产海底光缆、岸上设备和海底设备。

9.1.4 海底光缆系统供电

对于海底光缆中继系统，岸上终端必须给海底中继器泵浦激光器供电。供电设备（PFE）通过海底光缆中的金属导体，提供恒定的直流电流功率给中继器/光分支单元（BU），用海水作为返回通道。通常，该电流可以调整，因 PFE 是阻性负载，该电流稍微有所降低。因环境温度改变，PFE 电流在规定的范围内随时间变化。即使备份切换后，这种供电电流、供电电压的变化也保持在一定的范围内。规定的 PFE 电流稳定性应满足海底光缆系统对稳定性的总体要求。

通过海底光缆中包围光纤的铜导体，安装在传输终端站的供电设备（PFE）向沉入海底的设备，如海底中继器、有源均衡器、分支单元等供电。供电设备不仅要向海里设备提供电源，而且也要终结陆缆和海底光缆，提供地连接以及电源分配网络状态的电子监控。给海底设备供电，既可以单独由终端站 A 供电（此时 B 供电设备备份，反之亦然），也可以由两个终端站同时供电，提供高压直流电源，如图 9.1.3 所示。终端站 C 的供电由它自己提供，但要在分支单元处供电线路另一端接海床，以便形成供电回路。当终端站 AB 间海底光缆发生故障维修时，在分支单元内应能重构供电线路，由终端站 C 向 AC 干线或 BC 干线中的设备供电。

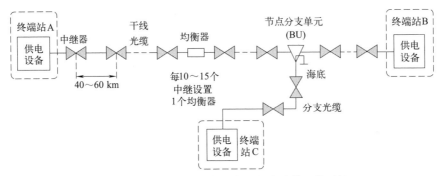

图 9.1.3　具有供电设备的中继海底光缆通信系统

供电系统可分为两类，一类是双端供电（图 9.1.4），另一类是单端供电。双端供电的好处是，一个终端站发生故障和/或光缆断裂，另一个终端站可以提供单端供电。

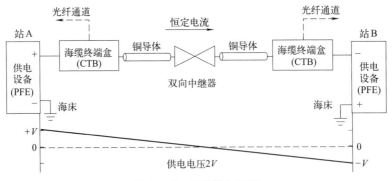

图 9.1.4　双端供电系统

9.1.5　无中继海底光缆传输系统

在有限的地域内，无中继海底光缆通信系统在两个或多个终端站间建立通信传输线路。该系统在长距离中继段内无任何在线有源器件，减小了线路复杂性，降低了系统成本。在无中继传输系统中，所有泵浦源均在岸上。典型的无中继传输距离是几百千米。

成熟的光放大技术为开发中的长距离、大容量全光传输系统铺平了道路。无中继海底光缆通信系统与光中继海底光缆系统相比具有许多优点，特别是可靠性高、升级容易、成本低、维修简单以及与现有系统兼容。因此，这些系统已得到很大发展，正在与其他传输系统，如本地陆上网络、地区无线网、卫星线路以及海底中继线路相竞争。

ITU-T G.973 是关于无中继海底光缆系统特性和接口要求的标准，它包括单波长系统和波分复用（WDM）系统，也包括掺铒光纤放大器（EDFA）技术、分布式光纤拉曼放大技术在功率增强放大器、前置放大器、远端光泵浦放大器中的应用。

无中继海底光缆系统无供电设备（PFE），因为线路中无光纤放大器，即使有分支单元，内部也没有电子器件，所以也不需要监视和供电。

通常，无中继海底光缆通信系统连接两个海岸人口密集的中心城市，以及现有在线业务接入已非常困难、具有潜在应用前景的边远海岸区域。无中继传输的一个目的是不用任何有源在线器件（光中继放大器），尽可能增加传输距离，减少系统复杂性和运营成本。无中继系统的巨大挑战是，如何克服距离增加产生的光纤损耗，使接收机具有足够大的光信噪比（OSNR）。此外，要求 OSNR 或频谱效率随每信道比特速率增加而增加，从而使大跨距设计更加困难。问题的解决不能简单地在光纤输入端增加发射功率，因为光纤的非线性将引起系统代价。扩大无中继海底光缆系统距离的各种技术途径有很多，如混合使用不同有效面积光纤，增加远泵 EDFA 和分布式拉曼光放大，采用低损耗大芯径面积光纤，以及先进的调制技术，如差分相移键控（DPSK）和偏振复用正交相移键控（PM-QPSK）等，从而在提高 OSNR 的同时无须付出非线性代价。

为了降低费用，必须使终端设备、海缆敷设及维护费用降低。为此，要设法降低海缆的运输成本，最好使用本地船只和本地生产的海缆，简化终端设备和海缆安装与连接。

图 9.1.5a 表示无保护设备的无中继海底光缆系统传输终端构成图。发送电路包括复用器、前向纠错编码、光发送机和光功率增强 EDFA 放大器。接收电路包括前置 EDFA 光放大器、光接收机、前向纠错解码以及解复用器。另外，如果在光发送机之前的海底光缆中接有掺铒光纤，用来对发送光信号进行功率放大，或者在光接收机前的海底光缆中也接有掺铒光纤，在接收光信号前进行预放大，还要在光发射端或接收端放置远端泵浦激光源，对海底光缆中的铒光纤进行泵浦。

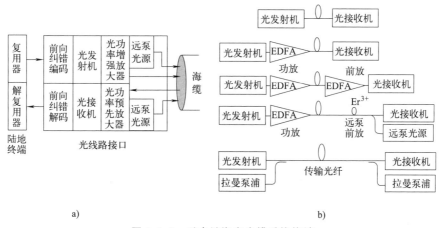

图 9.1.5 无中继海底光缆系统终端

a）终端框图 b）光放大器在无中继海底光缆系统中的应用

3.3.2 节已介绍了一个偏振复用＋光频间插复用相干接收无中继传输 WDM 试验系统，使用三级拉曼泵浦源（拉曼光纤激光器）对传输铒光纤反向拉曼泵浦，以便给信号光提供增益，在实验室已进行了 11000 km 距离的传输实验。

9.2 空间光通信系统关键技术

光通信是一种利用激光传输信息的通信方式。激光是一种新型光源，具有亮度高、方向性强、单色性好、相干性强等特征。按光信号是否通过光纤传输，可分为有线光通信和无线光通信。按光传输媒质的不同，光通信又可分为光纤通信、自由空间光通信、蓝绿光通信和LED灯光通信等。自由空间光通信传输介质是大气，蓝绿光通信是海水，光纤通信是光纤。自由空间光通信又分近地大气光通信、卫星间光通信、星地间光通信。

自由空间光通信与微波通信相比，具有调制速率高、频带宽、天线尺寸小、功耗低、保密性好、抗干扰和截获能力强、不占用频谱资源等特点；与光纤通信相比，具有机动灵活、对市政建设影响较小、运行成本低、易于推广等优点。自由空间光通信可以在一定程度弥补光纤通信和微波通信的不足。自由空间光通信设备或天线可以直接架设在屋顶，既不需申请频率执照，也无须敷设管道挖掘马路。在点对点系统中，在确定发/收两点之间视线不受阻挡之后，一般可在数小时之内安装完毕，投入运行。

无线光通信端机由光学天线（望远镜）、激光发射/接收机、信号处理单元、自动跟踪瞄准系统等部分组成。光发射机光源采用激光器或发光二极管（LED），光接收机采用 PIN 光敏二极管或雪崩光敏二极管（APD），无线光通信的模型如图 9.2.1 所示。

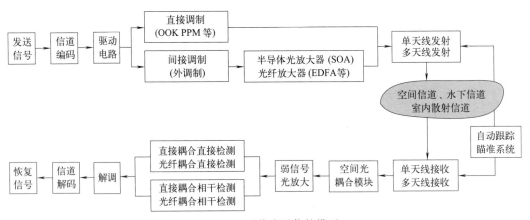

图 9.2.1 无线光通信的模型

9.2.1 光学天线

卫星光通信系统是相隔极远距离的光发射机和光接收机之间的高速数据传输系统，其技术难点来自于超远的距离、链路的动态变化和复杂的空间环境。光学系统是卫星光通信系统的主体，它的主要作用是由光发射机光学系统将需要传输的光信号有效地发向光接收机。卫星光通信光学系统的基本结构如图 9.2.2 所示，主要分为发射光路和接收光路。发射光学系统主要由激光器、整形透镜组、瞄准镜和发射光学天线组成。接收光学系统主要由接收光学天线、分色镜、分光镜、滤光器和光探测器组成。在收/发共用的卫星光通信终端中，光学天线既用于发射光信号，也用于接收光信号。发射天线的主要作用是压缩发射光束发散角和缩短发射光路筒长，而接收光学天线的主要作用是扩大接收口径，以便接收到更多的光发射机光场功率。

通常，天线采用卡塞格林（Cassegrain）望远镜，它包含两个镜子，一个是抛物面柱形凹面镜，称为主镜，另一个是双曲凸面镜，称为副镜。卡塞格林望远镜具有低成本和有限发散角的优点。

发射天线有单（或多）天线发射/单（或多）天线接收，多天线发射/多天线接收可以抑制大气湍流的影响。

滤光器有光阑空间光滤光器、带外背景光滤光器等。光阑空间滤光器是一个中心孔状的金属薄片，其作用是限制成像光束大小，以降低接收光噪声，并避免光接收机出现饱和情况。这可通过反馈光接收机输出信号电平，控制光阑的孔径大小来实现。带外背景光是噪声的主要来源，吸收滤光器可以消除特定环境光和太阳光，可以设计成带通、高通或低通滤光器。高通滤光器可以滤除一些太阳光辐射，得到波长 1550 nm 的入射信号光。干涉滤光器，如多层电介质镜（图 2.2.5）就具有带通滤光特性。

为使光反射机和光接收机之间的光路链路稳定，发射光学系统又分为信标发射子系统和信号发射子系统，而接收光学系统则进一步分为跟踪接收子系统和通信接收子系统。

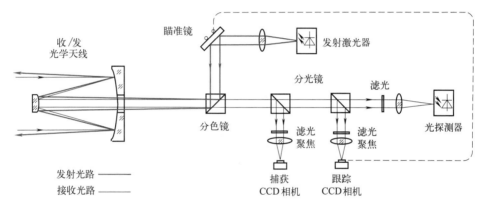

图 9.2.2　卫星光通信光学系统示意图

为完成系统双向互逆跟踪，空间光通信系统均采用收、发一体天线。由于半导体二极管激光器光束质量一般较差，要求天线增益高，结构紧凑轻巧、稳定可靠。目前天线口径一般为几厘米至 25 cm。比如日本宇宙开发事业团研制的低轨（轨道高度 600 km）测试卫星终端，卡塞格林望远镜天线孔径 26 cm，发射波长 847 nm，发射功率 40 mW，调制方式非归零（NRZ）脉冲，数据速率 49 Mbit/s。

9.2.2　光发射机

卫星激光通信系统除光学系统外，还有光发射机和光接收机。光发射机的主要作用是将原始信息编码的电信号转换为适合空间传输的光信号，它主要包括激光器、调制器和控制电路。

光发射机由信道编码、激光器驱动电路、光调制电路、光信号放大器以及发射天线组成。

1. 激光器

激光器用于产生光束质量好的激光信号，它的好坏直接影响通信质量及通信距离，对系统整体性能影响很大，因而对它的选择十分重要。空间光通信具有传输距离长，空间损耗大的特点，因此要求光发射系统中的激光器输出功率大，调制速率高。一般用于空间通信的激光器有如下三类。

二氧化碳激光器，输出功率最大，可超过 10 kW，激光波长有 10.6 μm 和 9.6 μm 两种，缺点是体积较大，寿命较短，现在已不使用了。

倍频 Nd:YAG 激光器，波长范围 514～532 nm，具有较强的抗干扰能力和穿透大气能力。

半导体激光器泵浦的固体（Nd:YAG）激光器，当用 810～750 nm 波长的光泵浦时，可得到波长 1.064 μm 的几瓦连续输出光，如图 9.2.3 所示。在图 9.2.3a 中，激光谐振腔的形状是环形，由 Nd:YAG 棒和两个反射镜组成，法拉第旋转器和半波片保证其单向工作。在图 9.2.3b 中，激光谐振腔超短，只有一个纵模工作，输入耦合镜对 808 nm 波长激光具有高的透光率，对 1064 nm 激光具有高的反射率；输出耦合镜对 808 nm 波长激光反射回腔内，允许 1064 nm 激光透射出去。在这两种激光器中，波长的调谐可改变晶体的温度、进而改变腔体的长度来实现，一种微片激光器的调谐率为 3.44 GHz/℃。Nd:YAG 激光器晶体具有高的热传导率，易于散热，不仅可以单次脉冲工作，还可以用于高重复率或连续运转。Nd:YAG 连续激光器的最大输出功率已超过 1000 W，每秒几十次重复频率的调 Q 激光器，其峰值功率甚至可达数百兆瓦。这种激光器（见 2.1.3 节）相干性好，体积小，适合用于卫星间光通信。

在深空光通信系统设计的初期，大多采用 1064 nm 的 Nd:YAG 调 Q 激光器，其峰值功率在 1000 W。随着元器件的发展，目前光纤器件已经成熟且商品化，国外开始考虑大量采用光纤器件来设计深空光通信系统，以满足深空光通信终端小型化、轻量化和低功耗的要求。比如发射机采用掺镱光纤 1064 nm 分布反馈（DFB）激光器、LiNbO$_3$ M-Z 外调制器和掺镱光纤功率放大器，可以支持 64 位的脉冲位置调制（PPM）。

在外差检测系统中，半导体激光器和固体激光器都可以作为激光发射光源。零差系统要求更大的边模抑制比，更好的光谱特性，所以常采用固体激光器。

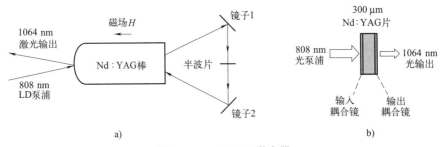

图 9.2.3　Nd:YAG 激光器

a）棒形激光器　b）微片单纵模激光器

激光二极管（LD）具有效率高、结构简单、体积小、重量轻、可直接调制等优点，所以，现在的许多空间光通信系统都采用 LD 作为光源。例如波长为 800～860 nm 的 AlGaAs LD 和波长为 970～1550 nm 的 InGaAs LD，其中最常用的波长为 1550 nm。由于 AlGaAs LD 具有简单、高效的特点，该波长范围的 APD 量子效率最高（830 nm 波长时为 0.8）、增益高（300），并且与捕获跟踪用 CCD 阵列器件波长兼容，在空间光通信中成为一个较好的选择。

大多数无线光通信链路采用天基发射器，要求激光源输出功率低于 10 W。无线光通信系统可采用多个通信波长，在所有的通信波长激光器中，1550 nm 波长商用半导体激光器最受关注，因为该波长大气衰减较小，可应用于直接调制和外调制，紧凑高效，其缺点是单纵模输出功率仅为 1 W 量级，多纵模输出可达几瓦。典型的外调制器需要非常苛刻的输入光束质量，通常也不允许多模光纤输入，而且，大多数外调制器不接受几瓦量级的输入。此外，也可使用半导体激光器泵浦固体激光器，输出功率可达数瓦，其缺点是效率低、调制速率低、热耗大。

2. 编码、调制及解调

（1）信道编码

信道编码是在信号数据码流中插入一些冗余码元，以便在接收端进行判错和纠错，提高系统可靠性，其代价是牺牲传输有用的信息数据。降低系统误码率是信道编码的基本任务。

（2）开关键控（OOK）调制

调制是让光信号的幅度、频率、相位或偏振携带电数据信号，即完成电/光转换过程。在无线光通信系统中，由于相位检测困难、带宽限制、接收机灵敏度不高，容易码间干扰，光发射机通常让光信号幅度或位置承载信息，所以通常采用开关键控（OOK）调制或脉冲位置调制（PPM）的光强度调制（IM），而在接收端采用直接检测（DD）。

OOK 调制是最简单的幅度控制方式，二进制"1"发送脉冲，激光器发光，接收机光探测器有光生电流输出；二进制"0"不发送脉冲，激光器不发光，接收机光探测器光生电流为 0。非归零（NRZ）二进制码如图 9.2.4a。对于 NRZ OOK 调制，一个脉冲的持续时间相当于 1 bit，如图 9.2.4b 所示；归零脉冲（RZ）OOK 调制，一个脉冲的持续时间小于 1 bit，如图 9.2.4c 所示。

（3）脉冲位置调制（PPM）

OOK 方式实现简单，如图 9.2.4f 所示，传输容量大，但功率利用率低，而且抗干扰能力差；PPM 是利用脉冲位置来代表信息，相对 OOK 提高了能量利用率，但是很大程度上牺牲了带宽利用率。PPM 是将一组 n 位二进制数据映射成为 2^n 个时隙组成的时间段上的某一个时隙处的单个脉冲信号，脉冲的位置就是二进制数据对应的十进制数，即调制信号使载波脉冲串中每一个脉冲产生的时间发生改变，而不改变其形状和幅度，如图 9.2.4e 所示。由此可见，PPM 是基于脉冲位置来传送信息的，大部分能量集中在很容易通过耦合电容的高频端，从接收到的脉冲位置信号，根据解码定时关系，就很容易恢复出发送端的双极信号，如图 9.2.4h 所示。PPM 适合要求数据速率低、灵敏度高的深空通信中应用。

（4）差分相移键控（DPSK）调制

差分相移键控（DPSK）调制是，每发射 1 比特信息，光载波的相位变化 π；每发射 0 比特信息，光载波的相位保持不变，如图 9.2.4d 所示。在接收机中，采用每比特与前一个比特（经 1 比特延迟线得到）相干检测，在具体应用中，可采用平衡相干接收解调，如图 9.2.4g 所示。

以上介绍的开关键控调制、差分相移键控调制和脉冲位置调制是直接调制，是通过控制驱动 LD 的电流直接对光源光强进行调制，这类调制方法可以实现 1 GHz 速率调制亚瓦级的激光输出。此外，还有间接调制，是对光源发出的光通过外调制器来调制，也称为外调制。

3. 光放大

如果通信距离很远，激光器输出的光功率不足以传输这样远的距离，则采用光放大器对光信号放大。光放大器有半导体光放大器（SOA）和光纤放大器（掺铒光纤放大器和光纤拉曼放大器，见 8.5 节和 7.2 节）。

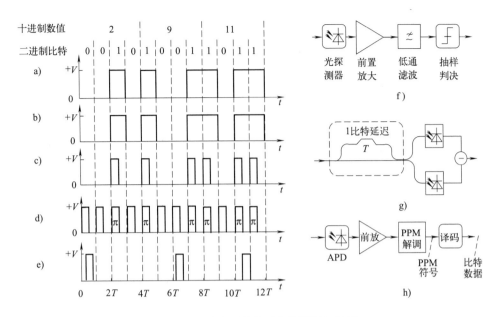

图 9.2.4　适合无线光通信的调制与解调

a) 二进制非归零码（NRZ）　b) NRZ 码开关键控（NRZ-OOK）　c) 归零码开关键控（RZ-OOK）

d) RZ-DPSK 调制　e) 脉冲位置调制（PPM）　f) OOK 直接探测

g) 平衡探测延迟解调 DPSK　h) PPM 接收解调

为了实现大的输出功率，通常采用每一级的放大增益不同的多级放大，如图 9.2.5 所示。光放大器的典型结构有：半导体激光器（LD）泵浦/掺铒（或掺钕或掺镱）光纤放大器，钕光纤（或镱光纤）泵浦共掺镱和铒光纤放大器。采用前向和后向双向泵浦方式对掺杂光纤进行泵浦。光隔离器（见 6.2.3 节）的作用是阻止后向散射光对本级光放大器的影响。掺稀土元素光纤激光器和光放大器是当今远程无线光通信系统中的关键技术。目前，双包层掺杂光纤激光器可以实现高功率和高效率输出（见 2.3.10 节），输出功率从 1 mW 可提高到数千毫瓦。

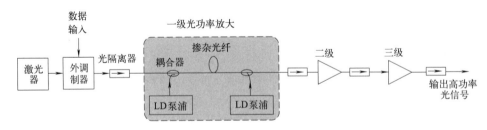

图 9.2.5　三级光放大器级联输出高功率光信号

基于光纤放大器的光发射机与传统的 LD 泵浦的固体激光器光发射机相比，具有以下主要优点：

（1）电光转换效率高

现在，商用 LD 可实现电/光转换效率超过 65%，掺铒（Er）光纤放大器转换效率为 23%，而掺钕（Yb）光纤放大器转换效率甚至超过 70%。

（2）光束质量好、方向性稳定

光纤放大器采用单模光纤，可以获得稳定性高、方向性好的空间激光光束。

（3）航天适用性强

航天光学机械要求光源紧凑、可靠和轻便，基于光纤的激光发射机可以同时满足所有这些要求。

（4）无须制冷

与 LD 泵浦的固体（Nd:YAG）激光器相比，由于光纤放大器发射机热载荷同时分布在整个光纤上，无须采用制冷措施，这对提高激光器的能量转换效率降低设备体积和尺寸非常重要。

（5）可靠性高

光纤放大器发射机采用光纤、光连接器和泵浦激光二极管，耐热耐振动，冗余设计容易，不足之处是耐辐射性能有所降低。

9.2.3 光接收机

接收机包括对发射机光信号收集的天线、把空间光耦合进光纤的耦合单元、对弱光信号进行预先放大的前置放大器、把光信号转变成电信号的光检测器、恢复发射数据的解调器、抽样判决电路等。

光信号检测有直接检测和相干检测，每种检测又有直接耦合检测（图 9.2.1）和光纤耦合检测（图 9.3.2）。如果采用多天线接收，则还要进行分布式检测。

图 9.2.6 表示数字光接收机的通用结构，在直接检测接收机中，没有本振激光器，只有相干检测接收机才需要它。如果空间距离近，接收天线输出光信号足够大，也可以不需要光放大器。为了避免光学天线接收到的背景辐射的影响，通常采用中心波长为信号光波长 λ 的带通滤波器。滤波器的输出数据光信号经光敏探测器检测，转变为信号光生电流，经前置放大、基带处理后，进行抽样判决，恢复出光发射机发送来的数据信号。这是直接检测光接收机的接收过程。

光探测器可以采用 Si APD、AlGaAs APD，830 nm 波长时量子效率可以大于 80%，增益达到 300；对于 Ge APD，1064 nm 波长时量子效率也可以达到 80%，增益 200。一般来说，光/电转换器与一个或多个低噪声跨阻抗放大器结合，对接收光信号进行检测、放大，并进行自动增益控制，并通过反馈回路控制光阑孔径大小以避免放大器出现饱和情况。

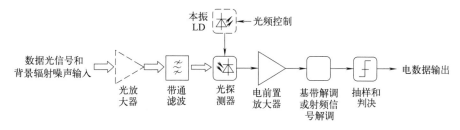

图 9.2.6 无线光通信数字光接收机的通用结构

如果是相干接收机，则本振激光器的输出本振光首先要和带通滤波器的输出信号光混频，然后被光探测器转换为与入射光信号成比例的电信号。相干检测光接收机与直接检测光接收机相比，不但提高了探测灵敏度，而且还可以检测相位或频率或偏振调制的光信号，如差分相移键控（DPSK）、正交相移键控（QPSK）、正交幅度调制（QAM）信号。为了抑制相应的强度噪声、相位噪声或偏振噪声，可以采用平衡混频接收、相位分集接收或偏振分集接收。

图 9.2.7 表示用于抑制强度噪声的双平衡混频接收原理图，该图只适用于直接耦合情况。本振光和信号光在棱镜 1 混频，混频后的光信号分成两路，分别送入同向支路 I 和正交支路 Q，经平衡探测后，产生的光生电流分别送入 I/Q 差分放大器，差分放大器的输出就与直流分量无关，与此有关的强度噪声也随之消除。

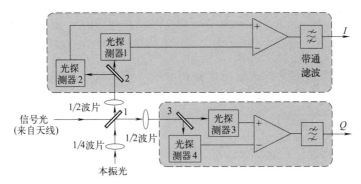

图 9.2.7　可抑制强度噪声的双平衡混频相干接收机（直接耦合使用）

如果采用光纤耦合，即接收天线的输出信号耦合到光纤，经光纤传输后的光信号再耦合到光探测器。

9.2.4　捕获、瞄准和跟踪

微波通信天线发射功率大，发散角也大，不需要天线很精确对准；而无线光通信要求光束会聚性能好，接收视场角小，激光发射功率又有限，这样使捕获、瞄准和跟踪（APT）就成为关键问题、核心技术。目前已研究了多种方法以满足所要求的初始指向、空间捕获、精确跟踪和可靠通信等功能。一旦链路建立起来，就需要收/发两个激光通信终端必须在比通信束散角和接收视场大数个量级的扰动条件下，实现狭窄通信光束和接收视场的精确对准与高精度跟踪。

图 9.2.8 表示空间光通信系统的捕获、瞄准和跟踪子系统基本结构，它由收发天线子系统、通信发射激光子系统、通信接收子系统、信标光发射子系统、捕获跟踪子系统组成。通信激光器发射功率低、信号光束窄；而信标激光器发射功率高、信标光束宽。

（1）捕获

在不确定区域内，对目标进行判断和识别，通过扫描直至在捕获视场内（$\pm 1°\sim\pm 20°$ 或更大）接收到信标光信号，为后续的瞄准和跟踪奠定基础。对于收/发一体光学望远镜天线，有着较高的共轴性，所以基本都采用天线整体扫描的方法。扫描时，检测光探测器的输出，直到确认光束已经被接收到。天线扫描分焦平面阵列扫描、螺旋扫描、光栅扫描和螺旋光栅复合扫描等。通常采用电荷耦合器件（CCD）阵列构成的焦平面阵列扫描，并与带通光滤波器、信号实时处理伺服执行机构共同完成捕获。

（2）瞄准

在远距离无线光通信系统中，当收发双方（如星际间）在切向发生高速相对移动时，就需要在发射端进行超前瞄准。瞄准的目的是，使卫星 A 通信发射端视轴与卫星 B 接收端天线视轴，在通信过程中，保持非常精密的同轴性。

（3）跟踪

一旦捕获视场检测到对方发过来的信标光，收/发双方形成光的跟踪闭环，就进入粗跟踪阶段，其执行机构为两轴伺服转台带动天线望远镜单元整体运动。粗跟踪精度不高，只要能保证可靠进入精跟踪视场即可。

振镜的工作原理是使驱动器产生角位移或线位移，驱动附加在驱动器上的反射镜，实现角度二维偏转。常见的驱动器有电磁振镜和压电振镜。电磁振镜的工作原理是通电线圈放在磁场内会产生机械力，力的大小与通电电流成比例，该机械力可产生角位移或线位移，其控制精度可达几十纳米。压电陶瓷振镜的工作原理是，压电效应可产生电致伸缩效应，直接将电能转换为机械能，产生微位移，目前，大多数空间激光系统中的精跟踪和提前量伺服单元都采用压电振镜。

由于发射机和接收机之间的相对运动，大气湍流造成的光斑闪烁、漂移，以及平台振动对瞄准精度的影响，在瞄准完成后，通过跟踪将瞄准误差控制在允许的范围内。

通常采用四象限红外探测器或高灵敏度位置传感器来实现跟踪，并配以相应伺服控制系统。

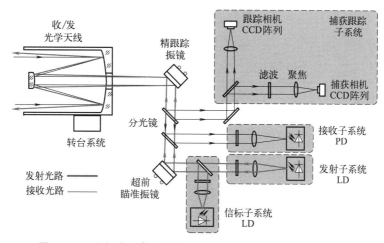

图 9.2.8　空间光通信系统捕获、瞄准和跟踪子系统基本结构

图 9.2.9 表示一款自由空间光通信端机的结构图，该系统接收子系统采用直接耦合检测方式，而发射子系统采用光纤耦合方式，瞄准子系统位于收/发子系统的上方。

9.2.5　空间分集系统

为了抑制大气湍流引起的光强变化，可采用分集技术对两个或多个不相关信号进行处理。空间分集系统的一般模型如图 9.2.10 所示，M 个发射机和 N 个接收机构成 $M \times N$ 个子信道。在接收端，多路信号通过一定的合并法则进行合并，判决器对合并后的信号进行判决。

9.2.6　信道

在地—地、地—空激光通信系统信号传输中，大气信道是随机的。大气中气体分子、水雾、雪、气溶胶等粒子，几何尺寸与二极管激光波长相近甚至更小，这就会引起光的吸收和

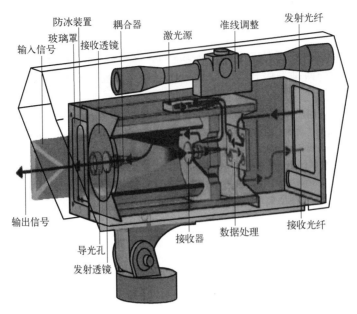

图 9.2.9 自由空间光通信端机结构图

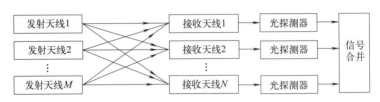

图 9.2.10 空间分集系统的一般模型

散射，特别在强湍流情况下，光信号将受到严重干扰。因此如何保证随机信道条件下系统的正常工作，对大气信道工程研究是十分重要的。自适应光学技术可以较好地解决这一问题，并已逐步走向实用化。

空间光通信是一个涉及多个学科的领域，它的发展与高质量大功率半导体激光器、精密光学元件、高质量光滤波器件、高灵敏度光学探测器，以及快速、精密光机电综合技术的研究和发展密不可分。光电器件、激光技术和电子学技术的发展，为空间光通信奠定了基础。

对于大气对光通信信号的干扰分析，目前仅局限于大气的吸收和散射等，很少涉及大气湍流引起的闪烁、光束漂移、扩展以及大气色散等问题，而这些因素都会影响接收端信号的信噪比，从而影响系统的误码率和通信距离和带宽。因此，有必要在这方面做更深入详尽的分析，并找到解决以上问题的技术方案，如自适应光学技术是一个值得重视的研究方向。

9.3 自由空间光通信

与传统微波通信相比，光通信具有传输速率快、通信容量大、抗电磁干扰性能强、保密性好、通信终端体积小、功耗低等优点，引发各国研究热潮。

自由空间光（FSO）通信是指以光波为载体、在空间传递信息的通信技术，可分为大气光通信、星地间光通信和卫星间光通信。

9.3.1 大气光通信

地面大气光通信的示意如图 9.3.1 所示。早在 20 世纪 60 年代光纤通信出现之前，自由空间光通信的研究就已开始。1930 年至 1932 年，在东京的日本电报公司与每日新闻社之间实现了 3.6 km 的大气光通信，但在大雾大雨天气里效果很差。第二次世界大战期间，光电话发展成为红外线电话，因为红外线肉眼看不见，更有利于保密。

图 9.3.1 地面大气光通信示意图

大气由气体、水蒸气、污染物和其他化学粒子组成。大气作为传输媒体，和光纤信道一样也存在吸收和散射，产生功率损耗和波形失真。而且，大气密度和折射率随气候和温度的变化更为明显，所以引起大气沿传输路径的透光特性和传输损耗在随时变化。比如在非常晴朗的天气，能见度达到 50～150 km，衰减系数为 0.03～0.144 dB/km；但在浓雾天气时，能见度只有 70～250 m，衰减系数竟然达到 58～220 dB/km。另外，光通过透明大气层时，有些波长的光受到很大的吸收，只有某些波长的光，如 0.85 μm、1.3 μm 和 1.55 μm 波段的光才具有最大的透射率。因此大气光通信受天气的影响很大，传输容量一直都很小，距离也很短，而且要求收发端天线对准精度很高，所以在民用通信网中几乎没有使用。无线光通信的研究和应用仅局限于星际通信和国防通信领域。

但是近年来，由于光放大器的普遍应用、光电器件制造技术、系统集成技术和大气信道传输技术的逐渐成熟，对自由空间光通信系统的发展构成有力的支撑。鉴于光纤传输受到传输范围和地域限制，为了实现全方位的通信，自由空间光通信系统逐渐受到了人们的重视。

在自由空间光通信系统中，激光器输出光束与天线的耦合、天线与光探测器的耦合，可以采用直接耦合，如图 9.2.8 所示，也可以采用光纤耦合，如图 9.3.2 所示。直接耦合的主要缺点是：

（1）激光器发射的光束由于散射角不同，光斑粗糙，因此需要对激光器发射光束进行优化，使其达到高斯光束的目的；

（2）接收端光/电转换单元数量随着带宽的扩大而增加，使系统成本增加，必须要提升光/电转换单元的功能，减少其使用数量；

（3）空间光通信设备的发射和接收单元均放置在建筑物屋顶，安装和维护存在一定困难。

而光纤耦合 FSO 系统，激光器发射高斯光束，耦合进入多模光纤，经传输到天线单元；在接收端，天线单元的输出光信号也耦合进多模光纤，经传输后到达光接收器。

目前已有多种大气激光通信设备，图 9.3.2 表示一般大气激光通信系统的构成，其中值得一提的是工作窗口为 1.55 μm 波长、采用 4×2.5 Gbit/s 密集波分复用（DWDM）技术的设备。这一系统的关键技术是采用多径发射天线以解决对准困难，使用 EDFA 放大器来补偿光通道损耗。在光发射端，LD 的输出光被 EDFA 放大后，经单模光纤分支器将光信号同时加到发射光学望远镜的孔径上，每个孔径偏移 0.5 mrad（毫弧度），在大气中传输后到达接收端时的光斑直径为 2.2 m。光接收终端是一个改进的施密特-卡塞格林望远镜天线，自由空间光信号进入该望远镜后被聚焦到芯径为 62.5 μm 的多模光纤上。

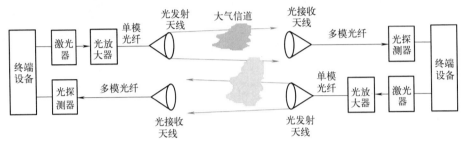

图 9.3.2　大气激光通信系统

9.3.2　星地间光通信

多个国家均在空间激光通信技术领域投入巨资进行相关技术研究和在轨试验，对空间激光通信系统所涉及的各项关键技术展开了全面深入的研究，不断推动空间激光通信技术迈向工程实用化。

20 世纪 70 年代初，美国国家航空航天局（NASA）资助进行了 CO_2 激光和光泵浦的 Nd:YAG 激光空间通信系统的初步研究。70 年代中期，美国空军资助在飞船上搭载半导体激光发射机，进行飞船与地面之间的外差相干检测接收链路的预研工作。NASA 的喷气推进实验室制定过火星与地面之间的激光通信计划，也实施了月球与地面之间的激光通信实验。

美国于 2010 年开始实施转型卫星通信计划，其目的是建立一个激光通信网络，实现已有的微波通信网络向激光通信网络的过渡，通信速率为 10～40 Gbit/s，其投资超过 200 亿美元。

1. 美国月球激光通信演示验证项目

2013 年 10 月，NASA 成功开展了"月球激光通信演示验证"项目，从月球轨道与多个地面站分别进行了双向激光通信试验，创造了 622 Mbit/s 的下行数据传输速率新记录，上行数据传输速率也达到 20 Mbit/s，首次验证了空间激光通信系统的可行性以及系统在空间环境中的可生存性。

月球激光通信演示验证项目主要包括星上终端、地面终端、月地激光通信操作中心。

（1）星上终端

美国月球激光通信演示验证项目星上终端如图 9.3.3 所示。星上终端主要包括安装在飞船载荷仓的外表面光学模块、安装在飞船内部的调制解调模块和控制器电子学模块。光学模块的主要部分是 10 cm 口径的卡塞格林望远镜发射天线，安装在两轴转台上，可实现大范围光学对准。空间捕获和跟踪使用了大视域的 InGaAs 四象限探测器。发射光通过光纤传输给望远镜发射，入射光经望远镜聚焦后耦合到光纤。编码数据通过脉冲位置调制（PPM）加载到光信号上，如图 9.2.4e 所示，该光信号通过掺铒光纤放大器（EDFA）放大到 0.5 W 的平均功率。

调制解调模块中，有光发射与接收器。在接收器中，弱光信号首先被一个低噪声 EDFA 放大，然后被光敏二极管直接检测，光生电流被放大后，通过双 PPM 解调器对下行链路信号解调、抽样和判决，然后由 FPGA 解码，如图 9.2.4h 所示。

a)   b)

图 9.3.3   美国月球激光通信演示验证项目星上终端

a）光学模块   b）终端调制解调模块

控制电子学模块是由单板机构成的航天电子学模块，实现对光学模块中所有执行机构的闭环控制，为飞船间提供命令与遥测接口，对调制解调进行设置与控制。

（2）地面终端

美国月球激光通信演示验证项目终端设备如图 9.3.4 所示，地面终端由发射天线阵列、接收天线阵列、控制室组成。采用天线阵列不但增加了天线口径，而且降低了大气湍流对光信号的影响。发射天线由 4 个 15 cm 口径的透射式望远镜组成，接收天线由 4 个 40 cm 的反射式望远镜组成。每一个望远镜的光学信号都通过光纤耦合到控制室，与光发射器和接收器相连。这 8 个望远镜安装于同一个二维转台上。转台可在半球空间内实现光学天线的粗对准。每一个光学天线之后的光学系统都包括一个焦平面阵列探测器（CCD）和一个高速偏转镜，以实现对下行光束的跟踪，同时对每一个光学天线的光轴进行校准。

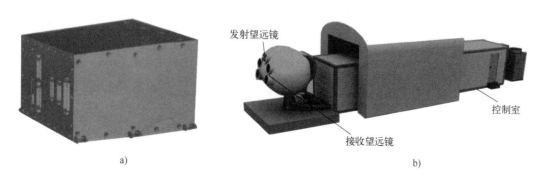

发射望远镜

控制室

接收望远镜

a)   b)

图 9.3.4   美国月球激光通信演示验证项目终端设备

a）星上终端电子控制模块   b）地面终端

（3）月地激光通信操作中心

在地面站控制室中，实现对转台与天线的控制，以及对光信号的放大、调制和解调。光发射器 EDFA 对天线聚焦光信号放大到 10 W，然后被脉冲位置调制器调制，发射光束通过偏振保持单模光纤耦合至发射望远镜中。地面终端接收器为超导纳米线阵列光子计数探测器，探测波长范围 600～1700 nm，工作在低温环境中，具有单个光子的探测能力。

2. 美国激光通信中继演示验证项目

美国 NASA 还开展了"激光通信中继演示验证"项目，主要用于验证激光通信技术的有效性和可靠性等。该系统包括 2 个地球同步轨道星载激光通信终端和 2 个在夏威夷和加利福尼亚州的地面激光通信终端，如图 9.3.5 所示。激光通信中继演示系统已于 2021 年 12 月被发射，在地球上的两个地面站之间传输数据，展现了从地球同步轨道进行激光通信的好处。

图 9.3.5 美国 NASA 的激光通信中继演示验证项目示意图

3. 中国卫星光通信事业的发展

在中国，卫星光通信也受到了极大的关注。很多大学和研究所积极开展了对卫星光通信技术的研究。与其他国家相比，中国的卫星光通信事业虽然起步较晚，但发展迅速，已经完成了大量的理论和实验工作，目前已进入工程化阶段。

2011 年 11 月，哈尔滨工业大学航天学院卫星激光通信团队研制的激光通信终端成功地进行了"海洋二号"卫星与地面间的星地激光通信实验，如图 9.3.6 所示，实现了中国首次星地高速直接探测激光通信，最高通信数据速率为 504 Mbit/s，为中国卫星光通信系统实用化打下基础。

据光明日报 2023 年 6 月 29 日报道，中国科学院空天信息创新研究院利用自主研制成功的 500 mm 口径激光通信地面系统与长光卫星技术股份有限公司所属"吉林一号"

图 9.3.6 我国的星地间光通信示意图

MF02A04 星开展了星地激光通信实验，通信速率达到 10 Gbit/s。

尽管存在诸多优势，目前我国的自由空间光通信技术整体而言仍处于研究阶段，尚面临诸多技术挑战，如大气湍流、大气衰减等因素的影响和干扰，空间光通信所需的地面基础设施远未完备等。

9.3.3 卫星间光通信

卫星光通信（激光星间链路）具有重要的应用前景，可应用于低轨道（LEO）卫星与同步轨道（GEO）卫星间的通信链路、GEO 卫星与 GEO 卫星间的通信链路、LEO 卫星与 LEO 卫星间的通信链路、空间与地面的通信链路，如图 9.3.7 所示，也可用于深空探测、载人航天空间站的通信。地球 GEO（对地静止轨道）卫星距地面的轨道高度为 36000 km，而 LEO 卫星距地面的轨道高度小于 1000 km，中轨道（MEO）卫星距地面的轨道高度为 10000～20000 km。LEO 卫星与 LEO 卫星的链路距离小于 15000 km，MEO 卫星与 MEO 卫星、LEO 卫星与 MEO 卫星的链路距离小于 35000 km，GEO 卫星与 MEO 卫星、GEO 卫星与 LEO 卫星的链路距离小于 85000 km。

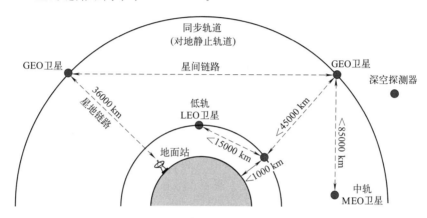

图 9.3.7　可建立的空间激光通信链路

欧洲航天局（ESA）在早期实施的半导体激光星间链路试验（SILEX）项目中，首次验证了低轨道卫星（1998 年发射）至地球同步轨道卫星（2001 年发射）的星间通信，同时实现了中继同步卫星与地面站的激光通信。该项目终端开始使用 830 nm 半导体激光器作为通信光源、Si PIN 作为探测器，采用激光器强度调制/直接探测体制，通信速率 50 Mbit/s，取得了极大成功。从 1989 年开始，ESA 开始研制固体激光器相干光通信系统，实现了 Nd:YAG 激光器 BPSK/外差相干检测通信演示系统，通信速率 140 Mbit/s，误码率 10^{-9}，灵敏度每比特 28 个光子，其他天线光学参数、捕获跟踪探测器、信号光/信标光和探测器参数如表 9.3.1 所示。

表 9.3.1　ESA 星间链路激光通信终端参数

终端名称		低轨卫星(LEO)终端	高轨(同步)卫星(GEO)终端
光学天线	天线形式	卡塞格林反射式望远镜,收发共用	
	接收天线口径	250 mm	
	发射天线口径	250 mm	125 mm
	接收视场角	8.5 mrad	
捕获探测器	探测器类型	CCD(384×288)	CCD(70×70)
	像素尺寸	23 μm	
	接收视场角	8.64×8.64 mrad	1.05×1.05 mrad
	捕获精度	±0.5 像素	

终端名称		低轨卫星（LEO）终端	高轨（同步）卫星（GEO）终端
跟踪探测器	探测器类型	CCD(14×14)，像素尺寸 23 μm	
	视场角	0.238 × 0.238 mrad	
	跟踪精度	< 0.07 μrad（微弧度）	
信号光发射	激光器	GaAlAs LD，波长 847 nm	GaAlAs LD，波长 819 nm
	输出平均功率	60 mW	37 mW
	光束宽度($1/e^2$)	250 mm（高斯光束）	125 mm（高斯光束）
	光束发散角	10 μrad	16 μrad
信标光发射	激光器	—	19 只 GaAlAs LD(801 nm)
	输出平均功率	—	每个 900 mW，总功率 3.8 W
	光束发散角	—	750 μrad
信号光接收	探测器类型	—	Si APD
	视场角	100 μrad	70 μrad
	探测灵敏度	−59 dBm	—

注：CCD 为电荷耦合器件（见 11.3.1 节），其后括号内数字，如 384×288 表示由不同光敏单元（像素）组成的不同规模阵列。

2008 年 2 月，德国地球观测卫星与美国国防部近红外试验卫星成功地进行了世界上首次星间相干激光链路实验，链路距离最长达到 4900 km，通信速率为 5.625 Gbit/s。

2008 年 11 月，欧洲航天局开始制定和实施欧洲数据中继卫星系统计划。该计划包含 2 个地球同步轨道（GEO）卫星，如图 9.3.8 所示，它们各自配备了一套激光通信终端，用于星间激光通信链路，可为低轨道（LEO）卫星、无人机以及地面站之间提供用户数据中继服务。激光通信终端采用二进制相移键控（BPSK）调制，零差相干解调方式，速率为 1.8 Gbit/s，误码率为 10^{-8} 量级，通信距离为 45000 km。

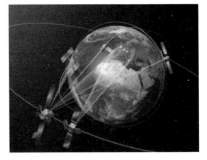

图 9.3.8 欧洲航天局（ESA）卫星间光通信示意图

欧洲数据中继系统的首个激光通信中继卫星 EDRS 系统中的 EDRS-A 中继卫星已于 2014 年成功发射，迈出了构建全球首个卫星激光通信业务化运行系统的重要一步。EDRS 由 3 颗同步卫星组成，每颗卫星都装载有用于星间链路的激光通信终端与用于星地链路的 Ka 波段终端。EDRS-C 中继卫星已于 2015 年发射。星间传输速率可达 1.8 Gbit/s，星地下行链路 Ka 波段（20 GHz/30 GHz）终端提供 600 Mbit/s 速率。在完成一系列在轨测试后，EDRS-A 于 2016 年 6 月成功传输了雷达卫星的图像，并于 2016 年 7 月进入业务运行阶段。EDRS-A 载荷实现在轨服务，表明欧洲已率先实现星间高速激光通信技术的业务化应用，是近年来欧洲航天技术快速发展的一个重要里程碑。

欧洲航天局的目标是，把激光星间链路扩展成为全球覆盖系统，形成以激光数据中继卫星与载荷为骨干的天基信息网，实现卫星、空中平台观测数据的近实时传输。

据报道，美国 NASA 于 2023 年 10 月 13 日成功发射"灵神星"探测器，该探测器使用近红外激光器在地球和深空之间发送和接收测试数据。

9.4 蓝绿光通信——传输介质为海水

9.4.1 概述

蓝绿光通信是光通信的一种，采用光波波长为 450~570 nm 的蓝绿光束进行通信。由于海水对蓝绿波段的可见光吸收损耗小，因此蓝绿光通过海水时，不仅穿透能力强，而且方向性极好，是深海通信的重要方式，另外还应用于探雷、测深等领域。

1963 年，Duntley 发现，海水在 450~550 nm 波长（对应于蓝色和绿色光谱）具有相对较低的吸收衰减特性，后由 Gilbert 等人通过实验证实，如图 9.4.1 所示，这为水下光通信奠定了基础。

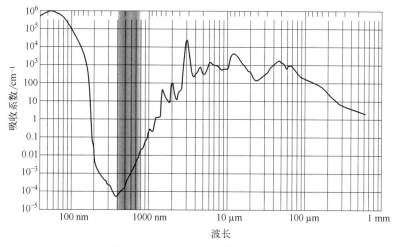

图 9.4.1 水对蓝绿光的吸收衰减谱

早期，水下蓝绿光通信主要应用于军事目的，特别是在潜艇通信中。1976 年，Karp 评估了水下与卫星终端之间进行蓝绿光通信的可行性。1977 年，加利福尼亚大学研究人员建立了一种从海岸到潜艇的单向光通信系统，其发射机采用蓝绿光激光源产生光脉冲，将其输出光束聚焦发射到中继卫星上，然后再将光束反射到潜艇，如图 9.3.2 所示。蓝绿光由激光发生器产生，蓝绿光不仅能有效地穿透海水，也能有效地横穿大气，与其他单色光相比，不易被空气中的水珠或云、雾吸收，它的这种"通天入海"的奇特本领引起了研究潜艇通信的科学家的重视。试验中，飞机从 12 km 高空向海面发射一束蓝绿光，结果一路畅通无阻，直达位于海面下 300 m 深处的"海豚"号潜艇。潜艇也以相同的方式向飞机发送了信息，终于实现了水下与空中和地面进行双向通信的愿望。

1980 年起，美国海军进行了 6 次海上大型蓝绿光对潜通信试验，证实了蓝绿激光通信能在大暴雨、浑浊海水等恶劣条件下正常进行。

1983 年底，苏联在黑海舰队的主要基地附近，也进行了把蓝绿光束发送到空间轨道反射镜后再转发到水下弹道潜艇的激光通信试验。

1986 年，美国一架装备了蓝绿激光器的 P-3C 反潜机采用蓝绿激光通信技术，向冰层下的潜艇发送了信号。1988 年，美国完成了蓝光通信系统的概念性验证。1989 年，美国开始着手研究提升飞机或卫星平台与水下潜艇间的激光通信性能。

1989—1992年，美国还实施了潜艇激光通信卫星计划，旨在实现地球同步轨道卫星对潜激光通信。

2016年，英国的水下技术公司 Sonardyne 向韩国船舶和海洋工程研究所（KRISO）提供了水下通信设备 BlueComm 200，其传输速率达 20 Mbit/s，距离达 100 m，完成了水下高清图像的传输。

2017年，日本海洋研究开发机构（JAMSTEC）开展了水下双向无线光通信试验，在 800 m 水深海域中，实现了 20 Mbit/s 传输速率、100 m 距离的可靠通信。

近年来，在海洋强国战略指导下，我国加快了"透明海洋"计划的实施，加强了海洋观测装备的研发，已逐步构建起新一代全球海洋高时空分辨率立体观测网。伴随着大量分布式预置水下长期值守观测站的建立，监测数据呈现爆炸式增长，如何进行水下大容量数据高速交互及回收的问题日益凸显。

2019年，中国科学院西安光学精密机械研究所（西安光机所）在三亚半山半岛帆船港开展了光通信设备性能测试，采用蓝光大功率 LED 和大面积光电倍增管（PMT）探测器，研制出大角度发射/宽视场接收的光通信机，实现了 20 m 通信距离、20 Mbit/s 传输速率的全双工高速通信。此后，西安光机所又研制了一种深海光通信机，并于 2020 年 11 月搭载在"奋斗者"号载人水下航行器和"沧海"号着陆器上，在马里亚纳海沟成功实现了万米海底的 4 kbit/s 超高清画面直播。2023 年 1 月，西安光机所在丹江口水域对两种型号的蓝绿光通信样机进行了试验。2023 年 3 月，在中国南海陵水进行了海试，让水下中继器搭载上述光通信设备，以验证光通信机的可靠性。

吸收和散射系数是决定水下光衰减的两个主要因素。吸收是一种能量传递过程，光子失去其能量并将其转换成其他形式的能量，如热能和化学能（光合作用）。散射是由光与传输介质的分子和原子的相互作用引起的。一般来说，吸收和散射对这种系统会产生三种不良影响。第一，吸收使光的总传播能量不断降低，将限制通信距离；第二，散射将扩展光束，导致接收器收集的光子数量减少，系统信噪比（SNR）降低；第三，由于光在水下散射，每个光子可能在不同的时隙到达接收器平面，产生多径效应，发生码间干扰（ISI）和定时抖动。这些因素将直接使系统误码率（BER）降低，为此，可使用前向纠错（FEC）技术。另外，光束扩散和多径散射也会影响光在水下的传输。多径散射是光在海水中传播时，光波被散射粒子散射而偏离光轴，形成多次散射。

9.4.2 激光对潜通信种类

激光对潜通信系统可分为陆基通信、天基通信和空基通信三种系统形式。

（1）陆基通信系统

由陆上基地发射台发出强激光脉冲，经卫星上的反射镜将激光束反射到所需照射的海域，实现与水下潜艇的通信。这种方式可通过星载反射镜扩束成宽光束，实现大范围内的通信，也可以控制成窄光束，以扫描方式通信。

（2）天基通信系统

把大功率激光器置于卫星上，地面通过微波通信或光通信系统对星上设备实施控制和联络，还可以借助卫星之间的通信，让位置最佳的一颗卫星实现与潜艇通信。

（3）空基通信系统

将大功率激光器置于飞机上，飞机飞越预定海域时，激光束以一定形状的波束扫过目标海域，完成对水下潜艇的广播式通信。

9.4.3 蓝绿光通信系统

蓝绿光通信系统由光发射机、水下信道和光接收机组成，如图 9.4.2 所示，光发射机由编码电路、调制电路、能够发射蓝绿光的激光器以及聚焦蓝绿光的透镜发射天线系统组成；光接收机由聚焦蓝绿光的透镜接收天线系统、对蓝绿光敏感的光探测器、低噪声放大器、解调电路和解码电路组成。

通信时，发射端将脉冲信息编码，变换成一列不连续的电脉冲信号，然后用此信号直接调制光载波，使光发射器件光强度随信息变化而变化。通过光发射天线把调制后的光信号发射给中继卫星的接收天线，经中继卫星处理后，再发射给海水中的潜艇，潜艇上的光接收机接收到这一光束后，透镜接收天线系统对它进行滤色、聚焦，经光检测器还原成电信号，再经低噪声放大、解调脉冲整形，解码恢复发射机所发脉冲信号。

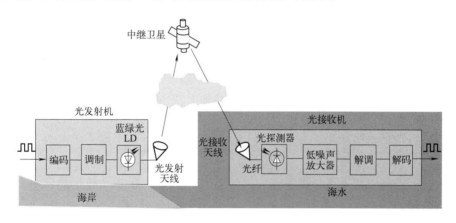

图 9.4.2 蓝绿光通信系统

蓝绿光通信系统光发射机采用简单的通断键控（OOK）直接强度调制（IM）。蓝绿光通信系统也可以使用 9.2.2 节介绍的脉冲位置调制（PPM），与 OOK 调制相比，PPM 具有更高的能量效率，并且不需要动态阈值，但以较低的带宽利用率和更复杂的收发机为代价。PPM 的主要缺点是严格的定时同步要求，任何定时抖动或异步都会严重影响系统的误码率。

与 IM 方案相比，相干调制对光载波的振幅、极化或相位信息进行编码。在接收端，本振光与接收信号光混频，完成解调。与 IM 相比，相干调制具有更高的接收机灵敏度、更高的系统频谱效率和更强的背景噪声抑制，但是实现复杂度和成本也更高。相干调制有正交幅度调制（QAM）、正交相移键控（QPSK）调制。

由于海水会产生严重的吸收和散射效应，使传输光信号经受相当大的衰减，严重影响系统误码率性能。为了减轻水下光衰减的影响，并在低信噪比水下环境中保持少的系统误码率，可以在蓝绿光系统中使用前向纠错信道编码技术。

光波传输具有高达 Gbit/s 量级的数据速率；与声波传输比较，无传输延迟；与射频传输比较，收发器成本低、体积小。但是，光波传输不易跨越水和空气的边界，水下吸收和散射严重，通信距离只有几十米。

蓝绿光通信可应用于环境监测、近海勘探、灾害预防和军事领域。军事领域如潜水员之间通信，无人驾驶水下车辆、潜艇、船舶和水下传感器之间的通信等。

研究内容有信道特性、调制和编码技术和具体实现途径。

水下激光通信目前仍然在发展之中，科学家们目前已经对蓝绿光在云层、海水中的传播以及在多种气象条件和海洋条件下对潜通信关键技术进行了攻关，为潜艇激光通信技术实用化奠定了基础。随着关键技术的突破和试验成功，潜艇激光通信的研究重心转向了提高系统的通信性能，尤其是提高通信速率，发展基于卫星的通信能力，逐步向实用化方向发展。

9.5　光纤传输技术在移动通信中的应用

光纤传输技术在移动通信网络中的应用，有第 3 代移动网络使用的码分复用（CDMA）系统、第 4 代和第 5 代移动网络使用的正交频分复用（OFDM）系统，以及微波副载波调制（SCM）光纤传输技术使用的射频信号光纤传输（RoF）系统，下面分别加以介绍。

9.5.1　光纤传输正交频分复用信号——4G、5G 移动通信系统基础

为了满足用户的需求，并追求最大的经济效益，人们正在想办法提升现有骨干网的传输速率。以前的波分复用（WDM）和微波副载波复用（SCM）射频信号光纤传输（RoF）系统，多多少少都遇到了一些问题。密集 WDM 系统使光纤中的光功率强度较大，从而使非线性效应非常突出，而且在接收端需要复杂的色散补偿和均衡，导致系统结构复杂。SCM 频谱扩展有限，频谱利用率难以有很大的提高，传输性能也难以有本质的改善。为此，科学家们提出用光纤传输电域中的正交频分复用（OFDM）信号，这就是所谓的光纤传输正交频分复用（O-OFDM）系统。

由于有较高的频谱利用率和抗多径干扰的能力，OFDM 技术已被广泛应用于无线、有线和广播通信中。

O-OFDM 技术是利用光纤信道传输 OFDM 信号，这可以大幅度提高现有光纤通信系统的性能，使传输速率和传输距离都有很大的提高，同时又不需要进行昂贵的均衡和色散补偿，是一种非常有前景的光传输技术。

O-OFDM 系统的基本原理和无线 OFDM 系统没有本质上的区别。在系统发送端电信号转化成光信号之前，在接收端光信号转化成电信号之后，对信号的处理过程都基本一致。

随着因特网的迅猛发展，通信传输容量迅速扩大。尽管目前对 DWDM 的研究方兴未艾，但随着波长间距的逐渐减小，对光源和滤波器的要求也愈加苛刻，另外随着复用波长数的增加，光纤中的光强越来越大，光纤非线性也越来越严重，所以在未来的 WDM 网络中，波长资源可能出现匮乏。O-OFDM 系统采用同一波长的扩频序列，频谱资源利用率高，它与 WDM 结合，可以大大增加系统容量。

图 9.5.1a 表示 OFDM 信号频域图，由图可见，在每个副载波频率幅值最大处，所有其他副载波频率幅值正好为零。利用这一特性，使用离散傅里叶变换，使各个副载波频率幅值最大点正好落在这些具有正交性的点上，因此就不会有其他副载波的干扰。所以可以从多个在频域相互正交而时域相互重叠的多个副载波信道中，提取每个副载波的符号，而不会受到其他副载波的干扰。

图 9.5.1 表示 OFDM 副载波的时域图和频域图的对应关系，其中图 9.5.1a 表示 OFDM 的频域图，图 9.5.1b 表示与 OFDM 频域图相对应的 OFDM 时域图。从数字与模拟通信系

统的教科书中，我们知道，加窗（在 $0 \sim T$ 内加窗）正弦波形的时域图（图 9.5.1b）经傅里叶变换后的频域图就是图 9.5.1a。

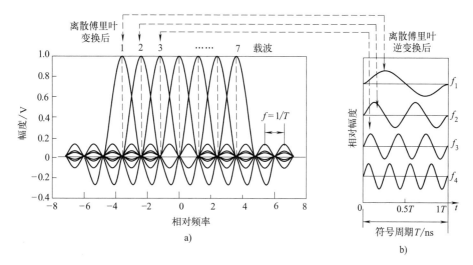

图 9.5.1 OFDM 信号频域图和时域图的对应关系

a）OFDM 信号频域图（各副载波频域相互正交） b）与频域图相对应的 OFDM 信号时域图

OFDM 技术实际上是一种特殊的多载波传输技术，它既可以看作一种调制技术，也可以看作一种复用技术。在 OFDM 中，数据用一套相互正交的窄带副载波发送。OFDM 与传统的频分复用（FDM）原理基本类似，即把高速的串行数据流通过串/并变换，分割成低速的并行数据流，分别调制到若干个副载波频率子信道中并行传输。不同的是，OFDM 技术利用了各个载频之间频域的正交特性和时域的重叠特性，使 OFDM 各副载波信号互不干扰，而频谱利用率又较高。

图 9.5.2 表示强度调制-直接检测（IM-DD）O-OFDM 系统原理构成图。在发送端，首先通过串/并转换将用户数据变成 N 路数据，N 为 OFDM 系统中副载波的数量。这些数据对各自的副载波进行调制，调制方式可以相同，也可以不同。然后，多路信号通过快速离散傅里叶逆变换（IFFT）实现 OFDM 调制，OFDM 调制后的多路信号再通过一个并/串转换器和一个数/模（D/A）转换器，变为模拟电流信号，直接调制激光器，使其光信号跟随 OFDM 信号变化。最后，送入光纤信道传输。

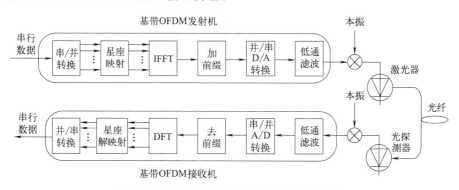

图 9.5.2 IM-DD O-OFDM 系统原理构成图

在接收端，通过光探测器，使光 OFDM 信号转换成电 OFDM 信号，经模/数（A/D）

转换、串/并转换后，进入离散傅里叶变换（DFT）器，完成 OFDM 解调，恢复出每个副载波的调制信号，之后再经过相应的解调及并/串转换后，还原出发送端的数据。

9.5.2 光纤传输射频信号——HFC、O-SCM、O-OFDM

为了利用光纤低损宽带的优点，人们就用光纤分配射频（RF）信号给用户。射频的频率范围是 300 kHz～300 GHz，有线电视系统，即光纤/电缆混合（HFC）网络、微波副载波调制（SCM）光纤传输系统（O-SCM）的频率范围均在射频范围内。所以，HFC、SCM系统就是两种光纤传输射频信号（RoF）系统。为了提高用户数据速率，使现在的无线通信系统在常规的射频（RF）频段上工作，毫米波（太赫兹）段的 RoF 系统受到人们的极大关注，因为，太赫兹波的频率比微波的更高。若用 DWDM 技术，还可以同时将模拟 RoF 信号和数字信号传输到每个家庭。

正交频分复用（OFDM）由于有较高的频谱利用率和抗多径干扰的能力，已广泛应用于无线、有线和广播通信中，已被多个标准化组织所采纳，如无线局域网（LAN，也称 Wi-Fi）、数字用户线（DSL）、全球微波互联接入（WiMAX）以及数字视频音频广播标准等。

为了降低 WiMAX 和其他无线网络的开发和维护费用，同时提供功耗低和带宽大的性能，人们提出了射频信号光纤传输（RoF）无线通信系统的建议。在 RoF 系统中，用光纤将正交频分复用（OFDM）射频信号从中心站传送到远端基站，基站将光信号转变成OFDM 射频信号，然后用天线广播发送到终端用户，如图 9.5.3 所示。

在 RoF 系统中，信号可能由于模式色散（使用多模光纤时）或色度色散（使用单模光纤时）、基站信号分量缺失和多径无线衰落而产生失真。但是，只要循环前缀的时长大于多径传输和色散引起的传输延迟，这些失真就可以避免，RoF 系统的性能就不会受到影响。

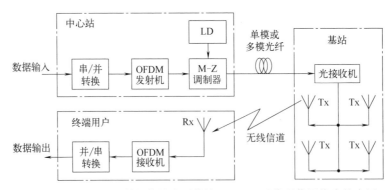

图 9.5.3 OFDM 在射频信号光纤传输（RoF）无线通信网络中的应用

RoF 系统的应用范围很广，几种可能的应用是：

（1）在蜂窝移动系统中，用于连接移动电话交换局和基站；

（2）在 WiMAX 系统中，用于连接 WiMAX 基站和远端的天线单元，可扩展 WiMAX的覆盖范围，提高其可靠性；

（3）在光纤/电缆混合（HFC）网络和光纤到家（FTTH）的应用中，使用 RoF 系统可降低室内系统的安装和维护费用。

9.5.3 光纤传输码分多址信号——3G 移动通信系统基础

虽然我们的手机是从空中接收电波信号的，但是这些信号大部分时间、最长的距离是用光纤传输的。如果你和异地的朋友用手机通信，除要通过长途骨干网外，在异地和你所在地的移动业务交换中心和基站之间的通信也是用光纤传输的。如果要和国外的同事或朋友联系，还要通过海底光缆或卫星通信。

如果用光波代替电波传输码分多址（CDMA）信号，那么就构成一个简单的如图 9.5.4 所示的 CDMA 光纤传输系统（O-CDMA）。图中的 W_i 只是一种地址码，由于用封闭的光纤信道传输，不会与其他载波信号发生干扰，所以这里用不着伪随机码扩频，系统很简单，但是这里就是一个固定的光纤传输系统。为了充分利用光纤带宽，可以在 CDMA 的基础上，再利用副载波多址接入（SCMA）技术，扩大用户数，如图 9.5.5 所示。此时，载波 f_{ci} 只是高频电磁波，相当于 SCM 中的载波。

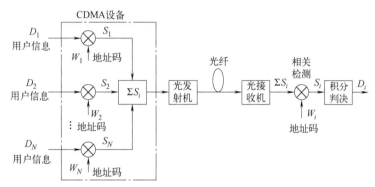

图 9.5.4 光纤传输 CDMA 通信系统（O-CDMA）原理图

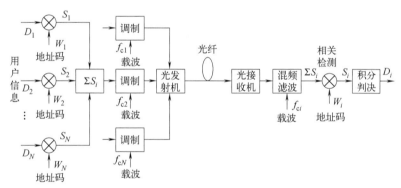

图 9.5.5 同时使用 CDMA 和 SCMA 的移动光纤传输系统（O-CDMA＋SCMA）原理图

通常光纤用于移动局到移动局或移动局到市话局的传输，如图 9.5.6 所示。

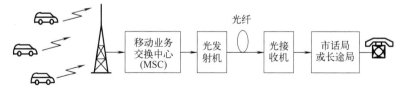

图 9.5.6 光纤用于移动局到移动局或市话局的传输

第 **10** 章

发光及其显示器件——电致发光和光致发光LED

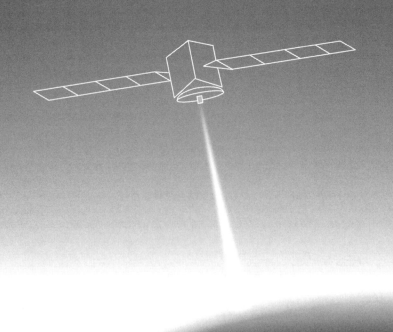

光是一种以电磁场形式存在的物质，其中波长为 $380\sim780$ nm 的电磁波能够引起人眼的视觉反应，因而称为可见光。在原子能级中，处于基态的电子吸收能量（电能、热能、化学能或光能）后被激发到高能态，当这些电子跃迁回基态时，就将其能级差以光的形式发出，这就是发光。

场致发光可分为电致发光（EL）和光致发光（PL）。电致发光是一种直接把电能转换成光能的物理现象，从发光机理看，可分为注入型电致发光和本征型电致发光。注入型电致发光是在外电场作用下产生少数载流子注入而发光，这就是一般的普通发光二极管（LED），它是指在Ⅲ-Ⅴ族化合物的 PN 结上，注入少数载流子电子或空穴，当这些电子或空穴在晶体内再度与晶体内的多数载流子空穴或电子产生复合时而引起的发光。而本征型电致发光，不伴随少数载流子注入而发光。从施加的电场高低来分类，又可分为低场电致发光和高场电致发光两种。低场电致发光一般指普通发光二极管，高场电致发光是一种高场非结型器件的发光，其材料是Ⅱ-Ⅳ族化合物。电致发光可分为薄膜型、厚膜/薄膜混合型、粉末型和有机发光显示（OELD）。

光致发光显示是在磷光体中，发光中心（催化剂）首先被高频光激发，高能量光子首先被吸收，然后以低能量光子发射的一种发光显示。彩色阴极射线管（CRT）显示器和等离子体平板显示器（PDP）就是光致发光的例子。

电致发光器件（LED）与激光器（激光二极管，LD）发光的根本区别是，电致发光器件没有谐振腔，它的发光基于自发辐射，发出的是荧光，是非相干光；而激光器发光必须要有谐振腔，它的发光是基于受激发射，发出的是相干光——激光（见第 2 章）。

电光效应是外加电场引起各向异性晶体材料折射率改变的效应，利用这种效应可以制成电光调制器（见 6.1.2 节）。

除电致发光显示器件外，还有一种双折射效应显示器件，即液晶显示器（见 4.3 节）。

10.1 电致发光和光致发光

10.1.1 电致发光——直接把电能转换成光能（如发光二极管）

我们知道，白炽灯是把被加热钨原子的一部分热激励能转变成光能，发出宽度为 1000 nm 以上的白色连续光谱；而 LED 是处于基态的电子吸收电能被激发到高能态，当这些电子跃迁回基态与空穴复合时，就将其能级差以几百纳米（nm）以下的光发出。

在构成半导体晶体的原子内部，存在着不同的能带（见 1.5.1 节）。如果占据高能带（导带）E_c 的电子跃迁到低能带（价带）E_v 上，就将其间的能量差（禁带能量）$E_g = E_c - E_v$ 以光的形式放出，如图 10.1.1 所示。这时发出的光，其波长基本上由能带差 ΔE 所决定。能带差 ΔE 和发出光的振荡频率 ν_0 之间有 $\Delta E = h\nu$ 的关系，h 是普朗克常数，等于 6.625×10^{-34} J·s。由 $\nu = c/\lambda$ 得出

$$\lambda = \frac{hc}{\Delta E} = \frac{1.2398}{\Delta E} \ (\mu m) \tag{10.1.1}$$

式中，c 为光速；ΔE 取决于半导体材料的本征值，单位是 eV。

电子从高能带跃迁到低能带把电能转变成光能的器件叫 LED。在热平衡状态下，大部分电子占据低能带 E_v。如果把电流注入到半导体中的 PN 结上，则原子中占据低能带 E_v 的

电子被激励到高能带 E_c 后，当电子跃迁回到 E_v 上时，PN 结将自发辐射出一个光子，其能量为 $h\nu = E_c - E_v$，如图 10.1.1 所示。

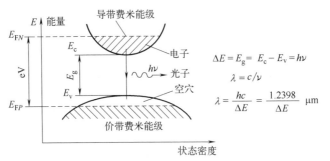

半导体导带中的电子和价带中的空穴通过自发辐射和受激发射可以重新复合并发射光子

图 10.1.1 半导体发光原理

对于大量处于高能带的电子来说，当返回 E_v 能级时，它们各自独立地分别发射一个一个的光子。因此，这些光波可以有不同的相位和不同的偏振方向，它们可以向各自方向传播。同时，高能带上的电子可能处于不同的能级，它们自发辐射到低能带的不同能级上，因而使发射光子的能量有一定的差别，这些光波的波长并不完全一样。因此自发辐射的光是一种非相干光，如图 10.1.2a 所示。

LED 有面发光型和边发光型两类。面发光 LED 的出光面与 PN 结平面平行，如图 10.1.2b 所示，与图 2.3.16 表示的垂直腔表面发射激光器（VCSEL）类似。边发光 LED 与普通的 LD 相同，从 PN 结的一个端面（与结平面垂直）出光。

面发光 LED 的输出光功率较边发光 LED 的大，但发光面积大，光发散角大，与光纤耦合效率低，需专门的结构设计。边发光 LED 出光面小，仅为 $0.2\ \mu m \times 0.2\ \mu m$，与光纤耦合容易。

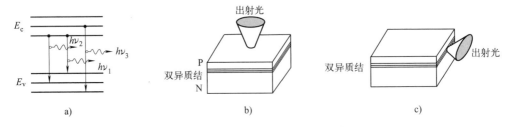

图 10.1.2 LED 的发光机理及分类

a）LED——光的自发辐射 b）面发射 LED c）边发射 LED

10.1.2 电致发光 LED 材料和结构

发光二极管的材料主要是Ⅲ-Ⅴ族化合物半导体，如 GaP、GaAs、GaN 等，有直接跃迁型和间接跃迁型之分，两者的区别是前者的价带峰值能量与导带的低谷能量直接对应，而后者则不然，所以电子从价带峰值点跃迁到导带的低谷点所需的光子能量大于直接带隙的。间接跃迁型材料的电子-空穴复合时，除放出光子外，还伴随有晶格振动产生的声子，其发光效率比直接跃迁型的差。GaP 属于间接跃迁型，GaAs、GaN 是直接跃迁型。

不同的材料有不同的带隙，发出不同颜色的光，具有不同的峰值波长。

GaP，$E_g = 2.24$ eV，峰值波长为 555 nm，发绿光。

GaP:Zn 或 GaP:O，在 GaP 中掺 Zn 或 O，峰值波长为 700 nm，发红光。

GaP:N，在 GaP 中随掺 N 不同，可发波长为 568 nm 的绿光或波长为 590 nm 的黄光。

GaAs，$E_g = 1.42$ eV，峰值波长为 870 nm，发近红外光。

$GaAs_{1-y}P_y$，是 GaAs 与 GaP 按比例（$1-y : y$）混合的晶体。当 $y > 0.45$ 时，$GaAs_{1-y}P_y$ 是间接跃迁带隙半导体。假如掺入等电子的杂质氮（N）到半导体晶体中，此时氮将变为再复合中心。电子首先被 N 中心捕获，剩下的能量给声子。在 N 中心，电子与空穴以辐射跃迁的方式复合，发射的光能量仅比带隙能量稍微小一点。掺氮间接跃迁带隙 $GaAs_{1-y}P_y$ 晶体已广泛应用于廉价的绿色、黄色和橙色 LED。

在 $GaAs_{1-y}P_y$ 半导体中，当 y 取 0.4，即 $GaAs_{0.6}P_{0.4}$ 时，发光效率高，响应速度快，记为 GaAsP，峰值波长 650 nm，发红光，用得较普遍。其他还有 $GaAs_{0.35}P_{0.65}$:N，峰值波长 632 nm；$GaAs_{0.15}P_{0.85}$:N，峰值波长 589 nm。

$x < 0.43$ 的 $Al_xGa_{1-x}As$ 三元晶体是直接跃迁带隙半导体，成分不同，带隙也不同，因此发射光的波长也不同，可从深红光到红外光变化（640～870 nm）。

四元晶体 $In_{1-x}Ga_xAs_{1-y}P_y$，随组分 x 和 y 的变化，波长可从 870 nm（GaAs）变化到 3.5 μm（InAs），其中包括光纤通信用波长 1.3 μm 和 1.55 μm，如图 10.1.3 所示。

GaN 是直接跃迁带隙半导体，$E_g = 3.4$ eV。蓝色 GaN LED 实际上使用的是 GaN 合金 InGaN，其 $E_g = 2.7$ eV。

GaN LED 的有源区是 InGaN 多量子阱异质结结构，随组分的差异可发蓝光（450 nm）和紫光（400 nm）。

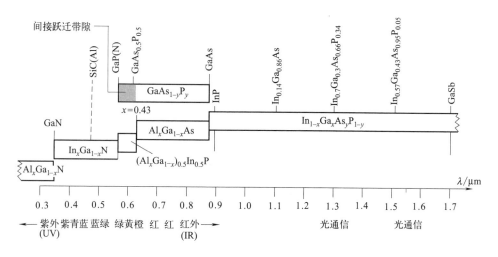

图 10.1.3 用不同的材料可以制成从可见光到红外光的 LED

为了提高发光二极管的性能，一般都采用双异质结和量子阱结构。

半导体材料往往折射率较高，如 GaAs，$n = 3.6$，故在材料与空气的界面易发生全反射，使光不能辐射出去，如图 10.1.4a 所示。为了提高面发光 LED 的耦合效率，通常将 LED 芯片封装在微透镜或半透镜塑料的中心，如图 10.1.4b 和图 10.1.4c 所示。透明塑料的折射率为 1.5，光输出是图 10.1.4a 的 4 倍，而且造价也低，因而大量被使用。

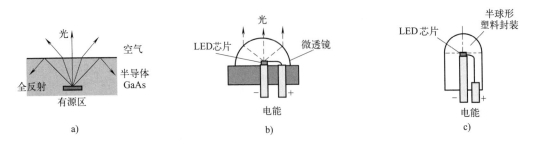

图 10.1.4 面发光 LED（电致发光）的结构

a）面发射 LED 发散角大，出现全反射　b）加微透镜聚光 LED　c）半球形塑料封装 LED

10.1.3 光致发光——光能或电能激励的高能量光子（波长短）以低能量光子发射

磷光体是一种首先被高频光激发，高能量光子首先被吸收，然后以低能量光子发射的材料。通常，光发射在称为发光中心的掺杂剂（催化剂）中发生，如图 10.1.5b 所示。

许多磷光体是在基质晶格中掺入催化剂，例如在氧化钇（Y_2O_3）材料中掺入铕离子（Eu^{3+}），这种 Y_2O_3:Eu^{3+} 磷光体被紫外光（如近紫外 200～400 nm）照射后，吸收紫外光的能量，铕离子从低能级 E_1 跃迁到高能级 E_2，然后又从次高能级 E_2'' 回到次低能级 E_1''，将其能级差 $E_2'' - E_1''$ 以另一较长波长的红光（613 nm）发射出来，如图 10.1.5c 所示。它通常在彩色 TV 显像管、现代三基色灯管和显示器件中使用。另一种重要的磷光体是在钇铝石榴石（$Y_3Al_5O_{12}$，YAG）基质晶格中掺入铈离子（Ce^{3+}），该磷光体写成 $Y_3Al_5O_{12}$:Ce^{3+}，它可以充分吸收蓝光而发出黄光。

表 10.1.1 列出一些常用磷光体的催化剂、发光颜色和应用。这些磷光体已广泛应用于现代发光物质，如 10.2.1 节将要介绍的薄膜电致发光显示器件。

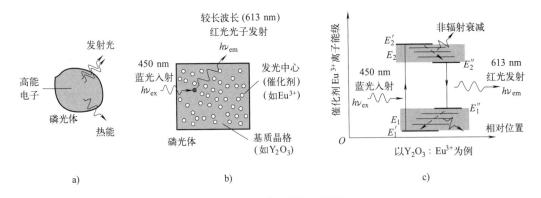

图 10.1.5 磷光体发光机理

a）入射电子使磷光体发光——阴极射线致发光　b）入射光使磷光体发光——光致发光　c）催化剂能级图

掺 Mn 的 ZnS 磷光体（ZnS:Mn^{2+}），在高能电子的激发下，发出黄橙色的光，用于平板显示器件。用高能电子束轰击阴极射线管（CRT）显示器磷光涂层材料时，也能将电子激发到导带上，当这些电子回落到价带上时，与空穴复合，就发出等于能带差的光（$h\nu = \Delta E$），如图 10.1.5c 所示。彩色 CRT 显示器屏幕通常均匀地涂覆三种磷光体涂层，在阴极射线轰击涂层时，分别会发出蓝光、红光和绿光。

京东方科技集团股份有限公司 2024 年 5 月在美国举行的国际显示周上，展示了 32 英寸光致发光显示器，单眼分辨率达到 4K 视网膜级别，并具备人脸追踪功能及主动人机交互系统，为使用者带来沉浸式桌面 3D 显示体验。

表 10.1.1　一些常用的磷光体

磷光体	催化剂(发光中心)	激发种类(光或电)	发射光颜色	备注
$Y_2O_3{:}Eu^{3+}$	Eu^{3+}	紫外	红色	荧光灯,彩色 TV
$BaMgAl_{10}O_{17}{:}Eu^{2+}$	Eu^{2+}	紫外光	蓝光	荧光灯
$CeMgAl_{11}O_{19}{:}Tb^{3+}$	Tb^{3+}	紫外光	绿光	荧光灯
$Y_3Al_5O_{12}{:}Ce^{3+}$	Ce^{3+}	蓝光,紫外光	黄色	白光 LED
$ZnS{:}Mn^{2+}$	Mn^{2+}	高能电子	黄橙色	平板显示器件
$ZnS{:}Ag^+$	Ag^+	高能电子束	蓝光	彩色电视蓝色磷光体
$Y_2O_3S{:}Eu^{3+}$	Eu^{3+}	高能电子束	红光	彩色电视绿色磷光体
$ZnS{:}Cu^+$	Cu^+	高能电子束	绿光	彩色电视绿色磷光体

市面已有廉价的白光 LED，实际上它是蓝光和黄光的混合光，因为黄色是红色和绿色的混合色，所以将蓝色和黄色混合，相当于将红色、绿色和蓝色三色混合，自然会显示白色。白光 LED 的出现，主要归功于氮化镓铟（GaInN）高亮度蓝光 LED 的研制成功。一种典型的白光 LED 结构如图 10.1.6a 所示，它是将磷光体半球体覆盖 InGaN 芯片，该芯片在加上电压后发出蓝光，部分蓝光激发 $YAG{:}Ce^{3+}$ 磷光体中的发光中心 Ce^{3+}，发出黄光，然后蓝光和黄光混合就变成了肉眼看到的白光，其光谱图如图 10.1.6b 所示。由此可见，这种白光 LED 综合采用了电致发光和光致发光的原理，光致发光最初也是由电致发光激发，所以本书将光致发光和电致发光有时统称为电致发光。

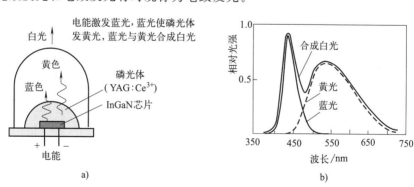

图 10.1.6　白光 LED 的结构和光谱形成的过程
a) 典型白光 LED 结构　b) 白光 LED 光谱的形成

借助分别独立驱动单独发射红光、绿光和蓝光（RGB）的三基色芯片，就可以得到白光或 256 个颜色中的任意一种颜色。

一种等离子体显示的原理是，利用惰性气体在一定电压（比 CRT 要求的低得多）作用下产生气体放电，形成等离子体，首先发射紫外光，然后在真空下激发光致发光磷光体（荧光粉）而发射可见光的一种主动发光现象。发红光的荧光粉是 $(Y,Cd)BO_3{:}Eu$，发绿光的是 $BaAl_{12}O_{19}{:}Mn$，发蓝光的是 $BaMgAl_{14}O_{23}{:}Eu$。利用这种原理可制成平板显示器件。

10.1.4　LED 的主要特性和应用

PN 结材料的能带决定了 LED 的光谱特性，其峰值波长由禁带宽度所决定，如式 (10.1.1) 所示。LED 发出的是非相干光，所以光谱宽带 $\Delta\lambda_{1/2}$ 为几十到上百纳米（nm），如图 10.1.7a 所示。

LED 的工作电流一般在十到数十毫安，发射功率一般在几百微瓦到毫瓦量级。$P\text{-}I$ 特性曲线的线性区很宽，无阈值电流。在电流较大时，PN 结发热，发光效率降低，出现饱和现象，如图 10.1.7b 所示。不同种类、不同颜色的 LED 发光时所需的电压不同，$I\text{-}V$ 特性曲线如图 10.1.7c 所示。

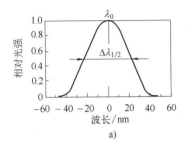 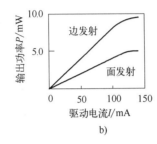 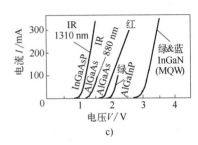

图 10.1.7　LED 的特性

a）频谱特性　b）$P\text{-}I$ 特性　c）$I\text{-}V$ 特性

LED 使用起来很简单，只要加上适当的电压就能使其发光，如图 10.1.8a 所示。对 LED 直接调制，应用于低速低频短距离的场合，其基本电路如图 10.1.8b 和图 10.1.8c 所示。边发光 LED 的调制带宽为几百兆赫，而面发光 LED 的仅为几十兆赫。InGaAsP LED 的调制带宽在 50～140 MHz 范围内。LED 可用于模拟信号输入，也可用于数字信号输入（图 10.1.8d），目前已有各种各样的 IC 芯片可供驱动 LED 使用。

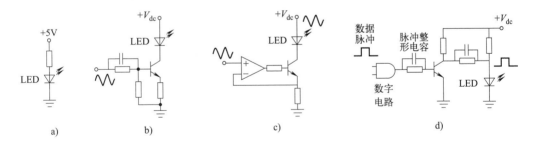

图 10.1.8　LED 驱动电路

a）直接驱动电路　b）模拟信号输入　c）提供恒定电流的结型晶体管　d）数字电路驱动 LED

LED 可用于仪器仪表的指示灯，如将单个 LED 拼成符号、字符或纵横矩阵排列，可显示符号、字符、图形和广告显示屏等。GaAs LED 发光波长 867 nm，与硅光探测器有最佳的光谱匹配，是各种遥控器、光电耦合器、光电检测系统的关键器件。

由于 LED 耗电少，使用寿命长（10 万小时），目前 LED 照明技术已是一种新型节能、环保替代技术。如果将光伏电池与 LED 装配在一起，则白天由光伏电池收集阳光，转化成电能存储，晚上供给 LED 发光，运用于城市亮化工程，可有效地消减城市用电，也为游牧区和边远山区提供一种照明方案。

10.2 电致发光显示器件

电致发光现象是 1936 年由法国巴黎大学 Destriau 发现的。20 世纪 50 年代人们希望利用该现象制作冷光源，但亮度和寿命没有过关，到 60 年代纷纷放弃。直到 1974 年，日本科学家用半导体技术制作成薄膜器件，把发光层夹在两层高质量介质薄膜之间，使器件工作在交流状态，获得了高亮度和长寿命特性，奠定了现代电致发光平板显示器件的基础。

电致发光从器件结构可分为薄膜型、厚膜/薄膜混合型和粉末型三种。薄膜型和混合型可用作矩阵显示，是目前电致发光技术发展的主要方向，粉末型则用作 LCD 等的平面背光源。

薄膜电致发光显示是全固体化平板显示器件，具有固体器件所特有的性能：

响应速度快，达几十微秒；

视角大，达±80°，可多人同时观看；

工作温度范围宽，为 −55～125 ℃，超过一般集成电路所能承受的极端工作温度；

轻薄牢固，有效器件本身没有腔体和封装问题，可以承受玻璃板所能承受的各种振动冲击。

这种器件的缺点是工作电压较高，负载容抗较大，致使专用驱动集成电路成本较高。

10.2.1 薄膜电致发光显示——掺有磷光体的薄膜电致发光

10.1.3 节已介绍了磷光体，本小节介绍使用磷光体的薄膜电致发光显示。

典型的薄膜电致发光显示（ELD）器件是将发光层夹持在透明阳极（行电极）和金属阴极（列电极）之间的一种结构，行电极和列电极相互正交，如图 10.2.1a 所示。发光层与电极之间被绝缘物质隔离，这样就消除了不希望有的漏电流，并且在电场作用下不会被击穿。发光层是掺有发光元素的荧光粉，如显示黄橙色的掺有锰元素的硫化锌（ZnS:Mn），它是一种透明而绝缘的胶合有机基质。本质上，这种电致发光器件是在加上脉冲电压时，悬浮在绝缘介质中的微小（几微米到几十微米）发光粉（催化剂）的发光现象，如图 10.2.1b 所示。

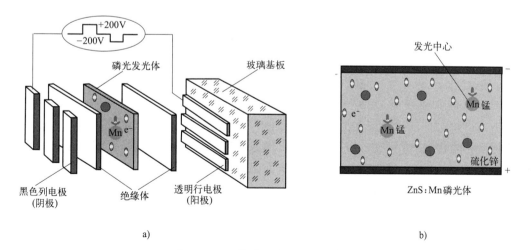

图 10.2.1　薄膜电致发光显示器件

a）结构示意图　b）发黄橙色的磷光发光体示意图

薄膜电致发光显示（ELD）器件结构及其等效电路如图10.2.2所示，发光层等效为一个电容 C_a 和两个串联的发光二极管的并联，C_i 是绝缘介质等效电容。

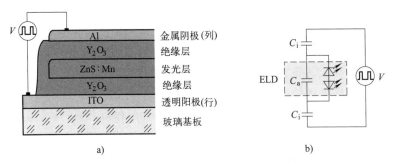

图 10.2.2　薄膜电致发光显示（ELD）器件
a) ELD 器件结构　b) ELD 器件等效电路

ELD 器件的工作原理是，当上下电极加上脉冲电压后，所加电压 V 通过介质电容加到发光层电容 C_a 上。当发光层上的场强超过器件阈值场强时，处于负极与介质界面一边的电子通过隧道效应进入导带，在强电场作用下很快加速。当电子能量达到 2.5 eV 以上时，发光层里的二价锰离子（Mn^{2+}）被激发，当激发电子跃迁回基态时，器件就发出相应于发光中心能级与基态能级差的光。与此同时，高能电子还同时碰撞发光层基质的缺陷能级，使之雪崩电离，形成雪崩电流，并在阳极和介质界面积累，产生空间电荷极化场。极化场的方向和外加电场方向反向，使发光过程迅速停止。当外加脉冲电压反向时，极化场方向和外加场同向，上述过程又重新开始。器件在脉冲电压激发下的发光波形如图 10.2.3a 所示。

由图 10.2.3a 可见，器件发光亮度与前一个脉冲的极性关系极大，当下一个脉冲反极性时，器件的亮度显著增强；反之，当下一个脉冲为同极性时，器件的亮度便显著减弱。可以说这种 ELD 具有记忆功能，通常在室内光照度下，这种记忆效应可维持几分钟；但在黑暗中，可保持十几个小时。这是因为，脉冲电压产生强电场，使发光层中的电子加速，在这些电子穿过发光层时，激发锰发光中心。已穿过发光层的电子便在阳极和介质界面积累，这些电子在电场移去之后仍将留在界面处，于是产生空间电荷极化场。如果下一个脉冲与上一脉冲同方向，则极化电场将抵消脉冲电压产生的电场，所以发光亮度变弱。反之，如果下一个脉冲方向反转，则极化电场与脉冲电压产生的电场叠加，总电场变大，所以发光亮度增强。

ELD 的亮度和发光效率与工作电压的关系如图 10.2.3b 所示，一般定义亮度为 3.4 cd/m² 时所对应的峰值工作电压为阈值电压 V_{th}。器件正常使用时，一般工作在阈值电压以上。由图 10.2.3b 可见，当亮度开始出现饱和时，发光效率最大。对于发黄橙色的掺锰硫化锌（ZnS:Mn^{2+}），当驱动电压为 1 kHz 的正弦信号时，亮度为 5000 cd/m²，效率为 2～4 lm/W，也有亮度为 15000 cd/m² 的报道。

彩色薄膜 ELD 可以用三基色光的空间混合或宽谱白光通过三基色滤色器的分光来实现（见 4.3.3 节）。ELD 的发光颜色由掺杂的发光中心的特征能级所决定，从这个意义上来讲，不难找到发红、绿、蓝基色光的发光材料，如图 10.2.4 所示。目前，红色、绿色材料的亮度已经达到实用的要求，但蓝色材料还有一定的距离，主要原因是蓝色的能量较高，要求激发电子的能量较大。

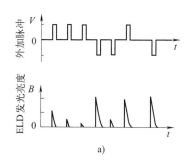
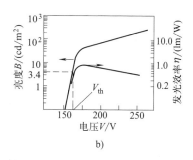

a) b)

图 10.2.3 ELD 器件的工作特性

a) 发光波形与所加电压的关系 b) 亮度和发光效率与施加峰值电压的关系

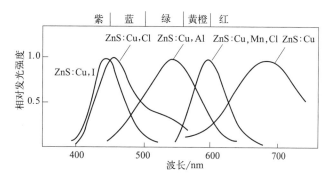

图 10.2.4 在发光层中掺入不同种类的荧光粉
就可以得到不同种类的发光颜色

10.2.2 厚膜/薄膜混合电致发光显示——用蓝光激发红光、绿光

厚膜/薄膜混合电致发光显示是在薄膜电致发光显示的基础上，用高介电常数厚膜介质替代薄膜 ELD 中的一层薄膜介质，以便提高抗击穿能力，减小工作电压，增厚荧光层，提高亮度。这种混合结构 ELD 器件如图 10.2.5 所示。金属电极上的绝缘层厚度，薄膜 ELD 是 $0.2\ \mu m$，而混合型的厚膜介质层是 $10\sim20\ \mu m$，这样除了改善性能外，还有利于大基板生产。

该器件在单一荧光层上采用蓝光转换法实现彩色显示，即用同样的发光材料制作发光层，发光层发出的光去激发光转换层，从而发射能量较低的红光和绿光。蓝光是三基色中频率 ν 最高的颜色，因此蓝光能量 $h\nu$ 也最高。这里发光层采用能发射蓝光的 $BaAl_2S_4:Eu$ 材料，它具有较高的色纯度和发光效率。蓝色转换法有效地避开了白光滤色法效率低的问题，也避开了在三基色直接发光法中，发光材料性能及寿命不一致，生产工艺要求高等问题。

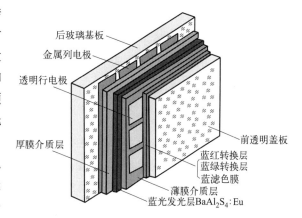

后玻璃基板
金属列电极
透明行电极
厚膜介质层
前透明盖板
蓝红转换层
蓝绿转换层
蓝滤色膜
薄膜介质层
蓝光发光层 $BaAl_2S_4:Eu$

图 10.2.5 厚膜/薄膜混合型电致发光
显示器件示意图

10.2.3 粉末电致发光显示

将发光材料粉末和介质材料混合，用丝网印刷等方法制作成数十微米厚的发光层，在两面加上电极，经密封防潮后就成为粉末电致发光板。这种器件可以做在玻璃基板上，也可以做在塑料基板上，厚度可以小于 1 mm。所用基质材料是 ZnS，掺以不同的发光中心材料，就可以得到不同的颜色。这种器件大都用作平面冷光源、液晶显示器（LCD）的背光源、仪表盘照明等。该器件的亮度和驱动频率成正比，一般用 100 V、400 Hz 的交流信号驱动。目前用作 LCD 背光源的器件，亮度在 100 cd/m^2 以上，半亮度寿命在 3000 h。

与其他显示器件相比，电致发光显示器（ELD）的研究开发起步很早，但未能捷足先登占领市场，至今仅有部分产品达到商品化，有些姗姗来迟。主要原因是色彩进展缓慢，高耐压驱动 IC 芯片价格较高。如果能将目前使用的 200 V 驱动电压降低到 30 V 左右，就可以采用 CMOS IC 驱动器进行驱动。

目前，掺入 ZnS:Mn 的电致单色（发橙黄色）显示器件已经商品化，正在向双色（红色、绿色）、三色（红色、绿色和蓝色）和多色显示器发展。但单色 ELD 器件在国内的销售情况远不如 LCD 的好，主要原因是价格太高。

近年来，有机电致发光显示（OELD 或 OLED）器件的研究取得突破性进展，引起产业界的高度重视，10.3 节将要对此进行介绍。

10.3 有机电致发光显示（OLED）器件——电流驱动有机半导体薄膜材料发光和显示

有机电致发光（OELD）显示，即有机发光二极管（OLED）显示，是通过电流驱动有机半导体薄膜材料来达到发光和显示的目的。OLED 主动发光、视角宽、响应快、能耗低、分辨率高及工作温度范围宽。它又是全固态器件，无真空腔，无液态成分，既薄又轻，所以不怕振动，使用方便，广泛用于武器装备和恶劣环境。此外，OLED 还可作为显示领域的平面背光源和照明光源使用。因此，OLED 具有良好的发展前景，其中柔性显示屏具有潜在的应用空间。

OLED 技术研究最早始于 20 世纪 60 年代，经过多年的研究和发展，OLED 已经步入产业化发展阶段。

按照有机发光材料的不同，OLED 可分为两类，一类是以有机染料和颜料等为发光材料的小分子基 OLED，另一类是以共轭高分子为发光材料的聚合物 LED（PLED）。

10.3.1 OLED 器件的结构

OLED/PLED 是基于有机材料的一种电流型半导体发光器件，器件的发光效率和寿命受器件的结构直接制约，合理地设计器件结构，对于提高器件性能，优化制备工艺十分重要。目前典型的 OLED 器件结构如图 10.3.1 所示，从下到上，依次由前玻璃基板、ITO（氧化铟锡）透明电极（显示阳极）、空穴注入层、空穴传输层、有机薄膜发光层、电子传输层、电子注入层、金属电极（阴极）组成。当电极上加上适当的电压时，发光层就产生光辐射。辐射光可从前玻璃基板观察到，金属阴极同时起反射层的作用，目前已有透明阴极的 OLED 显示屏。

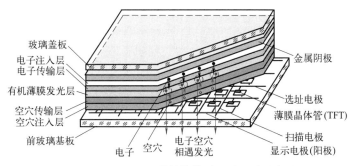

图 10.3.1　OLED 器件结构及显示驱动示意图

OLED 有单异质结和双异质结两种不同的结构形式。

用作有机发光器件的材料可分为有机小分子和聚合物两类。有机小分子发光材料有 8-羟基喹啉铝（Alq3）等。通过材料设计，有机电致发光材料的光谱范围可以覆盖整个可见光区，在有机基质材料中，掺入荧光或磷光染料（见 10.1.3 节）来获得所希望的发光颜色，同时也可提高器件效率，延长其寿命。

空穴传输层材料主要是芳香胺类、吡唑啉类和咔唑类化合物。阴极材料主要有 Mg、Ga、Li、Ag、Al 和 In 等。阳极材料绝大多数采用 ITO 玻璃，它在可见光区透射率和红外反射率均高，导电性能好。

10.3.2　OLED 显示的工作原理——受激分子价电子从激发态回到基态时，发出其能级差的光子

OLED 的发光机理一般认为，在外界电压的驱动下，由电极注入的电子和空穴在有机物中与有机发光分子相遇，并将能量传递给有机发光分子，将电能转换为分子内能，使其价电子（激子）从基态跃迁到激发态，当受激发分子价电子（激子）从激发态回到基态时，发出其能级差的光子，如图 10.3.2 所示。

OLED 发光机理可简单地分为以下几个过程：

（1）在外加电场的作用下，电子和空穴分别从阴极和阳极向夹在电极之间的有机薄膜层注入（见图 10.3.1）；

（2）注入的电子和空穴分别从电子传输层和空穴传输层向发光层迁移；

（3）电子和空穴在发光层与有机发光分子相遇产生激子；

（4）当激子由激发态辐射跃迁到基态时，就将激发态和基态之间的能级差以光的形式发射出来，这就是电致发光。这种发光有两种情形，一种是荧光，另一种是磷光，如图 10.3.2 所示。荧光光子的能量为 $h\nu = S_1 - S_0$，磷光光子的能量为 $h\nu_p = T_1 - S_0$。图 10.3.2 表示 OLED 的能带结构，有机半导体的反键轨道和成键轨道分别相当于无机半导体的导带和价带。

10.3.3　有源矩阵驱动 OLED 显示器件

与 4.3 节介绍的液晶显示一样，有机电致发光显示的驱动方式也有无源驱动（见图 4.3.8）和有源驱动（见图 4.3.16）之分。无源驱动为多路动态驱动，亮度受扫描电极数的限制。有源矩阵驱动 OLED 具有存储效应，可进行 100% 负载驱动，不受扫描电极数的限制，从而可实现大容量显示。

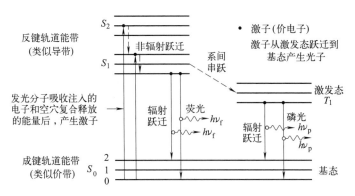

图 10.3.2　OLED 的能带结构和发光机理

有机发光二极管（OLED）有源驱动是在器件基板上制作薄膜晶体管（TFT）阵列，如图 10.3.1 所示。需要指出的是，OLED 不能使用 LCD 使用的 TFT 结构，这是因为 LCD 采用电压驱动，而 OLED 依靠电流驱动，其亮度与电流大小成正比。因此，OLED 使用的 TFT 除了进行像素控制外，还要求它的导通电阻低。电流驱动 OLED 要求较大的载流子迁移率，因此不能使用迁移率较低的非晶硅 TFT。单晶硅 TFT 虽然载流子迁移率高，但目前制备大面积单晶硅 TFT 还有许多困难。单晶硅 TFT 一般在硅基 OLED 微显示上使用。多晶硅 TFT 根据制备温度的不同，又分为低温多晶硅 TFT 和高温多晶硅 TFT。低温多晶硅 TFT 具有较高的迁移率，在较低的温度下制备，因此它易于把整个系统，包括外围驱动电路和显示阵列，集成在同一玻璃基板上，比较适合在大型玻璃基板上制作。

通常，OLED 器件发光层的光从驱动该面板的 TFT 基板上的开口部射出，由于开口率问题，有部分光被遮挡了。为了提高器件的亮度，可改变器件设计，让光从玻璃盖板方向射出。

在实现彩色显示方面，有机电致发光显示与无机电致发光显示类似，可以采用三基色光的空间混合或宽谱白光通过三基色滤色器实现（见 4.3.4 节）。

TFT-OLED 亮度高，功耗低，分辨率高，易于实现彩色化、小型化和大面积显示。但工艺复杂，设备投资大，成本比较高。

10.4　电致发光显示器件的应用和发展前景

10.4.1　电致发光显示器件种类及应用

薄膜电致发光显示（ELD）：是全固体化平板显示器件，具有固体器件所特有的性能，如响应速度快，视角大，工作温度范围宽，轻薄牢固，可以承受玻璃板所能承受的各种震动冲击。

有机电致发光显示器件：近年来，该类器件的研究取得突破性进展，引起产业界的高度重视，因为它主动发光，发光效率高，色彩丰富，工作电压低（10 V），可采用与集成电路相匹配的直流低压驱动，而且不怕振动，使用方便，广泛用于武器装备和恶劣环境，是极具发展前途的显示技术。OLED 还可作为显示领域的平面背光源和照明光源使用。因此，OLED 具有良好的发展前景，其中柔性显示屏具有潜在的应用空间。

有机和无机电致发光显示器件的比较如表 10.4.1 所示。

✣ 表 10.4.1　有机电致发光和无机电致发光的比较

性能特点	有机电致发光显示器件	无机电致发光显示器件
电极	低溢出功材料	Al,Mo,ITO 膜
制造方法	低温真空沉淀	高温真空沉淀
效率	高	中
对比度	低	高
电压	低(直流)	高(交流)
电流	大	小
稳定性	差	很好
显示面积	小	大

微型发光二极管（MLED）：目前，有机电致发光显示器（OLED）已向微型化发展，MLED 显示器（Micro LED）将 LED 结构设计进行薄膜化、微小化、阵列化，其尺寸仅为 $1\sim10$ μm，然后将其批量转移至硬性或软性电路基板上（含下电极与晶体管），其基板可以是透明的，也可以是不透明的；再利用物理沉积法制成保护层与上电极，即可进行上基板的封装，完成一结构简单的 MLED 显示器。

MLED 典型结构是一个 PN 结面发光二极管，由直接能隙半导体材料（如 $Al_xGa_{1-x}As$）构成。当上下电极正向偏置电流通过时，使电子、空穴在有源区复合，发射出单色光；与光伏电池原理正好相反，光伏电池是光照使电子、空穴分离，在上下电极间产生电流（见 5.3 节）。MLED 发光频谱半最大值全宽（FWHM）仅约 20 nm，可提供极高的色彩饱和度（NTSC），通常可大于 120%。

MLED 显示器综合了薄膜场效应晶体管（TFT）液晶显示器（LCD）和 LED 两大技术特点，在材料、制程、设备的发展较为成熟，产品性能远高于 TFT-LCD 或 OLED，应用领域更为广泛，认为是下一代平面显示器的发展方向。

京东方科技集团股份有限公司 2024 年 5 月在美国举办的国际显示周上，在 44.8 英寸车载玻璃基显示屏上，采用 MLED 背光源，实现了百万级对比度和 2000 nit（尼特，为亮度单位，1 nit＝1 cd/m^2）高亮度画质。

10.4.2　钙钛矿发光二极管（PeLED）及发展前景

钙钛矿不是矿产，而是一种晶体结构。它是几种化学物质的组合，将几种化学物质按照比例溶于溶液中，经挥发后就形成了钙钛矿材料，具有矿物 $CaTiO_3$ 的晶体结构，是一类有机-无机杂化晶体，属于半导体。作为一种新型发光材料，金属卤化物钙钛矿晶体具有非常重要的光电性能，它吸收光谱宽，能够吸收和辐射可见光、近红外光和紫外线，具有载流子迁移率高、禁带宽度可调（$0.9\sim1.7$ eV）、发光效率高、寿命长，以及色纯度和亮度高等优点。钙钛矿晶体在非常薄的发光层就能实现高效发光，因此，钙钛矿发光二极管（PeLED）在照明、显示、生物荧光等领域有着广泛的应用前景，已成为照明和显示行业的重点研究方向。

PeLED 具有类似三明治的结构，如图 10.4.1 所示。根据空穴传输层位于钙钛矿层的位置，PeLED 又可分为 NIP 结构或 PIN 结构。电子和空穴分别经过电子传输层和空穴传输层注入到钙钛矿吸收发光层进行辐射复合，从而实现电致发光。目前，用于 PeLED 的钙钛矿，根据维度可以分为三维、二维以及零维结构。降低钙钛矿的维度可以有效地提高激子束缚能，从而提高钙钛矿的荧光量子效率。例如，二维钙钛矿具有量子阱结构，可以在钙钛矿薄膜中形成有效的能量传输通道，大幅提高薄膜中的电子和空穴辐射复合率，实现高效率的 PeLED。

钙钛矿 LED 器件的发光机理是，当器件加电工作时，电子与空穴分别由钙钛矿发光层左右两侧——电子传输层和空穴传输层注入，电子和空穴在钙钛矿发光层与有机发光分子相遇产生激子（价电子），当激子由激发态辐射跃迁到基态时，就将激发态和基态之间的能级差以光的形式发射出来，如图 10.3.2 所示。

据新华社报道，2024 年 5 月 30 日，我国科研团队在钙钛矿发光二极管（PeLED）研究领域取得重大突破。通过加快辐射电子和空穴的复合速率，显著提高荧光量子效率，使钙钛矿 LED 外量子效率突破 30%，接近实现产业化水平。相关研究成果的论文日前在国际学术期刊《自然》发表。

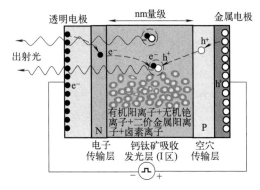

图 10.4.1　钙钛矿（$CaTiO_3$）LED 结构及其工作原理示意图

液晶材料本身不发光，靠背光透过来呈现颜色和对比度；与液晶显示器相比，有机发光二极管（OLED）和钙钛矿发光二极管（PeLED）都是材料本身发光，不需要背光，所以能实现高清显示。钙钛矿能发射 620～640 nm 的光，半最大值全宽（FWHM）只有 20 nm，看起来颜色更纯。与目前显示分辨率 4K 的 OLED 技术相比，钙钛矿发光二极管的色彩纯度更高，可提升至少 1 倍。

钙钛矿材料被认为是目前最具前途的半导体光电材料之一，制备成本低，光电性能优异，通电时可以发光，光照时可以发电（见 5.3 节）。

第 11 章

光热、光电导、光电荷效应——红外探测器、图像传感器和国防装备应用

电导是指在外加电场的作用下，电荷在材料内的移动。一般来讲，当某一种材料内包含大量的自由或可移动的载流子时，则可把该材料归类为导体。光电导效应是半导体材料受到光照后，由于大量载流子的产生和流动，自身电阻率会改变的效应。光电荷效应是半导体材料吸收入射光子能量后，由于大量光生电荷在势阱中的聚集和有规律的移动，使其携带信号的效应。

像金属之类的良好导电体同样也是良好的热导体，其中从高温区到低温区的热能传导主要由导带电子携带能量实现，因此在电导和热导之间存在一种内在关系。光热效应是某些物质受到光照射后，因材料温度升高使其性质发生改变的效应。

11.1 光热效应及其器件

某些物质在受到光照射后，由于温度升高而造成材料性质发生变化的现象称为光热效应。在光电效应中，光子的能量直接变为光生电子；而在光热效应中，光子能量与物质晶格相互作用，使其振动加剧，造成温度升高。光热效应与光电效应不同，其单个光子能量的大小与光热效应没有关系，原则上，光热效应对光波没有选择性。只是在红外波段吸收效率高，光热效应更强烈，所以广泛用于红外辐射探测。因为温度升高是热积累的过程，所以光热效应速度一般较慢，而且容易受到环境温度的影响。

根据光与不同材料、不同结构的光热器件相互作用引起物质特性变化不同的情况，可将光热效应分为热敏效应、温差电效应、热释电效应等。

11.1.1 热敏效应——热敏电阻吸收光辐射使阻值相应发生改变

阻值随温度变化的电阻称为热敏电阻。一些 Mn、Ni、Co、Cu 氧化物或 Ge、Si、InSb 等半导体材料做成的电阻器就具有这种性质。

当热敏电阻吸收了光辐射，温度发生变化时，热敏电阻的阻值相应发生改变，电阻的变化将引起回路电流或电压的变化，这样就可以探测入射光通量。

电阻随温度变化的规律是

$$\Delta R = \alpha_T \Delta T R \tag{11.1.1}$$

式中，$\alpha_T = \Delta R/(R\Delta T)$ 为热敏电阻的温度系数。$\alpha_T > 0$ 为正温度系数，$\alpha_T < 0$ 为负温度系数，如 Mn、Ni、Co、Cu 氧化物的混合物形成的半导体热敏电阻薄膜，其温度系数为 $-4 \times 10^{-2} \text{K}^{-1}$。

11.1.2 温差电效应——温差电热电偶产生温差电动势

当两种不同的导体或半导体材料两端并联熔接在一起时，如果两个接点的温度不同，并联回路中就会产生电动势，回路中就有电流出现，如图 11.1.1b 所示，这种现象就是温差电效应，其中的电动势称为温差电动势。热电偶就是利用温差电效应制成的。

温差热电偶接收辐射一端称为热端，另一端为冷端，如图 11.1.1a 所示。为了提高吸收系数，热端常装有涂黑的金箔。如果把冷端分开，并与一个电流表连接，如图 11.1.1b，此时，电表就有相应的电流指示，其大小就间接反映了辐射热能量的大小，这就是热电偶探测热能的原理。

当热电偶冷端开路时，开路电压与温差成正比，即

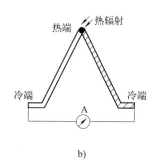
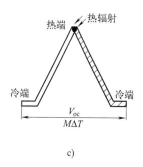

图 11.1.1　利用温差电效应构成的热电偶

a) 热电偶　b) 光照热端时电表就有相应的电流指示　c) 热电偶冷端开路时开路电压与温差成正比

$$V_{oc} = M \Delta T \qquad (11.1.2)$$

式中，M 是温差电势率，单位是 V/℃；ΔT 是温度变化量。

温差热电偶的灵敏度为

$$R = V_L / \Phi \qquad (11.1.3)$$

式中，V_L 为冷端施加在负载上的电压，Φ 为辐射到热端的热通量。选用 M 值大的材料，并增大吸收系数减小内阻，可以提高灵敏度。对输入热调制时，降低调制频率，减小响应时间 τ，都有利于提高灵敏度。由于温差热电偶的 τ 多为毫秒量级，因而带宽较窄，多用于测量恒定辐射或低频辐射。

实际上，为了提高测量灵敏度，常将若干个热电偶串联起来使用，称为热电堆。

热电偶和热电堆常用来测量温度，应用很广泛。常用的热电偶有铂-铑热电偶、铜-康铜热电偶、铁-镍热电偶等。热电偶输出电压所代表的温度可查表或由校准曲线标出。

如果半导体热电偶热端受到红外光照射，热端吸收光能使电偶接头温度升高，载流子浓度增加，电子从热端向冷端扩散，从而使 N 型材料热端带正电，冷端带负电，P 型材料则相反。这种光生电动势的大小反映红外辐射功率的大小，这就是热电偶红外探测器。为了测量准确，将冷端放入冰水混合液中，保持 0 ℃ 恒温，或采用温度补偿修正。

11.1.3　热释电效应——热释电探测器、热成像系统

1. 热释电效应和热释电探测器

热释电效应是热电晶体的自发极化矢量随温度变化使入射光引起电容器电容改变的现象。热电晶体是一种结晶对称性很差的压电晶体，如图 11.1.2a 所示，在常态下，某个方向上正负电荷中心不重合，从而晶体表面存在着一定量的极化电荷，一面是正电荷，另一面是负电荷，称为自发极化。极化电荷密度与自发极化矢量 $\boldsymbol{P}_s$ 有关。晶体温度变化会引起正负电荷中心发生位移，从而引起表面极化电荷变化，进而引起自发极化矢量 $\boldsymbol{P}_s$ 变化，如图 11.1.2b 所示。

温度恒定时，因晶体表面吸附来自周围空气的异性电荷，因中和作用观察不到自发极化现象；当温度变化时，自发极化矢量也发生了变化，晶体表面的极化电荷也随之变化。而吸附周围自由电荷中和晶体表面电荷的过程十分缓慢，一般在 1~1000 s 范围内，难以跟上温度变化引起极化电荷变化的速度，因而可以观察到自发极化电荷。因此，这种热释电探测方法仅适用于变化的辐射，故常用斩光器调制入射光（见后述）。

假如热释电器件的光敏面积为 A，晶体温度变化 ΔT 后，引起晶体表面极化电荷的变化

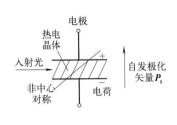
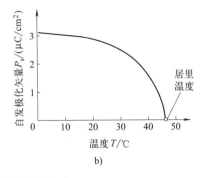

热电晶体等效于电容

a)

b)

图 11.1.2　热释电效应

a）热释电效应　b）热电晶体的自发极化矢量随温度变化的特性

量为

$$\Delta Q = A\Delta P_s = A\left(\frac{\Delta P_s}{\Delta T}\right)\Delta T = A\gamma\Delta T \tag{11.1.4}$$

式中，$\gamma = \Delta P_s/\Delta T$ 为热释电系数，ΔP_s 为自发极化矢量变化。

如果把热释电晶体放进一个电容器极板之间，并将一个电流表与电容器极板相连，当光照射时，电流表就有指示，称该电流为短路热释电流，其值为

$$i = \frac{\mathrm{d}Q}{\mathrm{d}t} = A\gamma\frac{\mathrm{d}T}{\mathrm{d}t} \tag{11.1.5}$$

由式（11.1.4）和式（11.1.5）可见，当照射光恒定不变时，ΔP_s 和 ΔT 均为零，热释电流也为零，这也就是为什么常用斩光器调制入射光的原因。

2. 热释电探测器电路

热释电探测器是电容性器件，阻抗大于 $10^{10}\ \Omega$，应使用高输入阻抗和低噪声结型场效应晶体管（JFET）前置放大器。为了减少与外界的热交换干扰及振动噪声，一般将前放和探测器组装在一起，并密封于同一屏蔽盒内，典型电路如图 11.1.3a 所示，结构示意图如图 11.1.3b 所示。

由于热释电器件的输出阻抗特别高，其等效电路可表示为恒流源，如图 11.1.3c 所示。

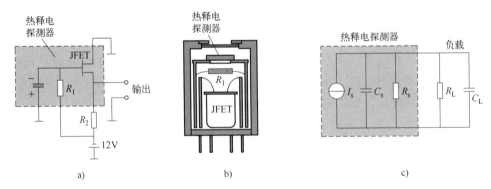

a)

b)

c)

图 11.1.3　热释电探测器

a）典型前置放大器电路原理图　b）结构示意图　c）热释电探测器等效电路

3. 热释电探测器的优点和用途

常用的热电晶体材料主要有硫酸三甘肽（TGS）、钽酸锂（LiTaO₃）和塑料薄膜聚氟乙

烯（PVF）等。还有一些钛锆酸铅（PZT）等陶瓷材料，也都有很好的热释电性能。不论哪种材料，都有一个特定的温度，称居里温度。当温度高于居里温度时，自发极化矢量为零，只有低于居里温度时，材料才有自发极化性质，如图 11.1.2b 所示。由该图可见，为了使器件工作稳定，减少温度对器件的影响，通常使器件工作在离居里温度稍远一点的地方。

热释电探测器在常温下工作，结构比较简单。为了提高探测器灵敏度，减小探测器芯片的热容量是关键。方法是把芯片尺寸缩小，厚度减薄，采用绝热措施，将屏蔽盒抽成真空或充惰性气体保护。

热释电探测器可以做成热成像系统（见 11.4 节），由于它不易被干扰，容易隐蔽，并能在有烟雾条件下工作，可用于空中与地面侦察、入侵报警、战时观察、火情监测、医学热成像、环境污染监视等领域。

在空间技术上，热释电探测器主要用来测量温度分布和湿度分布，或收集地球辐射的有关数据。在科研上，可用于各种辐射测量、激光测量、快速光脉冲测量、功率定标等。所以热释电探测器是目前开发研究较多的一种热探测器。

11.2　光电导效应——红外探测、光电控制和光电制导应用

光照时，半导体材料自身电阻率会改变的效应就是光电导效应，它是半导体材料的一种体效应，光照愈强，电阻愈小，因此常称为光敏电阻或光导管。与光电效应不同，光电导效应不需要 PN 结。

11.2.1　光敏电阻工作原理——入射光子使材料电导率随入射光强变化

光敏电阻是一种光电导效应器件，它是在一块光电导体（半导体）两端加上电极构成，如图 11.2.1 所示，两电极加上一定电压后，当光照射到光电导体上时，半导体材料吸收光子后产生电子-空穴对，这两种光生载流子 Δn 和 Δp 在外电场的作用下，沿着一定方向运动，在电路中产生电流，实现光/电转换。材料吸收入射光子能量后，使非传导态电子变为传导态电子，从而导致材料的电导率随着入射光强度的变化而变化。

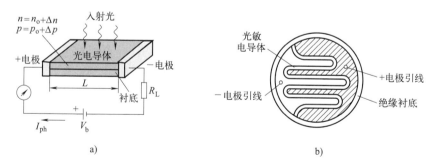

图 11.2.1　光敏电阻

a）光敏电阻原理图　b）光敏电阻结构示意图

对于非本征半导体（见 1.5.1 节），若光子能量激发杂质半导体的施主或受主，使它们电离，使杂质能级的束缚电子激发到导带，使导带电子增加；而把杂质能级束缚的空穴激发到价带，使价带的空穴增加，从而增加材料的电导率，这种现象就是非本征光电导效应。杂质型光电导探测器主要有锗掺汞、硅掺镓等。

对于本征半导体，只有当入射光子能量 $h\nu$ 等于或大于半导体材料的禁带宽度（带隙）E_g 时，把价带中的电子激发到导带，在价带中留下空穴，从而引起材料电导率增加，在外加电场作用下形成光生电流，这是本征光电导效应。该光生电流为

$$I_{ph} = \frac{e\eta}{h\nu} PG \tag{11.2.1}$$

式中，e 为电子电荷；η 为有效量子效率；P 为入射光功率；G 为光电导体电荷放大系数，亦称光电导体增益，其值为

$$G = \frac{\text{外电路流动的电子数}}{\text{光生电子数}} = \frac{\tau(\mu_e + \mu_h)E}{L} \tag{11.2.2}$$

式中，τ 为电子平均复合时间；μ_e 是电子扩散系数（$m^2 \cdot V^{-1} \cdot s^{-1}$）；$\mu_h$ 是空穴扩散系数；L 是光电导体长度（见图 11.2.1）。由式（11.2.2）可见，G 主要由探测器类型、外加电场 E 和电极间的距离 L 决定。

应用最多的本征型光电导探测器有硫化铅、硒化铅、锑化铟、碲镉汞等。

从原理上讲，P 型和 N 型半导体均可以制成光敏电阻，但由于电子的迁移率比空穴的大，而且用 N 型材料制成的光敏电阻性能稳定，特性较好，故目前大都使用 N 型半导体光敏电阻。

图 11.2.1b 表示光敏电阻结构示意图，光敏电阻被封装在带有窗口的金属或塑料外壳内，光敏电导体贴在绝缘衬底上，光敏面做成蛇形，电极成梳状，这样既可以保证有较大的受光面积，又可以减小电极间的距离，从而可减小极间电子渡越时间，有利于提高灵敏度和响应速度。

11.2.2 光敏电阻特性

1. 光电特性

光生电流与照度的关系称为光电特性。在低偏压（几伏到几十伏）、弱光照（$10^{-1} \sim 10^3$ lx）条件下，光生电流 I_{ph} 可表示为

$$I_{ph} = KVP \tag{11.2.3}$$

式中，K 是与器件材料、尺寸、形状和载流子寿命有关的系数，V 是外加偏压，P 是入射光功率。由式（11.2.3）可知，无论是照度特性（I_{ph}-P），还是伏安特性（I_{ph}-V），都是线性特性。图 11.2.2a 表示硫化镉（CdS）光敏电阻的光照特性，由图可见，在弱光照下，光生电流 I_{ph} 与照度 L_{ph} 具有良好的线性关系；但在强光照下，则出现非线性，其他光敏电阻也有类似的特性。

2. 光谱特性

光敏电阻的光谱响应特性主要由所用的半导体材料决定。硅和锗是重要的可见光和近红外探测材料，其上截止波长分别为 1.1 μm 和 1.7 μm。

硫化镉（CdS）是在可见光区外用得非常广泛的一种光电导材料，单晶 CdS 的响应波段为 0.3 $\sim$ 0.5 μm，多晶 CdS 的为 0.3 $\sim$ 0.8 μm，如图 11.2.2b 所示。它的光谱范围与人眼响应匹配，主要用于紫外光的探测。

硫化铅（PbS）在室温下响应波长为 1 $\sim$ 3.5 μm，峰值波长为 2.5 μm，主要以多晶形式存在，其响应光谱随温度而变化，如图 11.2.3a 所示。主要缺点是响应时间长，在室温下为 100 $\sim$ 300 μs，单晶硫化铅可以缩短到 32 μs 以下。

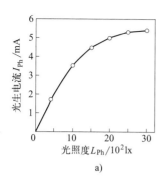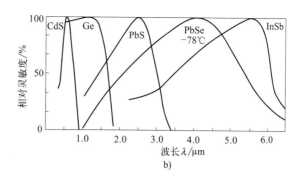

图 11.2.2 光敏电阻的光电特性和光谱特性

a）硫化镉（CdS）光敏电阻的光电特性　b）光敏电阻的光谱特性

硒化铅（PbSe）在室温下工作时，上截止波长为 $4.5\ \mu m$，在 195 K 时为 $5.2\ \mu m$，在 77 K 时为 $6\ \mu m$。

锑化铟（InSb）是一种用得非常广泛的红外光导材料，其制备工艺比较成熟和容易，主要用于探测大气窗口（$3\sim5\ \mu m$）的红外辐射。在室温下，上截止波长为 $7.5\ \mu m$，其峰值波长为 $6\ \mu m$，响应时间短，约为 50 ns。

掺锗（Ge）光敏电阻的特点是响应时间短（$10^{-6}\sim10^{-8}$ s），光谱响应宽（可到 $130\ \mu m$）。如果探测波长很长的红外辐射，则要求工作温度低至 4.2 K。

温度对光谱响应影响较大，一般来说，光谱响应主要由材料的禁带宽度决定，禁带宽度越窄，则对长波越敏感，但禁带很窄时，半导体中热激发也会使自由载流子浓度增加，使复合运动加快，灵敏度降低，因此采用冷却器件的办法，降低热发射来提高灵敏度。但温度降低后，峰值波长向长波范围移动，如图 11.2.3 所示。

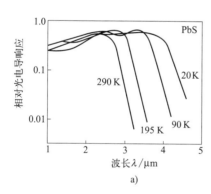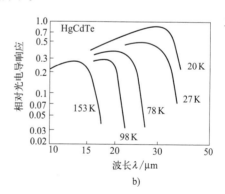

图 11.2.3 红外探测器的光谱特性与温度的关系

a）硫化铅（PbS）的光谱响应　b）碲镉汞（HgCdTe）的光谱特性

3. 伏安特性

伏安特性指在一定光照下，光敏电阻上的外加电压与流过它的电流之间的关系曲线，如图 11.2.4a 所示。由图可见，光生电流与所施加的电压成正比；在给定的电压下，光照越强，光生电流也越大。

4. 频率特性

当入射到光敏电阻的光被调制时，其输出随入射光的调制频率的增加而降低，如图 11.2.4b 所示，这是因为光敏电阻是依靠非平衡载流子效应工作的，这种载流子的产生和复合都有一个时间过程，从而影响了对交变光的响应。光敏电阻频宽都比较窄，在室温下，一般不超过几千赫兹。

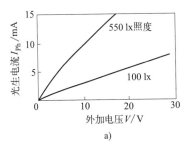 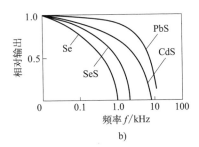

图 11.2.4　光敏电阻的伏安特性和频率特性

a）伏安特性　b）频率特性

5. 噪声特性

用光敏电阻检测微弱信号时需要考虑器件的固有噪声。光敏电阻的噪声主要有热噪声、产生-复合噪声及 $1/f$ 噪声。频率低于 100 Hz 时，噪声以 $1/f$ 噪声为主；频率在 100～1000 Hz 时，噪声以产生-复合噪声为主；频率在 1000 Hz 以上时，噪声以热噪声为主。

在红外探测时，为了减小噪声，一般对光进行调制，并将调制频率取得高一些，一般在 800～1000 Hz 时可以消除产生-复合噪声及 $1/f$ 噪声。如果采用制冷装置降低器件温度，不仅可以减小热噪声，也可以降低产生-复合噪声。

11.2.3　光敏电阻的偏置电路

图 11.2.5a 表示光敏电阻的基本偏置电路，回路电流和负载上的电压为

$$I_L = \frac{V_b}{R_G + R_L} \tag{11.2.4}$$

$$V_L = \frac{R_L}{R_G + R_L} V_b \tag{11.2.5}$$

在基本偏置电路中，如果 $R_L \gg R_G$，则有

$$I_L = \frac{V_b}{R_L} \tag{11.2.6}$$

可见，偏置电流与光敏电阻无关，近似为常数，这种电路称为恒流偏置电路，如图 11.2.5b 所示，由于滤波电容 C 和稳压管 VD_z 的作用，晶体管基极被稳压，从而使基极电流和集电极电流恒定，光敏电阻实现了恒流偏置。这种电路适用于微弱信号的探测。

在基本偏置电路中，如果 $R_L \ll R_G$，光敏电阻 R_G 上的偏置电压为

$$V = IR_G = \frac{V_b}{R_G + R_L} R_G \approx V_b \tag{11.2.7}$$

这种光敏电阻上的电压保持不变的偏置就叫恒压偏置，如图 11.2.5c 所示。

11.2.4　光敏电阻种类和红外探测应用

光敏电阻分本征型光敏电阻和非本征型光敏电阻。本征型光敏电阻一般在室温下工作，适用于可见光和近红外辐射探测；非本征型光敏电阻通常必须在低温条件下工作，常用于中、远红外辐射探测。光敏电阻在光照下会改变自身的电阻率，且光照越强，电阻率越小。

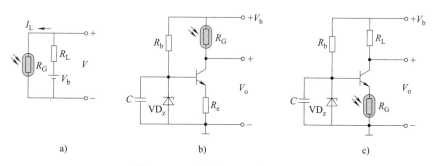

图 11.2.5　光敏电阻的偏置电路

a）基本偏置电路　b）晶体管恒流偏置　c）晶体管恒压偏置

光敏电阻结构简单，没有极性，灵敏度较高，工作电流大，具有内电流增益，光谱响应宽，测试范围大，但响应速度则较慢；主要用于电子电路、仪器仪表、光电控制、计量分析、光电制导和激光外差探测等方面。

光敏电阻材料主要有硫化镉（CdS）、碲化镉（CdTe）、硫化铅（PbS）和碲镉汞（HgCdTe）之类的烧结体，碲化铟（InTe）、硫化镓（GaS）等化合物半导体，以及锗掺杂和硅掺杂半导体晶体。常用的光电导材料及参数如表 11.2.1 所示。

✧ 表 11.2.1　常用的光电导材料参数

光电导材料	禁带宽度 /eV	光谱响应范围 /μm	峰值波长 /μm	响应时间/μs	应用范围
硫化镉(CdS)	2.45	0.3～0.8(常温)	0.51～0.55	$10^3～10^6$	紫外光,工业
硒化镉(CdSe)	1.74	0.68～0.75(常温)	0.72～0.73	500～10^6	紫外光
硫化铅(PbS)	0.40	0.5～3(常温)	2	100	遥感,红外制导
碲化铅(PbTe)	0.31	0.6～4.5	2.2	10	红外
硒化铅(PbSe)	0.25	0.7～5.8(常温), 7(90 K)	4	100	红外,远红外
硅(Si)	1.12	0.45～1.1	0.85	—	可见光
锗(Ge)	0.66	0.55～1.8	1.54	10	可见光,红外,近红外
碲化铟(InTe)	0.16	0.6～7	5.5	—	红外,远红外
砷化铟(InAs)	0.33	1～4	3.5	—	红外,中红外
碲镉汞 （HgCdTe）	0.04(20 K) 0.05(50 K) 0.075(80 K)	17～40(20 K) 10～17 (153 K) 1～11(300 K)	30(20 K) 13(153 K)	1	远红外 远红外 近、中红外

硫化镉和锑化镉可靠性高、寿命长、造价低，增益比较高，一般为 $10^3～10^4$，但响应慢，约为 50 ms，对可见光响应，在工业中应用最广。

碲镉汞（HgCdTe）是最常用的远红外和中红外探测器材料。通过调整多元化合物 $Hg_{1-x}Cd_xTe$ 的配比 x，以及选用不同的工作温度 T，就可以得到不同的带隙 E_g（eV）$=5.233 \times 10^{-4} \times (1-2.08x)T$，根据式（1.5.4）就可以调整上截止波长（工作波段，见图 11.2.3）。到目前为止，几乎所有的本征碲镉汞，其 x 值均为 0.18～0.4，这相当于截止波长为 3～30 μm。当 $x=0.2$ 时，工作波段正好在 8～14 μm 的大气透过窗口。碲镉汞材料除响应波长随组分变化连续可调外，还具有量子效率高、可高温工作、不同组分晶格常数变化不大等显著优点，所以成为第三代红外焦平面探测器发展的重点。碲镉汞既可以做光电导器件，又可以做光伏器件。

碲镉汞禁带宽度随组分连续变化，可从-0.14 eV 变化到$+1.56$ eV，包括整个红外波段，很容易用来制备双色探测器，如图 11.2.6 所示，对双波段辐射信息进行处理，可大大提高系统的抗干扰和目标识别能力。

近来对硒镉汞（HgCdSe）材料的研究发现，它与锑镉汞的性能相似，但比锑镉汞性能更稳定、更易生长，并且有较为成熟的衬底材料，有望成为替代锑镉汞的下一代红外材料，极具应用前景。

锗掺杂探测器的上截止波长为 $7\sim200$ μm，硅掺杂探测器的上截止波长为 $8\sim32$ μm，以上数据都是在工作温度为 $1.5\sim60$ K 时测得的。

光电导探测系统，如图 11.2.7 所示，为了抑制目标的背景噪声和探测系统内部的电子噪声，通常对光进行调制，使光电导体的阻值发生周期性的改变。暗电阻为 R_G 的光电导探测器，通过负载电阻 R_L 被电压 V_b 偏置。用一个机械的或电的斩光器，以频率 f_c 对入射光斩光。光电导探测器的阻值 R_G 以斩光频率 f_c 周期性地改变，从而引起电流 $i_{ph}(t)$ 周期性改变，该电流是以频率 f_c 变化的交流信号电流，从而产生跨接在电阻 R_G 上的交流信号电压 $V_{ph}(t)$，该电压通过电容耦合到锁定放大器。该放大器与斩光器同步，它的输出是反映 $V_{ph}(t)$ 幅值的直流信号。

如果使用 PbSe 光电导体探测器探测波长为 4 μm 的辐射光，在图 11.2.7 中，取 $V_B=15$ V，$R_G=1$ MΩ，$R_L=R_G$，实验表明，当 50 nW 的入射光照射到光敏面为 3×3 mm^2 的光电导探测器上时，电阻 R_G 减小了 6.0 Ω（即 $\delta R_G=-6$ Ω）。

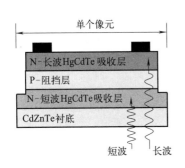

图 11.2.6 双色（双波长）探测器

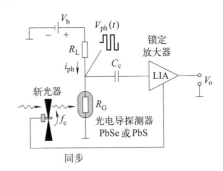

图 11.2.7 使用斩光器的光电导探测系统

11.3 光电荷效应——信号处理、数字存储和图像传感应用

光电荷效应与光电效应一样，也是半导体材料吸收入射光子能量后，如果入射光子的能量 $h\nu$ 超过禁带能量 E_g，则在半导体材料内部产生电子-空穴对；但不同的是光电效应是以电流为信号的载体，而光电荷效应则是以电荷为信号的载体。

1969 年，美国贝尔实验室的史密斯（G. E. Smith）和博伊尔（W. S. Boyle），如图 11.3.1 所示，发明了可以将光学影像转化为数字信号的半导体装置——电荷耦合器件（CCD）。他们采用一种对光非常敏感的半导体材料，将其每一个像素上因光照而产生的大量电信号，在很短的时间内，分辨、采集并转移出去，使图像信号的高效存储、编辑和传输成为可能。从而为紫外、可见光和红外焦平面阵列等固态成像器件的发展开辟了道路。为此，这两位科学家与"光纤之父"英籍华人高锟（Charles K. Kao）共同获得了2009年诺贝尔物理学奖。

图 11.3.1 电荷耦合器件（CCD）发明者史密斯和博伊尔

11.3.1 电荷耦合器件（CCD）工作原理——集光/电转换、电荷存储、电荷转移和自扫描等功能于一体

电荷耦合器件（CCD）是一种光/电转换、对光生电荷存储和输送的光电荷效应图像芯片，其应用范围相当广泛，信号处理、数字存储、高精度摄影，不论是军用还是民用，不论是太空还是海底，都有用武之地。

下面具体说明 CCD 的工作原理。

CCD 是一种由金属-氧化物-半导体（MOS）三层组成的电容器件，如图 11.3.2a 所示。一般以 N 型硅（N-Si）作为半导体衬底（S），在其上生长一层二氧化硅（SiO_2）薄膜，在 SiO_2 上面沉积具有一定形状的金属层（M），并在硅片底部形成一个欧姆接触（A）。在金属层和硅片底部的欧姆接触之间施加一个负的外电压 V。在 N-Si 半导体内部金属电极下方存在一个耗尽区，入射光经前表面或后表面进入该区，产生电子-空穴对，空穴被施加负电压栅极的下方收集，进入势阱中，该电荷与光照成正比。如果以 P 型硅（P-Si）作为半导体衬底（S），则要施加一个正的外电压，进入势阱中的就是电子而不是空穴。

图 11.3.2b 表示三个相邻的 MOS 结构，如在 1、3 两个金属电极上加上适当的电压 $-V_1$，在电极 2 上加上更负的电压 $-V_2$，如图 11.3.2c 所示，即 $-V_1 > -V_2$，由半导体物理可知，在电极 2 下面形成所谓的反型层，即能收集光生少数载流子，对于 N 型硅（N-Si）杂质半导体，少数载流子是空穴（见 1.5.1 节），因此，可以把它看作空穴的势阱，并在一定时间内保持这种电荷。

图 11.3.3 表示在 N 型硅片上制作一排 MOS 电容器，把栅极分成三组（1、4、7、2、5、8、3、6、9），分别联在一起，并分别加上 Φ_1、Φ_2、Φ_3 三相时钟脉冲，即 $\Phi_1 = \Phi_2 = \Phi_3 = T/3$，$T$ 为时钟脉冲的周期，如图 11.3.3g 所示，这样就能使某些栅极下所存储的电荷包向右转移。电荷包向右转移的道理是显然可见的，仔细观察图 11.3.3e 到图 11.3.3g 在一个时钟周期 T_i 中，各相时钟势阱的变化过程，可以看到，Φ_1、Φ_2、Φ_3 三相时钟脉冲中所对应的空穴势阱，随着时间的流逝，势阱也在逐相移位，t_1 时刻势阱在 Φ_1 电极下，t_4 时

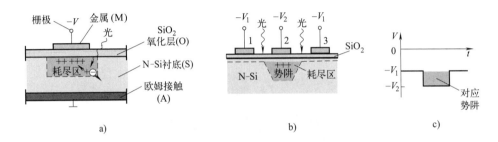

图 11.3.2　由金属-氧化物-半导体（MOS）电容构成的 CCD 单元和电荷的存储

a）MOS 电容结构示意图（吸收光子后产生电子-空穴对）　b）用三个 MOS 说明电荷的存储作用
c）能收集光生少数载流子的反型层

刻势阱在 Φ_2 电极下，t_5 时刻势阱在 Φ_3 电极下。也就是说，存储在势阱中的光生电荷包在逐渐移位，最后移到输出端输出。下面具体说明光生电荷包移动的过程。

在 t_1 时刻，Φ_1 时钟脉冲低电位，Φ_2、Φ_3 高电位，Φ_1 电极下的势阱最深。假如此时已有信号电荷注入，对于 N 型 Si 半导体衬底，光生电荷为空穴，则电荷就被存储在 Φ_1 电极下的势阱内（见图 11.3.3a）。

在 t_2 时刻，Φ_1、Φ_2 为低电位，Φ_3 为高电位，Φ_1、Φ_2 电极下的势阱深度相同，但因 Φ_1 下面存储有电荷，则 Φ_2 下面的势阱深度比 Φ_1 下面的更深，Φ_1 下面存储的电荷则向 Φ_2 下面的势阱转移，直到两个势阱中具有同样多的电荷为止（见图 11.3.3b）。

在 t_3 时刻，Φ_2 仍为低电位，Φ_3 仍为高电位，而 Φ_1 由低向高过渡。此时，Φ_1 电极下的势阱逐渐变浅，使 Φ_1 下面存储的剩余电荷继续向 Φ_2 下面的势阱转移（见图 11.3.3c）。

在 t_4 时刻，Φ_2 仍为低电位，Φ_1、Φ_3 为高电位，而 Φ_2 下面的势阱最深，信号电荷全部转移到 Φ_2 下面的势阱中，这与在 t_1 时刻的情况相似，但电荷包已向右移动了一个电极的位置（见图 11.3.3d）。

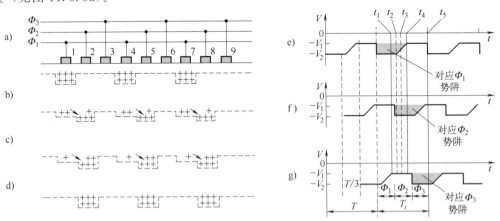

图 11.3.3　CCD 器件电荷包在一个时钟周期 T_i 中的转移传输过程

a）t_1 时刻 Φ_1 低电位，电极下的势阱最深，假设已有信号电荷注入　b）t_2 时刻 Φ_2 电极
下的势阱最深，Φ_1 下的电荷向 Φ_2 转移　c）t_3 时刻 Φ_1 时钟脉冲由低到高转变，
Φ_1 下的电荷向 Φ_2 继续转移　d）t_4 时刻 Φ_2 电极下的势阱最深，信号电荷转移
到 Φ_2 下的势阱中　e）Φ_1 时钟势阱　f）Φ_2 时钟势阱　g）Φ_3 时钟势阱

上述各时刻的势阱分布和电荷包的转移情况如图 11.3.3a～图 11.3.3g 所示。当经过一个时钟周期 T_i 后，电荷包将向右转移了三个电极的位置，即一个时钟周期。因此，一个时钟周期就可把 CCD 中的电荷包转移到输出端，其工作过程从效果上看，类似于数字电路中的移位寄存器。

11.3.2 电荷耦合摄像器件工作原理——二维图像光信号转换为一维电信号的功能器件

电荷耦合摄像器件是 CCD 的一种应用，如图 11.3.4 所示，其工作原理是用光学系统把景物聚焦在光敏二极管器件表面，假如入射光子的能量 $h\nu$ 超过禁带能量 E_g，则在半导体材料吸收光子能量后在其内部产生电子-空穴对，其中少数载流子被附近的 CCD 势阱所收集。由于每一单元电极下所存储的少数载流子数目与光强有关，因此一个光学图像可转换成电（栅）极下面的电荷图像。随着时间的增加，积累的电荷越来越多，然后以一定方式给不同电极加偏压，使电荷按一定顺序转移，最后在输出端输出，从而将图像电荷转变为视频电信号。

电荷耦合摄像器件是一类可将二维光学图像信号转换为一维时序电信号的功能器件，由光探测器阵列和 CCD 移位寄存器两个功能部分组成。前者的作用是获得光信号的电荷图像，后者的作用是实现光生信号电荷的转移输出。根据结构的不同，电荷耦合摄像器件可分为线阵 CCD 和面阵 CCD，按光谱可分为可见光 CCD、X 射线 CCD 和紫外光 CCD。

1. 线阵 CCD

线阵 CCD 可分为单沟道传输和双沟道传输两种，两种结构的工作原理相仿，但性能略有差别。在同样光敏元数的情况下，双沟道转移次数为单沟道的一半，故转移效率比单沟道的高，光敏元之间的最小中心距离仅是单沟道的二分之一。双沟道传输唯一的缺点是两路输出总有一定的不对称。

图 11.3.4 表示三相单沟道线阵 CCD 摄像器件的结构，它由行扫描电压 Φ_p、光敏二极管阵列、转移栅 Φ_x、三相 CCD 移位寄存器，以及 Φ_1、Φ_2、Φ_3 驱动脉冲和输出机构构成，移位寄存器和光敏阵列通过转移栅相连，加在转移栅上的转移脉冲 Φ_x 可控制光敏阵列和 CCD 移位寄存器之间的隔离和沟通。

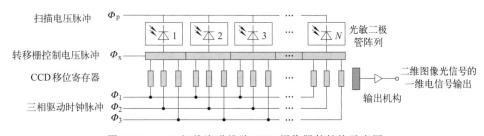

图 11.3.4 三相单沟道线阵 CCD 摄像器件结构示意图

在光积分时间内，扫描脉冲电压 Φ_p 为高电平，转移栅 Φ_x 为低电平，光敏二极管阵列被反偏置，并与 CCD 移位寄存器相互隔离，在光辐射的作用下，产生信号电荷，并存储在光敏元的势阱中，形成与入射光学图像相对应的电荷包的"潜像"。当转移栅 Φ_x 为高电平时，光敏阵列与移位寄存器沟通，光敏区积累的信号电荷包通过转移栅 Φ_x 并行地流入 CCD 移位寄存器中。通常，转移栅 Φ_x 为高电平的时间很短（转移速度很快），而为低电平的时间（也是光积分的时间）相对较长。在光积分时间内，已流入 CCD 移位寄存器中的信号电荷在三相驱动脉冲的作用下，按其在 CCD 中的空间排列顺序，通过输出机构串行地转移出去，形成一维时序电信号。

单沟道线阵 CCD 的转移次数多，转移效率低，只适用于像素较少的摄像器件。

2. 双沟道线阵 CCD 摄像器件

图 11.3.5 表示双沟道线阵 CCD 摄像器件结构原理图，它有 A、B 两列光敏元和 CCD 移位寄存器阵列，当转移栅 A、B 为高电位（对于 N 沟道器件）时，光敏阵列势阱里存储的信号电荷将同时按照箭头指定的方向分别转移到对应的移位寄存器内，随后在控制脉冲的作用下，分别向右转移，然后经过输出放大器以一维时序电信号方式输出，最后再将这两路信号合并在一起输出。

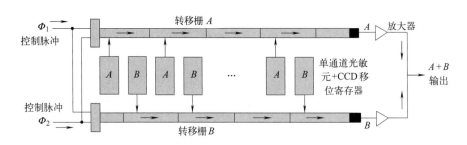

图 11.3.5 双沟道线阵 CCD 摄像器件结构原理图

线阵 CCD 摄像器件的像素有 512、1024、2048、5000、7200 等多种规格，其像素的间距多在 $6\sim12\ \mu m$，目前间距最小可达 $2\ \mu m$。

3. 面阵 CCD 摄像器件

图 11.3.6 表示行间转移面阵 CCD 构成原理图，它由多个垂直 CCD 移位寄存器（包括光敏元阵列）、一个水平 CCD 移位寄存器和列、行驱动控制脉冲发生器组成。光敏元阵列用于接收光学图像，将图像光信号转变成对应的电荷信号。在光积分期间，光敏元阵列积累光生电荷，在列控制脉冲的控制下，电荷由下向上向垂直 CCD 移位寄存器转移，该寄存器的输出送入水平 CCD 移位寄存器。水平 CCD 寄存器在行驱动控制脉冲的作用下，从左到右依次将垂直 CCD 送来的电荷转移出去。当面阵上所有的图像像素电荷都转移出去后，光敏元阵列再开始下一周期的图像光信号积分。为与现行的电视制式配合，面阵 CCD 在时钟脉冲的作用下，也是将一帧图像分为奇数场和偶数场输出。

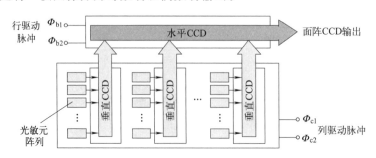

图 11.3.6 行间转移面阵 CCD 构成原理图

11.3.3 CCD 的应用—— 信号处理、数字存储和图像传感

CCD 集光/电转换、电荷存储、电荷转移和自扫描等功能于一体，具有灵敏度高、噪声低、动态范围大、体积小、重量轻、寿命长，以及可在电磁场中工作等一系列优点。它在宇航遥感、制导跟踪、机器人视觉、工业监控、天文观测、家庭摄像等领域越来越受到青睐。CCD 的应用可大致概括为三大类，即信号处理、数字存储和图像传感。下面仅介绍图像传感应用。

使远处（几千米到几千千米）景物变成图像的装置称为遥感成像系统。CCD 遥感成像系统是目前最先进的一种遥感成像系统，也是线列 CCD 摄像机应用最成功的一个领域。3000 像素和 6000 像素大型线列 CCD 地面分辨率为 10 m。机载遥感成像系统如图 11.3.7 所示，该系统由 CCD 摄像机、发射机和天线等部分组成。1.5 MHz 时钟信号经 6×1280 分频后作为 CCD 移位寄存器的时钟驱动信号。由 CCD 摄像机获得的图像信号经编码、调制、功率放大后，送入天线发射到地面。通过图像，特别是加上红外、紫外多光谱分析，可实时地获得气象、农作物生长和地下矿藏等方面的资料。

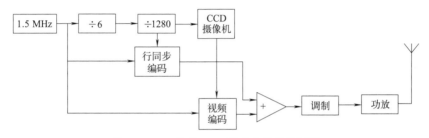

图 11.3.7　机载 CCD 遥感成像系统框图

11.3.4　CMOS 图像传感器——芯片上的照相机

互补金属-氧化物-半导体（CMOS）也是一种基于 11.3.1 节介绍的 MOS 器件，也属于光电荷效应器件。

CMOS 成像的基本原理是，当景物光子入射到 MOS 半导体上时，如图 11.3.2 和图 11.3.8a 所示，假如入射光子的能量 $h\nu$ 超过半导体禁带能量 E_g，则在半导体材料吸收光子能量后在其内部产生电子-空穴对，对于 N-Si 半导体衬底，少数载流子是空穴。当 MOS 场效应晶体管（FET）栅极未加电压时，它的栅极与源极不导通；但当栅极加上负偏压后，就在栅极下方产生一个收集光生空穴（电荷）的势阱。由于势阱内的空穴数目与光强有关，因此一个光学图像可转换成电极下面的电荷图像。光照时间越长，势阱内积累（积分）的电荷数就越多。同时，栅极加上负偏压后，漏极和源极导通，如果给栅极加上脉冲信号，即以不同的方式给不同 CMOS 电极加偏压，使不同栅极下势阱中的电荷按一定顺序转移输出，就能将图像的光信号转变为图像的电信号。

图 11.3.8c 表示二维 CMOS 阵列成像器件的基本结构，阵列中的每个像素由一个光敏二极管和一个像素电容 C_{px} 组成，如图 11.3.8b 所示。当像素接收到物体某点（比如 W 点）发射的信号光时，光敏二极管就产生一个光生电流 I_{ph}，该电流就对该像素电容 C_{px} 充电，W 点的光信号就转变为储存在该电容的电荷。因此，像素阵列就保存有该物体的图像，该图像信号就是储存在像素电容中的电荷。我们要做的事情就是读出这些电荷。

每个像素都通过一个薄膜晶体管（TFT）门电路连接到数据列线上，TFT 的栅极连接到地址行线上。由垂直扫描电路的行扫描电路的脉冲选行，而由水平扫描电路的列扫描电路选列。其基本工作原理如下：首先由行扫描电路选中第一行，然后由列扫描电路选中第一列，这样在二维阵列中左上方的像素 11 被选中，其储存的光生电荷首先被送到输出线上，然后该光敏二极管复位。接着，依次选中像素 12、13、…、1n，依次送到输出线上。然后，依次再选中 21、22、…、2n，一直到像素 nn 中的电荷全部都输出，就完成了一帧（一个周期）的读出。这种读出方法称为 x-y 寻址。

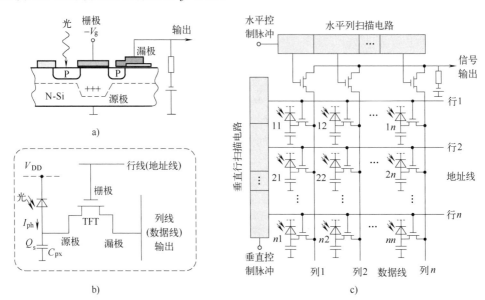

图 11.3.8　CMOS 摄像器件

a）单个 CMOS 图像传感器结构　b）图 a）的光敏像素等效电路　c）二维 CMOS 图像传感器结构

CMOS 图像传感器基本上是一个有源矩阵阵列，阵列中每个像素具有一个光敏二极管或者一个光门，一个或多个 CMOS 晶体管，以便读出和放大入射到该像素上的光生电信号。而无源像素传感器只有一个开关晶体管用于读出电荷。一种可能的使用光敏二极管的有源像素结构如图 11.3.9a 所示，VT_1 是复位晶体管，VT_2 是一个源极跟随器（即缓存器），VT_3 是像素开关晶体管。当 VT_1 断开时，光生电流对光敏二极管自身电容充电到一定的电压值。当行 X 接收信号时，VT_3 接通，光敏二极管上的信号电压通过缓存器 VT_2 被转移到列 Y 上。此时像素被复位，VT_1 连接光敏二极管到 V_{DD}，清除累积的电荷。

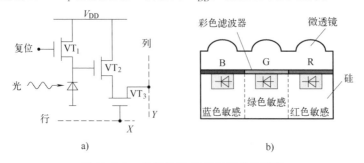

图 11.3.9　有源像素 CMOS 图像传感器

a）CMOS 图像传感器的像素结构　b）具有微透镜和彩色滤波器的 CMOS 图像传感器的横截面

CMOS 图像传感器具有许多优点，其中之一是可以低成本地集成在一个芯片上，称为芯片上的照相机。为了彩色成像，这种芯片的每个像素具有一个微透镜、一个蓝色或绿色或红色滤色器，如图 11.3.9b 所示。此外，该芯片还要具有模拟信号放大、处理，图像读出和模/数转换等功能。

11.3.5 图像传感器系统及色彩分离技术——滤波法、三色分光棱镜法和光敏二极管色彩分离法

图像传感器系统是一个由光敏像素（元）阵列及其行、列信号读出电路组成的集成电路芯片，如图 11.3.10a 所示，即能够捕获图像、提供电信号（如电流、电荷、电压）输出。通常，该输出由一个多路复用器变成一维电信号，通过模/数转换后，变成图像信号的数字信号。传感器由 N 行、M 列像素阵列组成，每个像素有一个光敏探测器，提供与接收到的光强成正比的电信号（电荷）输出。用透镜聚焦物体光信号到图像传感器上，图像每个点的光强 $I(x,y)$ 照射到传感器上对应位置 (x,y) 的像素上，变成与光强 $I(x,y)$ 成正比的电信号（电荷），于是，每个像素就携带一小部分图像的信息。因为图像被分割成 $N \times M$ 个像素，所以图像传感器的规模（大小）决定图像的质量，也决定图像的分辨率。

为了形成彩色信号，彩色摄像机目前主要有三种色彩分离方法：滤波法、三色分光棱镜法和光敏二极管色彩分离法。

滤波法使用红、绿和蓝滤波器分出相应的色彩，如图 11.3.10b 所示，这种方式的关键部件是滤色器阵列，阵列中每一个滤色器单元对应三个不同相邻像素中的一个 CCD 像素。这种方法称为拜耳（Bayer）滤波，它结构简单，价格低廉，目前在工业、家用摄像机中占统治地位。

三色分光棱镜法用分色镜将物体的入射光分成红、绿、蓝三基色成分，然后由配置在后面的三个 CCD 器件将光信号转换成相对应的电信号，如图 11.3.10c 所示。这种方法成像质量好，主要用于电视台高质量的摄像机。

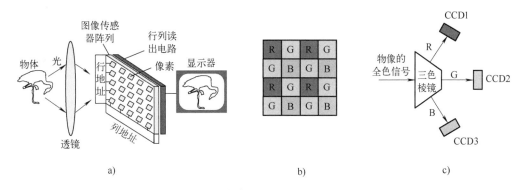

图 11.3.10　图像传感器系统及其两种色彩分离技术

a）使用光敏像素阵列构成的图像传感系统　b）在三个不同的像素前分别使用红、绿和蓝滤波器捕获相对应的光信号
c）使用三色棱镜把入射图像全色信号分成红、绿和蓝光信号，分别用三个 CCD 芯片转换成相对应的电信号

第三种技术是利用一个能够分离出三个色彩光信号的光敏二极管实现。光敏二极管在P-Si 衬底上形成 N-P-N 三层结构，从表面到内部依次取出蓝色信号、绿色信号和红色信号，如图 11.3.11 所示。这种结构的光敏二极管之所以能够分离色彩，是因为利用了硅（Si）对于不同波长光的吸收深度不同，如图 5.3.6 和图 11.3.12 所示，当入射光波长太短（频率太

高）时，光/电转换效率也会大大下降，这是因为材料对光的吸收系数是波长的函数。当入射波长很短时，比如蓝光，材料对蓝光的吸收系数变得很大，结果使大量的入射蓝光的光子在光敏二极管的表面层里被吸收，所以可从表面层取出入射彩色图像光的蓝色成分。接着从外到里，可以取出绿色成分和红色成分。

图 11.3.13 表示这种 N-P-N 三层结构光敏二极管计算出的光谱特性。

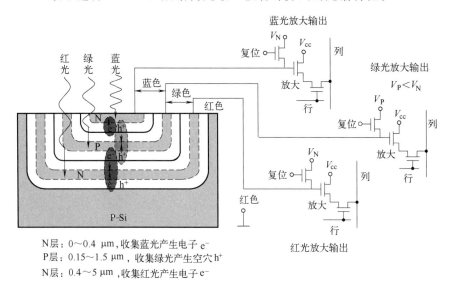

N层：0～0.4 μm，收集蓝光产生电子 e⁻
P层：0.15～1.5 μm，收集绿光产生空穴 h⁺
N层：0.4～5 μm，收集红光产生电子 e⁻

图 11.3.11 N-P-N 结构光敏二极管色彩分离

蓝光被光敏二极管上层（约 0～0.4 μm）吸收后，产生电子-空穴对，从 5.3.3 节可知，电子向上层的 N 区漂移，空穴则向中层的 P 区漂移，如图 11.3.11 所示，蓝光产生的电子储存在上层的 N 区。绿光被光敏二极管中层（约 0.15～1.5 μm）吸收后，产生的电子向下层的 N 区漂移，空穴向中层的 P 区漂移，这样绿光产生的空穴就储存在中层的 P 区。红光被光敏二极管下层（约 0.4～5 μm）吸收后，产生的电子向下层的 N 区漂移，这样红光产生的电子就储存在下层的 N 区。由此可见，这种结构的光敏二极管的信号电荷同时利用了光生电子和空穴，所以可以减少彩色滤光片导致的光损失，提高 CMOS 传感器的图像质量。

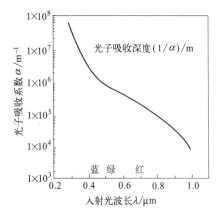

**图 11.3.12 硅吸收系数 α 与
波长 λ 的关系**

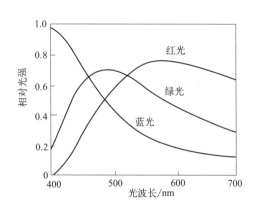

**图 11.3.13 CMOS 色彩分离光敏
二极管的光谱特性**

11.3.6 CMOS 和 CCD 摄像器件的比较

从图像光信号产生图像电信号的机理来看，CMOS 图像传感器和 CCD 图像传感器是相同的，即都是在半导体材料吸收光子后，假如入射光子的能量 $h\nu$ 超过半导体禁带能量 E_g，则在半导体材料内部产生电子-空穴对，栅极施加电压后，就将光生电荷存储在电极下面的势阱内。但是，从取出信号的方式、电路结构、器件制造工艺、性能来看，两者有很大的差异。

图 11.3.14 表示 CCD 和 CMOS 图像传感器的基本结构比较，由图可见，CCD 各像素光生信号电荷转移输出合成一帧后，统一由一个放大器放大；而 CMOS 各像素光生信号电荷则是先放大再输出合成。

CCD 图像传感器直接传送信号电荷，容易受到漏光噪声的影响，某一像素电荷饱和后溢出就会向相邻像素泄漏，从而使亮光弥散，产生图像光晕与拖影；CMOS 图像传感器则在像素单元内就对信号电压进行了放大，通过列总线输出，所以在转移电荷的过程中，不容易受到噪声的影响，不会发生电荷的损失，图像没有光晕、拖影与模糊等现象。

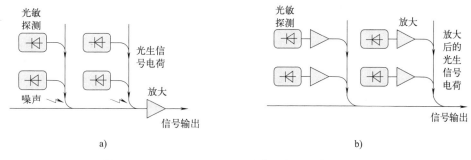

图 11.3.14　CCD 和 CMOS 图像器件的基本结构比较

a) CCD 图像传感器　b) CMOS 图像传输传感器

由于 CMOS 图像传感器的各像素信号利用开关选择的方式取出，取出的顺序可变，具有较高的扫描自由度，容易控制，如图 11.3.15b 所示；而 CCD 图像传感器只能将信号依据像素的排列顺序逐个输出，因此速度较慢，如图 11.3.15a 所示。

CMOS 在采集光信号的同时，可以取出电信号，而 CCD 却不能。

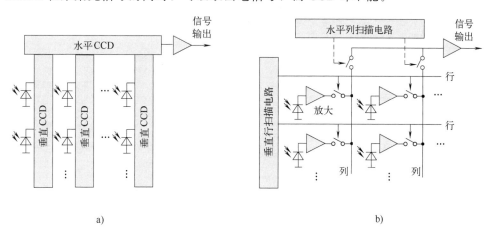

图 11.3.15　CCD 和 CMOS 图像传感器构成的比较

a) CCD 图像传感器的构成　b) CMOS 图像传感器的构成

在光谱响应上，目前 CCD 已有 X 射线、紫外光、可见光、红外和多光谱等多个品种，而 CMOS 仅有可见光一种。

CMOS 可使用单一的电源，几乎没有静态电能消耗，功耗仅是 CCD 的 1/3 左右，电池使用寿命长；而 CCD 需要多个电源，需要外部控制信号与时钟信号进行电荷转移。

CCD 虽然具有光照灵敏度高、噪声低、像素面积小等优点，但 CCD 光敏单元阵列难以与时钟驱动控制电路及信号处理电路单片集成在一起，不易处理模/数转换、存储和运算单元功能。另外，CCD 阵列时钟脉冲复杂，需要使用相对较高的工作电压，不能与亚微米超大规模集成（VLSI）技术兼容，制造成本较高。

与此相比，采用 CMOS 技术可以将光电摄像器件阵列、时钟控制电路、信号处理电路、模/数转换器、色彩分离、微透镜阵列和全数字接口电路等完全集成在一起，可以实现低成本、低功耗、单芯片成像系统。随着 CMOS 图像传感器技术的进步，其自身的优势不断发挥出来，性能也不断提高。

CCD 常用于普通卫星的图像采集成像器件，但是对于质量小于 10 kg 的微型卫星来说，CCD 在体积、质量和功耗等方面均难以达到要求；而 CMOS 图像传感器将成为遥感成像、太阳敏感器和恒星敏感器等空间应用的首选。

另外，CMOS 图像传感器已应用于数字化摄像摄影扫描仪、传真机、视频会议、图像监控和数码相机等领域。

11.3.7　光子效应器件汇总

凡是把光辐射能量转换成电流或电压的器件，都称为光探测器。光探测器的物理效应通常分为两大类，内光子效应和外光子效应。内光子效应又分为光电效应、光电导效应、光热效应、光伏效应和光电荷效应，每一类又可以细分为几类，如表 11.3.1 所示。

⊹ 表 11.3.1　光子效应及器件分类

光子效应分类				特点	相应器件
外光子效应				光阴极发射光电子	光电管
				光电子倍增	光电倍增管、像增强器
内光子效应	光电效应	本征型 $(h\nu \geqslant E_g)$ 反偏压		面入射探测器	PIN 光敏二极管
				边耦合探测器	高速波导型（WG）光探测器
				雪崩效应	雪崩光敏二极管（APD）
	光伏效应	本征型 （需要 $h\nu \geqslant E_g$）		PN 结（零偏压）	光伏电池（太阳能电池）
				PN 结（反偏压）	光伏探测器（光敏二极管）
	光电导效应			本征型（需要 $h\nu \geqslant E_g$）	光敏电阻（碲镉汞等热成像探测器）
				非本征型（不需要 $h\nu \geqslant E_g$）， 上截止波长长	杂质探测器（锗掺汞、硅掺镓）
	光热效应			热敏效应	热敏电阻
				温差电效应	热电偶、热电堆
				热释电效应	热释电探测器
	光电荷效应			光生电荷，信号载体为电荷	CCD
					CMOS 器件

光子效应，半导体晶体材料吸收入射光子的能量后产生电子、电能或电荷的效应。从该定义出发，光子效应的主要应用是光探测器、光伏电池（见第 5 章）和 CCD。光探测器是吸收入射光子能量后把光信号转变为电信号，产生光生电流；光伏电池是将太阳能转换为电能；而 CCD 则是将图像光信号产生的电荷收集、存储和转移出去。

光生伏特（光伏）效应，PN 结受光照射时，即使没有外加偏压，PN 结自身也会产生一个开路电压。这时，如果将 PN 结两端短路，便有短路电流通过回路。利用光生伏特效应制成的结型器件有光电池和红外光伏探测器。

光电导效应，光照时半导体材料自身电阻率会改变的效应，利用光电导效应制成的最典型器件就是光敏电阻。光敏电阻种类繁多，根据使用的材料不同，有对紫外光敏感的，有对可见光敏感的，有对红外光敏感的。

光热效应，某些物质在受到光照射后，由于温度升高而造成材料性质发生变化的现象称为光热效应。

光电荷效应，与光电效应一样，也是半导体材料吸收入射光子能量后，如果入射光子的能量 $h\nu$ 超过禁带能量 E_g，则在半导体材料内部产生电子-空穴对；但不同的是光电效应是以电流为信号的载体，而光电荷效应则是以电荷为信号的载体。

利用外光电效应制成的器件有光电管、光电倍增管等，它们是真空光电器件，如图 11.3.16 所示。光电管由玻璃外壳、光电阴极（K）和阳极（A）组成。为了防止被氧化，管内被抽成真空。阴极在受光照射时，可向外发射电子，然后被加正高压的阳极吸收，在外电路产生电流。光电倍增管是一种内部有电子倍增机构的真空光电管，它是目前灵敏度最高的一种光探测器。20 世纪以来，由于半导体光电器件迅速发展，以其低廉的价格、稳定的性能和小巧的体积等特点，已取代了阴极发射器件的大多数应用。所以本书不做进一步的介绍。

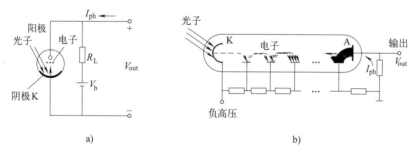

图 11.3.16　外光子效应器件
a）真空光电管　b）光电倍增管

11.4　红外热成像技术——红外辐射分布转换成可见图像

前面已介绍了光伏、光热、光电导和光电荷器件的工作机理，本节将介绍使用这些器件的红外热成像技术。

将景物因温度不同发射率不同而产生的红外辐射空间分布，转换成视频图像的技术，称为红外热成像技术，或简称为热成像技术。该技术将景物在中、长波段的红外辐射分布转换成可见图像。

11.4.1 热成像机理——利用目标与背景温度和辐射率差生成图像

地球上所有物体均辐射红外线，特别是军事目标，如飞机、坦克、舰艇、导弹等都需要消耗能源，其中一部分能源将转换成热能，使其表面温度升高而容易被探测到。这些军事目标辐射光谱峰值都在 $8\sim14\ \mu m$ 波段范围，而且大气在这个波段的透过率高，所以红外探测器都在这一波段工作。该工作波长比可见光长 $10\sim20$ 倍，所以穿透烟雾和尘埃的能力很强，可以在恶劣的气候环境下，特别是可透过烟雾屏障看清目标。热成像所获得的是目标与背景之间由于温度和辐射率差别产生的图像，所以对目标的伪装较为困难。

目前红外热成像技术已成为一种实时显示的成像设备，可达到与可见光电视相当的图像质量。热成像与雷达、激光、可见光探测器设备相比，不需要协作光源或自然光照射目标，而是靠接收目标的自身辐射成像。热成像为被动方式，隐蔽性好，能昼夜工作。

11.4.2 热探测器、光/电转换和制冷

热成像技术需要红外探测器完成光/电转换，该探测器是一种对红外辐射敏感的器件，它能将红外辐射能转换成人们可以测量到的物理量，如电阻、电压、体积和压力等。但真正有实用意义的红外探测器，要求灵敏度要高，物理量的变化要和辐射成某种比例。

红外探测器从工作原理上可以分为两大类，一类是光热探测器，另一类是光子探测器（也称光探测器），具体细分如图 11.4.1 所示。

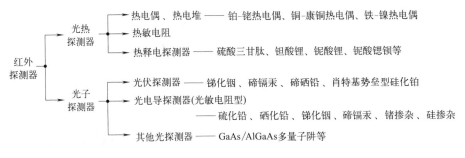

图 11.4.1　红外探测器分类

无论是采用光子探测器，还是光热探测器，在热成像信号处理中需要的都是电信号。因此在热成像中，红外探测器要完成的功能是将照射到光敏面上的红外光信号转换成电信号，即所谓的光/电转换。由于采用探测器的机理不同，光信号在转换成电信号的过程中，会出现中间的转换参数。例如，光子探测器常用光电导型和光伏型探测器，它们直接将光信号转换成电信号，且速度很快；而对于光热探测器，首先要将红外辐射能转换成温度，再将温度转换成电阻、电压的变化，这样响应速度就变慢。在第一代红外探测器中，变换成电信号的电路由外部完成，而第二代红外探测器在制冷器中完成。

获得低温的方法有物理和化学两种，红外探测器常用物理方法。其所用的制冷原理有相变制冷（如杜瓦结构）、热电制冷等，如图 11.4.2 所示。低温工作的探测器大多工作在 $100\ K$ 以下，以 $77\ K$ 为主。有些锗、硅掺杂光电导器件工作在 $4\sim60\ K$ 之间。低温工作的探测器芯片需要封装在真空杜瓦中。假若工作温度 $77\ K$，环境温度为常温 $300\ K$，就必须采取绝热措施。真空杜瓦是绝热的好办法。

图 11.4.2a 是杜瓦结构示意图。把液态制冷物质，如液态氮、液态空气灌入杜瓦内，就

能把大多数常用的红外探测器冷却到所需的工作温度。这种制冷方式简单易行，制冷温度稳定，无振动，不会引起探测器的附加噪声。

当探测器工作温度在 195～300 K 时，采用半导体制冷形式最为方便。制冷器冷端上安装探测器芯片，热端与外壳底座相连，并加散热片散热。一般采用真空密封结构，把半导体制冷器和探测器芯片均封装在真空腔中，以保持其制冷效果，其典型结构如图 11.4.2b 所示。这种制冷方法的机理是佩尔捷（Peltier）效应，当一个电子从金属到 N 型半导体的导带时，在结处要吸收热量；而一个电子从 N 型半导体导带到金属时，在结处要释放热量。P 型半导体则正好相反。一个热电制冷单元的截面图如图 11.4.3a 所示，它使用两块半导体，一块是 N 型，另一块是 P 型，每一块都带有欧姆接触，它们在所示电流方向条件下具有相反的热电效应。这种结构的 N 型和 P 型半导体通过公用金属电极以串联方式连接在一起。当电流通过两端均有金属接触的半导体材料时，一个结吸收热量而使与此相贴近的物体冷却，另一个结则释放热量而使与此相贴近的物体变热。其制冷量的大小，取决于所用的半导体材料和所通电流的大小。常用的半导体材料有 Bi_2Te_3、Bi_2Se_3 和 Sb_2Te_3。为了取得好的制冷效果，对制冷器热端采取散热措施是必要的。为了提高制冷效果，商用半导体制冷器常采用多级串联结构。

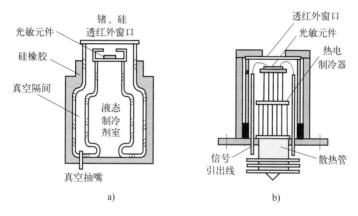

图 11.4.2　制冷红外探测器结构

a）杜瓦结构　b）热电制冷结构

对可见光透明的玻璃对 8～14 μm 波段的红外光已完全不透明，因此该波段的热成像仪透明窗口材料常采用锗、硅等晶体材料，而且为了提高透射率，还需要镀上一层增透膜。

图 11.4.3b 表示使用反馈控制的探测器自动温度控制电路原理图。安装在热电制冷器上的热敏电阻，其阻抗与温度有关，它构成了电阻桥的一臂。热电制冷器采用佩尔捷效应产生制冷，它的制冷效果与施加的电流 I 成线性关系。为防止制冷器内部发热引起性能下降，在制冷器上加装面积足够大的散热片是必要的。

硫化铅是一种性能优良的近红外光敏电阻，广泛用于 1～3 μm 波段的红外遥感、热成像和制导技术，特别适用对高温目标（如导弹和喷气式飞机的喷口尾焰）探测。它一般为多晶薄膜结构，有单元和多元线列器件。优点是阻值适中，响应率高，可以在常温下工作，使用方便。主要缺点是响应时间常数长，电阻温度系数大。

硒化铅探测器是薄膜光电导型器件，有单元和多元器件，可以在常温工作，其性能随工作温度降低有所提高，工作温度在 200 K 左右时，是 3～5 μm 波段的首选器件。

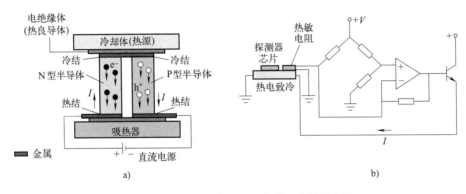

图 11.4.3　热电制冷原理及自动温度控制电路

a）热电制冷单元截面图　b）自动温度控制原理图

锑化铟探测器有光电导型和光伏型两种。光电导型器件可以在常温下工作，但性能稍低。常工作在 77 K，以光伏型为主，有单元、多元器件，线列可长达 256 元以上。它的灵敏度高，响应速度快，是目前 3～5 μm 波段最成熟、应用最广的器件。广泛应用于热成像、制导、跟踪、探测等。

碲镉汞（HgCdTe）在 1～3 μm 波段响应速度快，比在此波段工作的硫化铅器件的响应速度提高 3 个数量级以上；在 3～5 μm 波段，可以任意调整响应峰值波长，与锑化铟形成竞争；在 8～12 μm 波段，它是目前最成熟、应用最广、最受重视的长波红外探测器。碲镉汞的光谱响应特性见图 11.2.3b。光电导型 HgCdTe 探测器有 30 元、60 元、120 元和 180 元等系列产品。光伏型 HgCdTe 探测器有 64 元、128 元、256 元等。高频器件工作带宽可达 1 GHz 以上，广泛用于热成像、跟踪、制导、告警等领域。

还有一种锗或硅掺杂的杂质光电导型探测器，掺杂浓度不同，响应波长也不同。它的工艺简单，灵敏度高。在碲镉汞探测器成熟之前，它是 8～14 μm 的主要长波探测器。因为它必须工作在 30 K 以下，因此限制了它的应用。

红外探测器除有提供适当工作环境温度的制冷部件外，还需要低噪声前置放大器。因此，通常将探测器和制冷器、前置放大器和光学元件等组装在一起，构成一个结构紧凑的组件。

11.4.3　热成像装置组成及工作原理

如图 11.4.4 所示，热成像系统主要由四部分组成：收集目标景物辐射的接收器，包括光学机械扫描器；将景物辐射转换成电信号的热探测器和光/电转换器，让探测器工作在低温的制冷器以及输出电视制式的信号处理电路；完成电/光转换的显示器；提供系统工作的电源。

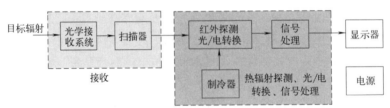

图 11.4.4　热成像装置组成框图

光学系统可以由反射式或透射式系统组成，但为了减小光学系统的尺寸和质量，热成像装置中的光学系统基本上使用透射式结构。这样，透射光学系统就限制了热成像装置的工作波段。

扫描器对景物以水平一个方向或水平、垂直两个方向扫描后，景物的辐射就聚集到探测器上。当扫描器扫描时，探测器接收的辐射对应着景物的不同位置。在第一代热成像装置中，根据探测器图案和扫描制式，有一维和二维扫描器，常用的扫描元件有转鼓、摆动镜等。在第二代热成像装置中，一般使用的线列探测器充满整个垂直视场，靠摆动镜扫描满足水平总视场的要求。

当采用面阵探测器时，热成像装置如同电视摄像机一样，不需要任何扫描器，光学系统直接成像于焦平面阵列（FPA）探测器上。

探测器将景物相应位置的辐射变化转换成电信号与时间的关系，结合扫描器扫描位置，输出同步信号，就可以显示景物的图像。

红外探测器对温度很敏感，所处环境温度不同，响应波长也不同，以碲镉汞（HgCdTe）为例，20 K 时，波长范围 17～40 μm；153 K 时，10～17 μm；300 K 时，1～5 μm，可见随着温度的升高，响应波长变短。所以要将红外探测器制冷到所需的温度。

美国第一代热成像装置有低、中、高三个品种，分别采用 60 元、120 元、180 元制冷型线列光敏电阻碲镉汞（HgCdTe）探测器，分别用于反坦克导弹火控瞄准具、坦克瞄准具和飞机前视红外系统。

英国通用手持热成像装置也采用 14 元碲镉汞（HgCdTe）光敏电阻探测器，其原理框图如图 11.4.5 所示。工作波段 8～13 μm，扫描面积/像素 300 × 225。它的扫描器由一个电动机带动的转鼓和摆动的平面镜组成，采用单目镜直接观察 LED 阵列扫描图像。扫描器包括探测器和 LED 成像部件。由于采用平行光扫描，加上电子组件、制冷组件和目镜等就成为一个大视窗热成像装置。扫描器完成二维扫描，但驱动是由一个电动机完成的，其中水平扫描由转鼓实现，垂直扫描由平面镜摆动完成。

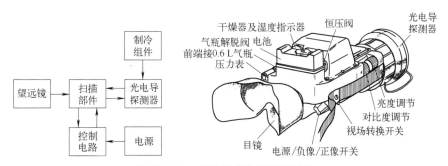

图 11.4.5　手持热像仪原理和外形

11.4.4　焦平面阵列红外探测器

焦平面阵列（FPA）红外探测器是新一代红外探测器。在单元和多元探测器的基础上，将二维红外探测器阵列（使用时置于物镜焦平面处）与必要的信号处理电路集成在一起，就制成了焦平面阵列红外器件。这种器件采用了微电子芯片工艺技术，制成了元素多、分辨率高、灵敏度高、功能强的集成化红外探测器，已经成为现代军用红外成像系统的首选器件，代表了红外探测器的发展方向。目前实用的焦平面阵列器件有 4×240 元、4×480 元和

256×256 元等。

这种热成像系统舍弃了复杂的光-机扫描器,而利用焦平面红外器件,把二维被测目标的红外辐射图像转换成电荷图像,再借助 CCD 自扫描技术,输出一维时序电信号,最后经电路处理,输出景物图像。这种系统使阵列探测器的每个像素与景物中的一个微面元相对应,对红外辐射的光积分时间远大于电荷包的扫描输出时间。这种系统几乎可以利用所有入射的红外光子,因而热灵敏度和温度分辨率得到了提高。

焦平面阵列器件的基本结构如图 11.4.6 所示。红外探测器可以选用光探测器和热探测器,目前,热成像系统使用的非制冷焦平面阵列(FPA)探测器,一般均采用热探测器,如碲镉汞(HgCdTe)、锑化铟(InSb)等,而且均工作在 $8\sim14\ \mu m$ 波段。电荷包的存储和转移采用普通的 Si-CCD 或 CMOS 读出电路结构,通过铟柱与探测器阵列进行倒装焊接,构成混合式结构。

铟是一种特殊的金属材料,具有熔点低(约 $150\ ^{\circ}\text{C}$)、导电性能好、对 CCD 性能影响小等特点,在 CCD 集成电路中,常用它作为电极材料。

此外,焦平面阵列器件还有信号处理电路,如前置放大器、滤波器、用于提高光敏面均匀性的增益和偏置补偿器、模/数转换器、延时积分器及时钟控制脉冲源等。

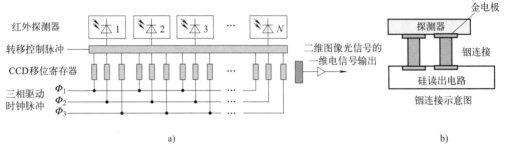

图 11.4.6   三相单沟道线阵 CCD 焦平面阵列摄像器件

a)结构示意图   b)铟连接示意图

焦平面阵列器件除采用单沟道线阵 CCD 器件结构外,还可以采用双沟道线阵 CCD 器件结构(图 11.3.5)、行间转移面阵 CCD 结构(图 11.3.6)和 CMOS 面阵成像结构(图 11.3.8)。

11.5   红外技术的应用——军事目标的侦察、制导和跟踪

当今社会是信息社会,60% 以上的军事信息由电子技术获取,其中红外技术起到了举足轻重的作用。红外技术应用十分广泛,红外整机既可以单独作为装备使用(如夜视、侦察、遥感),又可以作为核心部件用于其他武器系统(如导弹制导、引信、火控、告警等)。比如俄罗斯第 5 代隐身战斗机 T-50 就是以红外探测器作为主要的探测装置。表 11.5.1 表示热成像技术的应用范围。

⟡ **表 11.5.1   热成像技术的应用范围**

空间应用	地球资源物探、监视告警、空间防卫、天文研究、反导导弹
海空应用	空中导航、目标定位、威胁告警、搜索跟踪
地面应用	车辆夜视、火控系统、搜索跟踪、安全防卫、便携侦察
常规导弹	地-空导弹、空-地导弹、空-空导弹、反坦克导弹
民用	交通运输、消防安全、无损检测、环保监测、生物医药、工业应用、科研教学

11.5.1　红外侦察——热像仪不受气候、战场环境限制

在恶劣气候，烟雾、尘埃弥漫的环境下，可见光观察设备或微光夜视仪的作用距离会受到很大的影响，此时热成像技术就显示出了很大的优越性。

侦察是获取战场信息的主要手段，热像仪用于侦察是非常有效的。既有单兵使用的手持热像仪，也有车载、机载和星载前视红外系统，都能在昼夜和不良气候条件下获得较好的图像。在有烟雾的黑夜，热像仪对地面行人的探测距离为 $3\sim4$ km；在夜间的海洋上，对海军汽艇的探测距离为 83 km；在有烟雾或可见光波段人眼能见度仅为 $500\sim750$ m 的条件下，热像仪对人的探测距离可达 3.6 km，对车辆的探测距离达 8.3 km。

非制冷热像仪质量只有 1.2 kg，甚至微型热像仪只有 300 g。制冷型热像仪也仅 5 kg，侦察兵携带方便，相当于夜间望远镜，深入敌后观察阵地，火力部署，还可以拍照、录像。

从卫星拍摄可见光和红外图像，可以精确分析确定交通枢纽、军事基地、导弹发射井架、军事部署和调动、舰艇活动等，再利用全球定位系统，就可以引导精确制导武器，如巡航导弹、智能炸弹进行攻击。

11.5.2　红外遥感——军用和民用机载遥感、星载遥感

红外遥感是指从高空遥测地面目标红外辐射特性的技术。以飞机为平台的遥感称为机载遥感，以卫星为平台的遥感称为星载遥感。

3 km 以上的空间，红外透过性比地面要好得多，而且范围大、速度快、无地形障碍。红外遥感仪可以使用热像仪加上望远镜头，直接获取红外图像。利用无人机进行遥感侦察、地形测绘已经非常普遍。红外遥感的另一个重要应用是导弹预警，根据探测到导弹发射初始段的数据，计算导弹飞行轨道参数，预测拦截点，为反导系统赢得迎头拦截的时间。

红外遥感技术除军用外，还可以用于资源勘查、地质调查、地形测绘、土地水源利用、农业收成和灾害预测、气象预报以及城市规划等众多领域。

11.5.3　红外告警——对来袭威胁源探测告警、启动反击系统

红外告（报）警主要功能是，通过对来袭威胁源进行探测，发现目标后，发出告警信号，提示相关人员采取防范措施。例如：启动自动反击系统，破坏威胁来源；施放假目标将威胁引开；施放烟幕，采取隐身措施；等等。

飞机面临的最大威胁是来自敌方空中和地面的导弹。飞行员在战斗中难以用眼睛全方位不断地搜索发现来袭目标，如果不能尽早地探测到来袭导弹，就难以及时做出反应。告警器还应覆盖足够的空间角范围，通常用两个以上的告警器组合来实现这一目标。

红外告警技术还有多种用途，例如红外入侵报警器可用于警戒系统，监视一定范围内的人为活动，并将探测信号用有线或无线方式传送给控制器。

11.5.4　红外跟踪——对目标搜索、发现、识别和跟踪

红外跟踪包括对目标的搜索、发现、识别和跟踪。作战攻击的第一步就是要找到目标，并瞄准目标，如飞机或导弹。但战场目标大多数是运动的，而且有的运动速度很快，所以武

器系统首先要瞄准目标，锁定目标，跟随目标运动。红外跟踪的作用就是通过搜索，找到目标，测出目标在视场中的方位及与视场中心轴的偏离信号，然后让偏离信号驱动随动系统运动，跟踪目标，使武器系统能够精确瞄准和攻击。

红外跟踪系统基本原理如图 11.5.1 所示，由光学系统接收并汇集大气传输的目标和背景红外辐射信号，经光谱滤波和空间滤波，消除背景。所获得的目标红外辐射经调制扫描后，由红外探测器转换成电信号，对信号处理后得到目标位置信息和误差信号，并传给伺服系统，控制红外跟踪系统，实现对目标的自动连续跟踪。

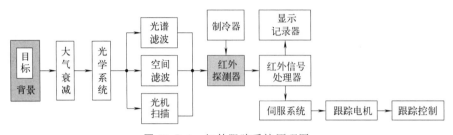

图 11.5.1　红外跟踪系统原理图

红外跟踪系统已用于导弹和火炮的火控。

11.5.5　红外制导——导引头红外捕获、跟踪并引导导弹飞向目标

1. 概述

在导弹的前端装有导引头，利用红外跟踪原理，捕获、跟踪目标，并引导导弹飞向目标。红外导引头（也称红外寻的器）接收目标的红外辐射，经光/电转换和信号处理后，给出目标相对于导弹的方位、角速度等信息，产生目标相对于导引头的光轴的误差信号，用以驱动执行机构，控制导弹飞向目标，并击中目标。

红外制导有点源制导和成像制导两种方式。红外制导导弹是一种精确制导武器，1948年美国就开始研制"响尾蛇"红外空-空导弹，用波长 $1\sim3~\mu m$ 的 PbS 红外探测器，因响应波长较短，只能进行尾追攻击，攻击角为 $90°$；随后，发展了制冷型 $3\sim5~\mu m$ 中红外 InSb 探测器系统，对中温目标最敏感，可以探测飞机飞行中被气动加热的部分，可从迎头、侧面和尾追全方位攻击飞机，可用做机载空-空近距格斗弹，攻击角扩大到 $180°\sim270°$；后来，进一步采用 $8\sim12~\mu m$ 波段的 HgCdTe 远红外探测器作为导引头，对低温更敏感，因此可以攻击处于室温的地面目标，如坦克、机场和雷达站等重要军事设施。

红外制导导弹中，点源导弹居多，如美国的"响尾蛇"AIM-9、苏联的"萨姆"-7 等。红外成像制导导弹大多以准成像方式工作，早期以线列器件扫描和小面阵器件扫描成像为主。采用面阵成像器件的导弹有美国的"响尾蛇"AIM-9X，该导弹使用中红外 HgCdTe 器件，面阵元 128×128。另外，由于抗干涉的需要，还发展了双色和三色器件制导导弹，即使用两个波段或三个波段的红外制导导弹，如法国的 SADRAL 采用 $1\sim3~\mu m/3\sim5~\mu m$ 双色红外制导，美国的"毒刺"-POST 采用紫外/红外双色制导。

2. 红外点源寻的制导系统

点源是指对系统的张角小于系统的瞬时视场，且其细节无法分辨的目标信号源，如舰艇相对于海面、飞机相对于天空等。

红外点源寻的制导是利用活动目标本身的红外辐射作为导引信号，将被攻击目标当作热辐射点源进行探测，经过处理后实现对目标的跟踪和对制导武器的控制，使制导武器飞向目标。红外点源寻的制导武器具有系统结构简单、体积小、重量轻、角分辨率高、工作可靠和效费比较高等很多优点，已被广泛应用于空空、地空、反舰、反坦克等多种导弹。

红外点源寻的制导武器系统和其他制导武器系统一样，主要由导引头、控制部和战斗部等组成。

红外点源导引头由红外搜索与跟踪系统组成，一般置于导弹或飞机的前部，以某种确定的规律对一定空域进行扫描，以探测活动目标或确定目标的坐标。其中搜索系统扫描导弹或飞机前方一定的空域，当扫描过程中发现辐射红外线的目标后，经红外检测、光电变换，并以一定的信号形式输出，使系统由搜索状态转换成跟踪状态。

红外跟踪系统由光学系统、调制盘或扫描系统、红外探测器和陀螺跟踪机构等构成，如图 11.5.2 所示。当活动目标在红外系统视场内运动时，光学接收系统将来自目标的红外辐射收集并聚焦在红外探测器光敏面上。探测器输出的电信号携带着目标的角坐标信息，此信号经过处理后，一方面送至陀螺跟踪机构（见 2.5 节）使跟踪系统光轴盯住目标，另一方面形成控制信号给执行机构，控制全系统跟踪目标。

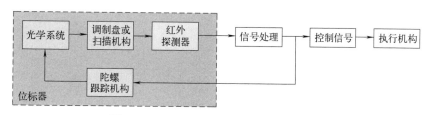

图 11.5.2 红外点源制导跟踪系统组成图

红外探测系统由光学系统、调制盘和光敏电阻等组成，如图 11.5.3 所示。由无限远目标辐射来的红外辐射能量透过整流罩照射到主反射镜上，经聚焦并反射到次反射镜上，由次反射镜反射后，再经校正透镜进一步聚焦，最后成像于调制盘上，红外辐射经调制后成为交变调制信号，目标像点在调制盘上所处的位置与目标在空间相对光轴的位置是一一对应的，因此，通过光学系统聚焦、调制后的信号，可以确定目标偏离光轴的大小和方位。

利用光刻技术在直径为 1 mm 的玻璃片上加工出一种特殊的调制盘图案，图 11.5.3b 所

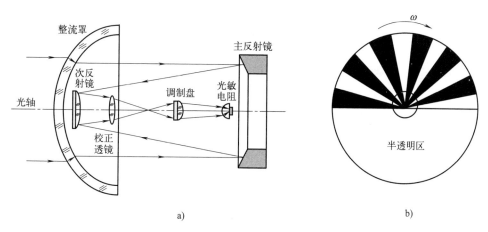

a) b)

图 11.5.3 红外探测系统结构示意图

a) 红外导引头典型光学系统　b) 调制盘示意图

示的为一种日出式图案。调制盘位于光学系统的焦平面上，其基本作用是把恒定的辐射通量变成周期性重复交变的光辐射通量，以提高探测系统的性能，如抑制目标的背景噪声和探测系统内部的电子噪声，提供目标的空间方位等。

11.5.6　红外测温——非接触式测温

红外测温仪，又称红外辐射测温仪，或称红外温度计。它接收目标的红外辐射能量，转换成温度值，直接显示读出。其测量方法有成像和非成像两种，这里仅介绍非成像测温仪。红外测温仪是一种非接触式的测量仪器，与接触式测温相比，有许多优点：可对运动目标和温度变化的目标进行测量，测量速度快，测温时不影响被测物体表面的温度分布。因此，它常用于测量热容小的物体、远距离物体、运动物体、带电物体和其他无法接触的物体的温度，是一种常用的测温仪器。

红外测温仪的基本原理如图 11.5.4 所示，它是靠接收目标物体的红外辐射能量来测量物体温度的。红外测温仪显示的测量温度值预先用恒温黑体炉进行了标定，在使用测温仪时，黑体被换成了被测的物体，根据已标定过的输出值，再根据物体的发射率，在信号的读出中进行修正，就测得了物体的温度。

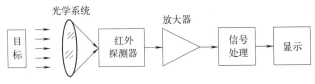

图 11.5.4　红外测温仪基本原理

目前，市场上红外测温仪种类繁多，测温范围为 $-100\sim6000$ ℃，响应时间为 $0.001\sim1$ s。红外测温仪在工业和日常生活中应用十分广泛，在钢铁生产、石油化工、电力工业、半导体工业等凡是涉及高温、加热工艺环节的部位，都要使用各种测温仪，非接触式测温仪更是首选。在国防科研和生产中，远距离监测、非接触式测温是必不可少的，如火箭、导弹和飞机尾喷管的温度，舰船、坦克等动力部位的温度，枪管、炮身的温度，核燃料生产和废料处理的温度，弹药爆炸的温度等，都需要非接触式红外测温和监控。

11.5.7　红外医疗——红外测温仪和热像仪用于疾病诊断

红外技术在医疗中的应用主要是红外测温仪和热像仪在临床中的诊断，即人体温度检测、疾病诊断和治疗、辅助治疗和保健。

人体是一个很好的红外辐射源，皮肤的红外辐射波长在 $3\sim50~\mu m$。当人体生病时，人体的热平衡受到破坏，体温发生变化，因此测定人体温度的变化是临床医学诊断疾病的一个重要内容。热成像可以显示和记录人体的温度分布，将病变时的人体热像和正常生理状态下的人体热像进行比较，便可从热像是否异常来判断病理状态。

医用热像仪要求具有较高的温度灵敏度，但是不需要很快的扫描速度，所以一般使用制冷慢扫描热像仪。由于要求成本低，探测器采用单元或少量的多元，制冷器采用在杜瓦罐中加装制冷剂。当然使用性能更好的制冷焦平面红外探测器更好，但由于成本问题很难推广使用。

红外测温仪可以非接触快速测量人体表面温度，为在大量流动人群中排查发热患者提供了一种先进的普查手段，被广泛用于人群体温检测。医用热成像技术可应用于多种疾病的临床诊断，可与CT、B超等影像诊断方法相互补充，提高疾病诊断的符合率。主要用于浅表肿瘤、血管疾病和皮肤疾病的诊断。

11.5.8　其他应用

森林火灾检测：在大片森林中，往往存在用肉眼难以看到的隐火，最后发展成毁灭性的大火。热成像可以透过烟雾清楚地看到过热点的位置，为灭火提供数据。

粮食火灾探测：粮食火灾由于不明显而不易发觉，通过热成像可早期探测和定位。

消防工作：热像仪不仅可用于探测隐火，还能救助烟雾中的人员。

蒸汽阀及管道检查：热成像可以用来探测这些位置的热异常，从而确定损害程度。

轮胎检测：通过热成像拍摄到运转中的轮胎的热分布，检验其质量。

制冷设备：热成像可用来检查冰箱等制冷装置和管道的隔热情况。

附录 A
缩写名词术语

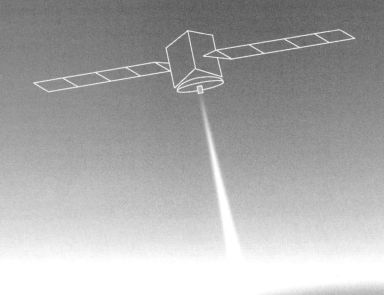

A

ADM，Add/Drop Multiplexer 分插复用器

AM，Active Matrix 有源矩阵

AM-LCD，Active Matrix LCD 有源矩阵液晶显示

AOTF，Acoustic-optic Tunable Filters 声光调谐光滤波器

APD，Avalanche Photodiode 雪崩光电二极管

APG，Asia Pacific Gateway 亚太直达（海底光缆通信系统）

APT，Acquisition，Pointing，and Tracking 捕获、瞄准和跟踪

ASE，Amplified Spontaneous Emission 放大自发辐射

AWG，Arrayed Waveguide Grating 阵列波导光栅

B

BER，Bit-error Rate 比特误码率

BU，Branching Units 分支单元

BPSK，Binary Phase Shift Keying 二进制相移键控

C

CATV，Common-antenna (Cable) Television 共用天线（电缆）电视

C^3 Laser. Cleaved Coupled Cavity Laser 解理耦合腔激光器

CCD，Charge Coupled Devices 电荷耦合器件

CDMA，Code-division Multiple Access 码分多址

CMOS，Complementary Metal-oxide-semiconductor 互补-金属-氧化物-半导体

CPC，Concentrating Photovoltaic Cell 聚光太阳能电池

CTB，Cable Termination Box 海缆终端盒

CTE，Cable Terminating Equipment 光缆终端设备

CRT，Cathode Ray Tube 阴极射线管

D

DAC，Digital-to-analog Converter 数/模转换器

DCF，Double Clad Fiber 双包层光纤

DFB，Distributed Feedback (Laser) 分布反馈（激光器）

DFT，Discrete Fourier Transform 离散傅里叶变换

DPAL，Diode Pumped Alkali Vapor Laser 半导体泵浦碱金属蒸气激光器

DPSK，Differential Phase Shift Keying 差分相移键控

DP-QPSK，Dual-polarization QPSK 偏振复用正交相移键控

DSP，Digital Signal Processing 数字信号处理

DRA，Distributed Raman Amplifiers 分布式光纤拉曼放大器

DWDM，Dense Wavelength Division Multiplexing 密集波分复用

E

EDFA，Erbium-doped Fiber Amplifier 掺铒光纤放大器

EL，Electroluminescence 电致发光

ELD，Electroluminescence Display 电致发光显示

ESA，European Space Agency 欧洲航天局

F

FEC，Forward Error Correction	前向纠错
FEL，Free-electron Laser	自由电子激光器
FLIR，Forwardlooking Infrared	前视红外
F-P Resonator，Fabry-Pérot Resonator	法布里-珀罗谐振腔
F-P Laser，Fabry-Pérot Laser	法布里-珀罗激光器
F-P Laser Amplifier，Fabry-Pérot Laser Amplifier	法布里-珀罗激光放大器
FPA，Focal Plane Array	焦平面阵列
FRA，Fiber Raman Amplifiers	光纤拉曼放大器
FSO，Free Space Optical-communication	自由空间光通信
FSR，Free Spectral Range	自由频谱范围
FTTH，Fiber to the Home	光纤到家
FWHM，Full Width at Half Maximum	半最大值全宽
FWM，Four-wave Mixing	四波混频

G

GEO，Geosynchronous Earth Orbit	同步地球轨道
GRIN，Gradient Index	梯度折射率
GVD，Group-Velocity Dispersion	群速度色散

H

HBC，Heterojunction Back Contact	背接触异质结
HE，Hybrid Electric Field Modes	混合电场模
HFC，Hybrid Fiber Copper	光纤同轴混合（网络）

I

IC，Integrated Circuit	集成电路
IDFT，Inverse Discrete Fourier Transform	离散傅里叶逆变换
IM，Intensity Modulation	强度调制
IM-DD，Intensity Modulation-and Direct Detection	强度调制-直接探测
IR，Infrared	红外
ITO，Indium-Tin Oxide	铟锡氧化物

L

LAN，Local Area Network	局域网
LCD，Liquid Crystal Display	液晶显示
LD，Laser Diode	激光二极管
LED，Light Emitting Diode	发光二极管
LEO，Low Earth Orbit	低轨道地球卫星
$LiNbO_3$，Lithium Niobate	铌酸锂
LTE，Line Terminal Equipment	线路终端设备

M

MEO，Middle Earth Orbit	中轨道地球卫星
MFD，Mode Field Diameter	模场直径

MLED（Micro LED），Micro Light Emitting Diode　微发光二极管（显示器）

MOS，Metal-oxide-semiconductor　金属-氧化物-半导体

MQW，Multiquantum Well　多量子阱

MSM，Metal-semiconductor-metal　金属-半导体-金属（光敏探测器）

MZM，Mach-Zehnder Modulator　马赫-曾德尔调制器

N

NA，Numerical Aperture　数值孔径

NASA，National Aeronautics and Space Administration

　美国国家航空航天局

NRZ，Non Return to Zero　非归零码

O

OADM，Optical Add/Drop Multiplexers　光分插复用器

O-CDMA，Optical CDMA　光纤传输码分多址

OELD，Organic Electro-luminescence Display　有机电致发光显示

OFDM，Orthogonal Frequency Division Multiplexing

　正交频分复用

OLED，Organic LED　有机发光二极管

ONU，Optical Network Unit　光网络单元

O-OFDM，Optical-Orthogonal Frequency Division Multiplexing

　光纤传输正交频分复用

OOK，On-off Keying　通断键控

O-SCMA，Optical Subcarrier Modulation　光纤传输副载波调制

OSNR，Optical SNR　光信噪比

P

PBC，Polarizing Beam Combiner　偏振光合波器

PBS，Polarizing Beam Splitter　偏振分光器

PCF，Photonic Crystal Fiber　光子晶体光纤

PD，Photo Detection　光检测器

PDP，Plasma Display Panel　等离子体平板显示器

PDR，Phase-Diversity Receivers　相位分集接收机

PeLED，Perovskite Light Emitting Diode　钙钛矿发光二极管

PERC，Passivated Emitter and Rear Cell　钝化的前后电极电池

PFE，Power Feeding Equipment　供电设备

PIN Photodiode　PIN 光敏二极管

PL，Photoluminescence　光致发光

PLC，Planer Lightwave Circuit　平面波导电路

PLED，Polymer LED　聚合物发光二极管

PMD，Polarization Mode Dispersion　偏振模色散

PM，Polarization Multiplexing　偏振复用

PM，Phase Modulation　调相

PM-QPSK，Polarization Multiplexing QPSK　　　　偏振复用正交相移键控

PON，Passive Optical Network　　　　无源光网络

PPM，Pulse Position Modulation　　　　脉冲位置调制

Q

QAM，Quadrature Amplitude Modulation　　　　正交幅度调制

QPSK，Quadrature Phase-Shift Keying　　　　正交相移键控

Q Switching　　　　Q 开关，调 Q

R

RCA，Radio Corporation of America　　　　美国无线电公司

RGB，Red,Green,and Blue　　　　红（光）、绿（光）和蓝（光）

RF，Radio Frequency　　　　射频

RoF，Radio of Fiber　　　　射频信号光纤传输

RZ，Return to Zero　　　　归零（脉冲）

S

SAW，Surface Accoustic Wave　　　　表面声波

SBS，Stimulated Brillouin scattering　　　　受激布里渊散射

SCM，Subcarrier Modulation　　　　副载波调制

SCM，Subcarrier Multiplexing　　　　副载波复用

SDH，Synchronous Digital Hierarchy　　　　同步数字体制

SFEC，Super Forward Error Correction　　　　超强前向纠错

SH，Single-heterostructure　　　　单异质结结构

SI，Spectrally-Interleave　　　　频谱间插（复用）

SLED，Super LED　　　　超（辐射）发光二极管

SLM，Single Longitudinal Mode Laser　　　　单纵模激光器

SLR，Satellite Laser Ranging　　　　卫星激光测距

SNR，Signal-to-noise Ratio　　　　信噪比

SOA，Semiconductor Optical Amplifier　　　　半导体光放大器

SPM，Self-phase Modulation　　　　自相位调制

SRS，Stimulated Raman Scattering　　　　受激拉曼散射

SSL，Solid State Laser　　　　固体激光器

STN-LCD，Super Twisted Nematic LCD　　　　超扭曲向列相液晶显示

T

TE，Transverse Electric（modes）　　　　横电（模）

TEC，Thermoelectric Cooler　　　　温差电制冷器

TEM，Transverse Electric Magnetic Field（modes）　　横电磁（模）

TFF，Thin F-ilm Filters　　　　薄膜滤波器

TFT，Thin Film Transistor　　　　薄膜晶体管

TFT-OLED　　　　薄膜晶体管有机发光二极管（阵列）

TM，Transverse Magnetic Field（modes）　　　　横磁（模）

TN-LCD，Twisted Nematic LCD　　　　扭曲向列相液晶显示

TOPCon，Tunnel Oxide Passivated Contact 　　　隧道氧化层钝化接触太阳能电池

U

UV，Ultraviolet 　　　紫外（光）

UTC-PD，Uni-traveling Carrier PD 　　　单行载流子光敏探测器

V

V 　　　归一化频率，归一化纤芯直径

VCSEL，Vertical Cavity Surface Emitting Laser 　　　垂直腔表面发射激光器

W

WDM，Wavelength Division Multiplexing 　　　波分复用

WG-PD，Waveguide PD 　　　波导型光探测器

X

xBC，x Back Contact 　　　各种背接触电池的统称

XPM，Cross-phase Modulation 　　　交叉相位调制

Y

YDFA，Ytterbium-doped Fiber Amplifier 　　　掺镱光纤放大器

附录 **B**

器件系统应用内容索引

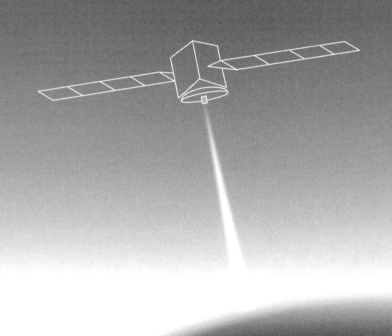

磷光体（10.1.3）

掺锰的硫化锌（$ZnS:Mn^{2+}$）（黄橙色）

$Y_3Al_5O_{12}:Ce^{3+}$（吸收蓝光而发出黄光）

（Y，Cd）$BO_3:Eu$（红光）

$BaAl_{12}O_{19}:Mn$（绿光）

$BaMgAl_{14}O_{23}:Eu$（蓝光）

LED 材料

GaP（绿光）、GaP:Zn（红光）、GaAs（近红外光）、GaAsP（红光）、GaN（蓝光、紫光）（10.1.2）

氮化镓铟 GaInN（高亮度蓝光 LED）（10.1.2）

钙钛矿（12.4.2）

紫外光探测器材料

氮化镓（GaN）、氮化铟（InN）（5.2.6）、硫化镉（CdS）（11.2.2）等

热电偶：铂-铑、铜-康铜、铁-镍热电偶等（11.1.2）

红外探测器材料（图 11.4.1、表 11.3.1）

固态光探测器件：

锑化铟（InSb）红外焦平面阵列

碲镉汞（HgCdTe）全波红外阵列（1.1.3）

热敏电阻：

Mn、Ni、Co、Cu 氧化物或 Ge、Si、InSb 等半导体材料（11.1.1）

热释电晶体：

硫酸三甘肽（TGS）、钽酸锂（$LiTaO_3$）和塑料薄膜聚氟乙烯（PVF）；陶瓷材料：钛锆酸铅（PZT）（11.1.3）

光敏电阻：

非本征光电导效应探测器有锗掺汞、硅掺镓；本征型光电导探测器有硫化铅（PbS）、硒化铅（PbSe）、锑化铟（InSb）、碲镉汞（HgCdTe）、硫化镉（CdS）、碲化镉（CdTe）锗掺杂和硅掺杂半导体晶体（11.2.1，11.2.4）

光伏电池材料

多晶硅、单晶硅、非晶体硅（Si:Ge:H 薄膜）

双异质结（AlGaAs）光伏电池材料（5.3.8）

砷化镓（GaAs）、碲化镉（CdTe）（5.3.8）

铜铟硒（$CuInSe_2$）、铜铟镓硒（CIGS）（5.3.8）

钙钛矿（5.3.8）

光电荷效应材料

CCD：金属-氧化物-半导体（MOS）三层组成的电容器件（11.3.1）

CMOS（互补 MOS）：也是一种 MOS 器件（11.3.4）

[1] 原荣，邱琪．光子学与光电子学［M］．北京：机械工业出版社，2014．

[2] 原荣．认识光通信［M］．北京：机械工业出版社，2020．

[3] 原荣．光纤通信简明教程［M］．2 版．北京：机械工业出版社，2024．

[4] Kasap S O. Optoelectronics and Photonic: Principles and Practices［M］. New Jersey: Prentice-Hall, Inc, 2001.

[5] 卡萨普．光电子学与光子学：原理与实践［M］．2 版．北京：电子工业出版社，2013．

[6] Agrawal G P. Fiber-Optic Communication Systems［M］.2d ed., New Jersey: John Wiley & Sons, Inc., 1997.

[7] 原荣．光纤通信技术［M］．2 版．北京：机械工业出版社，2021．

[8] 梅遂生，王戎瑞．光电子技术［M］．2 版．北京：国防工业出版社，2008．

[9] 原荣．海底光缆通信——关键技术、系统设计及 OA&M［M］．北京：人民邮电出版社，2018．

[10] 原荣．阵列波导光栅（AWG）器件及其应用［J］．光通信技术，2010，34（01）：1-5．

[11] 原荣．光纤通信技术的最新进展［J］．数据通信，2012，（05）：1-4．

[12] 原荣．光正交频分复用（OFDM）光纤通信系统综述［J］．光通信技术，2011，35（08）：29-33．

[13] 王建国．太赫兹液晶器件的研究进展［J］．光电技术应用，2013，28（05）：24-29＋80．

[14] 罗威，董文锋，杨华兵，等．高功率激光器发展趋势［J］．激光与红外，2013，43（8）：845-852．

[15] 李琳，谭荣清，徐程，等．半导体泵浦铷蒸气激光器理论与实验对比研究［J］．激光与红外，2013，43 （10）：1117-1120．

[16] 李玮．激光通信测距技术发展现状及趋势研究［J］．激光与红外，2013，43（08）：864-866．

[17] 高达，王丛．碲镉汞双色材料技术发展及现状［J］．激光与红外，2013，43（08）：859-863．

[18] 原荣．光纤通信［M］．4 版．北京：电子工业出版社，2021．

[19] 周伟．美国海军激光武器技术的研究进展［J］．激光与红外，2009，39（05）：461-463．

[20] 宗思光，吴荣华，曹静，等．高能激光武器技术与应用进展［J］．激光与光电子学进展，2013，50 （08）：158-167．

[21] 赵振堂，王东．种子型高增益自由电子激光研究进展［J］．激光与光电子学进展，2013，50（08）： 7-19．

[22] Deacon D A G, Elias L R, Madey J M J, et al. First operation of a free-electron laser［J］. Physical Review Letters, 1977, 38(16): 892.

[23] Bonifacio R, Pellegrini C, Narducci L M. Collective instabilities and high-gain regime in a free electron laser ［J］. Optics Communications, 1984, 50(6): 373-378.

[24] Doerr C R. InP-Based Photonic Devices: Focusing on devices for fiber-optic communications that monolithically integrate two or more functions［C］//OFC/NFOEC 2008-2008 Conference on Optical Fiber Communication/National Fiber Optic Engineers Conference. IEEE, 2008: 1-54.

[25] Smit M K. New focusing and dispersive planar component based on an optical phased array［J］. Electronics letters, 1988, 24(7): 385-386.

[26] Beling A, Campbell J C, Pan H, et al. InP-based high-speed photonic devices［C］//OFC/NFOEC 2008-2008 Conference on Optical Fiber Communication/National Fiber Optic Engineers Conference. IEEE, 2008: 1-27.

[27] Wuth T, Chbat M W, Kamalov V F. Multi-rate (100G/40G/10G) transport over deployed optical networks ［C］//OFC/NFOEC 2008-2008 Conference on Optical Fiber Communication/National Fiber Optic Engineers

Conference. IEEE，2008：1-9.

[28] Bach H G，Matiss A，Leonhardt C C，et al. Monolithic 90 hybrid with balanced PIN photodiodes for 100 Gbit/s PM-QPSK receiver applications［C］//Optical Fiber Communication Conference. Optica Publishing Group，2009：OMK5.

[29] Raybon G，Winzer P J. 100 Gb/s challenges and solutions［C］//OFC/NFOEC 2008-2008 Conference on Optical Fiber Communication/National Fiber Optic Engineers Conference. IEEE，2008：1-35.

[30] Berrettini G，Meloni G，Giorgi L，et al. Colorless WDM-PON performance improvement exploiting a service-ONU for multiwavelength distribution［C］//2009 Conference on Optical Fiber Communication. IEEE，2009：1-3.

[31] 石顺祥，刘继芳. 光电子技术及其应用［M］. 北京：科学出版社，2010.

[32] 滨川圭弘，西野种夫. 光电子学［M］. 于广涛，译. 北京：科学出版社，2002.

[33] Mynbaev D K，Scheiner L L. Fiber-optic communications technology［M］. New Jersey：Prentice-Hall，Inc.，2001.

[34] 郭培源，梁丽. 光电子技术基础教程［M］. 北京：北京航空航天大学出版社，2005.

[35] 汪贵华. 光电子器件［M］. 北京：国防工业出版社，2009.

[36] 江文杰，曾学文，施建华. 光电技术［M］. 北京：科学出版社，2009.

[37] 肖虎，张汉伟，王小林，等. 特殊波长掺镱光纤激光器研究［J］. 中国激光，2013，40（09）：45-50.

[38] Dominic V，MacCormack S，Waarts R，et al. 110 W fiber laser［J］. Electronics Letters，1999，35(44)：1158-1160.

[39] Selvas R，Sahu J K，Fu L B，et al. High-power，low-noise，Yb-doped，cladding-pumped，three-level fiber sources at 980nm［J］. Optics Letters，2003，28(13)：1093-1095.

[40] Liu C H，Ehlers B，Doerfel F，et al. 810W continuous-wave and single transverse-mode fibre laser using 20 m core Yb-doped double-clad fibre［J］. Electron. Lett，2004，40(23)：1471-1472.

[41] 林怀钦，郭春雨，阮双琛，等. 高功率全光纤掺镱皮秒光纤激光器［J］. 中国激光，2013，40（07）：75-79.

[42] 戴维斯，卡罗姆，韦克，等. 光纤传感器技术手册［M］. 徐予生，等译. 北京：电子工业出版社，1987.

[43] 王成刚，孙浩，李敬国，等. 双色碲镉汞红外焦平面探测器发展现状［J］. 激光与红外，2009，39（04）：367-371.

[44] 王经纬，巩锋. 基于三代红外探测器的一种新型材料——硒镉汞［J］. 激光与红外，2013，43（10）：1089-1094.

[45] 王海晏. 光电技术原理及应用［M］. 北京：国防工业出版社，2008.

[46] 安毓英，刘继芳，李庆辉，等. 光电子技术［M］. 北京：电子工业出版社，2002.

[47] 朱京平. 光电子技术基础［M］. 北京：科学出版社，2003.

[48] 宋登元，熊景峰. 高效率 n 型 Si 太阳电池技术现状及发展趋势［J］. 半导体光电，2013，34（03）：351-354＋360.

[49] 江秋怡，王卿璞，王汉斌，等. $Zn_{1-x}Mg_xO$ 用于 CIGS 太阳电池的研究进展［J］. 半导体光电，2013，34（3）：355-360.

[50] Minemoto T，Harada S，Takakura H. Cu(In，Ga)Se$_2$ superstructure type solar cells with $Zn_{1-x}Mg_xO$ buffer layers［J］. Current Applied Physics，2012，12(1)：171-173.

[51] 王一平，韩新月，朱丽. 聚光光伏系统的最新技术进展［J］. 电源技术，2013，37（02）：329-332.

[52] 郁济敏，付文莉. 美国聚光太阳电池技术进展［J］. 电源技术，2009，33（09）：828-830.

[53] 住村和彦，西浦匡则. 图解光纤激光器入门［M］. 宋鑫，译. 北京：机械工业出版社，2013.

[54] 国本崇，辛相东. 荧光粉的发光原理、技术发展史、开发现状及课题［J］. 中国照明电器，2008（11）：33-37.